普通高等教育"十二五"规划教材

工程机械导论

胡永彪　杨士敏　马鹏宇　编著
孙祖望　主审

机械工业出版社

本书针对教育部卓越工程师教育培养计划,为工程机械专业的课程建设而编写。

全书共三篇十八章,主要内容包括:工程机械领域与发展、工程机械的作业介质与行驶地面、工程机械的功能与构成、土方工程机械、石方工程机械、钢筋与预应力机械、水泥混凝土机械、工程运输与工业车辆、工程起重机械、基础工程机械、压实机械、路面工程机械、桥梁工程机械、隧道与地下工程机械、铁路线路工程机械、市政工程与环卫机械、养护工程机械、其他工程机械等。

本书内容系统全面、简明扼要、知识新颖,可作为高等学校工程机械专业导论课教材,也可作为机械类研究生了解工程机械领域基本知识的入门教材,还可作为工程机械行业工程技术人员和管理人员的参考书。

图书在版编目(CIP)数据

工程机械导论/胡永彪,杨士敏,马鹏宇编著.—北京:机械工业出版社,2013.8
普通高等教育"十二五"规划教材
ISBN 978-7-111-43428-3

Ⅰ.①工… Ⅱ.①胡… ②杨… ③马… Ⅲ.①工程机械—理论—高等学校—教材 Ⅳ.①TH2

中国版本图书馆 CIP 数据核字(2013)第 167012 号

机械工业出版社(北京市百万庄大街 22 号 邮政编码 100037)
策划编辑:刘小慧 责任编辑:刘小慧 程足芬 尹法欣 卢若薇 余皞
版式设计:常天培 责任校对:潘 蕊 肖 琳
封面设计:张 静 责任印制:张 楠
北京振兴源印务有限公司印刷
2013 年 9 月第 1 版第 1 次印刷
184mm×260mm · 21.75 印张 · 535 千字
标准书号:ISBN 978-7-111-43428-3
定价:41.00 元

序　言

　　本书为一本导论性的教材，供工程机械专业的学生在学习专业课之前对工程机械的专业知识有一个大概的了解，使他们对工程机械领域的各类专业知识的构成以及今后要学习的各种专业课程之间的相互关系有一整体性的认识。本书不像以往的构造课教材那样，直接进入具体工程机械的结构介绍，而是专门安排一篇综述性的知识篇（第一篇）。在这一篇中首先从工程机械的服务领域、历史的发展，从不同角度对工程机械的分类以及现代工程机械的发展趋势进行阐述，在基本概念上让学生对工程机械有一整体性的认识。在第一篇中还安排了介绍各类工程机械共同的基础性专业知识的章节，以便让学生对随后要学习的专业课程的知识结构以及相互之间的关系有一概括性的了解。

　　本书的另一个特点是突出了工程机械的作业功能。工程机械是为土木工程施工和各类工程建设服务的设备，机器上的动力、传动、行走、作业等各种装置都是为作业功能服务的，因此每一种工程机械上的各种装置和总成都会反映出为作业功能服务的特点。本书不仅在第一篇中专门安排有介绍工程机械作业介质和作业功能的章节，而且在随后的第二、三篇各种工程机械的章节中也首先阐述了机器的作业原理。这样的编排可以使学生对各种工程机械结构组成有一提纲挈领的了解，使他们领会今后不论在设计或使用任何一种工程机械时，机器的各个总成和装置都与此种机械的作业功能有着紧密的联系，也将有助于他们更好地理解各门专业课程的作用与地位。

　　本书的第二篇和第三篇分别介绍了各种通用和专用工程机械的工作原理、应用领域、基本结构、技术参数，使学生对每一种具体的工程机械有一基本的认识。

　　在以往的教学大纲中，作为专业引导性的课程是工程机械与底盘的构造课，但教材内容通常直接介绍机器的具体结构，而各门专业课程则是讲述自身的专业内容，专门阐述工程机械领域内各类专业知识的总体结构框架和它们之间相互关系的内容很少涉及。因此在工程机械专业的教学大纲中安排这样一门导论性的专业课，并编写相应教材本身就是一种创新的思路。我相信本书的出版将会对工程机械的专业教学起到很好的改进和加强作用。

　　工程机械种类繁多，功能与服务对象各异，本书作者在编写时花费了大量的劳动与心血来收集各方面的技术资料，并尽可能地反映出各类工程机械的新技术。本书不仅是供工程机械专业教学用的教材，对那些希望了解工程机械的读者也是一本很好的专业参考书。

孙祖望

前　　言

本书针对教育部卓越工程师教育培养计划，为工程机械专业的课程建设而编写。作为工程机械专业的先导课或引导课，旨在使学生对工程机械专业有一个全面和系统的了解和认识，为他们准备学习工程机械构建一个专业知识框架。

面对已具有机械制图、机械原理、机械零件、电工与电子技术、微机控制原理、测试与传感技术、液压传动等机械专业基础知识的学生，作为工程机械专业的导论课，试图综合并引领工程机械设计、工程机械底盘设计、工程机械底盘理论与性能、工程机械地面力学、工程机械传动与控制、工程机械发动机与底盘构造、工程机械运用与管理等后续专业课的内容，使学生明确各专业课程的作用和地位，为他们深入学习专业课起到提纲挈领和抛砖引玉的作用。

全书共分三篇十八章。第一篇为工程机械的综合知识，提取各工程机械共性部分撰写，讲述工程机械的概念与定义、用途与分类、发展与趋势、作业介质与行驶地面、功能要求与整体结构、作业与行走装置、动力与传动装置、控制与信息装置等。第二篇为用于各类工程施工的通用工程机械，包括工程施工材料的铲掘与运输机械、压实与捣实机械、加工与制备机械、工程构件的起重运输机械、基础工程的施工机械等。第三篇为某一类工程施工专用的工程机械，包括专用于路桥隧线工程、市政工程、养护工程等的施工机械。

工程机械的种类繁多，用途各异，而限于课程学时和篇幅，不可能在教材中逐一介绍，而只能在第一篇讲述的综合知识的基础上，选取若干在工程施工中常用和典型的通用和专用工程机械，将其用途与分类、原理与结构等内容写进教材，以反映工程机械的整体知识。学生须认真思考，举一反三，以达到触类旁通的学习效果。更加详尽深入的基础理论和专业知识还需在后续课程的学习中深化和在参考文献查阅中扩展。

本书力求简明、全面、系统、新颖之特色。在编写形式上，以领域内涵、总体发展、作业环境、共性理论、工程通用和专用机械等引导章节编排，由总体到局部，由共性到个性，由浅入深，使其层次分明。在编写内容上，阅读了大量的国内外电子图书及文档，吸取了有关工程机械教材的优点，提取并加工了相关章节内容，力求包括所有类别的工程机械，并反映当代新兴工程机械的机型、结构、原理和技术，以体现内容上的全面性、系统性和新颖性。

本书虽然针对工程机械专业本科生教学任务而编著，但也希望对从其他机械专业进入工程机械专业学习的研究生，通过学习本书，能对工程机械专业和行业有一个整体上的认知和学习，并兼顾工程机械专业工程技术人员的学习与参考，以满足国内工程机械制造企业和施工企业技术人员全面了解国内外工程机械技术概况的知识需求。

本书主要由胡永彪编写并统稿，参加本书编写工作的人员还有：杨士敏（第二章）、马鹏宇（第三章第六节、第五章、第十章第四节和第五节、第十四章第七节）。

张新荣、顾海荣和曹学鹏为本书提供了一些资料和建议；研究生张文祥、孟凡为、刘晨敏、王朋辉、谢俊清、赵飞、陈勇参加了书稿中部分插图的绘制和文字处理工作，在此一并表示衷心的感谢。

本书参考和吸取了许多专家和学者的研究成果，将其列入参考文献中，谨致谢忱。

孙祖望教授百忙之中审阅全书并给予了悉心指导，为此深表谢意。

限于作者水平，书中难免存在不妥之处，深望读者不吝给予批评指正。

编著者

目 录

第三篇　专用工程机械

第一篇

工程机械综合知识

第一章 工程机械领域与发展

第一节 工程与工程机械

一、工程的概念

随着人类文明的发展，人们可以制造出功能多样、结构复杂的产品，这些产品不再是功能或结构单一的东西，而是各种各样的所谓"人造系统"（如建筑物、汽车、轮船、飞机等），于是工程的概念就产生了，并且它逐渐发展成为一门独立的学科和技艺。在现代社会中，"工程"一词应用广泛，有广义和狭义之分。就广义而言，工程定义为"由一群人为达到某种目的，在一段较长的时间内进行协作活动的过程"，例如将自然科学的理论应用到具体的工农业生产部门中形成的各学科，包括机械工程、土木工程、电气电子工程、控制工程、生物工程等。就狭义而言，工程定义为"以某组设想的目标为依据，应用有关的科学知识和技术手段，通过一群人的有组织活动，将某个（或某些）现有实体（自然的或人造的）转化为具有预期使用价值的人造产品过程"，例如具体的基本建设项目，包括具体的公路工程、桥梁工程、隧道工程、铁路工程、建筑工程、水利工程等，如图 1-1 所示。工程机械中的"工程"二字，指的就是基本建设项目。

图 1-1 工程实例

a）公路工程 b）桥梁工程 c）隧道工程 d）铁路工程 e）建筑工程 f）水利工程

二、工程机械的概念

工程是工程机械存在的基础。工程建设和维护所需的机械设备称为工程机械，它主要用来完成各种工程建筑材料（土方、石方、钢筋、混凝土等）的铲掘、移动、密实、加工、制备、运输和工程建筑构件的制作、搬运、起重等任务，这些称为施工或作业，如图1-2所示。工程机械的施工和作业在概念上有所不同，前者多用于工程的现场实施工作，后者多用于工程或工业生产工序过程中的工作。

图1-2　工程机械施工实例

a）公路工程施工　b）桥梁工程施工　c）隧道工程施工　d）铁路工程施工　e）建筑工程施工　f）水利工程施工

工程机械是人类从事工程建设和养护的工具和手段，是工程建设生产力水平的表征，也是国家装备工业的重要组成部分。它与农业机械、林业机械、冶金机械、矿山机械、动力机械、化工机械、纺织机械等机械工程的其他应用领域相似，工程机械作为机械工程的一个应用领域，与各种工程建设领域的发展息息相关，与这些领域的现代化建设关系密切。下述工程建设领域是工程机械的最主要市场：交通运输建设（公路、铁路、港口、机场、输送管道等）、能源工业建设和生产（煤炭、石油、火电、水电、核电等）、原材料工业建设和生产（黑色矿山、有色矿山、建材矿山、化工原料矿山等）、农林水利建设（农村筑路、农田水利、农村建设和改造、林区筑路和维护、储木场建设、江河堤坝建设和维护、湖河管理、河道清淤、防洪堵漏等）、工业与民用建筑（各种工业建筑、民用建筑、城市建设和改造、环境保护工程等）。

世界各国对工程机械行业的称谓基本类同，其中美国和英国称为"建筑机械与设备"，德国称为"建筑机械与装置"，俄罗斯称为"建筑与筑路机械"，日本称为"建设机械"。我国在1960年机械系统根据国务院组建该行业批文时，讨论决定把"筑路工程机械""线路工程机械""水利工程机械"等原有命名中的专用形容词去掉，首次将工程兵、铁道兵和各民用部门工程施工单位使用的机械设备统一命名为"工程机械",并一直延续到现在。各国对该行业划定的产品范围大致相同,我国工程机械与其他各国相比还增加了铁路线路工程机械、叉车与工业搬运车辆、装修机械、电梯、风动工具等。目前,国内外逐渐开始使用"重型装备"一词,它包括了工程机械和工程车辆。

第二节 工程机械的分类

工程机械种类繁多,根据相关科学技术不同表述的需要,可按产品、工程、作业介质、作业功能、使用范围、动力、传动等进行分类。

一、按产品分类

我国工程机械行业划定的产品范围共有18大类,各类产品又分为若干种组,各种组产品又分为不同机型产品,形成工程机械产品型谱。下面列举了18类工程机械的主要机种。

1)挖掘机械,包括单斗挖掘机、挖掘装载机、斗轮挖掘机、掘进机械等。

2)铲土运输机械,包括推土机、装载机、铲运机、平地机、自卸车等。

3)工程起重机械,包括塔式起重机、轮式起重机、履带式起重机、卷扬机、施工升降机、高空作业机械等。

4)工业车辆,包括叉车、堆垛机、牵引车等。

5)压实机械,包括压路机、夯实机械等。

6)路面机械,包括路面基层修筑机械、沥青混凝土路面和水泥混凝土路面摊铺机、搅拌设备、路面养护机械等。

7)桩工机械,包括打桩机、压桩机、钻孔机、旋挖钻机、连续墙抓斗等。

8)混凝土机械,包括混凝土搅拌运输车、搅拌站(楼)、振动器、混凝土输送泵、混凝土泵车、混凝土制品机械等。

9)钢筋与预应力机械,包括钢筋加工机械、预应力机械、钢筋焊机等。

10)装修机械,包括涂料喷刷机械、地面修整机械、擦窗机等。

11)凿岩机械,包括凿岩机、破碎机、钻机(车)等。

12)气动工具,包括回转式及冲击式气动工具、气动马达等。

13)铁路线路机械,包括道床作业机械、轨排轨枕机械等。

14)市政工程与环卫机械,包括市政工程机械、环卫机械、垃圾处理设备、园林机械等。

15)军用工程机械,包括路桥机械、军用工程车辆、挖壕机等。

16)电梯与扶梯,包括电梯、扶梯、自动人行道等。

17)工程机械专用零部件,包括液压件、传动件、驾驶室等。

18)其他专用工程机械,包括水利、电站专用工程机械等。

二、按工程分类

根据不同的工程建设和维护需要,通常有如下分类:

1)筑养路工程机械(简称筑养路机械),包括土石方机械、路面机械、压实机械、混凝土机械、起重机械、工程车辆、公路养护机械等。

2)桥梁工程机械(简称桥梁机械),包括桩工机械、钢筋与预应力机械、混凝土机械、起重机械、架桥机械、提梁机、运梁车、桥梁维护机械等。

3）隧道工程机械（简称隧道机械），包括掘进机械、盾构机械、钻爆机械、通风及供配电设备、隧道维护机械等。

4）铁路线路工程机械（简称线路机械），包括路基机械、道床机械、整道机械、铺轨机械、焊轨设备、线路检测设备、铁路救援机械等。

5）建筑机械，包括桩工机械、土石方机械、压实机械、混凝土机械、工程起重机械、装修机械等。

6）水利工程机械（简称水工机械或水利机械），包括桩工机械、土石方机械、混凝土机械、电站和水利专用工程机械、沟渠机械、清淤机械、灌溉机械、排水机械等。

7）军用工程机械，包括野战工程机械、军用设施建筑机械和后勤保障机械等。

三、按作业介质分类

工程机械作业介质材料种类众多，但按介质分类通常有如下几类：

1）土方机械，主要指用于土方的推移、挖掘、铲运、装载、平整、运输、压实等作业的工程机械。

2）石方机械，主要指用于石方的钻孔、掘进、爆破、破碎、筛分、洒布等作业的工程机械。

3）水泥混凝土机械，主要指用于水泥混凝土的制备、运输、输送、布料、摊铺、捣实、养生等作业的工程机械。

4）沥青及沥青混凝土机械，主要指用于沥青及沥青混凝土的制备、运输、布料、喷洒、摊铺、压实等作业的工程机械。

5）稳定土机械，主要指用于基础稳定材料的制备、运输、布料、摊铺、压实等作业的工程机械。

6）钢筋机械，主要指用于水泥钢筋混凝土结构物中的钢筋加工、拉制、捆扎、焊接等作业的工程机械。

7）钢结构机械，主要指用于钢结构的加工、成形、焊接、起重、运输、架设等作业的工程机械。

四、按作业功能分类

从工程机械按作业介质分类看，工程机械作业功能也非常多，目前个别多功能工程机械能置换三十多种工作装置。如按作业功能进行分类，主要有挖掘、推移、装载、平整、凿岩、钻孔、破碎、铣刨、筛分、搅拌、运输、输送、摊铺、洒布、压实、捣实、成形、搬运、起重、架设、锯切、剪切、清扫、除雪等机械。

五、按使用范围分类

按使用范围分类，工程机械可分为通用工程机械和专用工程机械。通用工程机械应用于各类工程施工，包括各种材料的制备和生产、运输和搬运及起重、压实与夯实机械等，使用量大，应用面广；而专用工程机械仅用于某一类工程施工，例如路桥隧道等工程机械，使用量小，应用面窄。

六、其他分类

按工程机械配置的动力源类型，工程机械分为电动机械和内燃机械；按传动方式分为机械式、液力机械式、液压机械式、全液压式、电传动式、气动式机械；按有无行走转向装置分为拖式、手扶式和自行式机械，自行式机械按其牵引力使用功能又可分为运输型、牵引型和驱动型等；按行走装置类型分为轮胎式、履带式、汽车式、轨行式和步履式机械；按可移动性能分为固定式、半固定式和移动式机械；按机械生产能力大小分为小型、中型、大型、特大型机械等。

第三节 工程机械发展简史

一、世界工程机械发展史

工程机械是人类改造自然使之满足交通运输、城乡居住、水利设施和矿产开发要求的必不可少的工具，并伴随着人类社会的不断进步而逐渐发展与完善。工程机械在人类历史的长河中，发生过几次决定人类命运的大革命。第一次革命发生在大约200万年前，在原始社会早期，人类学会使用诸如石斧、石刀等最简单的工具。第二次革命发生在大约79万年前，人类学会用火制造工具。第三次革命发生在大约15000年前，人类进入农耕时代，从学会制造和使用杠杆、桔槔、辘轳、人力车、兽力车等简单工具，发展到较复杂的水力驱动的水碾和风力驱动的风车等较为复杂的机械。第四次革命发生在18世纪60年代从英国开始的第一次工业革命和19世纪60年代开始的第二次工业革命。1785年瓦特制成的改良型蒸汽机投入使用，使人类社会进入"蒸汽时代"，1821年法拉第发明了电动机，1859年法国工程师勒努瓦发明了煤气内燃机。以蒸汽机、电动机和内燃机作为动力源的近代工程机械促进了交通运输业和工程机械制造业的快速发展，人类开始进入现代化的文明社会。第五次革命开始于1946年，那时发明了电子计算机，随后计算机与液压、液力传动技术，电子自动控制技术，信息技术和传感技术有机结合，使工程机械进入现代化的阶段，加速了人类社会的繁荣与进步。人类可以驰骋陆地、穿越海底、横跨江河、雄居高楼，所有这一切都离不开工程机械。工程机械的发展已进入智能化阶段。图1-3展示了以压路机为代表的工程机械的发展进程。

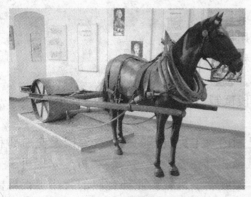

a)   b)

图1-3 压路机发展进程

a) 19世纪初出现马拉压路滚轮   b) 19世纪中叶蒸汽压路机替代马拉压路滚轮

c)　　　　　　　　　　　　　　　d)

图 1-3　压路机发展进程（续）

c）20 世纪初内燃压路机逐渐取代蒸汽压路机　d）当代液压传动及数字自动控制的压路机

二、中国工程机械发展史

中国是一个具有五千年悠久历史的文明古国，中国古代工程机械和古代建筑工程不乏精美之作。史载公元前 1600 年左右，中国人已使用桔槔和辘轳。前者为一起重杠杆，后者是手摇绞车的雏形。依靠古代凿山引水和起重运输机械，创造了举世闻名的都江堰（公元前256 年）、万里长城（公元前 206 年）等工程奇迹。

中国近代工程机械由于错过了世界工业革命而没有得到任何发展，直到 1940 年才在大连仿制出了我国第一台以蒸汽机为动力的自行式压路机，从此开始了工程机械的制造。此后，我国工程机械的发展可分为如下所述的起步、追赶、加速和超越四个阶段。

（1）起步阶段（1949 ~ 1957 年）　新中国成立后，经过三年的经济恢复时期和 1953 ~ 1957 年第一个五年计划时期，1952 年上海市工务局机械厂（现为一拖（洛阳）建筑机械有限公司）试制成功我国第一台 6 ~ 8t 两轮内燃压路机；1954 年大连通用机器厂（现为大连重型机器厂）试制成功平地机和铲运机。这揭开了我国工程机械制造历史的新篇章，开始向自行制造工程机械迈进。图 1-4 所示为该阶段试制的第一台三轮压路机。

图 1-4　1954 年我国第一台三轮压路机

（2）追赶阶段（1958 ~ 1978 年）　为满足国内对工程机械的需求，原国家交通部和机械部又相继创办了新的工程机械制造厂。机械部相继在各地成立了装载机、挖掘机、平地机、推土机、起重机等专业工程机械厂。1961 年成立了机械工业部直属的天津工程机械研究所，交通部成立了郴州筑路机械厂（1968 年）和新津筑路机械厂（1971 年）。从 1958 年开始，国内研制出一些第一代工程机械产品。例如，1958 年西安筑路机械厂试制成功国内第一台手扶式振动压路机；1958 年原天津建筑机械厂研制出第一台推土机（见图 1-5）；1959 年西安筑路机械厂又试制成功 500kg 手压式沥青洒布机；1960 年，西安公路学院（现长安大学）研制成功拖式振动压路机；1964 年厦门工程机械股份有限公司研制成功中国第一台装载机 Z—435；交通部公路科学研究所与西安筑路机械厂于 1969 年成功研制出的 LB—30 型强制间歇式沥青混凝土搅拌设备，如图 1-6 所示；交通部公路规划设计院与西安筑路机械厂于 1975 年试制成功国内第一台 GL—30 型缆索架桥设备，于 1976 年试制成功的 LT6 型（铺宽 2.7~4.5m）沥青混凝土摊铺机，如图 1-7 所示；交通科学研究院、原西安公路学院与西安筑路机械厂于 1977 年共同研制成功 QY—1230 型全液压清岩机。此阶段在我国奉行独立自主、自力更生的原则下，形成了初具规模的工程机械专业生产基

图 1-5　1958 年我国第一台推土机

地。在产品研制、开发、生产方面，不仅能生产一些小型的工程机械产品，而且可以生产一些中型的工程机械设备，产品品种、型号、数量都得到进一步的增加。

图 1-6　我国第一台沥青混凝土搅拌站

图 1-7　我国第一台沥青混凝土摊铺机

（3）加速阶段（1978~2000 年）　1978 年国家实行对外改革开放政策，国际先进工程机械产品和技术相继进入中国。国家把交通运输等基础建设作为国民经济基础产业优先发展，为我国工程机械带来了前所未有的发展机遇。国内工程机械生产厂家积极引进、消化、吸收国外工程机械先进技术，工程机械生产规模加速扩大，大型工程机械企业集团纷纷成立。1980 年山东推土机总厂组建并引进小松履带式推土机技术；1989 年徐州工程机械集团（徐工）成立；1992 年中联重工科技发展股份有限公司（中联重工）创立；1993 年山东方圆集团有限公司、柳州工程机械集团（柳工）、龙岩工程机械控股有限公司（龙工）相继创立；1994 年三一重工业集团有限公司（三一重工）创立；1995 年厦门工程机械集团有限公司（厦工）成立。此阶段的特点是国际先进技术的引进、消化、吸收，大型工程机械企业集团创立并上市。

（4）超越阶段（2001 年至今）　2001 年中国加入世界贸易组织。截至 2009 年，工程机械行业规模以上的生产企业有 1400 多家，其中主机企业 710 多家，职工 33.85 万人，资产总额达到 2210 亿元。中国工程机械销售额由 2001 年的 560 亿人民币上升到 2010 年的 4000 亿人民币，年平均增长率为 22%。中国工程机械出口额由 2001 年的 6.89 亿美元上升到 2008 年的 134.22 亿美元，年平均增长率为 45%。2010 年有 9 家中国工程机械企业进入世界工程机械 50 强行列，徐工、中联重工和三一重工分别位居第 9、第 10 和第 12 位，有 24 家

大中型工程机械企业成为 A 股、H 股的上市公司。在重大技术装备国产化方面成绩惊人，例如我国自行研制的全球最大的水平臂上回转自升塔式起重机，世界最长的 72m 臂架混凝土输送泵车，国内最大的 500 ~ 1000t 级的全路面起重机，1000 ~ 2000t 级履带式起重机，12t 大型装载机，510 马力（1 马力 = 735.499W）推土机，额定起重量 46t 叉车，最大直径为 11.22m 的水泥平衡盾构机，220t 电动轮自卸车，55m³ 露天矿用挖掘机，高速铁路成套设备等一大批产品达到或超过世界先进水平。继 2007 年我国工程机械产销量超越美国、日本等国后，又于 2009 年实现销售收入跃居世界第一，2010 年中国工程机械产量和销售额双双跃居全球第一，成为真正的世界工程机械产销大国。此阶段的特点是中国工程机械国际化程度逐步提高，自主创新能力不断增强，与世界先进水平的差距逐渐缩小，工程机械产、销量，生产部分产品的能力和技术水平位列世界第一，实现了中国工程机械制造业的超越。图 1-8 所示为 2010 年上海世界工程机械宝马展上的中国工程机械，部分展示了超越阶段的中国工程机械的惊人成就。

图 1-8　2010 年上海世界工程机械宝马展上的中国工程机械

第四节　工程机械的发展趋势

一、整机技术

当代和未来的工程机械整机技术将会在如下几个方面和方向上取得进展：

1）整机环境适应性技术，使得工程机械能在极端温度、极端压力、特殊地面等环境条件下运行，实现在高寒地区、高原地区、沙漠草原、海床江底、滩涂山区、极地星球等环境中作业。图 1-9 所示为用于水下作业的挖掘机。

2）整机匹配优化技术，进一步使工程机械更加强劲有力、快速高效、节能经济。

3）整机自适应技术，包括整机载荷自适应技术、功率整机自动匹配和自适应技术，使工程机械更加适应作业实际要求。

4）数字化整机设计制造技术，采用数字仿真平台实现整机虚拟设计、虚拟制造和虚拟作业，如图 1-10 所示。

图 1-9　水下挖掘机

图 1-10　虚拟挖掘机

5）工程机械绿色技术，逐步使工程机械实现零排放、零废弃、全再生。

6）整机可靠性技术，使工程机械整机能够实现全寿命健康作业及运行。

7）工程机械整机智能技术，在整机自适应技术的配合下，结合整机的可视化、远程化、机器人化和无人化技术的发展，逐步使机器具有对自身的运行和健康状态进行自动计算、分析、判断、决策和执行的功能，实现工程机械真正意义上的全面智能化。

二、动力技术

柴油机电控技术是在解决能源危机和排放污染两大难题的背景下，在飞速发展的电子控制技术平台上发展起来的。该项技术的特点是可改善低温起动性，使柴油机低温起动更容易；能精确地将喷油量控制在不超过冒烟界限的适当范围内，同时根据发动机的工况调节喷油时刻，从而有效地抑制排烟量；采用柴油机电控系统，无论负荷怎样增减，都能保证发动机怠速工况下以最低的转速稳定运转；在柴油机电控系统中，ECU 根据传感器信号，能精确计算喷油量和喷油时刻，从而提高发动机的动力性和经济性。

混合动力装置就是由电动机和燃油发动机组合而成的动力装置，现在只用于小轿车上，其功率较小，但随着技术的发展已开始应用于工程机械。

电动力装置是一项环保型动力装置，目前多用于小轿车。随着大功率电源的研制，将会逐步应用于工程机械。

生物燃料发动机的特点是其燃料具有可再生性。在"化石"燃料危机的时代，寻找一种可再生的能源迫在眉睫。生物燃料是一种可再生能源，来源非常广泛，如稻草、麦梗、木材、玉米、甘蔗、藻类生物等。生物燃料发动机的另一特点是具有环保性。生物燃料替代了传统车用燃料，降低了温室气体的净排放量；利用生活垃圾等有机废物生产燃料，可改善城市生活环境。

电喷天然气发动机在精确控制空燃比、改善排放、提高动力性以及起动、怠速、加速和减速等诸多方面都优于一般发动机。

涡轮式发动机在军工坦克车上有所应用，具有动力性好、加速性高等特点。把该种动力装置应用于特种工程机械上将会具有良好的适应性。

防爆发动机可应用于在煤矿等具有高瓦斯环境中作业的工程机械。该发动机在排气管、燃油系统、电控系统等方面均采取了特殊设计，能防止产生火源，具有低排放等特点。

三、传动技术

机械液压混合动力传动系统是基于静液传动技术而形成的一种新型传动系统，具有无级变速的精细速度调节，容易实现正反转，能防止发动机超负荷运转以及可靠性高等特点，同时还可回收车辆的制动动能，保证发动机工作于最佳燃油经济区。机械液压混合传动系统在中、重型车辆和工程机械上具有很强的竞争力，在节能环保促进社会可持续发展方面具有重要的理论意义和实际应用价值。

自动换挡动力系统目前广泛应用于装载机，其自动变速器通常有一个人力换挡和三个自动换挡模式（即低、中、高挡），通过合理选择，操作人员可使机械作业条件与发动机最佳性能相匹配。根据装载机的行进速度、发动机速度和其他工况参数自动选择合适的挡位。如小松装载机自动换挡动力系统在铲土作业时自动从 II 挡下降到 I 挡。国外 Caterpillar、Volvo等厂家所生产的装载机均具有自动换挡功能。国内自动换挡技术目前处于研究阶段，产品化的自动换挡变速器暂不成熟。自动换挡动力系统还将会应用于平地机、推土机等其他工程机械上。

四、控制与信息技术

现代工程机械控制的基本特征是机械电子液压融合控制技术，多学科的交叉应用使现代工程机械的性能与品质更为卓越，作业效率与可靠性进一步提高。

CAN 总线技术将控制设备、监视设备、传感器、卫星定位与远程通信设备等功能有机集成在一起，使得工程机械控制系统结构更加简洁，功能更为强大、开放。

随着对工程机械作业性能与品质要求的提高，现代工程机械的行走控制技术内容更为复杂与丰富，包括了方向与速度控制、挡位控制、直线纠偏控制、恒速控制、防滑控制、同步控制、起停过程控制与反拖控制等控制内容。

模块化的专用控制技术减轻了整机控制系统的负担，如自动找平控制、泵车臂架减振控制、起重机力矩限制控制、拌和设备的温度控制等专用控制系统，都是具有相对独立功能的控制模块。

以功率自适应控制、发动机变功率控制等技术为代表的工程机械节能控制技术是目前的研究热点之一。这些技术的应用，使现代工程机械动力系统与传动系统的匹配更加合理，整机的动力性与经济性显著提高。

五、智能化技术

智能化技术综合了人工智能、现代控制方法、先进传感检测技术、高级驱动技术，为工程机械的创新提供了更高的平台支撑。目前，智能化技术主要体现在以下几个方面：基于通用或专用的控制器的中央智能控制技术、基于分布式传感测量系统的机器状态智能感知技术、故障诊断的专家智能技术、施工作业控制的智能化决策技术、智能化驱动技术、与通信技术相结合的远程智能化管理技术等。

六、节能环保技术

节能就是单位 GDP 能耗的降低。工程机械的节能技术可分为行走式机械节能和固定式机械节能两大部分。行走式机械节能技术包括：改善内燃式发动机燃烧性能、采用电子喷射技术、降低发动机转速等；使用混合动力，如卡特公司推出的混合动力 D7E 推土机、小松公司推出的 PC200—8 挖掘机；挖掘机中的液压负载传感技术，可提高系统的效率，并可大幅度降低油耗；不同的工程机械在工作中会有一些停歇、制动或空负荷运转阶段，如果回收这些能量并加以利用，可以减少发动机的功率消耗，达到节能的目的，如丰田的普瑞斯轿车在制动时通过发电机和蓄电池回收动能，挖掘机的回转制动动能和装载机的动臂下降势能都可以回收。固定式机械节能表现在典型的沥青搅拌设备上，如采用连续式双滚筒搅拌设备可减少热量散失；优化燃烧器以提高燃烧效率；合理匹配烘干筒、除尘器和引风系统三者关系以提高加热效率等。节能是未来工程机械发展的主导方向。

工程机械的环保主要指的是降噪和减少有害气体的排放。工程机械的环保技术主要依赖于动力环保技术和燃烧加热系统排放控制技术的发展。此外，未来会根据工程机械的结构特点，理论上分析噪声产生的机理和不同噪声源的特性，利用声强法和频谱分析方法确定主要噪声源；根据噪声源的位置和特性，采取相应的控制措施降低整机噪声；利用二次燃烧技术、循环再生技术、新型除尘净化技术减少整机系统的排放。

七、人机工程技术

目前先进的工程机械在人机工程方面创新突出。美观化外形、舒适化驾驶、一指化操作、全景化视野技术等大大提高了工程机械的美观性、舒适性、操作性、可读性、可达性、安全性等。借助于新型设计技术、材料技术、色彩技术、数码技术、声光电技术、视觉技术等，未来的工程机械会更加人性化。

小　结

　　本章由工程引出工程机械，对工程机械的概念、分类、历史发展和未来趋势进行了概括性的阐述。工程机械是人类改造自然和征服自然的有力工具，人类使用现代工程机械完成了地面地下、水上水下人造土木结构，尤其是大型土木结构工程的现代化建设。没有现代工程机械，就没有现代化的工程。随着工程材料的创新，工程规模的扩大，工程功能的拓展，机械相关能源、材料、信息、生物技术的发展，工程机械的品种、规格、功能会不断丰富完善，工程机械的科学技术发展也会与时俱进、日新月异。

第二章　工程机械的作业介质与行驶地面

工程机械作业介质的物理机械性质和行驶地面的特性对工程机械的工作和行驶过程影响很大，它们影响到工程机械的动力特性、运动特性、工作阻力、作业效率和作业质量，所以有必要了解作业介质的物理机械性质和行驶地面的特性。常见的工程机械作业介质除土壤以外，还包括岩石、水泥混凝土、沥青混凝土等。工程机械行驶的地面主要有两类，一类为松软地面，包括各种土路、沙漠地面和沼泽地等；另一类为硬路面，包括水泥混凝土路面、沥青混凝土路面和冰雪冻结路面等。

第一节　土的物理机械性质

一、土的形成

所谓土或土壤，是由岩石的物理风化和化学风化所产生的固体颗粒，以及颗粒之间的水和空气三部分组成。风化后的固体颗粒仍留在原来位置者称为残积土；由于各种原因而搬动者（如雨水的冲刷、淤积）称为运积土。农业上的"土壤"是指生长了有机物并含有较显著的腐殖质的土体表层。本书中，土与土壤二词没有本质的区别，并且在一般情况下，亦不考虑其中是否含有机物。与土壤一词相对应，岩石是指由极大强度和永久性内聚力结合的矿物自然团。

二、土的组成

工程中所研究的土并不只是土的颗粒，而是松散堆积物的整体。土是由不同的相所构成的多相体系。矿物颗粒组成的骨架，其间有孔隙，若孔隙中同时存在着水和气体，则土是三相的，土粒、水和气体分别称为土的固相、液相和气相。有时土粒间的孔隙全部被水所充满，形成饱和土，则土便是两相的（即固相与液相）。当土粒间的孔隙只存在空气时，无水的干土也是两相的（即固相与气相）。土的各相之间的相对含量和相互作用对土的状态与性质有着明显的影响。

1. 土的固体颗粒

土的固相主要由矿物颗粒构成，有时还会存在有机质。自然界中，土粒大小很不均匀，碎石颗粒的直径可达 10cm 以上，而在平静的水中缓慢沉积的细微黏土颗粒的直径有时只有万分之一毫米。

土的粒组划分见表 2-1。表中所确定的几个粒径界限尺寸基本符合土粒性质由量变到质变的规律。例如，当粒径大于 2mm（砂石、砾石颗粒）时，土中不具有毛细力，土粒间不存在相互连结；当粒径为 0.05～2mm（砂粒）时，土中存在毛细力，然而不具备黏聚性，遇水不膨胀；当粒径为 0.005～0.05mm（粉粒）时，土粒具有黏聚性，但随着水分的减少，土粒间的连结力不断减弱；而当粒径小于 0.005mm（黏粒）时，土不仅具有很大的黏聚性，且遇水膨胀性和干燥收缩性显著，并随着水分的减少，土会变得更加坚硬。所以，颗粒越小，与水的相互作用就越强烈。例如，大的圆砾粒及角砾粒的粗颗粒和水之间几乎没有物理化学力的作用，而粒径小于 0.005mm 的黏粒和胶粒受水的影响很强烈，遇水时出现黏性、可塑性、膨胀性等粗颗粒所不具有的诸多特性。

表 2-1　土的粒组划分表

颗　粒　名　称		粒径/mm
砾石（浑圆或圆棱） 或角砾（尖棱）	大	10 ~ 20
	中	4 ~ 10
	小	2 ~ 4
砂粒	粗	0. 5 ~ 2
	中	0. 25 ~ 0. 5
	细	0. 05 ~ 0. 25
粉粒		0. 005 ~ 0. 05
黏土粒		<0. 005

2. 土的级配

天然的土是各种不同大小的土粒的混合体，它包含着几种粒组的土粒。不同粒组在土中的相对含量，在很大程度上决定着土的工程特性，因此常作为土的工程分类依据。这种相对含量用各粒组的质量占土样总质量（干土质量）的百分比来表示，叫做土的级配。它是通过土的颗粒分析试验确定的。

为了直观起见，土的级配常以颗粒级配曲线来表示。如图 2-1 所示，图中纵坐标表示小于某一粒径的土粒占土样总量的百分数，以普通尺度表示；横坐标表示颗粒直径，以对数尺度表示。从曲线图上可以看到粒组范围和土的级配以及颗粒分布情况。

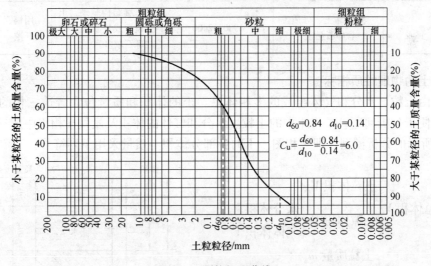

图 2-1　颗粒级配曲线

通常用不均匀系数 C_μ 来衡量土壤颗粒级配情况，即：

$$C_\mu = \frac{d_{60}}{d_{10}}$$

式中 d_{60}——对应于级配曲线上 60% 数值的颗粒直径；

d_{10}——对应于级配曲线上 10% 数值的颗粒直径。

C_μ 值越大，说明粒径级配曲线越平缓，表示土的级配越好。工程上把 $C_\mu < 4$ 的土称为级配均匀的土，而把 $C_\mu > 10$ 的土称为级配良好的土。在此条件下，大颗粒之间的空隙被小颗粒所填充，土壤易被压实。因此，级配良好的土壤形成一种比级配均匀的土壤更加稳定的铺层。

三、土的分类

自然界的土壤千差万别，工程性质变化很大，为了正确评价土壤的工程性质，必须对土壤进行分类。土壤的分类方法很多，例如粒径级配分类法（即三角坐标图分类法）、卡沙格兰德分类法（即塑性图分类法）和土质坚硬程度分类法。在此仅介绍按土质坚硬程度分类法。

土质坚硬程度决定了土方工程施工的难易程度，它是确定工程施工定额的主要依据。我国按土质坚硬程度将土壤分成四个级别，见表 2-2。

表 2-2　一般工程土分级表

土壤的级别	土 质 名 称	自然湿密度/(kg/m²)	外 形 特 征	开 挖 方 法
I	砂土、种植土	1650～1750	疏松、黏着力差或易透水，略有黏性	用锹或略加脚踩开挖
II	壤土、淤泥、含壤种植土	1750～1850	开挖时能成块并易打碎	用锹加脚踩开挖
III	黏土、干燥黄土、干淤泥、含少量砾石黏土	1800～2400	粘手，看不见砂粒或干硬	用镐、三齿耙开挖或用锹稍加脚踩开挖
IV	坚硬黏土、砾质黏土、含卵石黏土	1900～2400	土壤结构坚硬，土分裂后成块状或含黏粒砾石较多	用镐、三齿耙等工具开挖

四、土的物理性质指标

土是由土粒、水分和气体组成的多相体系。土的体积和质量包含着这三相的体积和质量，为了便于分析问题，常将土中的土粒、水分和气体的体积及质量按相集中成三部分，构成图 2-2 所示的分析模型，即三相图。土的各部分体积与质量采用下列符号：

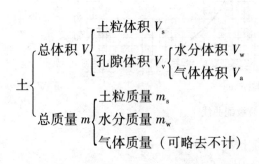
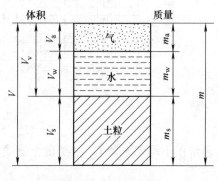

图 2-2　土的三相图

土的状态与性质无一不受到三相间数量关系的影响。土的压密与击实，实质上是土中孔隙的减小。土的干湿反映着孔隙中水分质量的增减。为了定量描述土的三相间的数量关系，并找出它们与土的状态和性质之间的变化规律，首先需要确定反映各相间纯数量关系的指标。有些数量指标必须通过试验直接测定，称为实测指标；而另一些指标则可依据实测指标计算出来，称为导出指标。

1. 实测指标

（1）土粒容重 γ_s 土粒容重 γ_s 为土中矿物颗粒的容重，即每单位体积矿物颗粒的质量（g/cm^3）

$$\gamma_s = \frac{m_s}{V_s} \tag{2-1}$$

在进行近似计算时，砂土、亚砂土土粒容重为 $2.65 \sim 2.70g/cm^3$，亚黏土为 $2.7g/cm^3$，黏土为 $2.75 \sim 2.80g/cm^3$。

（2）土的容重 γ 土的容重是指单位体积土的质量（g/cm^3），又称土的湿容重。根据土的三相之间的体积与质量关系，其容重应为

$$\gamma = \frac{m}{V} = \frac{m_s + m_w}{V_s + V_v} \tag{2-2}$$

在进行近似计算时，砂土的容重取 $1.4g/cm^3$，亚砂土和亚黏土取 $1.6g/cm^3$，重亚黏土取 $1.75g/cm^3$，黏土取 $1.8 \sim 2.0g/cm^3$。

（3）含水率 W 土的含水率为土中水的质量与土粒质量之比，用百分数表示，即

$$W = \frac{m_w}{m_s} \times 100\% \tag{2-3}$$

2. 导出指标

（1）孔隙比 e 土的孔隙比 e 是孔隙的体积与土粒体积之比，即

$$e = \frac{V_v}{V_s} \tag{2-4}$$

根据三个实测指标，可以计算孔隙比

$$e = \frac{\gamma_s(1+W)}{\gamma} - 1 \tag{2-5}$$

（2）饱和度 S_r 土中孔隙被水充满的程度称为饱和度，以土中水分的体积与孔隙体积之比来表示

$$S_r = \frac{V_w}{V_v} \tag{2-6}$$

若 $S_r = 0$，表示土中无水；若 $S_r = 100\%$，则表示孔隙中充满着水，土是饱和的。碎石类土及砂类土的潮湿程度依据饱和度划分见表2-3。

表2-3 碎石类土及砂类土潮湿程度划分表

分 级	稍 湿	潮 湿	饱 和
饱和度（S_r）	$S_r \leqslant 0.5$	$0.5 < S_r \leqslant 0.8$	$S_r > 0.8$

土的饱和度 S_r 可以根据土的孔隙比 e、土粒容重 γ_s 及含水率 W 用下式计算

$$S_r = \frac{\gamma_s W}{e} \qquad (2\text{-}7)$$

（3）土的干容重 γ_d　包括孔隙在内的单位体积土中颗粒的干质量称为干土容重，即土的干容重 γ_d

$$\gamma_d = \frac{m_s}{V} \qquad (2\text{-}8)$$

对于一定的土粒容重而言，土的干容重仅取决于其孔隙的多少，因此，在工程上常用它来表示土的密实程度。一般 γ_d 达到 $1.6t/m^3$ 以上，土就比较密实。

土的干容重也是一个导出的指标，依据实测指标可计算出来，其公式为

$$\gamma_d = \frac{\gamma}{1 + W} \qquad (2\text{-}9)$$

五、土的物理状态指标

1. 黏土的塑性

（1）液限 W_L、塑限 W_P 与缩限 W_C　塑性指黏性土在外力作用下可以塑成任何形状，而不产生裂缝，并且在外力解除后仍能保持已有的变形而不恢复原状的一种性质。通常黏性土属于可塑性土，而砂和砾石则为非塑性土。黏性土含水率的变化，对土所处的物理状态的变化影响很大，按黏性土含水率的不同，可将黏性土分为四种基本状态，即固态、半固态、塑态和液态，如图 2-3 所示。

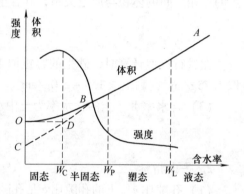

图 2-3　黏性土的体积、强度与含水率的关系图

若黏性土中土粒间的孔隙全部被水充满，则土粒处于悬浮状态，土呈液态。如逐渐蒸发土中水分，必然会伴随土的密度增大和体积收缩，土开始呈塑性状态（即塑态），这一分界含水率称为土的液限 W_L。随着水分的继续蒸发，体积进一步收缩，而土仍呈塑性状态。当孔隙中的自由水大致蒸发完毕时，土的强度开始迅速提高，并开始失去可塑性而呈半固体状态，这一分界含水率称为土的塑限 W_P。若在此基础上继续蒸发土中水分，土的体积仍将随之收缩，直到停止收缩，呈现出图 2-3 所示的 BO 曲线段，若延长图中直线段 AB，并自 O 点作水平线交 AB 的延长线于 D，则土的收缩曲线 ABO 可近似地以折线 ADO 代替，而相应于 D 点的含水率称为收缩界限，简称缩限 W_C。从这时开始，土呈固体状态。黏性土的体积、强度随含水率变化的大致情况如图 2-3 所示。

土壤的液限和塑限对估计车辆的"可行驶性"具有一定意义。当含水率 $W > W_L$ 时，车辆行驶困难；当 $W_P < W < W_L$ 时，车辆可行驶通过；而当 $W < W_P$ 时，车辆的通过性良好。

（2）塑性指数 I_P　当土中细粒（黏粒）的含量增加时，液限与塑限都将提高。同时，随着黏粒含量的增多，液限的增加速度要比塑限的增加速度快得多，亦即液限与塑限的差值将随着黏粒含量的增加而加大，在工程上常将液限与塑限之差称为塑性指数（习惯上用不带%的数值表示），以 I_P 表示，则有

$$I_P = W_L - W_P \qquad (2\text{-}10)$$

因而，塑性指数反映了土的可塑性范围。土的塑性指数越高，其黏性与可塑性也越好。对于砂土，$W_L = W_P$，$I_P = 0$。塑性指数过高或过低都会影响车辆的行驶。在黏粒含量很少的土壤中，I_P 接近于 0，在干燥气候下，土壤脆弱易破裂，车辆行驶后，易尘土飞扬，使车辆运行产生困难。在 I_P 值过高的黏土中，当气候潮湿时，土壤变软易造成车辆打滑，不利于车辆的行驶通过。

2. 砂性土和松散土的相对密度

砂土是无黏性的散体，不具有可塑性。对于砂性土和松散土，最主要的物理状态指标就是密实度，用它可评价车辆行走装置下陷的程度。为了反映砂性土和松散土的松紧程度，考虑到土的级配因素，通常采用相对密度 D_r 来表示其密实的程度。

$$D_r = \frac{e_{max} - e}{e_{max} - e_{min}} \qquad (2\text{-}11)$$

式中　e_{max}——土在最松散状态时的孔隙比，即最大孔隙比，由式（2-5）计算；

e_{min}——土在最密实状态时的孔隙比，即最小孔隙比，式（2-5）计算。

表 2-4 给出了一些粒状土壤的相对密度值。

表 2-4　粒状土壤的相对密度值

相对密度 D_r(%)	0~15	15~35	35~65	65~85	85~100
土壤状况	很松散	松散	中等密度	密实	很密实

六、土的开挖力学特性

在挖掘（切、削）土体时，土体的破坏会出现图 2-4 所示的四种情况。图 2-4a 所示为含水率很低的黏性土，机具难以切入，破坏后的土体呈块状分离；图 2-4b 所示为中等含水率的黏性土，机具较难切入，破坏后的土体不完全分离且呈阶梯状；图 2-4c 所示为含水率很高的黏性土，机具易切入，破坏后的土体呈片状；图 2-4d 所示为非黏性土或黏性很小的土，机具很易切入，破坏后的土体呈松散隆包状。

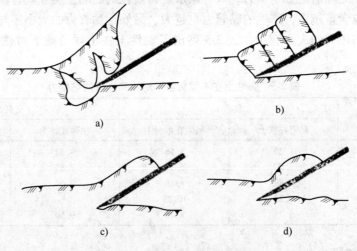

a)　　　　　　　　　b)

c)　　　　　　　　　d)

图 2-4　土在挖掘时的四种状态

土体破坏为什么会出现这些不同的形状，并且抵抗破坏力的大小（切入的难易）又各不相同呢？原因是土体的内部颗粒之间存在着内摩擦力和内聚力，土体的外部对所接触的机具表面存在黏着力。土的内摩擦力、内聚力和黏着力的共同作用导致土在挖掘时出现四种状态。

1. 土的内摩擦力

土中的砂土颗粒之间在相对变形或移动时，由于咬合或摩擦会产生抗力，称之为土的内摩擦力。砂土的抗剪强度 τ_f 与剪切面上的法向应力 σ 和内摩擦角 φ 的正切成正比，即

$$\tau_f = \sigma \tan\varphi \tag{2-12}$$

试验表明，松散砂土自然堆积塌落后所形成的最大坡角（它能使土体保持稳定的位置，也称为天然休止角或安息角）与该土的内摩擦角相等。对于黏性土，虽然也具有天然休止角，但这些土具有明显的凝聚力，因此，它的下滑阻力的构成不仅仅是土粒间的内摩擦力所致。故这类土的天然休止角要大于内摩擦角。

经土工试验测定，粗砂的计算内摩擦角为 36°～38°；中砂为 33°～38°；细砂和粉砂为 23°～34°；粉质黏土为 21°～28°；亚黏土和黏土为 13°～22°。

影响内摩擦角变化的主要因素有：① 土粒的矿物成分、形状及级配；② 土的孔隙率与含水率。颗粒越大，形状越不规则，表面越粗糙，土体的孔隙率越小，土越密实，则内摩擦角也越大；而含水率越大，内摩擦角越小。

2. 土的黏性和内聚力

黏性土的颗粒有粘在一起而不散开的性质，也可以粘附在其他物体的表面，这就是土的黏性。土的黏性来源于土粒之间的内聚力。一般将内聚力按成因不同分为原始内聚力、加固内聚力和毛细内聚力三种。由土粒间的分子引力产生的内聚力称为原始内聚力，颗粒越近，吸力越大；由于化学胶结作用而形成的内聚力，称为加固内聚力；由于孔隙中毛细水的毛细压力产生的内聚力，称为毛细内聚力。

3. 土的黏着力

土的黏着力是指土体在一定含水率的情况下能够粘附于其他物体表面的力。黏着力是由于土粒和水分子之间的电分子引力，只有亲水矿物颗粒组成的土类才具有黏着力，且土质越细腻，黏性颗粒含量越多，产生的黏着力也越大。另外，黏着力的大小还与被粘附物体表面的亲水性能及挤压力的大小有关。表 2-5 列出了黏性土在不同负载下对铁和木材的实测黏着力。

表 2-5　黏性土在不同负载下对铁和木材的黏着力　　　（单位：MPa）

土的含水率（%）	负载 1		负载 5	
	粘附在铁上	粘附在木材上	粘附在铁上	粘附在木材上
31.13	1.25	1.56	4.82	5.15
36.17	3.00	6.39	7.85	9.37
42.73	6.89	8.16	9.64	—
46.13	8.23	10.29	—	—
48.79	6.25	8.25	9.50	—

4. 土的挖切阻力

土的内摩擦力、内聚力、黏着力和开挖机具的种类，决定了土方开挖时的挖切阻力。

表2-6列出了不同土类，含水率正常时，使用不同机械挖切时工作装置上单位面积的挖切阻力。

表 2-6　土的单位挖切阻力　　　　　　　　　　（单位：kPa）

土壤级别	土壤种类	机械种类			
		铲式挖掘机	刮削式挖掘机	铲运机	犁
		挖　掘		切　削	
I	砂质土	47.0 ~ 58.8	68.6 ~ 83.3	58.8 ~ 68.6	20.6 ~ 27.4
II	砂壤土、腐殖土	92.1 ~ 112.7	127.4 ~ 147	88.2 ~ 109.8	27.4 ~ 41.2
III	重壤土、贫黏土	138.2 ~ 171.5	171.5 ~ 245.0	161.7	41.2 ~ 48.0
IV	黏土	203.8 ~ 294.0	254.8 ~ 372.4	235.2 ~ 254.8	107.8 ~ 142.1
IV-V	易炸岩石	220.5 ~ 294.0	—	—	—

七、冻土的物理力学性质

1. 冻土的概念

凡是土体的温度处于摄氏零度或负温度，土中水（即使只有很少的一部分）冻结成冰晶，胶结着团体颗粒，称为冻土。处于负温度而无冰晶胶结固体颗粒的土，称为寒土。在自然条件下，寒土是极少的。

2. 冻土的分类

（1）按照冻结时间的长短分类　冻土分为以下三种：

1）瞬时冻土。在冬季低温作用下，所发生的冻结时间小于30天，往往夜间冻结、白天融化的土称为瞬时冻土。

2）季节冻土。在冬季负温度作用下，土层连续冻结大于30天的土称为季节冻土。季节冻土均存在于大地表层。

3）多年冻土。冻结状态持续超过两年的土层称为多年冻土。多年冻土在地球两极的寒带又呈裸露状态，而在寒温带多埋藏在地下，其地表为季节冻土或隔年冻土区。因此，多年冻土是气候和地理、地质等因素综合作用的产物。

（2）根据未冻水含量和冰的胶结程度分类　可将冻土分为以下三类：

1）坚硬冻土。坚硬冻土中未冻水含量很少，土粒被冰牢固胶结，土的强度高，可压缩性小，在载荷下表现为脆性破坏，与岩石相似。当土的温度低于下列数值时，易成为坚硬冻土：粉砂 -0.8℃，轻亚黏土 -0.6℃，亚黏土 -1.0℃，黏土 -1.5℃。

2）塑性冻土。塑性冻土中含大量未冻水，土的强度不高、可压缩性较大。当土的温度在0℃以下至坚硬冻土温度上限之间，饱和度 $S_r \leqslant 80\%$ 时，呈塑性冻土状态。

3）松散冻土。由于松散冻土的含水率较低，土粒未被冰所胶结，仍呈冻前的松散状态，其力学性质与未冻土无大差别。砂土与碎石土常呈松散冻土状态。

3. 冻土的强度与变形性质

冻土的抗压强度和抗剪强度，是在冻土施工中决定破冻力大小的主要指标，也是支承施工机械进行正常作业的强度指标。它对湿地、沼泽地（软土）的冻结施工尤为重要。下面仅从满足土方机械破冻施工的需要出发，定性地对冻土的抗压、抗剪（瞬时）强度大小及影响因素进行分析。

多年冻土在抗剪强度方面的表现与抗压强度类似。在长期载荷作用下，冻土的抗剪强度比瞬时载荷作用下的抗剪强度低很多，所以，一般情况下只能考虑其长期抗剪强度。此外，由于冻土的内摩擦角不大，故可近似地把冻土看作理想黏滞体。冻土融化后的抗压强度与抗剪强度将显著降低。对于含冰量很大的土，融化后的内聚力约为冻结时的十分之一。

在短期载荷作用下，冻土的压缩性很低，类似岩石，可不计其变形。在载荷长期作用时，冻土的变形增大，特别是温度为 $-0.1 \sim -0.5℃$ 的塑性冻土，其可压缩性可能相当大。冻土在融化时，土的结构遭到破坏，往往变成具有可压缩性和稀释的土体，产生剧烈的变形。

八、软土的物理力学性质

1. 软土的概念

关于软土的概念，至今国内外尚无统一的定义，也很难找出一个恰当的范围界限。根据不同的用途，有不同的范围界限。对于工程施工而言，淤泥、流沙、泥炭土、沼泽土和湿陷性大的黄土、黑土及软弱黏土，都可称为软土。软土一般含水率大、抗剪强度低、承载力小、可压缩性高。由生物化学作用形成的软土，含有各种有机质。

2. 软土的物理特性

（1）黏粒含量大　软土主要由黏土粒和粉粒组成，一般属于黏土性或粉砂质黏土和亚黏土性。淤泥中黏土颗粒含量一般为 30%～70%，属于黏性土。

（2）有机质含量较大　在软土的形成过程中，植物丛生，积累了大量的微生物和各种有机质。有机质含量在淤泥中一般为 5%～15%，有的可达 17%～25%。大量有机质的存在，使其具有相对体积质量小、容重小、亲水性强的特性。

（3）天然含水率大　一般情况下，软土的天然含水率大于 40%，普遍超过液限，有的可达 200%，泥炭土含水率更大。软土黏粒含量越多，液限越大，塑性指数越大；有机质含量越大时，液限也越大。因为有机质的亲水性强，增大了软土的吸水性和保水能力。钙蒙脱土和钠蒙脱土的液限可达 100%～700%，塑性指数可达 50～600。

3. 软土的力学特性

（1）高可压缩性　软土的孔隙比大，具有高可压缩性的特点。其原因首先是由于它的粒间连结形成的不稳定和欠压密性结构；其次是由于软土的持水性强、透水性弱，使土中水分不易排出，不易压实；第三是由于结合水膜较厚，沉积速度很慢。

（2）抗剪强度低　软土的抗剪强度很低，在不排水剪切时，软土的内摩擦角接近于零，抗剪强度主要由黏聚力决定，而黏聚力值一般小于 19.6kPa。

（3）触变性　软土受到振动、搅拌、超声波或电流等外力作用时，会突然变化为胶体溶液或悬浮液（液化），即易于崩解、膨胀和收缩，导致强度降低。但当扰动停止后，土的一部分强度又随时间而逐渐增长。这种性质称为土的触变性。

（4）蠕变性　软土在受载荷或载荷变化过程中易引起连续持久而缓慢的变形，这种在切应力作用下的剪切变形现象称为土的蠕变性。这种现象在工程中常见，如河渠路堤上坡的滑动等，都和土的蠕变性质有关。这就要求工程施工时应考虑时间因素对土的强度的影响。

（5）抗陷强度低　土方机械行走装置在地面上移动时易引起土层沉陷和压实，同时产生一种抵抗力，这种抵抗力称为土的抗陷强度。它的基本指标是单位抗陷系数。土层表面在机械行驶的有效作用压力下，沉陷 1cm 深度时的支承压力称为土的单位抗陷系数。单位抗陷系数和地面容许压力见表2-7。

表 2-7　单位抗陷系数和地面容许压力

土类及状态	单位抗陷系数/（N/cm³）	地面上最大容许作用压力/kPa
沼泽土	0.98～1.47	78.5～98.1
凝滞的土壤、细粒砂	1.76～2.45	196.1～294.2
松砂、松湿的黏土、耕地	2.45～3.43	294.2～490.3
大块胶结的砂、潮湿的黏土	3.43～5.88	588.4～784.5
坚实的黏土	9.80～12.25	784.5～1176.8
泥灰石	12.74～17.64	980.7～1471

软土对于土木工程而言是很有害的土质，因为它具有各种不利的工程特性。这类土分布在我国各地，有许多工业和民用建筑、铁路、公路、港口码头和水利电力等工程兴建在软土地基上，往往导致工程结构物的变形并影响其稳定性。一般工程机械在软土上作业时容易陷车打滑，甚至不能行驶，也不能作业。即使可以勉强作业，也是生产率低、耗损大、成本高。因此，软土的特性在工程施工中，值得引起注意和研究。

第二节　岩石的物理机械性质

一、岩石的分类

1. 岩石土的分类

粒径大于 2mm 的颗粒，其含量超过总重 50% 的土称为岩石土，根据颗粒级配及形状应按表 2-8 分为漂石、块石、卵石、碎石、圆砾和角砾。

表 2-8　岩石土分类表

岩石土名称	颗 粒 形 状	粒 组 含 量
漂石 块石	圆形及亚圆形为主 棱角形为主	粒径大于 200mm 的颗粒含量超过全重 50%
卵石 碎石	圆形及亚圆形为主 棱角形为主	粒径大于 20mm 的颗粒含量超过全重 50%
圆砾 角砾	圆形及亚圆形为主 棱角形为主	粒径大于 2mm 的颗粒含量超过全重 50%

注：分类时应根据粒组含量栏从上到下以最先符合者确定。

2. 岩石的分类

按岩石的坚硬程度和石方工程施工的难易程度进行分类，岩石共分 12 个级别，见表 2-9。表中未列的 Ⅰ～Ⅳ级为工程土类分级，见本章第一节的表 2-2。

表 2-9 岩石的分级表

岩石级别	岩 石 名 称	天然湿度下平均容重/(kg/m³)	凿岩机钻孔/(min/m)	岩石坚固系数 (f)
V	砂藻土及软的白垩岩	1550		1.5 ~ 2.0
	硬的石炭纪的黏土	1950		
	胶结不紧的砾岩	1900 ~ 2200		
	各种不坚实的页岩	2000		
VI	软的、带有孔隙的、节理多的石灰岩及介质石灰岩	1200		2.0 ~ 4.0
	密实的白垩	2600		
	中等坚实的页岩	2700		
	中等坚实的泥灰岩	2300		
VII	水成岩卵石经石灰质胶结而成的砾岩	2200		4.0 ~ 6.0
	风化的、节理多的黏土质砂岩	2200		
	坚硬的泥质页岩	2300		
	坚实的泥灰岩	2500		
VIII	角砾状花岗岩	2300	6.8 (5.7 ~ 7.7)	6.0 ~ 8.0
	泥灰质石灰岩	2300		
	黏土质砂岩	2200		
	云母页岩及砂质页岩	2300		
	硬石膏	2900		
IX	软的风化较甚的花岗岩、片麻岩及正常岩	2500	8.5 (7.8 ~ 9.2)	8.0 ~ 10.0
	滑石质的蛇纹岩	2400		
	密实的石灰岩	2500		
	水成岩卵石经硅质胶结的砾岩	2500		
	砂岩	2500		
	砂质石灰岩的页岩	2500		
X	白云岩	2700	10 (9.3 ~ 10.8)	10 ~ 12
	坚实的石灰岩	2700		
	大理石	2700		
	石灰质胶结的质密的砂岩	2600		
	坚硬的砂质页岩	2600		
XI	粗粒花岗岩	2800	11.2 (10.9 ~ 11.5)	12 ~ 14
	特别坚实的白云岩	2900		
	蛇纹岩	2600		
	火成岩卵石经石灰质胶结的砾岩	2800		
	石灰质胶结的坚实的砂岩	2700		
	粗粒正常岩	2700		

（续）

岩石级别	岩石名称	天然湿度下平均容重/(kg/m³)	凿岩机钻孔/(min/m)	岩石坚固系数 (f)
Ⅻ	有风化痕迹的安山岩及玄武岩	2700	12.2 (11.6~13.3)	14~16
	片麻岩、粗石岩	2600		
	特别坚硬的石灰岩	2900		
	火成岩卵石经硅质胶结的砾岩	2900		
ⅩⅢ	中粒花岗岩	3100	14.1 (13.4~14.8)	16~18
	坚实的片麻岩	2800		
	辉绿岩	2700		
	玢岩	2500		
	坚实的粗面岩	2800		
	中粒正常岩	2800		
ⅩⅣ	特别坚实的粗粒花岗岩	2300	15.6 (14.9~18.2)	18~20
	花岗片麻岩	2900		
	闪长岩	2900		
	最坚实的石灰岩	3100		
	坚实的玢岩	2700		
ⅩⅤ	安山岩、玄武岩和坚实的角闪岩	3100	20 (18.3~24)	20~25
	最坚实的辉绿岩及闪长岩	2900		
	坚实的辉长岩和石英岩	2800		
ⅩⅥ	拉长玄武岩和橄榄玄武岩	3300	24 以上	25 以上
	特别坚实的辉长岩、辉绿岩、石英岩及玢岩	3000		

二、岩石的物理及状态指标

岩石的物理及状态指标有真实密度（不含孔隙）、表观密度（即视密度，含闭口孔隙）、密度（包括开口、闭口孔隙）、孔隙率、抗压强度、压碎值等，用这些指标来衡量岩石的密度、抗破坏和抗压碎能力。

第三节　水泥混凝土的物理机械性质

一、水泥混凝土的组成

普通混凝土（简称混凝土）由水泥、砂、石和水等组成。砂、石在混凝土中起骨架作用，称为集料或骨料。水泥与水形成水泥浆，水泥浆包裹在集料表面并填充其空隙。水泥硬化前，水泥浆起润滑作用，赋予拌合物一定的和易性，便于施工；水泥浆硬化后，则将集料胶结成一个坚实的整体。

混凝土中直径在 0.16~5mm 之间的集料为细集料。一般采用天然砂（如河砂、山砂和海砂），它是岩石风化所形成的大小不等、由不同矿物散粒组成的混合料。山砂的颗粒多具有棱角，表面粗糙，与水泥粘结较好。而河砂和海砂，其颗粒多呈圆形，表面光滑，与水泥的粘结较差，因而在水泥用量与水用量相同的情况下，山砂拌制的混凝土流动性较差但强度较高，而河砂、海砂则相反。

粗集料主要是碎石与卵石。碎石与卵石相比较，表面粗糙且具有棱角，与水泥粘结较好。在单位用水量相同（即水泥浆用量相同）的条件下，碎石拌制的混凝土流动性较差，而硬化后强度较高。粗集料的颗粒形状以立方体为佳，不宜含有过多针状和片状颗粒，否则将显著影响混凝土的抗折强度。

二、水泥混凝土的分类

1. 普通水泥混凝土

普通水泥混凝土是以水泥为胶结材料与水、粗集料、细集料按适当比例配合，必要时掺入一定的外加剂，通过搅拌成为塑性状态拌合物，经过一定时间硬化而成的人造石材。

2. 轻集料混凝土

轻集料混凝土是用轻粗集料、轻细集料（或普通砂）、水泥和水配制的混凝土，其干表观密度小于 $1900kg/m^3$。由于轻集料种类较多，故轻集料混凝土常以轻集料的品种来命名，如粉煤灰颗粒混凝土、黏土颗粒（粒径小）混凝土、浮石混凝土、页岩颗粒混凝土等。

3. 高强混凝土

高强混凝土的 28d 抗压强度超过 55MPa。高强混凝土的优点在于能减少静荷重，混凝土断面较薄，跨度较长，其缺点在于较脆。

4. 碾压混凝土

碾压混凝土（RCC，Roller Compacted Concrete）是一种通过振动碾压施工工艺获得的高密度、高强度的水泥混凝土。它与普通混凝土相比，用水量少、稠度低、能节约大量水泥、施工进度快、养生时间短、经济效益显著，用于路面工程和水工坝体工程。碾压混凝土是一种松散的无坍落度混凝土，其用水量少，但又不同于一般建筑工程中的干硬性混凝土。其结构为骨架密实结构，是由一定数量粒径连续的粗集料形成网状骨架，并以相当数量的细集料填充空隙，使之达到较高的密实度。

5. 流态混凝土

坍落度大于 20cm 的混凝土拌合物称为流态混凝土。通常在拌合物浇筑前，将流化剂（高效减水剂）加入坍落度为 5~10cm 的混凝土拌合物中，使其流动性大幅度提高，便于浇筑，减少或省去振捣工作。为了减少泌水和离析现象，可适当增大砂率和细粉（如粉煤灰等）含量。由于流化剂的优良减水作用和一定的早强性能，在水灰比和单位用水量不变的条件下，流态混凝土强度比普通混凝土有所提高。

6. 纤维增强混凝土

纤维增强混凝土是指在混凝土中掺入一些低碳钢、不锈钢等钢纤维所形成的一种均匀而多向配筋的混凝土。施工时一般在混凝土中掺入 1.5%~2.0%（体积比）的钢纤维，掺量过多会使混凝土的和易性变差。纤维增强混凝土具有较高的抗拉强度、良好的抗裂性和抗冲击性能。

7. 喷射混凝土

喷射混凝土是将一定比例的水泥、砂、石混合物，先加水湿润，再用压缩空气输送到喷嘴处与压力水混合，并高速喷射到岩石表面，层层射捣密实，凝结硬化而成。喷射混凝土所用水泥要求快凝、早强、保水性好，并需加入适量速凝剂或速凝剂与减水剂，以加速混凝土凝结。集料要求质地坚硬，以免喷射时被打碎，影响与水泥的胶结。粗集料最大粒径不宜大于20mm，砂子宜用粗砂。

三、新拌水泥混凝土的和易性

1. 新拌混凝土的和易性

和易性是一项综合的工艺性质，至今尚无公认的定义。和易性是指新拌混凝土拌合物从拌和到最后能均匀、密实成形的难易程度（或耗能多少）。它包含流动性、可捣实性和稳定性三方面的性能。流动性是指混凝土拌合物在自重及施工振捣的作用下克服内部阻力，能够填满模板和包围钢筋的能力；可捣实性是指混凝土拌合物在施工振捣时的易密性；稳定性是混凝土拌合物能够保持自身的黏聚和匀质，而不产生分层、离析和泌水的黏聚性和保水性。

2. 混凝土拌合物和易性的测定方法

目前尚无一种能全面反映混凝土拌合物和易性的测定方法，我国通常采用坍落度来测定塑性混凝土的流动性，并观察其可捣实性和稳定性。干硬性混凝土的和易性常用维勃稠度值表征。

（1）坍落度试验　坍落度试验首先作为ASTM标准（美国材料试验学会标准）出现在1922年，目前被世界各国普遍采用。如图2-5所示，其测定方法是：将混凝土拌合物按规定方法装入标准圆锥坍落度筒（无底）内，混凝土拌合物分三次装入标准圆锥坍落度筒内。每次装料量约为筒体积的1/3，每次用圆棒捣插25次，装满刮平后将筒垂直提起，移到一旁，混凝土拌合物在自重作用下产生坍落，坍落的尺寸（mm）即为坍落度，以此作为流动性指标。根据坍落度的不同，可将混凝土拌合物分为流态的（坍落度大于80mm）、流动性的（坍落度为30～80mm）、低流动性的（坍落度为10～30mm）及干硬性的（坍落度值小于10mm）。坍落度试验只适用于集料最大粒径不大于40mm、坍落度值不小于10mm的混凝土拌合物。

（2）维勃稠度试验　维勃稠度试验方法是瑞典V. 皮纳（Bahrner）首先提出的，因而用他名字的首字母VB命名。坍落度小于10mm的新拌混凝土，可采用维勃稠度仪（见图2-6）来测定其和易性。

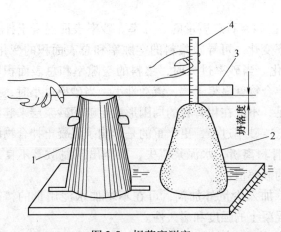

图2-5　坍落度测定

1—标准圆锥坍落度筒　2—拌合物　3—木尺　4—钢直尺

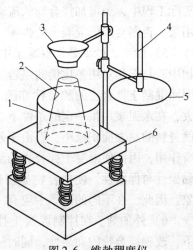

图2-6　维勃稠度仪

1—圆柱形容器　2—坍落度筒　3—漏斗
4—测杆　5—透明圆盘　6—振动台

我国现行试验法（GB/T 50080—2002）规定：维勃稠度试验方法是将坍落度筒放在直径为240mm、高度为200mm圆筒中，圆筒安装在专用的标准振动台上。按坍落度试验的方法将新拌混凝土装入坍落度筒内后再拔去坍落度筒，并在新拌混凝土顶上置一透明圆盘。开动振动台并记录时间，从开始振动至透明圆盘底面被水泥浆布满瞬间为止，所经历的时间，以秒计（精确至1s），即为新拌混凝土的维勃稠度值。

3. 影响新拌混凝土和易性的因素

影响新拌混凝土和易性的因素主要有内部因素（组成材料的质量及其用量）和外部因素（如温度、湿度、风速、时间等）。归纳分析如下：

（1）组成材料质量及其用量的影响

1）水泥。水泥的品种、细度、矿物组成以及混合材料的掺量等都会影响掺水量。由于不同品种的水泥达到标准稠度的需水量不同，所以不同品种水泥配制成的混凝土拌合物具有不同的和易性。

2）集料。集料的特性包括集料的最大粒径、形状、表面纹理（卵石或碎石）、级配和吸水性等，这些特性将不同程度地影响新拌混凝土的和易性。

3）集浆比。集浆比就是单位混凝土拌合物中，集料绝对体积与水泥浆绝对体积之比。水泥浆在混凝土拌合物中，除了填充集料间的空隙外，还包裹集料的表面，以减少集料颗粒间的摩擦阻力，使混凝土拌合物具有一定的流动性。

4）水灰比。水灰比是影响混凝土强度的最重要的参数。在单位体积混凝土拌合物中，集浆比确定后，即水泥浆的用量为一固定数值时，水灰比即决定水泥浆的稠度。水灰比较小，则水泥浆较稠，混凝土拌合物的流动性亦较小，当水灰比小于某一极限值时，在一定施工方法下就不能保证密实成形；反之，水灰比较大，水泥浆较稀，混凝土拌合物的流动性虽然较大，但黏聚性和保水性却随之变差，当水灰比大于某一极限值时，将产生严重的离析、泌水现象。在单位体积的混凝土拌合物中，如水灰比保持不变，则水泥浆的数量越多，拌合物的流动性就越大。因此，为了使混凝土拌合物能够密实成形，所采用的水灰比值不能过小；为了保证混凝土拌合物具有良好的黏聚性和保水性，所采用的水灰比值又不能过大。在实际工程中，为增加拌合物的流动性而增加用水量时，为保证水灰比不变，需同时增加水泥用量，否则会降低混凝土的强度。

5）砂率。砂率是指混凝土中砂的质量占砂、石总质量的百分率。砂率表征混凝土拌合物中砂与石相对用量比例的组合。由于砂率变化，可导致集料的空隙率和总表面积的变化，因而混凝土拌合物的和易性亦随之产生变化。当砂率过大时，集料的空隙率和总表面积增大，在水泥浆用量一定的条件下，混凝土拌合物就显得干稠，流动性小。当砂率过小时，虽然骨料的总表面积减小，但由于砂浆量不足，不能在粗骨料的周围形成足够的砂浆层来起润滑作用，因而使混凝土拌合物的流动性降低。砂率过小，更严重的是影响了混凝土拌合物的黏聚性与保水性，使拌合物显得粗涩、粗骨料离析、水泥浆流失，甚至出现溃散等不良现象。因此，在不同的砂率中应有一个合理的砂率值。

6）外加剂。在拌制混凝土拌合物时，加入少量外加剂，可在不增加水泥用量的情况下，改善拌合物的和易性，同时还能提高混凝土的强度和耐久性。

（2）环境因素的影响　引起混凝土拌合物和易性改变的环境因素主要有：温度、湿度和风速。对于给定组成材料和配合比的混凝土拌合物，其和易性的变化，主要受水泥的水化率和水分的蒸发率所支配。因此，在混凝土拌合物从搅拌到捣实的这段时间里，温度的升高会加速水泥的水化，并加速水分的蒸发，这些都会导致拌合物坍落度的减小。同样，风速和湿度因素会影响拌合物水分的蒸发率，因而影响坍落度。在不同环境条件下，要保证拌合物具有一定的和易性，必须采用相应的改善和易性的措施。

（3）时间的影响　拌合物在搅拌后，其坍落度随时间的延长而逐渐减小，此称为坍落度损失。现代研究认为，拌合物坍落度损失的原因，主要是由于拌合物中自由水随时间而蒸发、集料的吸水和水泥早期水化所导致。因此，混凝土施工时应根据从搅拌到浇注或铺筑的时间长短改善其和易性。

第四节　沥青混凝土的物理机械性质

一、沥青混凝土的结构

沥青混凝土混合料（简称沥青混合料）主要由砂石料矿质骨架、沥青胶结物和空气三相组成，有时还含有水分，是具有空间网络结构的多相多成分体系。

如图 2-7 所示，根据集料级配的不同，沥青混凝土的结构一般可有下列三类：

（1）密实悬浮结构　矿质材料由大到小形成的密实混合料，大颗粒以悬浮状态处于较小颗粒之中。连续型密级配沥青混凝土属于此类。

（2）骨架空隙结构　较大粒径石料彼此紧密相接，而较小粒径石料的数量较少，不足以充分填充空隙，形成骨架空隙结构。沥青碎石混合料属此类型。

（3）密实骨架结构　密实骨架结构是综合以上两种方式组成的结构，既有一定量的粗集料形成骨架，又根据粗集料空隙的数量加入适量细集料，使之填满骨架空隙，形成较高密实度的结构。间断型密级配沥青混凝土混合料属于此类。

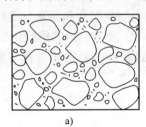 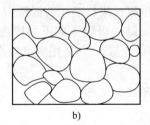 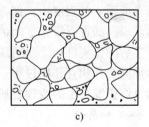

图 2-7　沥青混凝土典型结构示意图

a）密实悬浮结构　b）骨架空隙结构　c）密实骨架结构

二、沥青混凝土的分类

1. 普通沥青混凝土

由各种大小不同颗粒的集料（如碎石、轧制砾石、石屑、砂和砂粉等）和沥青在严格条件下拌和形成的混合料称为普通沥青混凝土。在施工工艺上，未经摊铺和压实的沥青混合料通常称为沥青混凝土混合料，沥青混合料经摊铺压实成形所形成的路面称为沥青混凝土路面。

2. 沥青玛蹄脂碎石

沥青玛蹄脂碎石（SMA，Stone Matrix Asphalt）是一种由沥青、矿粉及纤维稳定剂组成的沥青玛蹄脂结合料，填充于间断级配的集料骨架中所形成的混合料。SMA 路面具有高稳定性的结构骨架和较好的柔性及耐久性。

3. 改性沥青混凝土

改性沥青混凝土是改性沥青（基质沥青可掺加 PE、SBS、EVA、APAP、APP 或橡胶等多种改性剂进行单一或复合改性）与不同集料拌和生产出来的沥青混合料。改性沥青混凝土路面具有较好的温度稳定性、抗裂性和抗车辙性能。

4. 冷铺沥青混凝土

冷铺沥青混凝土一般是指矿质混合料与黏度较低的沥青（乳化沥青或稀释沥青）在热态或冷态下拌和所形成的混合料。冷铺沥青混合料可以在常温下（一般在 5℃以上）进行摊铺，以轻度碾压或开放交通碾压，逐渐形成沥青混凝土路面。

5. 泡沫沥青混凝土

泡沫沥青混凝土是用发泡技术使沥青呈泡沫状态，再与不同集料或再生路面材料拌和形成的沥青混凝土，常用于沥青混凝土路面的再生。

6. 煤沥青混凝土

煤沥青混凝土除采用煤沥青作胶结材料外，其他如结构组成、强度理论、矿质材料的质量要求及配合比设计方法等都与普通沥青混凝土相同。

三、沥青混凝土的强度及影响因素

1. 沥青混凝土的强度

沥青混凝土属于分散体系，是由强度很高的粒料与黏结力较弱的沥青材料所构成的混合体。目前，对于沥青混凝土在常温和高温时的破坏机理研究得还不够，一般都倾向于采用库仑内摩擦理论分析其强度。

2. 影响沥青混凝土强度的因素

沥青混凝土的强度由三部分组成：集料之间的嵌挤力、内摩擦阻力和沥青与集料之间的黏结力。提高沥青混凝土之间的黏结力可以采取下列措施：① 改善集料的级配组成，以提高其压实后的密实度；② 增加矿粉含量；③ 采用稠度较高的沥青；④ 改善沥青与集料的物理化学性质及其相互作用过程。

四、沥青混凝土的物理性质和状态指标

1. 施工和易性

沥青混凝土的施工和易性指的是混凝土从拌和到摊铺压实成形的难易程度，大都凭目力鉴定。沥青混凝土的施工和易性主要取决于集料的级配，不当级配会使混凝土在施工过程中产生拌和、压实困难及离析现象，如细集料过多，会使拌和困难；沥青的黏滞度和用量也对施工和易性有较大影响，如沥青用量过多会使混合料粘结成团块，不易摊铺。因此应根据材料的性质确定拌和、摊铺温度及施工方法。

2. 稳定度

稳定度是评价沥青混凝土高温稳定性的指标，将制备好的试件在 60℃条件下保温至少 30min，将试件侧立于马歇尔试验机上，以 $50 \pm 5mm/min$ 的速度加载荷，试件破坏时的最大载荷（N）即为其稳定度。

3. 流值

在测定稳定度的同时测定试件的流动变形。当达到最大载荷的瞬间，其压缩变形值

（1/100cm）即为流值。流值可以表征沥青混凝土抗塑性变形的能力。

4. 空隙率

空隙率是表征沥青混凝土的密实度的指标。空隙率对沥青混凝土的透水性和耐久性有重要影响，它直接影响沥青路面的稳定性。空隙率大，对路面的热稳定性和抗滑性有利，但对路面的耐久性不利；反之空隙率偏小，在高温条件下，沥青膨胀，空隙容纳不下，将产生泛油、车辙等现象。

5. 沥青饱和度

沥青饱和度亦称沥青填隙率（VFA），是沥青体积占集料空隙体积的百分率。饱和度过小则沥青难以充分裹覆集料，影响沥青混凝土的耐久性；如饱和度过高，则缺少一定的空隙，夏季高温时会因沥青膨胀而引起沥青路面泛油、车辙等现象。

第五节　工程机械行驶地面

工程机械行驶的地面主要有两类，一类为松软地面（包括各种土路、沙漠地面和沼泽地等），另一类为硬路面（包括水泥混凝土路面、沥青混凝土路面和冰雪冻结路面）。工程机械在这两类地面上行驶时，行驶阻力和牵引力有较大差异。

一、松软地面的外部行驶阻力

1. 履带式车辆的外部行驶阻力

履带式车辆的行驶阻力通常是指从驱动轮开始的整个行走装置在机械行驶时产生的阻力。这项阻力可分为两部分：一部分是由行走装置各摩擦副中的摩擦阻力产生的（包括驱动轮轴承中的摩擦损失），称为内部行驶阻力；另一部分是由车辆行驶时在前方履带下土壤的垂直变形引起的，称为外部行驶阻力。

履带式车辆的外部行驶阻力主要是由于压实土壤形成车辙而消耗能量所致，因此可用功能转换的方法计算。如图 2-8 所示，履带接地长度为 L 的车辆在地面上形成的车辙深度为 Z_0，车辆克服行驶阻力 F_c 所消耗的功 $F_c L$ 应该等于车辆将面积为 A 的土壤压陷 Z_0 深度所作的功。经推导得出行驶阻力 F_c 的计算式为

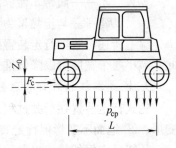

图2-8　履带式车辆行驶阻力

$$F_c = \frac{2b}{(n+1)K^{\frac{1}{n}}}\left(\frac{W}{A}\right)^{\frac{n+1}{n}} = \frac{2b}{(n+1)K_z^{\frac{1}{n}}}(p_{cp})^{\frac{n+1}{n}} \quad (2\text{-}13)$$

式中　K_z——土壤变形模量；

　　　n——土壤变形指数；

　　　W——车辆的质量；

　　　b——履带宽度；

　　　A——履带接地面积，$A = 2bL$；

　　　p_{cp}——土壤单位面积上承受的压力（平均接地比压）。

由式（2-13）可得出以下三点结论：

1）当接地面积一定时，长而窄的履带（减少 b 值）比短而宽的履带行驶阻力要小。

2）降低接地比压将减小车辆阻力，即增大接地面积或减少车重都将降低车辆行驶阻力。

3）车辆的外部行驶阻力和土壤的物理机械性能有很大的关系。在干燥、密实的土壤上，车辆的行驶阻力比较小。当土壤松散时，土壤的变形模量 K 小；当土壤含水率大时，土壤的变形指数 n 比较小。这时在车辆的作用下，土壤变形显著，车辙较深，行驶阻力将大得多。因此，当车辆工作在承载能力较低的土壤（如沼泽地）上时，一旦接地压力大于土壤极限承载能力时，则土壤将被破坏，车辆将不能移动。

2. 履带式车辆的推土阻力

除了由于压实土壤形成车辙而产生的阻力外，履带行走装置还受到推土阻力的作用。车辆在松软地面上行驶时，它的沉陷量是相当可观的。研究结果表明：履带式车辆在行驶时，履带前端有土壤隆起的现象。由行走装置前端土壤隆起所形成的阻力，通常称为推土阻力 F_b。推土阻力形成的原理与挡土墙类似，推土阻力可以用作用在挡土墙上的被动土压力理论来进行计算。经推导得出推土阻力 F_b 的计算式为

$$F_b = 0.5\gamma Z_0^2 b K_\gamma + b Z_0 C K_{pc} \tag{2-14}$$

$$K_\gamma = \left(\frac{2N_\gamma}{\tan\varphi} + 1\right)\cos^2\varphi$$

$$K_{pc} = (N_c - \tan\varphi)\cos^2\varphi$$

式中　N_c、N_γ——土体剪切破坏时的承载能力系数；

φ——土壤的内摩擦角；

γ——土的容重；

C——土黏聚力；

b——履带宽度；

Z_0——履带车辙深度。

K_{pc}——与土黏聚力 C 和承载能力有关的计算合成系数。

综上所述，履带行走装置的推土阻力除了和土壤参数有关外，还与履带宽度成正比。因此，减小履带宽度可以降低推土阻力。

3. 轮式车辆的外部行驶阻力

轮式行走装置在行驶过程中一般可能有以下三种情况：① 地面发生变形而行走装置不变形；② 地面不变形但行走装置发生变形；③ 二者都发生变形。

从能量守恒的观点出发，地面和行走装置发生变形时所消耗的能量（或所作的功）就是产生滚动阻力的根源。对具体的机器和地面条件，在地面的变形和行走装置的变形之间应该有一个最优的比例，能够使得滚动阻力最小。因此，曾经出现过一种由驾驶员根据地面的条件来调节轮胎气压的"集中气压调节系统"，但由于结构过于复杂而未能推广使用。对于轮式行走装置，当车轮滚动时，将在以下四个方面消耗能量：

1）地面因车轮的压力而形成轮辙。

2）轮胎和地面（包括轮辙侧壁）之间发生相对滑动摩擦。

3）车轮在行驶过程中将一部分土壤推向前方而引起的"拥土"现象。

4）因轮胎变形而引起的内部损耗。

在不同的地面条件下，上述四方面的能量损失是不一样的。例如，在坚硬的混凝土路面

上，主要的能量损失是由轮胎变形引起的，而在松软的土路上，土壤形成轮辙（沉陷）所消耗的能量又变成主要因素。因此，对于经常在越野条件下及松软地面上（如新填土）行驶的工程机械来说，研究土壤沉陷引起的车辆外部行驶阻力就具有重要意义。

轮式车辆在松软土壤上的外部行驶阻力，主要是由于压实土壤形成轮辙而消耗能量所致。假设车轮为刚性的，车轮直径为 D，宽度为 b，轮辙深度为 Z_0，则以从动车轮在水平地面上等速直线滚动时的受力情况（见图2-9）为例进行理论推导，得出滚动阻力 F_c 的计算式为

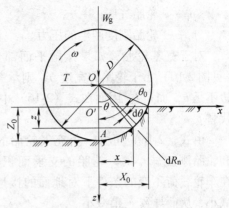

$$F_c = \frac{\left(3\dfrac{W_g}{\sqrt{D}}\right)^{\frac{2n+2}{2n+1}}}{(3-n)^{\frac{2n+2}{2n+1}}(1+n)(K_c+bK_\varphi)^{\frac{1}{2n+1}}} \qquad (2\text{-}15)$$

图 2-9　从动轮受力简图

T—水平推力　D—车轮直径

W_g—车轮垂直载荷　Z_0—车辙深度

式中　W_g——作用在车轮轴上的垂直载荷；

　　　n——土壤变形指数；

　　　K_c——土壤变形的黏结力模量；

　　　K_φ——土壤变形的内摩擦力模量。

根据式（2-15）可以对车轮在松软土壤上行驶时的滚动阻力作如下分析：

1）土壤的种类及其含水率和密实程度对滚动阻力有很大的影响，当 K_c、K_φ 值较小时，滚动阻力较大。

2）当充气轮胎的气压减小时，可以看作由于变形使 D 值加大，这时轮胎的支承面积也相应增大，由此对地面的接地比压相对减小了，从而导致 F_c 值减少。由此可见，在松软土壤上行驶时用低压轮胎较好，当然气压减少也有一个限度。当在坚实的路面上行驶时，因为能量损失主要是由于轮胎发生变形，所以就应当用高压轮胎，使得由于轮胎变形造成的滚动阻力减少，这对轮胎的寿命也有好处。

3）W_g 值增大时，轮胎变形和轮辙深度都要增加，滚动阻力也要增大。

4）从式（2-15）还可以看出，在一般含水率（$n=1/2\sim1$）时，加大直径 D 比加大宽度 b 的效果好（在保持 p_{cp} 值不变的条件下）。试验证明，单纯增大 b 的效果并不好，因为加大 b 时，轮胎的径向刚度也提高了，这相当于 b 的加大使直径 D 减少，这时 F_c 反而有增大的趋势。加大直径 D 还能减少"拥土"阻力，但轮子直径过大时会使机器的制造成本增加，同时也受到传动系统总传动比和整机稳定性要求的限制。

目前，在某些铲土运输机械上应用了一种宽基超低压轮胎，在增加轮胎宽度的同时降低充气压力，这种轮胎在结构上能在不影响轮胎寿命的条件下减少滚动阻力，改善通过性能。

应该指出，式（2-15）是为刚性从动轮推导的，但这些公式也可用于近似计算刚性驱动车轮的下陷深度和行驶阻力。

4. 充气轮胎的行驶阻力

可用近似方法来计算轮胎的行驶阻力。所谓近似，主要是因为在确定车辙深度 Z_0 时，承载面积只考虑了轮胎与土壤接触面的平面部分，近似认为曲面部分不承受垂直载荷（见图2-10）。根据贝克理论，可推导出充气轮胎的行驶阻力 F_c 的计算式为：

$$F_c = \frac{\left[b(p_i + p_c) \right]^{\frac{n+1}{n}}}{(n+1)(K_c + bK_\varphi)^{\frac{1}{n}}} \qquad (2\text{-}16)$$

式中　b——车轮宽度；

　　　p_i——轮胎气压；

　　　p_c——轮胎刚度产生的压力。

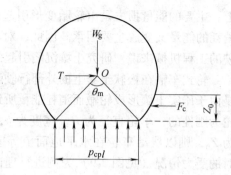

图 2-10　弹性轮受力简图

T—水平推力　F_c—行驶阻力　W_g—车轮垂直载荷
Z_0—车辙深度　l—接地平面部分的长度
p_{cp}—土壤单位支承面上的载荷

对于宽基轮胎，如果接触平面部分的长度 l（见图 2-10）小于轮胎的宽度 b，则承载面积的短边不是 b，而是 l。因而在式（2-16）中，应该用 l 代替 b。

由式（2-16）可知，当充气轮胎的气压减小和轮胎刚度减小时，轮胎的支承面积相应增大，在车轮载荷不变的条件下对地面的接地比压相对减小，从而导致 F_c 值减小。

5. 车轮的其他滚动阻力

（1）轮胎弹性变形引起的滚动阻力　除了由于土壤被压缩引起的行驶阻力外，弹性车轮还有由于轮胎弹性变形而引起的滚动阻力，这部分滚动阻力可由下面的经验公式确定

$$F_t = \frac{uW_g}{p_i^\alpha} \qquad (2\text{-}17)$$

式中　F_t——轮胎弹性变形阻力；

　　　u、α——经验阻力系数，由贝克的方法确定。

（2）驱动轮的滑转阻力　有些车轮的滚动阻力理论上只考虑由土壤垂直变形产生的阻力，而并未考虑车轮下土壤颗粒的真实运动。事实上，当车轮滚动时，土壤的全部变形由垂直方向的压实、水平方向的位移和车轮前形成移动的波浪状凸起等构成。

驱动轮下土壤水平方向的位移会引起驱动轮滑转下陷，因此，驱动轮总的下陷量应由土壤压缩变形与滑转下陷两部分组成。试验证明，除了滑转率 i 为 100% 的情况以外，驱动轮下陷量 H 可由滑转率 i 的线性函数表示，即

$$H = Ai + B \qquad (2\text{-}18)$$

式中　A——系数，取决于土壤的承载能力，在松软土壤中比在坚硬土壤中要大；

　　　B——系数，取决于车轮静下陷量或在车轮没有滑转情况下的土壤变形。

驱动轮滑转引起滚动阻力增加。由于滑转所产生的滚动阻力称为滑转阻力，用 F_j 表示，F_j 通过下式计算

$$F_j = F_0 i \qquad (2\text{-}19)$$

$$F_0 = \frac{M_K}{r}$$

式中　F_j——滑转阻力；

　　　F_0——车轮的圆周力；

　　　M_K——作用在驱动轮上的力矩；

　　　r——车轮半径。

（3）车轮的推土阻力　和履带式车辆一样，由于车轮前有波浪状隆起的土壤，车轮推

移它要消耗一部分功,从而形成附加的滚动阻力(推土阻力)。推土阻力可根据土力学中的朗金被动土压力理论计算得出,其计算公式为

$$F_b = 0.5\gamma Z_0^2 bK_\gamma + bZ_0 K_{pc} C \qquad (2-20)$$

式中 F_b——推土阻力。

由式(2-20)可知,推土阻力随车轮宽度 b 的增大而上升。如果车轮载荷以及接触面积一定,则采用直径大而宽度小的轮胎较好。在非常松散的土壤或接近于液体的稀泥上行驶时,轮胎宽度对滚动阻力的影响非常显著,因为这种情况下土壤在垂直方向压缩变形所引起的阻力不是主要的,而车轮的推土阻力则占主要部分。

6. 总行驶阻力

车轮总行驶阻力 F_R 包括外部行驶阻力 F_c、轮胎变形阻力 F_t、滑转阻力 F_j 和推土阻力 F_b,即

$$F_R = F_c + F_t + F_j + F_b$$

应当注意:上述方法用于单个刚性轮或弹性轮行驶阻力的预测。实际上,车辆有许多车轮,其后轮往往行驶在前轮形成的车辙中。所以,后续车轮接触的地面特性,与那些原始的地面特性不同。如果该地面在载荷作用下改变了它的特性,则应该测量车辙中的地面参数,用于预测后续车轮的性能。大量研究证实,在松砂中,车轮的连续通过将引起土壤变形模量 K_φ 的增大和变形指数 n 的减小。但在具有一定原始结构的摩擦型土壤中,K_φ 值则常常在一次加载后减少,而 n 值保持不变,或者略微减少。对于某些黏土,在连续施加车辆载荷之后,其剪切强度显著减小。

二、松软地面的牵引力

1. 履带式车辆的牵引力

履带式车辆牵引力(车辆推进力)的形成机理可以这样阐述:当车辆行驶时,驱动轮在驱动转矩的作用下转动或带动履带转动而被地面阻止其运动时产生的土壤反作用力,称为切线牵引力 F_H(也称为土壤推力或车辆推进力)。车辆在坚实的硬路面上行驶时,切线牵引力主要由行走装置和路面的摩擦产生。一般情况下,在松软土路上行驶时,履带式车辆的切线牵引力 F_H 主要是在履带作用下土壤发生剪切变形产生切应力所形成的土壤推力。按土壤力学的观点,土壤推力是一种土壤性质,它具有推动车辆前进的功能。土壤推力中的一部分消耗在克服行驶阻力上,其余部分则称为挂钩牵引力 F,它用于机器作业及使车辆加速、爬坡或牵引负荷。

当车辆在松软路面上行驶时,在接地面积的范围内,履刺之间的空间里充满着泥土,土壤之间的剪切就沿着这一接地面积产生。如图 2-11 所示,设履带宽度为 b,长度为 L,履带式车辆受到总的土壤推力为

$$F_H = 2b\int_0^L \tau dx \qquad (2-21)$$

采用贾诺西切应力—变形关系,得

$$\tau = (C + \sigma\tan\varphi)(1 - e^{-\frac{j}{k}}) \qquad (2-22)$$

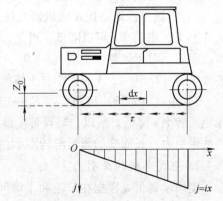

图 2-11 土壤推力计算示意图
τ—土壤的切应力 Z_0—车辙深度
j—水平剪切位移

式中 j——剪切位移，它是接地段上坐标 x 的函数，即 $j = f(x)$。

剪切位移 j 是由履带式车辆在地面上的滑转所产生的。履带式车辆的滑转程度可用滑转率 i 表征，并用下式来计算

$$i = 1 - \frac{v}{r\omega} = 1 - \frac{v}{v_\mathrm{T}} = \frac{v_\mathrm{T} - v}{v_\mathrm{T}} = \frac{v_\mathrm{i}}{v_\mathrm{T}} \tag{2-23}$$

式中 i——车辆的滑转率；

v——履带的实际速度；

v_T——由链轮的角速度 ω 与节圆半径 r 确定的理论速度；

v_i——履带相对于地面的滑转速度。

距履带接触面前端距离为 x 点的剪切位移可由下式确定

$$j = \frac{v_\mathrm{i} x}{v_\mathrm{T}} = ix \tag{2-24}$$

假设履带接地比压为均匀分布，即 $\sigma = \dfrac{G}{2bL} = p_\mathrm{cp}$，则有

$$F_H = 2bL\left(C + \frac{W}{2bL}\tan\varphi \right)\left[1 - \frac{K}{iL}\left(1 - \mathrm{e}^{-\frac{iL}{K}} \right) \right] \tag{2-25}$$

$$= (AC + W\tan\varphi)\left[1 - \frac{K}{iL}\left(1 - \mathrm{e}^{-\frac{iL}{K}} \right) \right]$$

式中 A——履带接地面积，$A = 2bL$；

W——机器的质量；

K——剪切变形系数。

当履带完全打滑，即 $i = 1$ 时，$\mathrm{e}^{-\frac{iL}{K}} \approx 0$，于是可求出 F_{Hmax} 值

$$F_{Hmax} = (AC + W\tan\varphi)\left(1 - \frac{K}{L} \right) \approx AC + W\tan\varphi = \tau_\mathrm{f} A \tag{2-26}$$

所以 F_{Hmax} 由土壤的抗剪强度和接地面积决定。由上面的分析可知：

1）车辆的切线牵引力主要取决于土的力学特性。当车辆参数和滑转率不变时，若土壤的抗剪强度增大（即 C、φ 值增大），剪切变形系数 K 减小，则车辆的切线牵引力增大。

2）当履带接地面积 A 或机器质量 W 增大时，F_H 值会增大；当保持相同的 F_H 值时，增大 A 和 W，滑转率 i 可以降低。可见，一般土壤所产生的推力是由接地面积 A 和车辆质量 W 所决定的。对于纯黏性土壤（$\varphi = 0$），车辆的质量并不产生任何土壤推力；相反，对于纯摩擦性土壤（$C = 0$），A 的大小与土壤推力无关。

3）由式（2-25）可知，当 F_H 一定时，若其他参数不变，则 iL 为定值，即增加 L 可使车辆滑转率 i 降低。所以，当履带接地面积相同时，长而窄的履带比短而宽的履带有更大的切线牵引力，长而窄的履带滑转率小，不易打滑，功率损耗小。

2. 轮式车辆的牵引力

美国学者贝克根据在车轮和土壤间产生水平剪切的观点，对刚性驱动轮（充气压力较高且具有轮胎花纹）作用下土壤的剪切变形，作了如下简化分析，即剪切变形 j 用水平方向的位移表示（见图 2-12），变形 j 在车轮和地面开始接触时为零，而在车轮和地面接触的末端达到最大值 j_{max}。类似于履带式车辆牵引力推导过程，得出车轮的牵引力 F_H，即

$$F_{\mathrm{H}} = bX_0 (C + \sigma \tan\varphi) \left[1 - \frac{K}{iX_0} \left(1 - e^{\frac{-iX_0}{K}} \right) \right]$$

$$(2\text{-}27)$$

式中，$X_0 = \sqrt{(D - Z_0)Z_0} \approx \sqrt{DZ_0}$。

假定垂直应力 σ 被认为是在接触面上均匀分布时，此时车轮产生的最大牵引力为

$$F_{\mathrm{Hmax}} = bX_0 C + W_g \tan\varphi \qquad (2\text{-}28)$$

根据分析可知，以下五个方面的因素将对轮式车辆的附着性能有影响，亦即影响牵引力的大小。

1）土壤的性质。由土壤剪切反力所产生的牵引力最大值 F_{Hmax} 可写成

$$F_{\mathrm{Hmax}} = AC + W_g \tan\varphi \qquad (2\text{-}29)$$

式中 A——车轮接地面积。

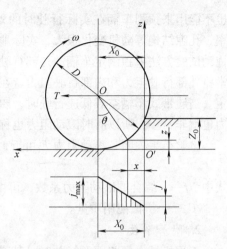

图 2-12 土的水平剪切和位移
x—剪切位移的距离 j—水平剪切位移
Z_0—车辙深度

对于纯塑性土壤（含水率高的黏土），$\tan\varphi = 0$，这时只有增大受剪面积 A 才能增大 F_{Hmax}。对于纯摩擦性的土壤（干砂）$C = 0$，这时应当加大受剪面上的法向载荷 W_g。实际上，一般土壤的性质都在二者之间，因而可以从两个方面采取措施来改善附着性能。在沙漠地区使用的越野车辆往往采用轮式行走装置，就是考虑到砂的特点，用增加垂直压力的方法来加大牵引力。

2）一般来说，降低轮胎的充气压力可以加大支承面的面积，减少支承面上的比压力。这就是说，可以加大土壤受剪面积和减小土壤的垂直变形，这对于在纯塑性土壤上工作的车辆特别有利，因为牵引力可以增加而行驶阻力可以减小。但减少充气压力使轮胎的变形加大，这会降低轮胎的使用寿命，当在坚硬的路面上行驶时则会使滚动阻力增加。

3）增加附着质量 W_g 虽然能改善附着性能，但也有限度，即土壤的结构会因为 W_g 太大而被破坏。大多数工程机械都采用前后轮全轮驱动来改善机器质量的利用程度，这样可以减少滑转和加大牵引力。

4）增大车轮直径时，不仅支承面的面积会加大，而且支承面的长度也加长了，这也改善了机器的附着性能。用加大轮胎宽度的方法，也可提高牵引力。

5）轮胎花纹的形式和参数影响牵引力，其中花纹的高度影响较大。

三、滚动阻力系数和附着系数

1. 滚动阻力系数

履带式车辆和轮式车辆的行驶阻力包括外部行驶阻力和内部行驶阻力。

工程机械行驶在硬路面上时，由于路面的垂直变形引起的外部行驶阻力很小，所以工程机械在硬路面上的行驶阻力主要指内部行驶阻力。对于轮式工程机械来说，其内部行驶阻力主要包括由于轮胎弹性变形引起的滚动阻力，前面已经给出了计算公式，见式（2-17）。对于履带式工程机械来说，其内部行驶阻力主要包括驱动轮、导向轮、支重轮和托轮转动时轴承内部产生的摩擦力；上述各轮与履带轨链接触和卷绕时所产生的摩擦力；卷绕履带时轨链销轴和销套之间所产生的摩擦力等。

工程机械行驶在软路面上时，车辆的外部行驶阻力是由于行驶地面的变形而引起的，而行驶地面的变形参数只能在实验室中土壤参数相当稳定的条件下测出。即使测出这些参数，

也不能用来预测车辆在实际行驶时的外部行驶阻力。这是因为实际地面的颗粒组成、含水率、孔隙结构等随机变化很大，实际地面的变形参数远远偏离实验室的测定值。另外，采用拖动试验方法单独测定车辆的外部行驶阻力非常困难。因此，车辆的行驶阻力预测和设计通常将外部行驶阻力和内部行驶阻力合在一起称为车辆的滚动阻力，采用拖动试验方法进行测定。当履带式车辆空载低速行驶时，履带驱动段内的附加张紧力极小，所造成的内部行驶阻力也就非常小，所以有时滚动阻力也称为行驶阻力。

试验结果表明，滚动阻力 F_f 可近似地与机械的使用质量成正比，即

$$F_f = G_s f \tag{2-30}$$

式中　　f——综合的滚动阻力系数，可由试验测得；

　　　　G_s——机械使用质量。

2. 附着系数

工程机械在硬路面上行驶时，其牵引力主要由行走装置（轮胎或履带）与地面之间的摩擦所产生。牵引力的大小取决于行走装置和地面的外摩擦因数，形式上类似于工程机械在软路面上行驶时的附着系数。

工程机械在软路面上行驶时，履带式车辆牵引力计算式（2-25）和轮式车辆牵引力计算式（2-27）都表明，车辆牵引力与最大牵引力 F_{Hmax} 和滑转率 i 的关系可近似地用下式综合表示，即

$$F_H = F_{Hmax} \left[1 - \frac{\alpha}{i}\left(1 - e^{\frac{i}{\alpha}}\right) \right] \tag{2-31}$$

式中　　α——土壤剪切变形系数和行走机构的接地长度比值，履带式车辆为 K/L，轮式车辆为 K/X_0。K、L 和 X_0 的意义同式（2-25）和式（2-27）。

式（2-31）表示的牵引力与滑转率的关系可以用图 2-13 所示的曲线来表示，称为滑转曲线。滑转曲线表明，在开始阶段，牵引力增加时，滑转率大致与其成线性比例的增加，但当牵引力达到某一值后，对切线牵引力的微小增加，滑转率都有一个很大的增量与之对应。当牵引力达到 F_{Hmax} 时不再增加，这是由于土壤被剪切破坏的缘故。滑转曲线表示了行走装置与地面之间的附着

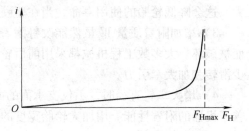

图 2-13　牵引力与滑转率的关系

性能。对于两条滑转曲线，当滑转率相同时，显然切线牵引力较大者附着性能好；或者在地面能够提供相等的切线牵引力时，滑转率较小者附着性能较好。

为了能够定量地说明附着性能，规定在容许滑转率时（容许滑转率视不同的机械有不同的要求），车辆能够发挥的最大牵引力 F_{Kmax} 称为理论附着力。理论附着力减去行驶阻力后是机器对外工作的最大有效牵引力 F_{KPmax}，称为附着力 F_ϕ。附着力与附着质量之比称为附着系数 ϕ，即

$$\phi = \frac{F_{KPmax}}{G_\phi} = \frac{F_\phi}{G_\phi} \tag{2-32}$$

式中　　ϕ——附着系数，可由试验测得，机械设计或性能预测时使用；

　　　　F_ϕ——车辆的附着力（最大有效牵引力）；

G_ϕ——附着质量。对于轮式车辆，附着质量等于作用于主动和从动车轮上的垂直于附着地面的载荷；对于履带式车辆，附着质量等于作用于车辆上的垂直于附着地面的负荷。

3. 各种地面的滚动阻力系数和附着系数

式（2-30）中的滚动阻力系数和式（2-32）中的附着系数都是机器质量的线性比例系数，这使车辆的滚动阻力和最大有效牵引力计算得以简化，具有很强的实用性。

通过大量试验，得到不同路面条件下的履带式车辆和轮式车辆的滚动阻力系数和附着系数数据，分别列在表2-10和表2-11中，可供工程机械设计或牵引性能预测时使用。

表2-10　履带式车辆滚动阻力系数和附着系数

行 驶 地 面	滚动阻力系数 f	附着系数 ϕ
铺砌道路	0.05	0.6～0.8
干土道路	0.07	0.8～0.9
柔软砂路	0.10	0.6～0.7
深泥土地	0.10～0.15	0.5～0.6
细砂土地	0.10	0.45～0.55
开垦的田地	0.10～0.12	0.6～0.7
冻结的道路	0.03～0.04	0.2

表2-11　轮式车辆滚动阻力系数和附着系数

行 驶 地 面	滚动阻力系数 f	附着系数 ϕ
沥青路面	0.02～0.03	0.7～0.9
碎石路面	0.02～0.03	0.40～0.55
矿石层路面	0.09～0.14	0.60～0.75
干砂路面	0.015～0.03	0.40～0.55
已耕田地	0.12～0.18	0.50～0.60
沼泥地	0.22～0.25	0.10～0.20

第三章　工程机械的功能与构成

工程机械是通过机械力的有效作用，改变作业对象的物理状态来实现其作业功能。因作业功能繁多和要求各异，致使输入动力和输出载荷之间的功率传送转换方式多种多样和复杂多变。早期工程机械通常采用机械传动方式，目前许多工程机械都采用液压传动方式。

工程机械是用来完成建设任务的装备，大多数常用于土木工程作业，它们可能是建设装备、施工设备、生产站楼、工程车辆或简单机具等。不管工程机械是简单还是复杂，它通常由五个系统（装置）组成，即执行系统（作业装置）、牵引系统（行走装置）、动力与传动系统（动力与传动装置）、控制与信息系统（控制与信息装置）和结构系统（机架结构）。由于现代化的生产分工模式，上述系统（装置）大多数由工程机械专用零部件制造商生产和供应。

第一节　工程机械的作业功能及要求

工程机械的功能是指工程机械对工程所发挥的有利作用，是改变工程对象结构和属性的一种能力。工程机械多用于交通运输、城乡建设、农田水利、能源开发和国防建设等工程建设中，是国民经济基本建设必不可少的技术装备。使用工程机械的优点是：可以大幅度地提高劳动生产率，以加快工程建设速度；提高作业质量，以确保工程质量；节省大量人力，以减轻繁重体力劳动和降低劳动强度；完成人力不能承担的高难度工程施工，以保证工程正常实施；降低工程施工费用，以提高经济效益；执行艰难危险任务，以提高社会效益等。由此可见，工程机械的功能是多方面的，不仅要具有技术性方面的功能，而且还要有良好的经济性、社会性、资源性等方面的功能。限于课程的导论性质，本节仅对工程机械的作业功能及要求进行阐述。

一、工程机械的作业功能

如第一章第二节工程机械分类中所述，工程机械能够进行挖掘、推移、装载、平整、凿岩、钻孔、破碎、铣刨、筛分、搅拌、运输、输送、布料、摊铺、洒布、压实、捣实、成形、搬运、起重、架设、锯切、剪切、清扫、除雪等作业。有些工程机械具有单一作业功能，而大多数工程机械具有一种作业功能并兼有多种辅助功能。工程机械的作业能力大小不一，因机械性能而不同，由工程实际的需要作选择。工程机械常见的作业功能总结分述如下：

1. 挖掘功能

工程机械具有挖掘功能，能够完成土壤、砂石等的挖掘和采掘，用于路堑、基坑、沟渠、剥离覆盖层、疏浚河道、采掘软石等土石方工程的施工。衡量挖掘能力的主要参数有最大挖掘力、斗容量和工作循环时间。

2. 推移功能

工程机械具有推移功能，能够完成土壤、砂石等的铲切和移运，用于路堑、路堤、基坑、铲除障碍、清理积雪、平整场地、物料堆运等土石方工程的施工。衡量推移能力的主要参数有最大牵引力、推移速度和推移量。

3. 装载功能

工程机械具有装载功能，能够完成土壤、砂石等散状物料的铲装卸运，用于公路、铁路、矿山、建筑、水电、港口工程中的土石方及散料的装载。衡量装载能力的主要参数有额定载重量、铲斗容量、最高行驶速度和卸载高度。

4. 平整功能

工程机械具有平整功能，能够完成土壤、稳定土、积雪、杂草等的铲削和平整，用于公路、铁路、矿山、建筑、水电、港口工程中的大面积场地平整和整形施工及维护。衡量平整能力的主要参数有刮刀尺寸、最大牵引力、最高行驶速度和平整度。

5. 凿岩功能

工程机械具有凿岩功能，能够完成岩石的钻孔，用于隧道、矿山及石方工程的钻爆作业。衡量凿岩能力的主要参数有凿孔直径、凿孔深度和凿孔速度。

6. 钻孔功能

工程机械具有钻孔功能，能够完成地面垂直孔和地下水平孔的钻挖，用于桥梁、建筑、站场、港口等基础工程的垂直桩孔作业及城市地下水平管孔的成形作业。衡量钻孔能力的主要参数有输出转矩、输出转速、成孔直径、成孔深度或长度。

7. 破碎功能

工程机械具有破碎功能，能够完成石块、混凝土块等坚硬物料的破解，用于公路、铁路、矿山、建筑、水电、港口工程所需石集料的生产和混凝土的再生。衡量破碎能力的主要参数有生产率、进料粒度和出料粒度。

8. 铣刨功能

工程机械具有铣刨功能，能够完成混凝土和软矿物的铣刨，用于沥青路面面层、水泥路面面层、露天矿层等的清除。衡量铣刨能力的主要参数有铣刨宽度、铣刨深度和铣刨速度。

9. 筛分功能

工程机械具有筛分功能，能够完成土壤、沙子、石子等散状物料的粒度分级，用于公路、铁路、矿山、建筑、水电、港口工程所需集料的配制或清筛。衡量筛分能力的主要参数有生产率、筛孔尺寸、振动频率和振幅。

10. 搅拌功能

工程机械具有搅拌功能，能够完成集料和胶结料的均匀混合，用于公路、铁路、矿山、建筑、水电、港口工程中的稳定土、水泥混凝土、沥青混凝土、水泥沥青砂浆等材料的制备。衡量搅拌能力的主要参数有生产率、出料容量、油石比或灰石比精度。

11. 运输功能

工程机械具有运输功能，能够完成各种工程物料的异地运送，用于公路、铁路、矿山、建筑、水电、港口工程中的水油液体、土石砂散料、粉料、混合料、钢材、结构件等的异地供给。衡量运输能力的主要参数有最大装载重量、运输容积和最高运输速度。

12. 输送功能

工程机械具有输送功能，能够完成液体、粉料、散料、流态混合物的同地送给，用于公路、铁路、矿山、建筑、水电、港口工程中的水、液态沥青、水泥、土石砂散料、粉料、流态混凝土等场内站内供给。衡量输送能力的主要参数有输送量、输送水平距离和垂直距离、粒径和黏度。

13. 布料功能

工程机械具有布料功能，能够完成混合料的定点定量分布，用于公路、铁路、建筑、水电、港口工程中的路面、板层、坝面混凝土浇筑。衡量布料能力的主要参数有布料宽度、布料厚度和布料速度。

14. 摊铺功能

工程机械具有摊铺功能，能够完成同等宽度和厚度、密度一致的混合料层的铺装，用于公路、铁路、矿山、建筑、水电、港口工程中的水泥混凝土和沥青混凝土路面、场道施工。衡量摊铺能力的主要参数有摊铺宽度、摊铺厚度、摊铺速度和密实度。

15. 洒（撒）布功能

工程机械具有洒布功能，能够完成液态、流态或散状物料的同宽度等量喷洒撒布，用于公路路面基层和面层施工和养护作业的水、沥青、稀浆、石屑、砂、盐等材料的均匀洒（撒）布。衡量洒布能力的主要参数有箱（罐）容量或斗容量、洒（撒）布宽度、额定洒（撒）布量和洒（撒）布速度。

16. 压实功能

工程机械具有压实功能，能够从材料外部完成松散材料的密实，用于公路、铁路、矿山、建筑、水电、港口、城建工程中的路基、路面、场道、建筑结构基础、堤坝、城市管道填埋材料的碾压夯实。衡量压实能力的主要参数有工作质量、静线压力、激振力、振动（夯击）频率、振幅和作业速度。

17. 捣实功能

工程机械具有捣实功能，能够从材料内部完成松散物料的密实，用于公路、铁路、建筑、水电、港口工程中的新拌水泥混凝土的密实、铁路道碴的密实等。衡量捣实能力的主要参数有振捣频率、振幅、振捣棒（镐）尺寸。

18. 成形功能

工程机械具有成形功能，能够完成物料成形使之尺寸符合工程设计和使用要求，用于公路、铁路、建筑、水电、港口工程中的水泥混凝土的固模成形、滑模成形、砌块成形、沥青混凝土摊铺成形、钢筋网成形、铁路道床成形等。衡量成形能力的主要参数有成形尺寸和成形速度。

19. 搬运功能

工程机械具有搬运功能，能够完成成件物品的移动堆垛，用于公路、铁路、矿山、建筑、水电、港口工程中的仓库存取作业等。衡量搬运能力的主要参数有额定起（载）重量、搬运升降高度和搬运行驶速度。

20. 起重功能

工程机械具有起重功能，能够完成集装件和结构件的吊装，用于公路、铁路、矿山、建筑、水电、港口工程中的设备、箱梁、散料集装件等的起吊安装与拆卸。衡量起重能力的主要参数有额定起重量、最大起升高度和幅度（或外伸距）。

21. 架设功能

工程机械具有架设功能，能够完成结构件的空中拼装，用于公路、铁路工程中的箱梁起吊平移安装。衡量架设能力的主要参数有架设跨度、升降高度和起吊质量。

22. 锯切功能

工程机械具有锯切功能，能够完成材料的锯切，用于公路、铁路、矿山、建筑、水电、港口工程中的钢材、木材、混凝土、石料等材料的切缝或切割。衡量锯切能力的主要参数有切缝深度、切缝宽度和切缝速度。

23. 剪切功能

工程机械具有剪切功能，能够完成材料的剪断，用于公路、铁路、矿山、建筑、水电、港口工程建设和拆除及养护过程中的钢筋、树枝等的切断作业。衡量剪切能力的主要参数有剪切直径、单位时间的剪断次数。

24. 清扫功能

工程机械具有清扫功能，能够完成结构物表面上附着散料、粉尘和轻质物的扫除和收集，用于公路、铁路、矿山、建筑、水电、港口工程建设与养护过程中的层面、路面、道面、场面上砂石、尘土、树叶、干草、垃圾等的清理。衡量清扫能力的主要参数有清扫宽度、清扫速度和清扫率。

25. 除雪功能

工程机械具有除雪功能，能够完成结构物表面上积雪和雪阻的清除，用于公路、铁路、机场、矿山、建筑、水电、港口、市政工程养护过程中的路面、道面、场面上积雪和雪阻的清理。衡量除雪能力的主要参数有除雪宽度、最大除雪厚度、抛雪距离和最高除雪速度。

另外，大多数工程机械可能会具有加热、散热、冷却、吸水、除尘等非机械力学作业功能，在此不再阐述。

二、对工程机械的要求

1. 生产率要求

生产率是土石方工程机械最重要的技术性能要求，在机器设计、制造和使用中都应考虑使工程机械充分发挥其作业功能。提高工程机械生产率是加快工程建设进度的必然要求。

2. 作业质量要求

作业质量是拌和和搅拌机械、摊铺机械、压实和捣实机械等最重要的技术性能要求。保证和提高作业对象的均匀性、密实度、平整度等质量指标，是满足和提高工程质量的需要和工程机械使用的前提条件。

3. 适应性要求

工程机械的工作环境恶劣，使用条件多变。施工机械的使用地区，从热带到高寒带，自然条件和地理条件差别很大，工况是由地下、水下到高空，既要满足一般施工要求，还要满足各种特殊施工要求。作业场所有时狭窄且受自然及各种条件限制，会影响工程机械的选择和使用。因此，要求工程机械对作业环境和作业介质具有良好的适应性。

4. 可靠性要求

作业装置在作业时产生的冲击和振动载荷，对整机的稳定性和寿命有直接影响。大多数工程机械是在移动中作业，作业对象有砂土、碎石、沥青、混凝土等，作业条件严酷恶劣，机器受力复杂，振动与磨损剧烈，控制和信息系统易受损坏。工程机械多数在野外、露天作业，常年在粉尘飞扬和风吹日晒的情况下工作，易受风雨的侵蚀和粉尘的磨损。另外可靠性会间接影响工程进度、经济、质量、效益和安全。因此，要求工程机械具有很高的可靠性。

5. 经济性要求

经济性是一个综合性指标。工程机械的经济性体现在满足使用性能要求的前提下，力求结构简单、质量轻、零件种类和数量少，以减少原材料的消耗。制造经济性体现在工艺上合理、加工方便和制造成本低；使用经济性则应体现在状态好、效率高、能耗低和管理及维护费用低等。工程机械的经济性会直接影响制造企业和施工企业的经济效益。

6. 安全性要求

工程机械在现场作业，容易出现意外危险，为此，对工程机械的安全保护装置有严格要求。目前常见的翻车保护装置（ROPS）和落物保护装置（FOPS）已在国际标准中有专门的规定。我国工程机械的标准规范也明确规定，没有配置安全保护装置的工程机械产品不允许出厂。

7. 人性化要求

美妙的外观、宜人的色彩、舒适的工作环境、宽广的视野、简便的操作、智能的控制、清楚的识别等是工程机械人性化的要求。

8. 环保性要求

减少烟气、噪声、振动、粉尘、油渍、撒料等排放或污染是对工程机械的环保性要求。

第二节　工程机械总体构成

工程机械的作业功能看似简单，但由于对工程机械的要求越来越多且越来越高，使得工程机械的系统总体构成和构成装置也越来越复杂。

传统上，将以机械传动为主的自行式工程机械分为发动机、底盘和工作装置三大部分。将除发动机、工作装置及驾驶室以外的所有部分统称为工程机械底盘，一般可分为轮式底盘和履带式底盘两种，由传动系、行驶系、转向系和制动系四部分组成。但由于全液压传动和全电传动的工程机械大大简化了原底盘的传动系、行驶系、转向系和制动系，发动机和液压泵、发动机和发电机、发动机和变速箱、发动机和分动箱趋向一体化，液压转向制动和电动转向制动分别由液压传动和电传动来实现，因此将传统底盘中的传动系、行驶系的车桥、转向系和制动系归到动力及传动装置，把行驶系的轮式行走装置和履带行走装置归到行走装置，把行驶系的车架归到机架结构中比较合适于工程机械总体构成的表述，并且有利于现代化生产的分工制造。现代工程机械的控制自动化、智能化程度越来越高，信息化越来越普遍，控制和信息装置正逐渐形成工程机械的"大脑"，是一个极其重要的组成部分和技术水平的标志。再者，工程机械传统的总体构成表述是基于自行式工程机械，不能描述固定式等工程机械的总体构成。鉴于以上原因，工程机械虽然因机种和类型不同，其总体构造也各有特点，但是总体构成仍可由作业装置、行走装置（固定式工程机械无此装置）、动力及传动装置、控制及信息装置和机架结构五部分组成，这样能够全面分析和表述工程机械总体构成情况。

工程机械总体构成可以分别使用图 3-1 所示的自行式水泥混凝土滑模摊铺机和图 3-2 所示的固定式水泥混凝土搅拌楼为例进行如下说明。

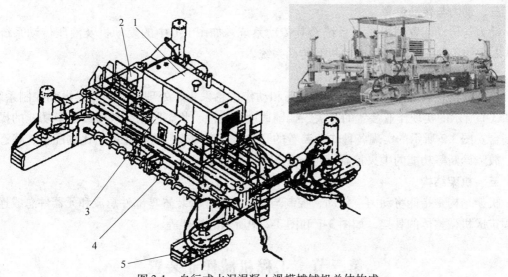

图 3-1　自行式水泥混凝土滑模摊铺机总体构成
1—动力与传动装置　2—机架　3—操作控制台　4—摊铺工作装置　5—行走装置

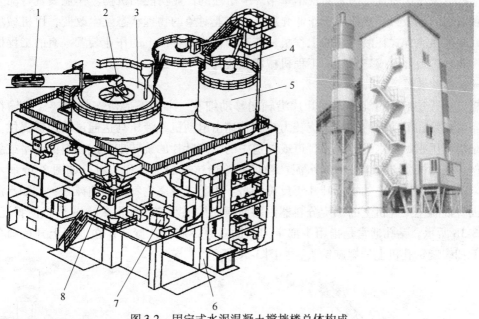

图 3-2　固定式水泥混凝土搅拌楼总体构成
1—上料装置　2—分料器　3—集料仓　4—提升装置　5—水泥仓　6—机架　7—中央控制室　8—搅拌装置

一、作业装置

作业装置是指实现本章第一节所述作业功能的机构，如图 3-1 所示的由分料和布料螺旋、计量闸门、振捣棒、成形装置和定形装置等组成的成套滑模摊铺工作装置，图 3-2 所示的作业装置由上料装置、分料器、提升装置、搅拌装置等组合而成。

二、行走装置

行走装置是指能在地面或轨面上行走的机构，如轮胎、车轮、钢轮和图 3-1 所示的履带行走装置等。

三、动力与传动装置

动力与传动装置是指原动系统及其传动系统，如图 3-1 中的发动机及液压传动系统和图 3-2 中的各种作业装置的电动机及传动系统。

四、控制与信息装置

控制与信息装置是指机械和机构状态和动作信息采集、处理、反馈、操纵和控制系统，如图 3-1 所示的实现作业装置的开关、摊铺速度的快慢、状态监测、故障诊断等功能的操作控制台。图 3-2 所示的实现各种作业装置的开关、速度调节、物料计量、比例配量、状态监测、故障诊断等功能的中央控制室也属于控制与信息装置。

五、机架结构

机架结构是指能将动力、传动、控制与信息、作业等装置零部件总成和元器件总成连接和固定成机械整体的骨架，如图 3-1 和图 3-2 中所示的机架等。

第三节　工程机械作业装置

工程机械作业装置是用来实现本章第一节所述的作业功能的机构。作业装置将动力和传动装置输出的机械力直接作用于作业介质，使作业对象的物理状态发生改变，以机械功、变形能或摩擦热能方式耗散。有的工程机械兼有两种或两种以上的作业装置，有的工程机械由多个作业装置组合而成。常见的工程机械作业装置如下所述。

一、螺旋装置

螺旋装置是指使用旋转螺旋叶片沿轴向移动细粒、半固态或流态物料，完成输料、分料、布料或钻孔等功能的机构，旋转力矩和转速由电动机或液压马达通过减速器提供。输料通常是指利用密封在水平或倾斜管道或槽道中的螺旋叶片的旋转来完成物料的水平或斜向移动，例如水泥混凝土搅拌楼中的水泥、粉煤灰等粉粒料的上料和分料，如图 3-3a 所示。布料通常是指利用地面上的螺旋叶片正反旋转将半固态或流态物料沿轴向摊开，例如水泥混凝土或沥青混凝土摊铺机上的螺旋分料器沿路面横向摊铺新拌水泥混凝土或热态沥青混凝土，如图 3-3b 所示。钻孔通常是指用头部带刀具的垂直螺旋叶片旋转，在地面上开挖圆孔或坑洞，例如螺旋钻孔机上的螺旋钻头，如图 3-3c 所示。

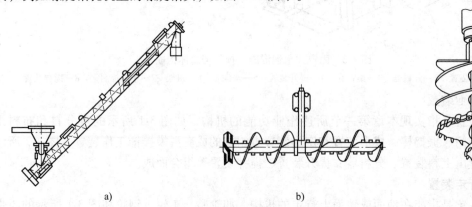

a)　　　　　　　　　　　b)　　　　　　　　　　　c)

图 3-3　各种螺旋装置

a) 输料螺旋　b) 布料螺旋　c) 钻孔螺旋

二、推土装置

推土装置是指使用置于牵引车前端的带刃推土钢板（即铲刀）沿机器前进方向推移土壤、砂土、碎石、垃圾或冰雪等，完成铲切和移运等功能的机构，推力由牵引车提供。推土装置通过液压缸动作能够完成铲刀的上下升降、前后俯仰、左右倾斜、左右回转运动，实现正铲、侧铲和斜铲作业，如图3-4a、b和c所示。推土板横向结构分直线形（S形）、万能形（U形）和S-U形三种。S形推土板高宽比小，横向没有弯曲，两侧不带挡料板，常用于短运距的地面推填平整；U形推土板高宽比大，横向呈U形弯曲，两侧带挡料板，积运土料容量大，常用于长运距的地面推填平整；S-U形推土板高宽比中等，横向U形弯曲和两侧挡料板较U形小，用于采石场的石料堆积。推土板的积土面通常采用抛物线或渐开线曲面以利于物料的滚动前翻。推土板可安装在工程车前端用于清理地面，也可安装在战车前端用于清障排雷等。

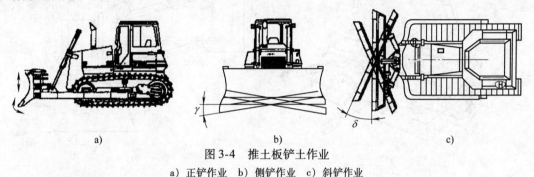

a)   b)   c)

图3-4 推土板铲土作业

a）正铲作业 b）侧铲作业 c）斜铲作业

三、反铲装置

反铲装置是指使用通常置于基础车辆后端的带刃钢制挖斗（即反铲斗）切削开挖硬实土壤或软散岩石等并装入运输车辆，完成挖掘、提升、回转和卸料等功能的机构，挖掘力由基础车提供。反铲装置的铲斗通常安装在两铰接臂（动臂和斗杆）头部，由铲斗液压缸、动臂液压缸和斗杆液压缸复合动作完成铲斗的切挖旋转、上下升降、卸料旋转运动，如图3-5所示。铲斗有标准斗、岩石斗、松土斗、水沟斗、泥斗、筛网斗、夹斗、斜挖斗等多

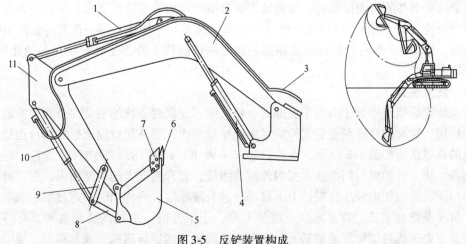

图3-5 反铲装置构成

1—斗杆液压缸 2—动臂 3—液压管路 4—动臂液压缸 5—铲斗 6—斗齿
7—侧齿 8—连杆 9—摇杆 10—铲斗液压缸 11—斗杆

种形式。反铲装置通常安装在牵引车的回转平台上从而实现360°左右摆动。反铲装置除安装在挖掘机上，还可安装在挖掘装载机、多功能车上等。

四、清扫装置

清扫装置是指利用置于牵引车底部的旋转扫刷，清除地面上附着散料、粉尘和轻质物的机构，扫刷旋转由液压马达或电动机驱动。清扫装置分水平柱刷和侧盘刷两种，清扫装置通过气缸或液压缸动作完成扫刷的上下升降、上下浮动、左右倾斜、左右回转运动，如图3-6所示。盘刷用于将清扫带两侧区域、路缘、边角、护栏下的垃圾集中到吸口或柱刷前方；柱刷用于将清扫带的垃圾抛至吸口、输送带、输送链、垃圾箱或垃圾斗中。清扫装置除安装在清扫车上，还可安装在清扫机、多功能车上等。

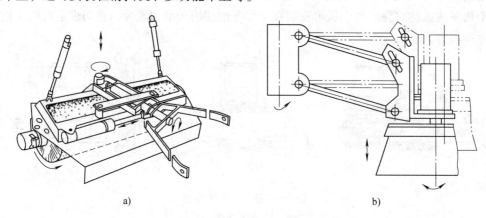

图3-6 清扫装置构成

a）柱刷结构 b）盘刷结构

五、铣刨装置

铣刨装置是指使用置于牵引车底部的圆柱表面排列有合金刀头的滚筒（即铣刨转子），铣刨各种混凝土及软矿材料的机构，完成对沥青混凝土面层、水泥混凝土面层、露天矿层等的切削或拉毛作业。铣刨转子的转动通常由发动机通过机械传动、液压马达或电动机驱动，铣刨转子随牵引车的行走而移动。铣刨装置的典型结构由两端旋转支承、滚筒、刀头、抛料板、驱动带轮（或链轮）、内藏减速机（链轮驱动时无）等构成，刀头在滚筒表面呈螺旋线排列布置，如图3-7所示。铣刨装置除安装在专用铣刨机上外，还可安装在多功能养护车、多功能机上。

六、货叉装置

货叉装置是指使用置于牵引车前部的金属叉架，完成对货物的取货、升降、堆放等装卸作业的机构。货叉的升降和前后俯仰通常由液压缸完成，货叉装置随牵引车的行走移动。货叉装置的典型结构如图3-8所示，由外门架（未画出）、内门架、导向杆、滑轮、起升液压缸、链条、货叉等构成。门架通常由内外两节组成，起升高度大的门架由内、中、外三节组成。内门架沿外门架由液压缸带动上下移动，起升液压缸柱塞伸出时，通过滑轮和链条带动滑架、货叉及货物上升。货叉形状一般呈L形，上下升降。为提高装卸效率，有的货叉通过在装置中安装旋转架可形成旋转叉，还可以安装平行四连杆机构形成前移叉，或安装横移架形成横移叉。货叉装置除安装在专用叉车上外，还可安装在多功能养护车、多功能机上。

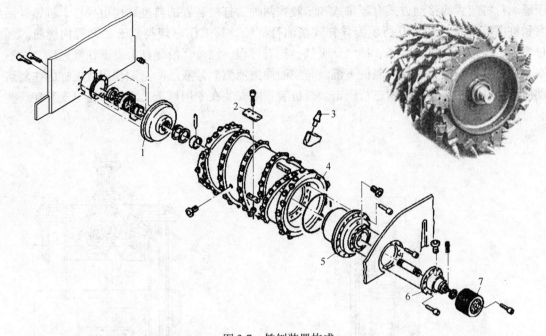

图 3-7　铣刨装置构成

1—左端支承　2—抛料板　3—刀头　4—滚筒　5—内藏行星减速机　6—右端支承　7—带轮

七、凿击装置

凿击装置是指使用具有一定频率的冲击钎头或镐头，凿击岩石成孔、破碎混凝土的机构，可用于完成岩石中的凿孔、石块破碎、水泥混凝土结构的破碎拆解、沥青混凝土破碎、岩石或混凝土表面层的凿毛等作业。凿击装置的动力有多种形式，分气动、液压、电动和内燃四种。凿击装置的移动也有多种形式，分手持式、支腿式、台车导轨式和臂架式四种。凿击装置的典型结构由镐钎、冲击活塞、阀套、壳体、端盖等构成，如图 3-9 所示。冲击活塞的运动由压缩空气、液压油或曲柄连杆驱动，气动或液动通过配气回路或配油回路实现活塞的往复运动，电动或内燃机驱动通过曲柄连杆带动冲击活塞往复运动。镐钎头有一字形、十字形和球齿形，以适应不同强度的介质和不同的作业要求。凿击装置除安装在专用凿岩设备和拆除设备上外，还可安装在多功能养护车、多功能机上或作为一些工程机械的辅助作业工具选配。

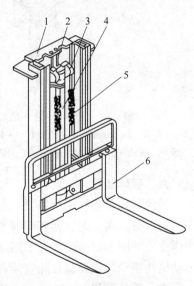

图 3-8　货叉装置的典型结构

1—内门架　2—导向杆　3—滑轮
4—起升液压缸　5—链条　6—货叉

八、打桩装置

打桩装置是指使用具有一定频率的桩锤，将预制桩打入土中，从而为建筑结构物提供基础。打桩装置的动力有多种形式，分别为蒸汽、内燃、电动和液压四种动力形式。打桩方式分为冲击、振动和静压三种方式，冲击锤有蒸汽锤、柴油锤和液压锤，振动锤有电动锤和液压锤。打桩装置的移动方式有履带式和步履式两种。打桩装置的典型结构由导杆、缸锤、活塞和桩帽等构成，图3-10所示为导杆式柴油打桩锤，其工作原理类似于二冲程内燃机。通过喷油、压缩、雾化、燃烧、排气、吸气、扫气过程，缸锤2沿导杆1上下往复运动，对活塞3冲击，打击桩帽4使预制桩下沉。与柴油冲击锤类似，液压冲击锤利用液压缸的往复运动使活塞杆带动锤体对桩帽进行锤击。打桩装置除安装在专用桩架上之外，还可安装在一些起重设备上。

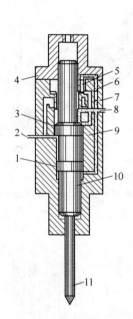

图3-9 液压镐构成

1—下凸肩 2—回油口 3—上凸肩 4—端盖 5—推杆 6—配油套
7—配油回路 8—压力油进口 9—壳体 10—活塞 11—镐钎

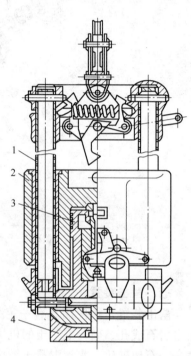

图3-10 导杆式柴油打桩锤

1—导杆 2—缸锤 3—活塞 4—桩帽

九、破碎装置

破碎装置是指使用金属楔口板的挤压力或金属板锤的冲击力对大块石料或混凝土块进行压、折、劈、碾、击，使其碎裂成各种粒径的小块集料的机构，可用于完成对建筑集料的生产作业，如图3-11所示。金属楔口板的咬合或金属板锤的旋转通常由电动机或发动机通过传动机构驱动。破碎装置除安装在专用破碎机上外，还可安装在水泥混凝土再生设备上。

十、筛分装置

筛分装置是指使用振动中的筛箱将各种集料进行大小分类的装置。筛箱底部是筛面，筛面分为棒条筛、板状筛、编织筛和波浪筛。具有各种截面形状的棒条筛面用于大于50mm的粗集料筛分；带圆孔、方孔或长条孔的板状筛面用于5mm以上的粗集料筛分；带方孔或矩形孔的编织筛面用于5mm以下细集料的筛分。筛箱或筛面的振动通过偏心轴、偏心块、电磁激振器或振动电动机实现。典型的筛分装置为图3-12所示的双轴直线振动筛。筛箱1由双轴激振器3实现振动使集料在筛面上滚动或跳跃。双轴激振器3的两偏心块转动由电动机2驱动，产生固定方向上的直线振动力。吊杆4用来悬挂筛箱，并用弹簧5对机架隔振。

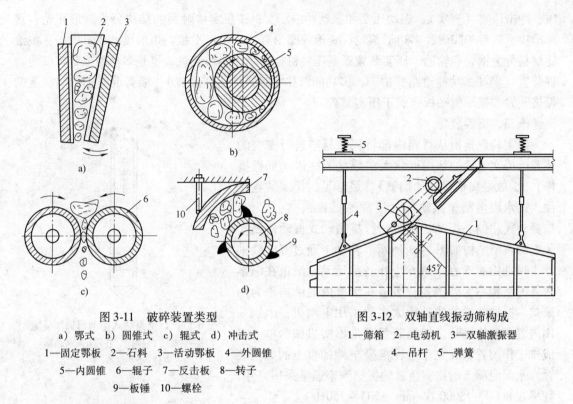

图 3-11　破碎装置类型

a）鄂式　b）圆锥式　c）辊式　d）冲击式

1—固定鄂板　2—石料　3—活动鄂板　4—外圆锥

5—内圆锥　6—辊子　7—反击板　8—转子

9—板锤　10—螺栓

图 3-12　双轴直线振动筛构成

1—筛箱　2—电动机　3—双轴激振器

4—吊杆　5—弹簧

十一、搅拌装置

各种搅拌装置的分类见表 3-1。搅拌装置是指将集料（碎石或砂）、粉料（石粉或粉煤灰）、外加剂、胶结料（水泥浆或沥青等）等按一定的配合比例进行搅拌，从而得到均匀混合料（例如水泥砂浆、水泥混凝土、沥青混凝土等）的装置。搅拌装置种类较多。按搅拌原理分为自落式和强制式；按作业方式分为周期式和连续式；按搅拌筒的结构分为鼓筒形、双锥形、梨形、圆盘竖轴式（或称立轴式）及圆槽卧轴式；按出料方式分为倾翻式和不倾翻式；按搅拌容量分为大型（出料容量 $1 \sim 3m^3$）、中型（出料容量 $0.3 \sim 0.5m^3$）、小型（出料容量 $0.05 \sim 0.25m^3$）。大多数搅拌装置采用电动机通过传动装置进行驱动，如水泥混凝土搅拌站（楼）、沥青混凝土搅拌站（楼）。有一些搅拌装置采用液压马达通过传动装置进行驱动，例如水泥混凝土搅拌运输车等。

表 3-1　搅拌装置的分类

自 落 式				强 制 式		
倾翻出料		不倾翻出料		竖轴式		卧轴式
单口	双口	斜槽出料	反转出料	涡桨式	行星式	双槽式
单口						

十二、压实装置

压实装置是指从材料外部将松散材料进行密实的装置。压实装置按压实原理分为静力碾压、冲击压实（夯实）、振动压实和振动冲击压实；按压实接触面的结构分为圆形光轮、圆形凸块、圆形羊脚碾、多边形滚轮、矩形或圆形夯锤、矩形平板、矩形梁、成形模板；按滚轮材料分为钢轮和轮胎。压实装置既是压实机械的单一工作装置，也是多功能工程机械的附件装置（例如多功能道路养护车、多功能滑移装载机的压实装置），沥青混凝土摊铺机上的振捣装置和振动熨平板也属于压实装置。

十三、捣实装置

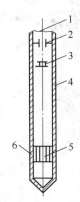

捣实装置是指从材料内部将松散材料进行密实的装置。捣实装置的结构形状大多数是圆柱体（如振捣棒），少数是扁平状（如捣镐）。最常见的捣实装置是插入式水泥混凝土振动器（简称振捣棒），它分为行星振动式和偏心振动式两种。行星振动式振动器捣实装置的典型结构如图 3-13 所示。转轴 1 通过万向联轴器 3 带动滚锥 5 在滚道 6 上作行星运动，滚道在滚锥之外的结构称为外滚式，滚道在滚锥内的结构称为内滚式。振捣装置的驱动绝大多数采用电动机，个别采用内置式液压马达。振捣装置既是捣实机械的单一或成排工作装置，又见于水泥混凝土摊铺机上的捣实装置。水泥混凝土的捣实装置的振捣频率通常采用高频，频率在 8000～15000 次/min（133～250Hz）。

图 3-13　行星振动式振动器捣实装置
1—转轴　2—轴承　3—万向联轴器
4—壳体　5—滚锥　6—滚道

十四、起重装置

起重装置是指起重机上用来升降重物的工作机构。起重装置通常由吊钩、滑轮组、钢丝绳和卷筒部件组成，如图 3-14 所示。吊钩分长型和短型两种形式。吊钩有单钩和双钩两种，单钩应用最为广泛。吊钩也可更换为夹钳、电磁盘或抓斗等。吊钩能绕垂直轴线灵活转动，以便吊钩挂取。滑轮组分为省力滑轮组和增速滑轮组，省力滑轮组常用的有单联滑轮组和双联滑轮组，有时滑轮组可单独作为简易起重装置使用。钢丝绳种类按捻绕次数、方向、形状和构造，分别分为单绕和双重绕、同向捻和交互捻、圆股和异形股、点接触和线接触钢丝绳。起重机上主要采用圆柱形卷筒。大多数情况下钢丝绳在卷筒上绕一层，起升高度大而卷筒长度受限时采用多层绕卷筒。多层绕卷筒的表面为光面，单层绕卷筒的表面为浅槽（标准槽）或深槽的螺旋槽。固定站场使用的

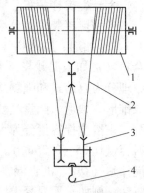

图 3-14　起重装置构成
1—卷筒　2—钢丝绳
3—滑轮组　4—吊钩

起重设备的卷筒通常用电动机通过传动装置进行驱动，如塔式起重机、门座起重机的起重装置等。自行式起重设备通常采用液压马达通过传动装置进行驱动，例如轮式起重机、履带式起重机上的起重装置等。

十五、输送装置

输送装置是指将集料（碎石或砂等）、粉料（石粉或粉煤灰等）、流态料（水、液态沥青、流态混凝土等）、混合料（水泥混凝土或沥青混凝土混合料等）等沿固定线路连续不断地进行移运的装置。输送装置作为工程机械的工作装置可用来实现上料、装料、卸料、集

料、分料、布料或输料等功能。工程机械常用的输送装置如图 3-15 所示。冷集料和冷混合料常用带式装置输送，热集料和热混合料常用刮板装置或斗式装置输送，粉料常用螺旋装置或气力装置输送，流态料通常用泵送装置（例如水泵、泥浆泵、沥青泵、混凝土泵等）输送。固定站场使用的工程机械的大多数输送装置采用电动机通过传动装置进行驱动，如水泥混凝土搅拌站（楼）、沥青混凝土搅拌站（楼）。自行式工程机械的输送装置则采用液压马达通过传动装置进行驱动，例如水泥混凝土摊铺机、沥青混凝土摊铺机、路面铣刨机等。

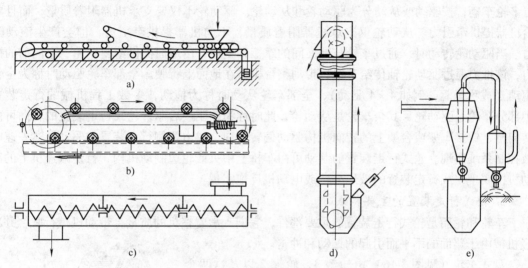

图 3-15　工程机械常用的输送装置
a）带式装置　b）刮板装置　c）螺旋装置　d）斗式装置　e）气力装置

　　工程机械的工作装置种类繁多，以上仅列举了工程机械常用的一些工作装置。另外还有拆除剪、劈裂装置、羊脚碾、耙松装置、草捆叉、抓草叉、树枝粉碎装置、树枝剪、抛雪装置、开沟装置、锯切装置等会用在一些专用或多功能工程机械上。

　　快速连接装置是安装在各种工程机械外端的机构，用来快速更换各种工作装置，常用在液压挖掘机、挖掘装载机、轮式装载机、滑移装载机、伸缩式叉装车上，有时也用在农用拖拉机上。快速连接装置因为不能实现搬运或挖掘等作业，所以它们本身通常不具有特定的作业功能。快速连接装置只是安装在机器上，成为整机系统的一个组成部分。快速连接装置通常用销轴固定在机器上，再用另外的销轴连接铲斗或附加工作装置。

　　用在铲掘装置上的液压手腕是一种典型的快速连接装置，使铲斗除了能沿左右水平轴旋转外，还能够沿前后水平轴倾摆、上下垂直轴回旋，具备三个自由度的旋转功能，在此不再展开表述。

第四节　工程机械行走装置

　　工程机械行走装置是指用来完成在地面上作业时的行走或转场时的行驶功能的机构。与作业装置类似，将动力和传动装置输出的机械力直接作用于行走装置，使地面和行走装置的物理状态发生改变，以机械功、变形能或摩擦热能方式耗散。

工程机械行走装置的基本作用是：支承整机的质量和载荷；将传动系传来的转矩转变成机械行驶和进行作业所需的牵引力；缓和地面对机械的振动与冲击作用。工程机械行走装置一般分为轮式行走装置和履带式行走装置两大类。步履式行走装置多用于机器人，在工程机械上少有使用。

一、轮式行走装置

1. 轮式行走装置的工作原理

轮式行走装置按机器上所需配置轮子的数量分单轮、两轮、三轮、四轮、六轮、八轮或更多轮车辆；按驱动或从动分为驱动轮和从动轮。驱动轮不仅要支承机器附着质量，而且要给机器提供牵引力。从动轮仅支承机器附着质量，不向机器提供牵引力，但会产生滚动阻力。当驱动轮转动时，通过车轮与地面间的摩擦和变形，由地面提供给驱动轮一个向前的推力，该推力通过驱动轮轴传给车架，带动整台机器在地面上行驶。全部车轮驱动时称为全轮驱动（或称全驱，例如4×4驱动），全部车轮从动时称为拖动，多数工程机械的行走装置中部分车轮是驱动轮，其余车轮是从动轮，此时称为前驱或后驱。轮式行走装置的转向可由转向桥、铰接车架或台架上的转向机构驱动偏转实现，或由两侧行走装置的驱动马达差速电液控制系统实现。轮式行走装置的制动可由车桥上中央或轮边制动机构、行走减速机上的制动机构实现，或行走装置的液压马达或电动机反拖实现。

2. 轮式行走装置的主要构成

车轮和轮胎是轮式行走装置的重要部件，它们支承着整机的质量，带动机械行驶，并减轻机械由于路面的不平而引起的振动和冲击。

盘式车轮（见图3-16）由轮毂3、轮辋2以及这两个元件间的连接部分组成。轮辋也称钢圈，用来安装轮胎，轮毂与车轴相连。

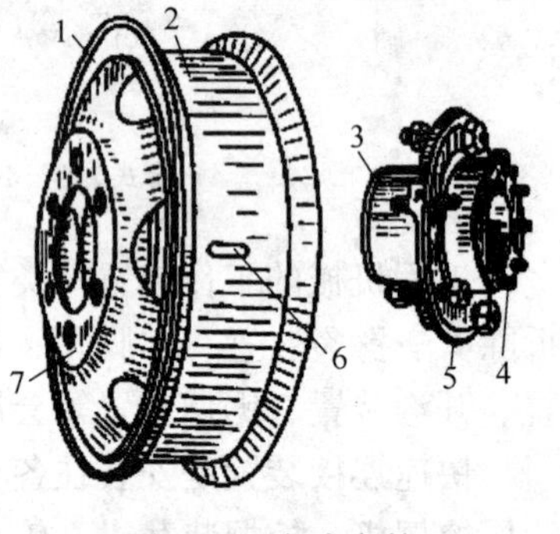

轮胎分为充气轮胎和实心轮胎。充气轮胎在工程机械上最为常用，实心轮胎适用于低速、重负载苛刻使用条件下的工程机械，其安全性、耐久性、经济性等明显优于充气轮胎。实心轮胎分为粘结式和非粘结式两种，前者指橡胶直接硫化在轮辋上的轮胎，后者指硫化后再固定在轮辋上的轮胎。充气轮胎分为有内胎式和无内胎式两种。有内胎的充气轮胎（见图3-17）主要由外胎1、内胎6及垫带2和5等组成。外胎是轮胎的主体，直接与地面接触，胎面上制有花纹，大中型工程机械一般采用宽而深的花纹，以提高其防滑性能。内胎是环形橡胶管，内胎上装有充放气用的气门嘴。

图3-16 盘式车轮

1—挡圈 2—轮辋 3—轮毂 4—螺栓
5—凸缘 6—气门嘴伸出口 7—轮盘

无内胎的充气轮胎的断面结构如图3-18所示，气密层1密贴于外胎，省去了内胎与垫带，利用轮辋3作为部分气室侧壁。因此，其散热性能好，适宜高速行驶工况。这种轮胎可以充水或充物，增加整机的稳定性和附着性能，充水的溶液一般用氯化钙溶液，充物的物料一般有硫酸钡、石灰石、黏土等粉状物。无内胎的充气轮胎缺点是对密封和对轮辋的制造精度要求高，需要专门的拆卸工具和补胎技术。

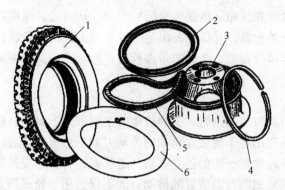
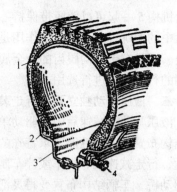

图 3-17　有内胎的充气轮胎
1—外胎　2、5—垫带　3—轮辋　4—挡圈　6—内胎

图 3-18　无内胎的充气轮胎断面结构图
1—气密层　2—密封胶层　3—轮辋　4—气门嘴

轮胎是工程机械生产成本，尤其是使用成本中的一项大的开支，轮胎的选择使用应慎重考虑避免过度磨损和损坏。国家标准（GB/T 2980—2009）参考美国轮胎与轮辋协会（TRA）对工程机械的轮胎分类，将工程机械轮胎分为五大类：E 类铲土运输作业用轮胎；G 类平整作业用轮胎；L 类装载、推土、挖掘和叉装作业用轮胎；C 类压实作业用轮胎；IND 类工业车辆用轮胎。上述各种越野轮胎制成不同的花纹，并用数字加以区别，以满足软硬地面和岩石表面条件下对轮胎附着、抗滑、自洁和防护要求。另外按轮胎断面宽度又将轮胎分为普通轮胎、宽基轮胎和超宽基轮胎三种，以满足不同机型在不同地面上的附着性能要求。

二、履带式行走装置

履带式行走装置按机器上所需配置履带的数量分两履带、三履带、四履带或更多履带车辆。履带式行走装置用来支承机体并将发动机经传动装置传到驱动轮的转矩和旋转运动与地面相互作用，由地面提供履带式工程机械工作与行驶所需的驱动力和前进后退运动。履带式行走装置的转向可由驱动桥上的转向离合器实现两侧差速或台车架上的转向机构驱动行走装置偏转实现，或由两侧行走装置的行走马达差速电液控制系统实现。履带式行走装置的制动可由车桥上中央或轮边制动机构、行走减速机上的制动机构实现，或行走装置的液压马达或电动机反拖实现。

履带式行走装置一般由四轮一带（驱动轮、导向轮、支重轮、托轮、履带）、张紧机构、台车架、悬架、驱动桥组成，如图 3-19 所示。

驱动轮 1 用来卷绕履带 2，以保证机械的行驶或作业。它安装在轮边减速器的从动轴或从动轮毂上。支重轮 3 用来支承整机质量和载荷，并夹持履带 2，使其不致横向滑脱。托轮 7 用来托住上部的履带，防止履带过度下垂和运转时的上下跳动，并防止履带的横向脱落。导向轮的作用是支承履带和引导履带正确运动。导向轮与

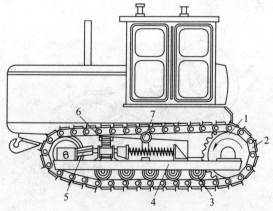

图 3-19　履带式行走装置
1—驱动轮　2—履带　3—支重轮　4—台车架
5—张紧机构和导向轮　6—悬架　7—托轮

张紧机构5一起可以使履带保持一定的张紧度并缓和从地面传来的冲击力，从而减轻履带在运动中的振跳现象。履带的作用是支承机械的质量，并保证发出足够的驱动力使机械行驶或作业。履带有带不同履齿的全金属履带、全橡胶履带、金属链带橡胶履带板等类型，可根据不同的行驶地面进行选用。

三、液压传动独立驱动行走装置

液压马达经减速后中央驱动单桥或双桥是目前液压轮式工程机械的主要形式。对一些整机结构布置紧凑、性能要求特殊的工程机械选用各车轮独立驱动的传动方式，形成行走液压马达、行走减速机、行车或停车制动器和车轮集成一体的独立驱动行走装置，省去了变速器和驱动桥，车辆结构布置变得灵活简洁。独立驱动行走装置的传动方式不仅适用于轮式行走装置，而且对履带式行走装置同样适用，并在某些工程机械上根据行驶性能要求进行轮式行走装置和履带式行走装置的互换。

液压传动独立驱动轮式行走装置如图3-20所示。螺栓1将液压马达2固定安装在行走减速机5上，螺栓7将车轮6安装在减速机的输出法兰盘上，螺栓3将行走减速机5安装固定在轮轭4的法兰盘上，轮轭与机架、转向机构或升降支柱相连。液压马达经行星减速后驱动减速机的输出法兰盘，从而驱动车轮旋转。有些行走减速机内部装有液压制动器。液压传动独立驱动履带式行走装置的传动与轮式类似，区别在于行走减速机驱动的是履带式行走装置的驱动轮。

四、电传动独立驱动行走装置

电动机经减速后中央驱动单桥或双桥是目前电传动轮式工程机械的主要形式之一。与液压传动独立驱动行走装置类似，有些电传动工程机械选用各车轮独立驱动的传动方式，形成行走电动机、行走减速机、行车或停车制动器和车轮集成一体的独立驱动行走装置（简称电动轮，Motor-Wheel）。电传动独立驱动行走装置的传动方式不仅适用于轮式行走装置，而且对履带式行走装置同样适用。

电传动车轮是电传动独立驱动行走装置的典型结构，如图3-21所示。普通电动机、轮毂电动机或车轮内部集成的电动机（图中所示的定子1和转子2），经行星齿轮减速后驱动车轮轮辋7旋转。车轮内部集成盘式或钳式制动器。车轮壳体与车架、转向机构或升降支柱相连。

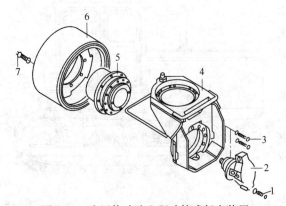

图3-20 液压传动独立驱动轮式行走装置
1—马达安装螺栓 2—液压马达 3—减速机安装螺栓 4—轮轭
5—行走减速机 6—车轮 7—车轮安装螺栓

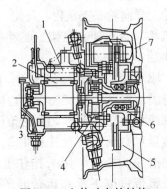

图3-21 电传动车轮结构
1—定子 2—转子 3—控制器 4—减速齿轮
5—盘式制动器 6—轴承 7—轮辋

电传动独立驱动行走装置早在 1955 年前后开发，但因造价和能耗高等原因，没能被广泛应用。现在由于环保需要和技术上的成熟，已逐渐开始在中型挖掘机、装载机、推土机等工程机械上有所应用，但其应用远不如液压传动独立驱动装置广泛。

第五节 工程机械动力与传动装置

一、动力装置

1. 动力装置的种类

工程机械是一种利用动力做功的机械，其工作装置和行走装置的驱动是由动力与传动装置实现的。除简易的手动机械如手动卷扬机、手动千斤顶、手动葫芦、手动弯筋机和手动喷洒机等不设动力与传动装置外，一般工程机械都设有动力与传动装置来代替繁重的体力以驱动机械。

动力装置是将某一形式的能量转化为机械能的机器，亦称为原动机，工程机械的动力装置有如下几种：

（1）电动机 它在施工机械中应用极为广泛，从电网取电，起动方便、工作效率高，体积小，自重轻，有超载能力，费用低廉。电动机有各种定型产品，可根据需要加以选用。各种大、中、小型的工程机械，凡是具备电源条件的，多数都可采用其作为动力装置，例如在水泥混凝土搅拌站（楼）就配有若干台电动机，分别作为传送带上料、斗式提升、搅拌等工作装置的动力装置。

（2）内燃发动机 它可以不受外界能源的限制，工作效率高、体积小、质量轻、起动较快，常用作大、中、小型工程机械的动力装置，有国家定型产品可供选用。内燃发动机有柴油机和汽油机两种，柴油机功率较大，工程机械上最为常用。例如，推土机、挖掘机、铲运机、装载机，沥青混凝土摊铺机、工程运输车辆等，都是用柴油机作为动力装置。

（3）蒸汽机 它是比较陈旧的动力装置，设备庞大笨重，工作效率不高，又需特设的锅炉。最早期的压路机、推土机等采用蒸汽机，后逐渐被内燃机所取代。

（4）混合动力装置 工程机械也可以用混合动力装置。目前主要是内燃机和电动机的混合驱动，使驱动方式变得更灵活，特别是内燃机、发电机和电动机的联合装置。混合动力总成按动力传输路线分为串联式、并联式和混联式动力。串联式动力装置由内燃机驱动发电机发电，电能通过控制器输送到电池或电动机上，并由工况使用决定由电池或发电机向电动机供电。串联式动力方式内燃机效率高、排放低，但总的机械效率低。并联式动力装置的内燃机和电动机分属两套系统，可以分别独立向传动系统提供动力。并联式动力装置没有单独的发电机，电动机可作为发电机使用，称为电动-发电机组。并联式动力方式总的机械效率与内燃机单一动力相当，故应用广泛。混联式动力装置包含了串联式和并联式的特点，控制方便但结构复杂。由于节能减排的需要和控制技术的发展，混合动力装置正逐渐应用于工程机械。

空气压缩机、液压泵站属二次动力装置，可向气动工具和液压工具提供动力气源或液压源，但其原动机仍然是电动机或内燃机。

2. 电动机

（1）电动机的结构 一般电动机主要由两部分组成：固定部分称为定子，旋转部分称为转子。另外还有端盖、风扇、罩壳、机座、接线盒等，如图 3-22 所示。

电动机定子的作用是用来产生磁场和作电动机的机械支承。电动机的定子由定子铁心、定子绕组和机座三部分组成。定子绕组镶嵌在定子铁心中，通过电流时产生感应电动势，实现电能量转换。机座的作用主要是固定和支承定子铁心。电动机运行时，因内部损耗而产生的热量通过铁心传给机座，再由机座表面散发到周围空气中。为了增加散热面积，一般电动机在机座外表面设计为散热片状。

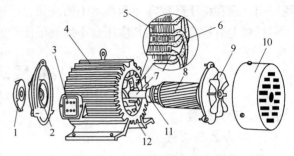

图 3-22 三相异步电动机的结构

1—轴承盖 2—端盖 3—接线盒 4—罩壳 5—定子铁心
6—定子绕组 7—转轴 8—转子 9—风扇
10—后盖 11—轴承 12—机座

电动机的转子由转子铁心、转子绕组和转轴组成。转子铁心也是作为电动机磁路的一部分。转子绕组的作用是感应电动势、通过电流和产生电磁转矩。转轴是支承转子的质量、传送转矩和输出机械功率的主要部件。

工程机械常用各类电动机的外形如图 3-23 所示。

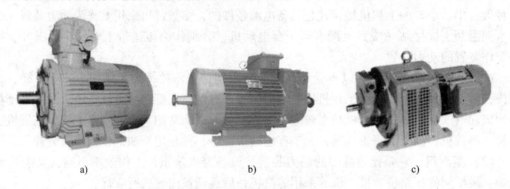

a)   b)   c)

图 3-23 常用电动机外形

a）低压隔爆型三相异步电动机 b）电磁调速电动机 c）起重用三相异步电动机

（2）电动机的分类 根据电动机工作电源的不同，电动机可分为直流电动机和交流电动机，其中交流电动机还分为单相电动机和三相电动机。电动机详细的分类见表 3-2 和图 3-24。

表 3-2 电动机分类表

按工作电源分类	直流电动机	有刷直流电动机	永磁直流电动机
			电磁直流电动机
		无刷直流电动机	稀土永磁直流电动机
			铁氧体永磁直流电动机
			铝镍钴永磁直流电动机
	交流电动机	单相电动机	
		三相电动机	

（续）

按结构及工作原理分类	同步电动机	永磁同步电动机	
		磁阻同步电动机	
		磁滞同步电动机	
	异步电动机	感应电动机	三相异步电动机
			单相异步电动机
			罩极异步电动机
		交流换向器电动机	单相串励电动机
			交直流两用电动机
			推斥电动机
按起动与运行方式分类	电容起动式电动机		
	电容盎式电动机		
	电容起动运转式电动机		
按用途分类	驱动用电动机	电动工具用电动机	
		家电用电动机	
		其他通用小型机械设备用电动机	
	控制用电动机	步进电动机	
		伺服电动机	
按转子的结构分类	笼型感应电动机		
	绕线转子感应电动机		
按运转速度分类	高速电动机		
	低速电动机		
	恒速电动机		
	调速电动机		

　　工程机械用的直流电动机包括拖动生产机械用的直流电动机和内燃机上用的直流电动机等。虽然它们的几何尺寸差别很大，但在工作原理、结构组成及性能等方面基本是相似的。直流电动机通入的是直流电源，它既可以当电动机使用，又可以作为发电机使用。作为电动机使用时，可直接拖动施工机械进行作业；作为发电机使用时，则需要被另外的动力装置所拖动。

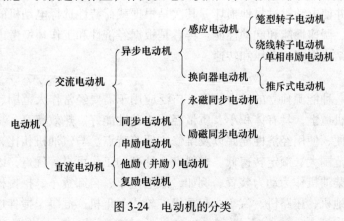

图 3-24　电动机的分类

交流电动机具有构造简单、质量轻、操作方便、造价低和电源供应方便等优点，故广泛应用于工程机械上。在工程机械中常用 Y 系列异步电动机和 YZR 系列起重冶金异步电动机作为动力装置。

直流电动机的主要特点是调速性能好，过载能力强。由于直流电动机受到直流电源的限制，故只适用于一些大、中型的挖掘机和起重机。目前，国产直流电动机定型产品有 Z2 系列（小型直流电动机）、ZF2 系列（中型直流发电机）、ZD2 系列（中型直流电动机）、ZFW、ZDW 系列（大型挖掘机中所用直流发电机、电动机）以及 ZZY 系列（起重机所用直流电动机）等。通用的 Z2 系列直流电动机有发电机、调压发电机和电动机等，适用于连续工作制的正常使用条件。Z2 系列的直流发电机可作动力和照明电源，也可用在其他需恒压供电的场合；Z2 系列调压发电机可作蓄电池组的充电设备；Z2 系列电动机可用来驱动恒转矩负载。

（3）电动机的机械特性　电动机的电磁转矩 T 和转速 n 在一定条件下有着确定的关系，即 $T = f(n)$，这种关系称为电动机的机械特性。各种典型电动机的机械特性如图 3-25 所示。

不同种类的电动机，其机械特性也不同。一般来说，转矩的增加都将导致电动机转速的下降。根据转速下降程度的不同，机械特性分为硬特性和软特性。如图 3-25 所示，曲线 1、2 和 3 分别为同步电动机、他励直流电动机和一般交流感应电动机的机械特性曲线，都属于硬特性，即负载转矩在允许范围内变化时，电动机转速变化不大，尤其是同步电

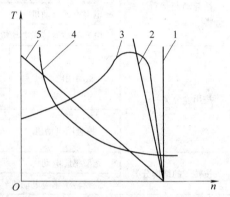

图 3-25　各种典型电动机的机械特性

动机的转速保持恒定。曲线 4 和 5 分别为直流串励电动机和交流绕线转子感应电动机回路串电阻的机械特性曲线，它们属于软特性，即随转矩的增加，电动机的转速显著下降，但其起动转矩大。

（4）电动机的选用　要为工程机械选配一台电动机，首先要考虑电动机的功率需要多大。如果电动机功率大于实际需要功率，虽然能保证正常运行，但是不经济，因为这不仅使设备投资增加和电动机未被充分利用，而且由于电动机经常不是在满载下运行，它的效率不高。如果电动机功率小于实际所需功率，就不能保证电动机和工程机械的正常运行，不能发挥机械的效率，并使电动机过早地损坏。其次是根据载荷特性选择电动机的交流或直流，并考虑其机械特性、调速性能和起动性能。再者是根据经济性和工作环境考虑电动机的价格成本、维护要求、结构形式、电压和转速。

3. 内燃机

内燃机作为一种能源独立的动力装置，广泛应用于需要经常作大范围、长距离行走或无电源地区的工程机械上，具有体积小、质量轻、机动性能好、热效率高、功率和转速的变化范围广、配套方便、使用经济性能好以及维修方便等特点。与汽油机相比，由于柴油机具有热效率高、功率范围大、额定转速低、燃料安全性高和工作可靠等优点，因而在自行式工程机械中广泛采用柴油机作为动力装置。例如，载重汽车、自卸货车、挖掘机、装载机、推土机、铲运机、平地机、压路机、汽车式起重机、轮式起重机、混凝土搅拌运输车、混凝土输

送泵及泵车、稳定土拌和机、石料撒布车、沥青混凝土摊铺机、水泥混凝土摊铺机等工程机械上的动力装置均为内燃机中的柴油机。

内燃机的工作原理为往复活塞式，即通过活塞在气缸内的往复直线运动而实现能量的转换。活塞顶在气缸中的最高位置称为上止点；活塞顶在气缸中的最低位置称为下止点；活塞在上下止点间运动的过程称为冲程，上下止点间的距离称为活塞行程。为了将燃料燃烧产生的热能转换为机械能，内燃机必须经过进气、压缩、做功和排气的连续工作过程。每完成一次连续工作过程称为一个工作循环。活塞往返四个行程完成一个工作循环的，称为四冲程内燃机；活塞往返两个行程完成一个工作循环的，称为二冲程内燃机。与四冲程内燃机相比，二冲程内燃机的最大优点是发动机每升工作容积所发出的有效功率（升功率）大、单位功率的重量（比重量）小，但存在换气效果差、冷却润滑困难、热负荷高且不均匀等缺点。目前大功率低速船用柴油机和小型摩托车及农用汽油机上应用二冲程内燃机，在工程机械上应用二冲程内燃机的较少，大多数工程机械应用四冲程内燃机。

（1）内燃机的结构 内燃机由机体、曲柄连杆机构、配气机构、燃料供给系统、润滑系统、冷却系统和起动装置等组成，如图3-26所示。图3-27所示为四冲程柴油机的外形图。

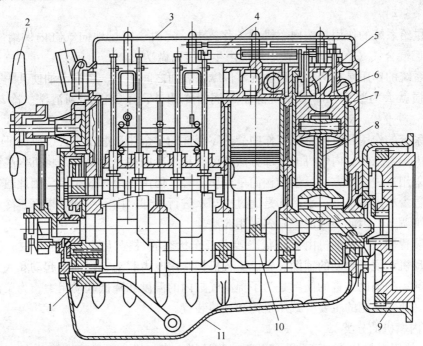

图3-26 四冲程柴油机构造

1—机油泵 2—风扇 3—气缸盖 4—减压轴 5—排气门 6—进气门 7—气缸体
8—活塞连杆组 9—飞轮 10—曲轴 11—油底壳

机体包括气缸盖3、气缸体7和油底壳11等（见图3-26）。机体是柴油机各机构及各系统的装配基础，它具有足够的刚度和强度。气缸套镶在气缸体内组成气缸，气缸套直接与冷却水接触。气缸盖安装在气缸体上部，用来密封气缸使其形成燃烧室。它的上部装有火花塞（或喷油器）等零件，内部设有空心套，用来储存冷却水，使做功后的内燃机迅速冷却。为了散热，在气缸套的外面设有水套（水冷却）或散热片（风冷却）。下曲轴箱又称油底壳，位于气缸体底部，用来盛装润滑油。

曲柄连杆机构是内燃机完成能量转换的基本机构，包括活塞连杆组和曲轴飞轮组。活塞连杆组主要由活塞、活塞环、活塞销和连杆等组成。曲轴飞轮组主要由曲轴和飞轮组成。飞轮是一个铸铁的大圆盘，其质量集中在飞轮的圆周处，目的是为了在同样质量下增加其转动惯量。它的作用是在做功行程中储存能量以带动曲柄连杆机构克服其他三个辅助行程的阻力，使曲轴旋转均匀。

图3-27　四冲程柴油机外形

配气机构的作用是按照内燃机工作循环的次序，定时向气缸内供给新鲜空气（柴油机）或可燃混合气（汽油机），并将燃烧后的废气定时排出气缸，以保证内燃机的正常运转。气门的开闭由凸轮轴上的凸轮控制，凸轮轴由曲轴通过齿轮来驱动。

燃料供给系统的作用是按内燃机的工作需要，定时、定量地向气缸内供给燃料（柴油机）或可燃混合气（汽油机），使之燃烧产生热能而做功。

润滑系统的作用是在两相互运动的零件摩擦表面之间加入一层润滑油使其隔开，则功率消耗和磨损就大为减少。润滑系除了起润滑作用外，还能够起到清洗、冷却和密封等作用。

冷却系统的作用是将内燃机工作中受热零部件的多余热量散发出去，以保证它在一定的温度范围内正常工作。内燃机的冷却方法有风冷和水冷两种。风冷就是将机内高温直接散入大气中。采用这种冷却方法虽然结构简单、质量轻，但由于冷却效果差，因此通常用于功率小、气缸数少的内燃机上。水冷却是通过冷却水进行冷却，由于冷却效果好、冷却均匀，且冷却强度可调节，因此多缸内燃机多采用此法。

起动装置用在使柴油机由静止状态转入工作状态的过程（起动过程）中。起动装置主要包括起动机和便于起动的辅助装置。工程机械常用电力起动、汽油机起动和人力起动等方式。便于起动的辅助装置的使用是为了提高气缸内的温度和降低起动阻力，为柴油机的起动创造条件。通常使用的主要有减压机构和预热装置。

（2）内燃机的分类

1）按使用燃料分类，可分为柴油机、汽油机、煤气机、天然气机等。

2）按燃料着火方式分类，可分为点燃式内燃机和压燃式内燃机。

3）按完成一个工作循环的行程数分类，可分为四冲程内燃机和二冲程内燃机。

4）按冷却方式分类，可分为水冷式内燃机和风冷式内燃机。

5）按进气方式分类，可分为自然吸气式内燃机和增压式内燃机。

6）按气缸排列方式分类，可分为直列立式内燃机、直列卧式内燃机、V形内燃机、W形内燃机、星形内燃机和对置式内燃机。

7）按用途分类，可分为土方机械用、建筑机械用、汽车用、拖拉机用、农用、船用内燃机等。

内燃机型号编制反映了内燃机的主要分类、结构、性能、用途及燃料等，共由四部分组成，其排列顺序及符号所代表的意义规定如图 3-28 所示。

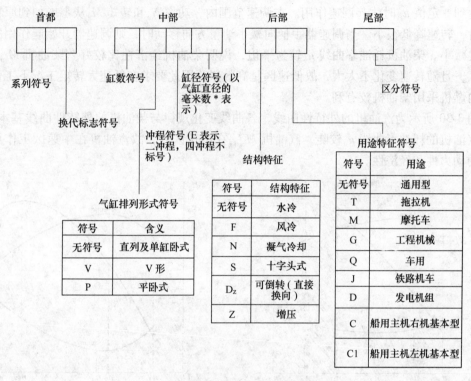

图 3-28　内燃机型号编制规则

型号编制示例：

R6135ZG 柴油机，表示 R 系列、六缸直列、四冲程、缸径 135mm、冷却液冷却、增压、工程机械用。

YZ6102Q 柴油机，表示六缸直列、四冲程、缸径 102mm、冷却液冷却、车用（YZ 为扬州柴油机厂代号）。

495Q/P-A 汽油机，表示四缸直列、四冲程、缸径 95mm、冷却液冷却、汽车用（A 为区分代号）。

（3）内燃机的外特性　内燃机的性能随内燃机的运转工况或性能参数改变而变化的规律称为内燃机特性。内燃机特性有几种，通常用于评价内燃机的动力性和经济性的是内燃机的速度特性。

速度特性是指内燃机供油量固定在某一定值时，扣除克服内部运动件摩擦损失、附属机构损耗和泵气损失后，功率输出轴对外输出的功率 N_e 和转矩 M_e（分别称为有效功率和有效转矩）、单位有效功的耗油率 g_e 随转速变化的规律。在部分供油量情况下测得的速度特性曲线称为发动机的部分速度特性曲线。在最大供油量情况下测得的速度特性曲线称为发动机的外特性曲线。内燃机的外特性代表了它在使用中的最高性能。

图 3-29 所示为柴油机的外特性曲线。在正常情况下，转矩曲线 M_e 随内燃机转速的增加而缓慢增加；在中速区，转矩随转速变化很小；在高速区，转矩随转速的增加而降低。为使

柴油机的转速不超过冒烟界限和发生飞车，柴油机必须用调速器来限制它的最高转速。在工程车辆上通常使用全程式调速器。在调速手柄的位置保持固定时，全程式调速器只在发动机转速达到一定值 n_H 时才起调速作用。在调速范围内，功率 N_e 和转矩 M_e 从零增加到原特性曲线上时，转速降低很小。当调速器手柄向减小油量方向移动时，则调速器开始起作用的转速也随之减小。柴油机耗油率曲线 g_e 较为平坦，说明柴油机经济性比较好。柴油机 M_{emax} 位于低速区，且随转速变化不太大，故低速区是高效区。因此要求在低速大转矩工况下工作的机械，内燃机采用柴油机较有利。

图 3-30 所示为汽油机的外特性曲线，各曲线变化规律与柴油机的外特性曲线基本相似，只是汽油机的耗油率曲线 g_e 较陡，汽油机 M_{emax} 在中速区内，故汽油机在中速区工作可获得较好的动力性和经济性。

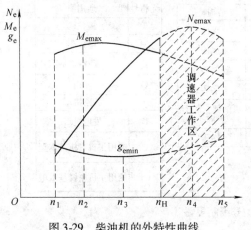
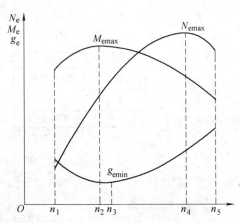

图 3-29　柴油机的外特性曲线　　　　　　图 3-30　汽油机的外特性曲线

内燃机的额定功率是指制造厂按其用途及使用特点规定的，并通过台架试验进行标定的最大有效功率。我国国家标准规定，在进行额定功率的标定时，内燃机应装有正常使用时所必需的全部附件（包括空气过滤器及消声器）。内燃机在进行出厂试验时，液压泵供油齿条的油量限制器就是按额定功率进行调整并铅封的。与额定功率相对应的转速称为额定转速。内燃机在额定功率和额定转速下运转的工况，称为内燃机的额定工况。与额定工况相对应的供油量，称为额定供油量。与额定工况相对应的内燃机有效转矩、小时燃油耗和耗油率则分别称为内燃机的额定转矩、额定小时油耗和额定耗油率。由定义可知，柴油机的额定功率与额定转速实际上就是按出厂调整测得的柴油机调速特性上的最大有效功率和最大功率转速，而额定转矩、额定小时油耗和额定耗油率则是与这一工况相对应的各项指标。

（4）内燃机的选用　要为工程机械选配一台内燃机，首先要考虑内燃机的额定功率需要多大。如果内燃机功率选大了，虽然能保证正常运行，但是不经济，因为这不仅使设备投资增加和内燃机未被充分利用，而且由于内燃机经常不是在满载下运行，它的效率不高。如果内燃机功率选小了，就不能保证内燃机和工程机械的正常运行，不能发挥机械的效率，并使内燃机过早地损坏。其次是根据载荷特性选择内燃机的燃料是柴油或汽油，并考虑其速度特性、调速性能和起动性能。再者是根据动力传动系统要求选择内燃机的额定转速，过高的转速会加重传动系统的负担。最后是根据工作环境和经济性考虑内燃机的温度适应性能、气压适应性能、过滤器性能、价格成本、结构形式、维护保养要求等。

二、传动装置

1. 传动装置的分类

工程机械从动力装置得到原动力，通过中间设备（或零部件）把动力传送给工作装置、行走装置、操纵机构和控制装置等，满足其做功需求。这些用来把动力传送到需要动力处的中间部件通常称为传动装置。传动装置的作用除传送动力外，还能改变施工机械的行驶速度、牵引力、运动方向和运动形式等。

工程机械上常用传动装置的基本类型分为机械传动、流体传动和电传动三大类。机械传动分为啮合传动和摩擦传动，流体传动分为液体传动和气压传动，液体传动又分为液压传动和液力传动。为提高液压传动、液力传动、气压传动和电传动装置的配置效率和调节速度变化范围，常与机械传动的分动箱、变速箱或减速机串联或并联，形成液压机械式、液力机械式、气动机械式或电力机械式复合传动方式。

机械传动是采用刚体运动学和动力学原理，以刚体或挠性构件作为传送介质，直接以机械能的传送方式，将动力装置的机械能传送到做功装置。机械传动以其高效、稳定、易维护的特点使得其在工程机械中应用最广泛。

液压传动（又称静压传动）是采用帕斯卡液体静压传动原理，以液体作为传送介质，间接以液体压力能的变换传送方式，将动力装置的机械能传送到做功装置。液压传动与机械传动相比，其优点是易于完成各种复杂动作、容易实现无级调速而变速平稳、功率密度大而所占空间小、传送路线柔性而布置简单灵活、操纵省力方便（尤其是电操控），而易于实现自动化、液压元件易于模块化而便于推广应用；缺点是油液的漏损和压力损失大而系统效率低、零件加工和部件装配精度高而价格贵。由于液压传动的突出优点使得液压传动装置成为工程机械中应用较为广泛的传动装置，如应用于液压挖掘机、全液压压路机、全液压摊铺机等。

液力传动（又称动压传动）采用欧拉液体动压传动原理，是以液体作为传送介质，间接以液体动能的变换传送方式，将动力装置的机械能传送到做功装置。液力传动使工程机械具有良好的自适应性、防振隔振性、起动性、限矩保护性。当液力传动的机械外载荷减小（或增大）时，会自动减小（或增大）牵引力而增加速度（或减小速度），具有自动变矩和自动变速的特性。因此，既保证了内燃机能经常在额定工况下工作，又避免了内燃机因外载荷突然增大而熄火，同时也满足了机械工作状态的要求，从而延长了机械的寿命，简化了机械操纵，提高了机械的舒适性。液力传动的缺点是系统效率低、结构复杂、造价较高、经济性差。但由于液力传动的自动变矩变速的特性，对载荷波动较大的铲土运输机械（如推土机、装载机等），平均输出功率较大，生产率得以提高，因而在此类工程机械上得到广泛的应用。

气压传动类似于液压传动，但它以气体作为传送介质，间接以气体压力能的变换传送方式，将动力装置的机械能传送到做功装置。气压传动与液压传动相比，具有工作介质（空气）清洁、安全、黏度小，动作迅速反应快，工作环境适应性强，装置结构简单、成本低的优点。但由于空气可压缩而使气动装置的动作稳定性差，由于工作压力低而使气动装置的输出力或力矩较小、噪声大等，使气压传动在工程机械上的应用受限，仅见于风动工具、气力输送机械、搅拌站（楼）的料门开闭系统和工程机械的制动系统等。

电传动（又称电力传动）是采用电气传动原理，以电荷载子（常用是电子）作为传送载体，间接以电能的变换传送方式，将动力装置的机械能传送到做功装置。电传动与机械传动相比，其优点是：传送路线柔性而布置简单灵活，响应速度快而加速性能好，容易实现无级调速而变速平稳，运行参数测定方便而利于最优反馈控制，机械具有混合动力时可实现能量回收及操纵省力方便而易于实现自动化。但电传动存在成本高、可靠性差、功率密度小等缺点，20世纪主要用于大功率传动车辆，例如内燃机车、大型矿用自卸车、装甲车等。在进入21世纪后，随着绿色环保理念的推动和永磁电动机、动力电池、电力电子等技术的不断发展，电传动技术在电动汽车和公交车上得到了很快发展，电传动的工程机械也开始向中型机发展，如中型的电传动单斗挖掘机、推土机和装载机、地下开掘用的电传动铲运机等。

上述各种传动装置的特点见表3-3。

表3-3　传动装置的特点

特　点	机械传动		流体传动			电传动
	啮合传动	摩擦传动	液压传动	液力传动	气压传动	
传动效率较高	是					是
功率密度较大			是		是	
工作力较大	是			是		
能无级变速			是	是		是
传动比准确	是					
能过载保护			是	是	是	
易于自动操纵			是		是	是
平动机构简单			是		是	
能集中供应动力			是		是	是
动力配送容易			是		是	是
安装布置容易			是			是
能远距离输送						是
易于储蓄能量			是		是	
制造容易	是	是				
制造成本较低	是	是				
维修方便						是
噪声较低		是	是	是		

2. 机械传动装置

机械传动装置在工程机械中应用最为广泛。它的基本形式有两种：一种是零件直接接触的传动，如齿轮、蜗轮、摩擦轮和摩擦盘传动；另一种是通过挠性件的间接传动，如传动带、链条等的传动。这两类传动按传动件相互作用的方式不同，可分为摩擦传动和啮合传动。摩擦传动是利用传动件之间所产生的摩擦力来传递动力的。工程机械常用的摩擦传动有摩擦轮传动和带传动。啮合传动是依靠传动件的刚性啮合来传递转矩的。它一般可分为直接啮合的齿轮传动和通过挠性件间接啮合的链传动两种形式。

（1）带传动　带传动是利用绕跨并张紧在主动轮和从动轮（主、从动带轮）上的传动带，借助带和轮之间的摩擦或啮合（同步带）来传递运动和转矩的，如图3-31所示。带传动具有传动平稳、构造简单、造价低廉、不需润滑和能缓冲吸振等优点，故在工程机械中得到广泛应用。

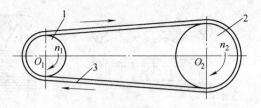

图3-31　带传动
1—主动轮　2—从动轮　3—挠性带

　　根据传动原理不同，带传动可分为摩擦传动和啮合传动两类，如图3-32所示。摩擦传动是依靠传动带和带轮之间的摩擦力传递运动和动力，传动带具有弹性，可缓冲、吸振、噪声小、结构简单、传动平稳，但传动比不准确；啮合传动指同步带传动，它靠同步带表面的齿和同步带轮的齿槽的啮合来传递运动，它综合了带和齿轮传动的优点，可以保证传动同步，已经得到了一定的应用，如图3-32d所示。另外，以平带为基体、内表面具有等距纵向楔的多楔带传动，因其带速高、功率大被应用于结构紧凑的高速传动中。

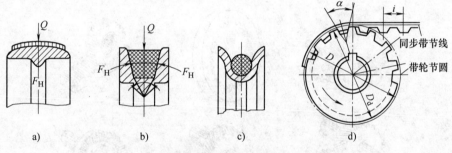

图3-32　带传动的类型
a）平带传动　b）V带传动　c）圆形带传动　d）同步带传动

　　（2）链传动　链传动是具有中间挠性件的啮合传动，利用主、从动两个链轮及套于其上的封闭式链条通过链条与链轮相啮合进行传动，兼有齿轮传动与带传动的一些特点，用于两轴较远的平行布置且又要求有精确传动比的传动机构上，两轴的旋转方向相同。链传动由两个链轮1、3和一根链条2组成，如图3-33所示。

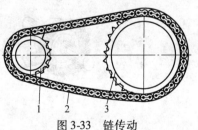

图3-33　链传动
1—小链轮　2—链条　3—大链轮

　　按照工作性质分，链条有起重链、牵引链和传动链三种类型。起重链是由许多椭圆形圆环相互套连起来的，用来悬挂和提升重物。牵引链用来牵引重物，多用于输送机和升降机上。传动链用于驱动装置上。传动链所用的链条有滚子链、齿形链和钢制工程链3种类型，如图3-34所示。

　　链传动具有结构简单、传动功率大、传动效率高、传动比准确、环境适应性强、耐用和维修保养容易等优点。链传动的基本参数是链节的齿距，但在工作中由于链条各个关节处的磨损，会使链条拉长，其齿距就会大于链轮轮齿的齿距，使得链传动产生传动速度不均匀现象。链节磨损越大，链条拉伸越长，传动就越不均匀。另外，链传动对动载荷很敏感，不宜用于载荷变化大或急速反向的传动。

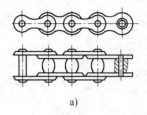 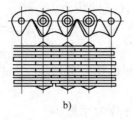 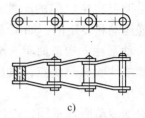

a)　　　　　　　　　　　b)　　　　　　　　　　　c)

图 3-34　链条的类型

a）滚子链　b）齿形链　c）钢制工程链

（3）齿轮传动　齿轮传动由主动齿轮和从动齿轮组成，利用齿轮之间的啮合来传递运动和动力，是各类机械传动中应用最广泛的一种。与其他机械传动相比较，齿轮传动具有传动比准确、工作可靠、传动平稳、结构紧凑、传递功率和圆周速度范围大、传动效率高、使用寿命长等优点。因此，齿轮传动也是工程机械传动机构中应用最为广泛的一种传动形式。齿轮传动的类型很多，按照一对齿轮轴线的相互位置以及齿形可按图 3-35 和表 3-4 进行分类。

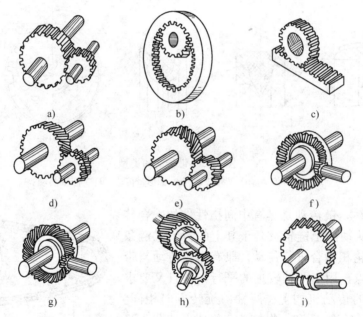

a)　　　　　　　　　　b)　　　　　　　　　　c)

d)　　　　　　　　　　e)　　　　　　　　　　f)

g)　　　　　　　　　　h)　　　　　　　　　　i)

图 3-35　齿轮传动的类型

a）外啮合直齿传动　b）内啮合直齿传动　c）齿轮齿条传动　d）人字齿传动　e）外啮合斜齿传动
f）直齿锥齿轮传动　g）曲齿锥齿轮传动　h）螺旋齿轮传动　i）蜗杆传动

表 3-4　齿轮传动的类型

两轴线平行齿轮传动（圆柱齿轮）	直齿传动	外啮合	图 3-34a	两轴线不平行齿轮传动	锥齿轮传动（两轴线相交）	直齿	图 3-34f
		内啮合	图 3-34b			斜齿	
		齿轮齿条	图 3-34c			曲线齿	图 3-34g
	人字齿传动		图 3-34d		两轴线交错的齿轮传动	螺旋齿轮	图 3-34h
	斜齿传动	外啮合	图 3-35e			蜗杆传动	图 3-34i
		内啮合				准双曲面齿轮	
		齿轮齿条					

蜗杆传动是用于交错轴之间传动的齿轮机构，两轴间的交角通常为90°。蜗杆传动可以获得很大的传动比。此外，蜗杆传动结构尺寸小，传动平稳，振动、冲击和噪声均比较小，且具有自锁作用。自锁作用就是在外力作用于蜗轮上时蜗轮不可能反过来驱动蜗杆旋转。这一性能对于起重机构是很重要的，即它能起到自行制动的作用。蜗杆传动的缺点是传动效率较低以及连续持久工作时易发热。在工程机械中大多用于非长期连续工作而又要求有自锁安全作用的场合。

由一对齿轮组成的传动机构是齿轮传动的最简单形式。为了增大齿轮传动的传动比，工程机械通常需要在主动轴和从动轴（或动力输入轴与输出轴）之间采用多级齿轮传动来传递运动。这种由多级齿轮所组成的齿轮传动系统称为轮系，轮系分为定轴轮系和周转轮系两类。当轮系运转时，各齿轮轴线均为固定不动，称为定轴轮系，如图3-36所示。当轮系运转时，至少有一齿轮的几何轴线是绕另一齿轮的几何轴线回转，称为周转轮系，如图3-37所示。

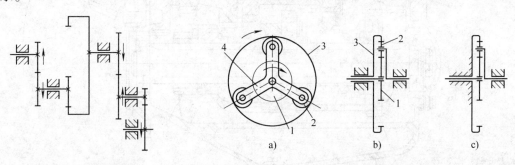

图3-36　定轴轮系　　　　　　　　　图3-37　周转轮系
a）周转轮系结构　b）差动轮系　c）行星轮系
1、2、3—齿轮　4—连接杆

1）变速箱。变速箱（或变速器）为有级变速装置，其原理是采用定轴轮系或周转轮系，利用齿数不同的齿轮啮合传动来改变其传动比，从而达到变速和变矩的目的。因此变速箱分为定轴式变速箱和行星式变速箱。自行式工程机械变速箱的主要作用是改变工程机械的牵引力和行驶速度，以适应其外界负荷变化的要求；在发动机旋转方向不变的情况下，使机械前进或后退行驶；在发动机运转的情况下，可切断传动系的动力，使机械能较长时间停止，便于发动机起动和动力输出。

图3-38所示为TY120型推土机变速箱的构造图。在变速箱壳14内，平行地安装着三根花键轴，第一轴21、第二轴10和中间轴17。各轴装有齿轮，并用滚动轴承支承在壳体的轴承座内。第一轴21的前端通过连接盘与离合器轴连接，后端伸出变速箱壳外，并在花键部位装着油泵主动齿轮8。中间的花键部位装着进退主动齿轮3、4（双联齿轮）和可在轴上滑动的第一轴五挡主动齿轮6。前进挡主动齿轮3与惰轮18经常啮合。中间轴17上装着三个滑动齿轮：中间轴换向齿轮15，中间轴三、四挡主动齿轮29、30（双联齿轮）和中间轴一、二挡主动齿轮11、12（双联齿轮）。第二轴10的花键上装有三个齿轮：四、三挡从动齿轮24、25（双联齿轮），第二轴二挡从动齿轮26和第二轴一、五挡从动齿轮27、28（双联齿轮）。第二轴后端的小锥齿轮伸出变速箱壳外，与后桥壳中的大锥齿轮啮合。在变速箱壳内有润滑油，以润滑齿轮的摩擦表面及滚动轴承。润滑油的加注应适量，它由装在壳体顶

部的油标尺来检查，底部装有磁性放油螺塞13。操纵变速杆和换向杆，就可以通过换挡叉轴和换挡拨叉拨动相应齿轮啮合，从而得到所需的挡位。

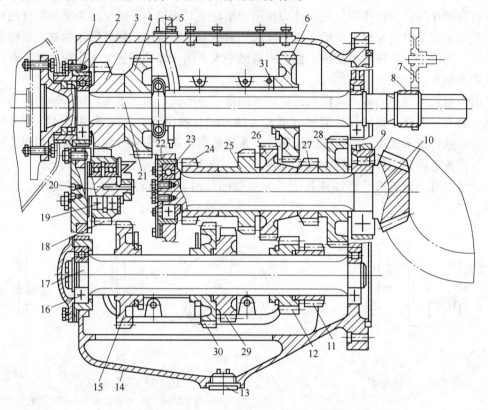

图 3-38 TY120 型推土机变速箱构造图

1—滚动轴承壳体 2—滚动轴承 3—前进挡主动齿轮 4—倒挡主动齿轮 5—油标尺座 6—五挡主动齿轮 7—油泵从动齿轮 8—油泵主动齿轮 9—滚动轴承 10—第二轴 11—一挡主动齿轮 12—二挡主动齿轮 13—放油螺塞 14—变速箱壳 15—换向齿轮 16—滚动轴承 17—中间轴 18—惰轮 19—轴承 20—惰轮轴 21—第一轴 22—调整垫片 23—滚动轴承 24—四挡从动齿轮 25—三挡从动齿轮 26—二挡从动齿轮 27—五挡从动齿轮 28—一挡从动齿轮 29—三挡主动齿轮 30—四挡主动齿轮 31—拨叉

2）减速器。减速器（或减速机）是闭式齿轮传动装置，用来降低速度增大转矩以满足工作需要。在某些场合下也可用来增速，称为增速器。减速器是一大类传动装置，种类很多，按照传动类型可分为齿轮减速器、蜗杆减速器和行星减速器以及它们互相组合起来的各种减速器；按照传动的级数可分为单级和多级减速器；按照齿轮形状可分为圆柱齿轮减速器、圆锥齿轮减速器和圆锥-圆柱齿轮减速器；按照传动的布置形式又可分为展开式、分流式和同轴式减速器。

减速器主要由传动零件（齿轮或蜗杆）、轴、轴承、箱体及其附件组成。减速器多用于固定式工程机械，如各种混凝土搅拌设备。当用于自行式工程机械驱动桥（将动力降速增矩并换向分配给左右驱动轮的部件）上时，在驱动桥输入端的减速器称为主传动器，在车轮位置的减速器称为轮边减速器（也称最终传动），如图 3-39 和图 3-40 所示。液压传动或电传动独立驱动行走装置中的减速器常称为轮边减速机。

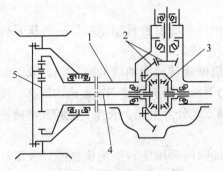

图 3-39 轮式驱动桥示意图
1—驱动桥壳 2—主传动器 3—差速器
4—半轴 5—轮边减速器

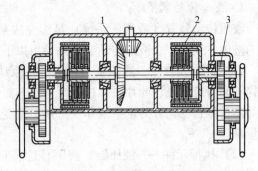

图 3-40 履带式驱动桥
1—主传动器 2—转向离合器 3—轮边减速器

3）差速器。差速器的原理是采用差动周转轮系，利用差速壳角速度永远等于左右两个半轴角速度平均值的特性来改变其左右半轴的传动比，从而使左右驱动轮以不同角速度转动。差速器的作用是左右驱动轮可以存在转速差，满足左右驱动轮差速的要求。当轮式机械转向时，外侧车轮要比内侧车轮滚过的距离长。若两驱动轮通过一根刚性轴相连，则两轮同步旋转，必然使外侧车轮边滚边滑，使轮胎磨损，转向困难。当轮式机械直线行驶时，由于路面凹凸不平、轮胎承载不均以及轮胎充气压力不等，也会造成同样的后果。目前，轮式机械大多采用行星齿轮式差速器，如图 3-41 所示。机械行驶时，动力经主传动器依次传给差速器壳 2、行星齿轮 5 和左右半轴齿轮 8、7。当机械直线行驶时，两侧驱动轮阻力相同，此时行星齿轮受力平衡，无自转，两侧驱动轮犹如一根整轴相连一样以相同转速旋转，即左右半轴齿轮转速和差速器壳转速

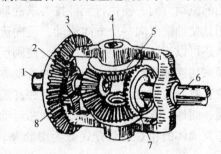

图 3-41 行星齿轮式差速器
1—左半轴 2—差速器壳 3—主传动器从动锥齿轮
4—行星齿轮轴 5—行星齿轮 6—右半轴
7—右半轴齿轮 8—左半轴齿轮

相等。当机械转弯时，内侧车轮阻力较大，与其相连的半轴齿轮就旋转得比差速器壳慢，这时，行星齿轮不仅随壳公转而且绕轴自转，使两半轴齿轮带动两驱动轮以不同转速转动。差速器具有差速不差扭的特性，当一侧车轮由于附着力不足而打滑时，车轮空转。另一侧车轮则获得一样的转矩而难以克服行驶阻力，造成机械停驶。因此，一般差速器上又装设了差速锁，当出现上述情况时，差速锁将左右半轴刚性地连在一起，使差速器失去作用，使好路面上的车轮获得较大的转矩。

4）联轴器和离合器。联轴器和离合器是通过固定、啮合或摩擦机械传动方式，实现动力装置与传动装置、传动装置之间的动力传输。联轴器和离合器都用来将输出轴和输入轴端头连接起来并传递转矩，用于永久连接者称为联轴器，用于随时可以连接和分离者称为离合器。根据动力传动要求和安装位置精度，联轴器可选用凸缘联轴器、弹性柱销联轴器或万向联轴器（万向节）等，离合器可选用牙嵌离合器、单圆盘式摩擦离合器、单片或多片离合器或安全离合器等。离合器也可用于机械传动装置的内部，如各种动力换挡变速箱内部通常采用液压或电磁操控多片湿式摩擦离合器的分离、接合来实现自动换挡。

3. 液压传动装置

液压传动装置（或液压系统）是为完成某种工作任务而由各具特定功能的液压元件组成的整体。任何一个液压传动装置总是由以下五部分组成。

（1）动力元件——液压泵　它用于将原动机的机械能转换为油液的液压能。液压泵按结构不同有齿轮泵、叶片泵和柱塞泵等，其额定压力等级、制造精度和成本依次增高。按输出的流量能否变化分为定量泵和变量泵。按变量控制方式分为手控、液控、电控和电液控制变量泵。

（2）执行元件——液压缸、液压马达　它们将油液的液压能转换为机械能。液压缸带动负荷作往复运动，液压马达带动负荷作旋转运动。液压马达按结构的不同也可分为齿轮式、叶片式和柱塞式三大类，其额定压力等级、制造精度和成本依次增高；按输入的流量能否变化分为定量马达和变量马达；按变量控制方式分为手控、液控、电控和电液控制变量马达。液压缸按结构特点不同可分为活塞缸、柱塞缸和摆动缸三大类；按其作用方式不同可分为单作用式和双作用式两种。

（3）控制元件——各种方向、压力和流量控制阀　方向控制阀用于控制液压系统中液压油的流动方向，使执行元件按要求的动作进行工作，分为单向阀和换向阀两类。单向阀的作用是使油液只向一个方向流动，反向流动截止。而液控单向阀除了具有普通单向阀的作用外，还可以通过接通控制液压油，使阀反向导通。换向阀的作用是利用阀芯和阀体间的相对运动来切换油路，以改变液压油的流动方向、接通或关闭油路。换向阀按阀芯在阀体内的工作位置数分为二位、三位、四位阀和甚至更多位阀；按阀体与系统的油管连通数分为二通、三通、四通、五通和六通阀；按阀芯运动的操纵方式分为手动、电磁、液动和电液动阀；按阀芯与阀体的相对运动方式分为滑阀和转阀，如三位四通手动换向阀、二位三通电磁换向阀等。

压力控制阀主要有溢流阀（安全阀）、减压阀、顺序阀等，用于控制和调节液压系统或回路的压力。溢流阀用于使系统的工作压力和油路的压力不超过规定的极限压力，以保证液压系统的安全。一般设置在液压泵出口的溢流阀称为安全阀，安全阀使液压系统的工作压力保持恒定。设置在工作油路上的溢流阀使液压系统的局部压力保持恒定。溢流阀卸载后将多余的液压油通过管道流回油箱。减压阀是利用油液流过缝隙时产生压降的原理，使系统某一支路获得比系统压力低而平稳的液压油的液压阀。顺序阀是利用油路中压力的变化控制阀口启闭，以实现执行元件顺序动作的液压阀。

流量控制阀用于控制流量，以调节执行机构的运动速度。其调速原理均为通过改变通流面积来控制流量的大小，从而使机构获得所需要的工作速度。常用的有节流阀和调速阀等。根据阀口通流面积能否改变，节流阀可分为固定式节流阀和可调式节流阀两种。节流阀结构简单，使用方便，但负载和温度的变化对流量稳定性的影响较大，因此只适用于负载和温度变化不大或对速度稳定性要求不高的液压系统。为了保证执行元件有稳定的工作速度，不受负载变化的影响，通常将节流阀与减压阀串联起来组成调速阀。调速阀的特点是能够消除节流阀的流量随负载而变化的缺点，使流量稳定，常用于对速度稳定性要求较高的液压系统中。

（4）辅助元件——油箱、过滤器、管类、管接头和密封件等　这些元件用于储存、输送、净化、连接和密封工作液体并有散热作用。

（5）工作介质——液压油 用来传递能量和润滑。

现以图 3-42 所示的 TY120 履带式推土机液压系统来说明液压系统的组成。TY120 履带式推土机液压系统包括铲刀升降控制工作回路、铲刀垂直倾斜控制工作回路和松土器升降控制工作回路，三者构成串联回路。该系统的动力元件是液压泵 2。执行元件是一对铲刀升降液压缸 15、一个铲刀垂直倾斜液压缸 17 和一对松土器升降液压缸 16。方向控制阀有四位五通手动铲刀升降控制换向阀 12、三位五通手动松土器升降控制换向阀 13 和铲刀垂直倾斜控制换向阀 14、单向阀 4、5、6、7。单向阀 5 和 7 用于保证任何工况下液压油不倒流，避免作业装置意外反向动作。单向阀 4 和 6 用于防止当铲刀和松土器下降时，由于自重作用使下降速度过快而可能引起的供油不足形成液压缸 15、16 进油腔局部真空。在压力差作用下阀 4 及 6 打开，从油箱补油至液压缸进油腔，避免真空，使液压缸动作平稳。压力控制阀有溢流阀 3、8、11。溢流阀（安全阀）3 用于调节控制系统工作压力，防止过载。溢流阀 8 用于防止当松土器于固定位置作业时突然过载。溢流阀 11 与精过滤器 10 并联，当回油中杂质堵塞过滤器时，回油压力增高，阀 11 被打开，油液直接通过阀 11 流回油箱。

图 3-43 所示为轮式车辆行驶液压驱动回路。发动机通过分动箱驱动行走系统中的变量柱塞泵，然后驱动行走变量柱塞马达，由此组成一个双变量调速闭式回路，即变量泵和变量马达组成的调速系统。此系统中的泵和马达一般为轴向柱塞式，结构紧凑，工作转速和压力高，系统传动总效率

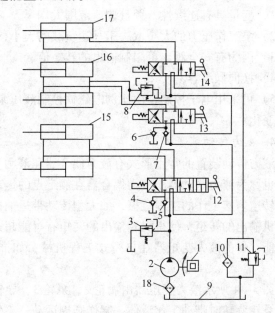

图 3-42 TY120 履带式推土机液压系统图
1—柴油机 2—液压泵 3、8、11—溢流阀 4、5、6、7—单向阀
9—油箱 10—精过滤器 12—铲刀升降控制换向阀
13—松土器升降控制换向阀 14—铲刀垂直倾斜控制换向阀
15—铲刀升降液压缸 16—松土器升降液压缸
17—铲刀垂直倾斜液压缸 18—粗过滤器

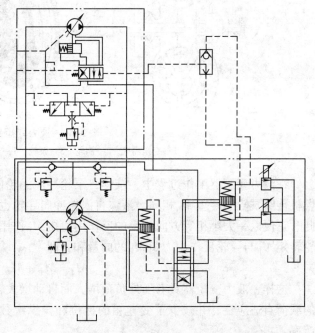

图 3-43 轮式车辆行驶液压驱动回路

较高。这种液压回路的特点是：

1）变量具有连续性，并且调速范围大。

2）泵工作压力的大小取决于马达负载的大小，零流量时，几乎无功率损失。

3）因为有安全阀，可限制输出的转矩值。

4）换向操纵容易。

5）可采用电子控制，由比例电磁铁控制液压泵和液压马达的斜盘角度，以实现系统流量的变化。

4. 液力传动装置

液力传动装置的常用形式有液力偶合器和液力变矩器。由于液力偶合器不能改变转矩，所以也称为液力联轴器。液力偶合器在额定点的传动效率高，主要用于起动转矩小、能够在额定转速匀速工作的工程机械，如大型传动带运输机、刮板运输机等。液力变矩器能够改变内燃机输出的转矩，使得涡轮输出的转矩有可能超过内燃机输出的转矩若干倍，从而改善主机性能。目前液力变矩器在自行式工程机械，如推土机、装载机、平地机等上得到广泛的应用。

图3-44所示液力变矩器由涡轮2、泵轮3、导轮4等元件组成。泵轮3由内燃机带动旋转，泵轮旋转时带动工作液体一起作圆周运动，工作液体获得动能。由泵轮输出的高速液体进入涡轮2冲击涡轮叶片，使涡轮旋转，克服外阻力做功。此时工作液体并不是立即从涡轮叶片出口直接流回泵轮叶片入口，而是流经导轮后才重新进入泵轮。

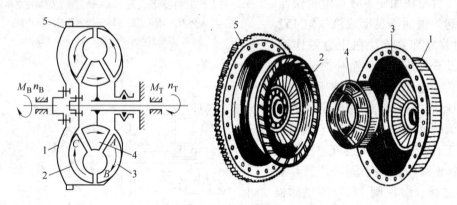

图3-44 液力变矩器
1—变矩器壳 2—涡轮 3—泵轮 4—导轮 5—起动齿圈

在液力变矩器工作过程中，液体自泵轮冲向涡轮使涡轮受一转矩，其大小与方向都与内燃机传给泵轮的转矩 M_B 相同。液体自涡轮冲向导轮也使导轮受一转矩，由于导轮是固定的，此时它便以一大小相等方向相反的反作用力矩 M_D 作用于涡轮上。因此涡轮所受转矩 M_T 为泵轮转矩 M_B 与导轮反作用力矩 M_D 的向量和，即

$$M_T = M_B + M_D$$

这样，液力变矩器具有随外负荷增大而自动增大转矩的作用，从而大大提高了工程机械的载荷自适应性，并减少了变速箱的挡位和操纵次数，降低了操作强度，提高了机器的生产率。

5. 电传动装置

电传动装置的类型按电能转化方式来分类主要有以下几种（见图 3-45）：直流发电机—直流电动机传动、交流发电机—直流电动机传动、交流发电机—直流变频—交流电动机传动、交流发电机—交流电动机传动四种。

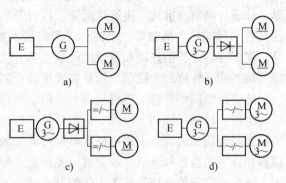

图 3-45　电传动装置的传动类型

E—发动机　G—发电机　M—电动机

a) 直—直电传动系统　b) 交—直电传动系统

c) 交—直—交电传动系统　d) 交—交电传动系统

1）直流发电机—直流电动机（直—直）电传动的原理是直流发电机发出的直流电不需要任何功率转换装置，而直接供给直流电动机。其优点是结构简单，具有良好的调速性能，常采用改变直流电动机电枢端电压或改变电动机励磁的方法进行调速；缺点是直流电动机体积大、质量大、可靠性差、成本高、转速不是很高并存在较大的整流火花等。

2）交流发电机—直流电动机（交—直）电传动的原理是三相交流发电机发出的交流电，经过大功率整流器整流后，把直流电供给直流电动机。其优点是与直—直电传动装置相比，采用交流发电机后，可提高转速、缩小体积、可靠运行、便于维修等；缺点是质量较大、可靠性不高、成本较高等。

3）交流发电机—直流变频—交流电动机（交—直—交）电传动的原理是把三相交流发电机发出的交流电经可控硅整流所得到的直流电，经逆变装置变为频率可变的交流电，以供给各个交流电动机使用。逆变后三相交流电的频率可以根据需要进行控制，例如需要改变机器的作业速度时，只要改变逆变装置触发频率即可。其优点是易于整流、尺寸小、重量轻、成本低、技术先进、工艺成熟、可靠性高、维护方便等，是目前应用最广的电传动类型；缺点是控制技术复杂、控制系统成本较高且变流效率不高等。

4）交流发电机—交流电动机（交—交）电传动的原理是发动机带动交流发电机输出交流电输送给变频器，变频器则向交流电动机输送频率可控的交流电。在交—交电传动系统中，对变频技术和电动机的结构有较高的要求，因此尚未广泛应用，目前主要应用于机车和固定设备等。

三、动力输出装置

动力输出装置（PTO，Power Take Off）是指动力输出的备用接口装置，它能够从动力源接出动力，提供给工作装置附件或分离的机械。发动机上的动力输出装置通常在发动机前端或后端飞轮壳，通过齿轮传动或传动带传动方式输出动力，接口一般是花键轴或花键套。有的在分动箱、减速器或变速箱上会备有动力输出装置。对于液压传动的机械，有的配置备用液压油源作为动力输出给液压机具，接口一般是快速液压接头。

第六节　工程机械控制与信息装置

控制论、信息论和系统论无疑是工程机械控制与信息技术的理论基础和方法论。工程机械从简单的人工操纵和机械控制装置逐步演化为复杂的信息采集、存储、显示、处理、计算、分析、判断、推理、决策、反馈、执行等功能于一体的控制与信息装置。由于工程机械已具有"智能化"的雏形，单纯将工程机械的控制和信息系统称为控制装置难以描述其特征。根据控制论、信息论和系统论的观点和方法，将工程机械具有机器操纵控制及其信息管理等功能的系统称之为控制与信息装置更能全面反映其机器信息化和智能化的实质内涵。

能够帮助操作者对工程机械动力、传动、行走和作业装置乃至整机实现操纵、控制、监控、遥控、诊断、识别、跟踪、定位、管理等独立功能的机电液光信一体化系统统称为工程机械控制与信息装置。工程机械从早期的人工和机械操纵，到机电液一体化控制，再到微处理器和计算机监控和诊断，及至目前发展的 CAN 总线、局域网、因特网和物联网控制与管理，逐步在向智能化控制和无人化控制发展。工程机械控制与信息装置技术发展的最终目标就是简化操作与维修，提高机器的动力性和经济性，提高机器的作业效率和作业质量，最终实现机器的智能化与无人化。例如，起重机械的控制与信息装置包括操纵与控制装置、安全装置、信息装置等。其操纵与控制装置主要包括离合器、制动器、停止器、液压控制器及各种类型的调速装置等；安全装置包括起重力矩限制器、载荷限制器、力矩传感器和工作机构行程限位开关等；信息装置包括工作性能参数显示仪表和计算机控制装置等。近年来，起重机械使用了智能化数据记录仪，该装置安装了各种传感器，利用计算机对信号进行采集、处理及存储，实现了全方位、实时性的运行数据记录，并兼有黑匣子的功能。例如塔式起重机数据记录仪，可以对塔式起重机的起升高度、变幅位置、实际吊重及回转角度等参数进行采集处理，保证了塔式起重机的安全工作，提高了塔式起重机运行的可靠性。

计算机技术、微电子技术、传感器技术、液压与液力传动技术、电力电子技术等是工程机械控制与信息装置的技术基础。相关的技术还有信息处理技术、通信技术、比例与伺服技术、自动控制技术、接口技术及系统工程技术等。

一、基本构成

由于具体机器的施工作业对象不同，工作装置千差万别，控制与信息装置结构形式的变化也很大。虽然工程机械控制与信息装置结构形式千变万化，但其控制和管理的内容都会涉及动力与传动、行驶驱动、作业和整机四个基本方面。一般工程机械控制与信息装置系统构成的基本要素应包括控制器、检测传感器、执行机构、接口等。

1. 控制器

控制器是机械控制与信息装置的核心部分，它将来自各传感器的检测信息和外部输入命令进行采集、存储、加工、分析、判断、决策等，并根据信息处理结果，按照一定的规律（规则、程序和节奏等）发出相应的指令，控制整个机器有目的性的运行。一般由计算机、可编程控制器（PLC）、数控装置以及逻辑电路、A/D（模/数）与 D/A（数/模）转换、I/O（输入/输出）接口和计算机外部设备等组成。例如，工程机械的自动控制就是在没有人直接参与的情况下，通过控制器使被控对象或过程自动地按照预定的规律运行，高精度定位控制、速度控制、自适应控制、自诊断、校正、补偿、再现、检索等技术都是重要的自动控制技术。现代控制理论的工程化与实用化以及优化控制模型的建立、复杂控制系统的模拟仿真、自诊断监控技术及容错技术等都是控制器研究的课题。

2. 检测传感器

检测元器件的功能主要是对机器运行中所需要的本身和外界环境的各种参数及状态进行

检测，变成可识别信号，传输到信息处理单元，经过分析、处理后产生相应的控制信息，其功能一般由专门的传感器和仪器仪表完成。检测传感器是工程机械的感觉系统。传感器技术自身就是一门多学科、知识密集的应用技术。传感原理、传感材料及加工制造装配技术是传感器开发的三个重要方面。作为一个独立的元器件，传感器的发展正进入集成化、智能化研究阶段。

3. 执行机构

执行机构的功能是根据控制信息和指令完成所要求的动作。执行机构是运动部件，它将输入的各种形式的能量转换为机械能。执行机构主要包括电磁铁、液压泵、液压马达、液压缸、气缸等。执行机构的性能、精度、响应频率、响应速度及可靠性对机电液一体化产品的性能与质量具有至关重要的影响。

4. 接口

工程机械控制与信息装置由许多要素或子系统构成，各子系统之间必须能顺利进行物质、能量和信息的传递与交换，为此各要素或各子系统间相接处必须具备一定的联系环节，两个部件间的连接环节称为接口。接口的基本功能主要有三个：一是变换，即进行信息变换，传输的环节之间，由于信号的模式不同（如数字量与模拟量、串行码与并行码、连续脉冲与序列脉冲等），无法直接实现信息或能量的交流，通过接口可完成信号或能量的统一；二是放大，在两个信号强度相差悬殊的环节间，经接口放大，达到能量的匹配；三是传递，变换和放大后的信号在环节间能可靠、快速、准确地传递，且必须遵循协调一致的时序、信号格式和逻辑规范。接口具有保证信息传递的逻辑控制功能，使信息按规定模式进行传递。接口的作用是使控制与信息装置的各要素或子系统连接成为一个有机整体，使各个功能环节有目的地协调一致运动。从系统外部看，输入/输出是系统与人、环境或其他系统之间的接口；从系统内部看，各要素及各子系统是通过许多接口将各组成要素的输入/输出联系成一体的系统。因此，各要素及各子系统之间的接口性能就成为综合系统性能好坏的决定性因素。

二、控制装置与信息装置的分类

目前工程机械控制分单一系统控制和总系统控制。单一系统如作业面调平（或称找平）控制系统、行走自动找正系统、物料计量系统、配合比设计系统、加热系统、自动喷洒系统、挖掘系统、装载系统、推土系统、平地系统、压实管理系统、自功率系统、发动机EDC、自动变速系统、风扇节能系统、电动系统等；总系统控制为整机控制，主要表现在上述单一系统基础上实施的总线网络分布式控制系统。控制基本参数有长度、速度、加速度、力、转矩、温度、流量、压力、质量等，控制量为上述基本参数合成的工程机械状态参数和作业参数，例如压实度、均匀度、平整度、滑转率、生产率等。

控制与信息装置以机器为控制对象，受控的物理量通常是机械的位移、速度、加速度、力（或力矩）、功率、压力、流量等，其控制系统的种类很多，可从不同角度按照不同的分类方法进行分类。

1. 控制装置分类

1）按照系统输入信号的变化规律，控制装置有定值控制、伺服控制和程序控制三种控制方式。定值控制方式也称自动调整方式，控制的基本任务是在存在扰动的情况下，将实际输出量保持在某一期望的数值上。伺服控制方式的特点是系统输出以一定的精度复现系统的输入信号。程序控制方式是在有两个以上执行机构的系统中，使各步动作的控制信号按预定程序指挥执行机构依次动作。

2）按照系统输出量的形式，控制装置有时间控制、位置控制、速度控制、加速度控制、力（或力矩）控制等形式。

3）按照输出量对系统控制有无影响，控制装置有闭环控制和开环控制方式。输出量对系统控制有直接影响的系统称为闭环系统。闭环控制系统也称反馈控制系统，具有抑制系统内部和外部各种干扰对系统输出影响的能力。系统的被控制量只能受控于控制量，而对控制量不能施加任何影响的系统称为开环控制系统。由于被控制量不影响对系统的控制，所以开环系统对干扰造成的误差不具备修正的能力。

4）按照控制信号的变量形式，控制装置有模拟控制和数字控制两种形式。

5）按照控制介质的种类，控制装置有机械控制、液压控制、气压控制、电子控制、电气控制、电液控制、机电液控制等形式。

6）按照控制发展过程，控制装置有机械化、自动化和智能化控制形式。机械化是人手脚的延伸和力量的放大；自动化是在机械化的基础上，让机械按照人的预定方案，以固定的模式实现重复的动作；智能化则具有信息处理、推理分析和决策功能，模仿人脑和感官的工作，进行数学模型的精确控制和专家经验的模糊控制。

2. 信息装置分类

1）按信息系统的基本功能分为信息输入、存储、处理、输出、控制装置。

2）按信息作用流程分为采集、传输、转换、监控、显示装置。

3）按信息载体种类分为电子、光学、文本、数字、图像、编码、译码装置等。

4）按信息对象和内容分为动力、传动、作业、工作模式、作业过程、实时运行、故障寿命、安全操作、设备管理等信息装置。

5）按信息加工程度不同分为数据处理、作业管理、运行决策、人工智能控制信息装置。

三、典型工程机械控制与信息装置

随着工程机械控制技术的发展，为了提高工程机械的作业效能，采用了柴油机燃油喷射电子控制装置、电控自动变速器等自动控制装置和基于 CAN 总线的整机控制与信息装置，使工程机械在作业时，能随着负荷的变化在一定范围内自动调整动力输出和动力传递，协调柴油机的动力输出和作业负荷之间的关系，使动力、传动和作业负荷三者得到更精确的匹配，并对其实施信息化和智能化管理，以提高工程机械的技术性、经济性、环保性和安全性，充分发挥其作业效能。

1. 电喷柴油机控制装置

采用电子控制燃油喷射及排放的柴油机称为电喷柴油机。电喷柴油机的电子控制柴油喷射装置（EDC，Electronic Diesel Control）是由传感器、电子控制单元（ECU，Electronic Control Unit）和执行机构三部分组成的系统，其任务是对喷油系统进行电子控制，实现对喷油量以及喷油定时随运行工况变化的实时控制。采用转速、加速踏板位置、喷油时刻、进气温度、进气压力、燃油温度、冷却液温度等传感器，将实时检测的参数同时输入 ECU，与已储存的设定参数值或参数图谱（MAP 图）进行比较，经过处理计算按照最佳值或计算后的目标值把指令送到执行器。执行器根据 ECU 指令控制喷油量（供油齿条位置或电磁阀关闭持续时间）和喷油正时（正时控制阀开闭或电磁阀关闭始点），同时对废气再循环阀、预热塞等执行机构进行控制，使柴油机运行状态达到最佳，在降低油耗、提高输出功率和转矩、减少有害排放、降低噪声和提高运转平顺性等方面具有明显优势，是目前工程机械一项先进的动力控制技术。

（1）EDC 系统的组成　电喷柴油机 EDC 系统组成如图 3-46 所示。传感器包括空气流量、曲轴转速、凸轮轴位置、冷却液温度、加速踏板位置、燃油压力、增压压力、排气温度传感器等。执行器有喷油器、燃油压力调节器、增压压力调节器、冷起动预热塞、废气再循环（EGR，Engine Gas Recirculation）阀、燃油泵等。电子控制单元 ECU 将根据传感器信号和控制模型对喷油量、喷油正时等进行控制。

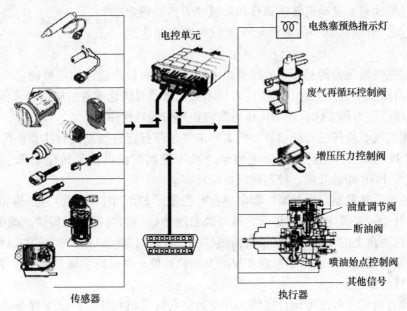

电控单元

电热塞预热指示灯

废气再循环控制阀

增压压力控制阀

油量调节阀
断油阀

喷油始点控制阀
其他信号

传感器

执行器

图 3-46　电喷柴油机 EDC 系统组成

EDC 的主要控制内容包括燃油喷射控制（喷油量、喷油正时、喷油规律、喷油压力、各缸喷油量均匀性等）、怠速控制、废气再循环控制、废气涡轮增压控制、故障自诊断及带故障运行控制。

（2）EDC 系统的分类　按控制参数分为位置控制、时间控制和时间—压力控制，并分别被称为第一代、第二代、第三代 EDC。

按控制方式分为开环控制、闭环控制和开闭环综合控制。

按喷射方式分为带电控的直列喷油泵、带电控的轴向分配泵、带电控的径向分配泵、泵—喷嘴一体化系统、泵—高压油管—喷嘴系统、高压共轨柴油喷射系统。

（3）高压共轨 EDC 系统　高压共轨电喷技术是指在由高压油泵、压力传感器和电子控制单元 ECU 组成的闭环系统中，将喷射压力的产生和喷射过程彼此完全分开的一种供油方式。它是由高压油泵将高压燃油输送到公共供油管，通过公共供油管内的油压实现精确控制，使高压油管压力大小与发动机的转速无关，可以大幅度减小柴油机供油压力随发动机转速变化的程度。

EDC 系统的电控单元 ECU（见图 3-47）是高压共轨柴油机 EDC 系统的核心部件，它能够通过传感器和执行器对柴油机实现如下控制：

1）通过分析发动机转速、加速踏板位置和冷却液温度等传感器的信号，确定所需喷油量，并发出相应控制信号给喷油泵中的油量调节器。通过安装在油量调节器上的活塞位移传感器的反馈，实现油量的闭环控制。

2）在空气量不够的情况下为了避免冒黑烟，要根据烟度限制 MAP 图限制油量。

3）通过喷油量、发动机转速和冷却液温度等信号确定最优喷油始点，给喷油泵中的喷油始点控制阀发出相应的控制信号。

图 3-47　电控单元 ECU 外形图

4）根据进气管压力传感器、进气管温度传感器和海拔传感器的信号确定增压压力控制电信号，传给增压压力控制阀。增压压力控制阀把电信号转化成真空度信号，传给废气涡轮增压器上的增压压力调节阀，使增压压力控制在理想的特性曲线。

5）利用空气流量传感器的信号，把实际进气量与标定进气量进行比较，为补偿这个差值，对 EGR 控制阀发出相应的控制电信号。EGR 控制阀把电信号转化成真空度信号传给 EGR 阀，改变 EGR 阀的开度，控制废气再循环率。

6）预热和后热控制。电热塞控制集成在电控单元 ECU 中，控制分为预热和后热。预热只需在温度低于一定温度以下时进行，冷却液温度传感器为电控单元提供准确的温度信号，驾驶员通过仪表盘上的预热警告灯了解预热情况。发动机起动以后，就要进入后热阶段，后热可以减少发动机的噪声，改善怠速工况的发动机性能，并且降低碳氢排放。发动机达到一定转速时后热阶段停止。

7）故障自诊断及带故障运行控制，并可通过与计算机相连，扩展增强柴油机性能检测与故障诊断功能，实现柴油机运行及检测数据的存储与传递。

高压共轨柴油机 EDC 系统的传感器和执行器构成如图 3-48 所示。

2. 自动变速控制装置

工程机械常用的机械传动、液压传动、电传动及其复合传动中，都存在有级、无级或有级—无级综合变速方式。变速控制方式有机械控制、液压控制和电子控制。有级变速换挡方式相应地有人工手动换挡、人工动力换挡和自动动力换挡；无级变速也有人工和自动之分。人工有级换挡和人工无级调速的准确程度取决于驾驶员的技术水平。驾驶员如果技术水平不高，往往不能准确地选择挡位或速度，使得发动机功率得不到充分的利用，也影响了燃料的经济性。特别是对某些自行式作业机械，例如推土机、铲运机、平地机等，为了充分利用发动机功率，挡位数已增至十几个，人已经很难正确地选择挡位。机械换挡操作非常频繁，劳动强度大，而且在作业过程中换挡，不仅要驾驶，还要操纵工作装置，分散了驾驶员的注意力，增加了行驶的不安全因素。例如：装载机进行 V 形作业时，每小时换挡操作近千次，平均每 3.6s 一次。另外，手动换挡过程平稳性差，存在换挡冲击。当通过复杂的地面时，往往会因换挡不及时或换挡动力切断时间过长，造成机械停顿或发动机熄火，影响机械的正常作业。为协调以上人机之间的矛盾，将电子控制技术应用于动力换挡和无级调速，使之能

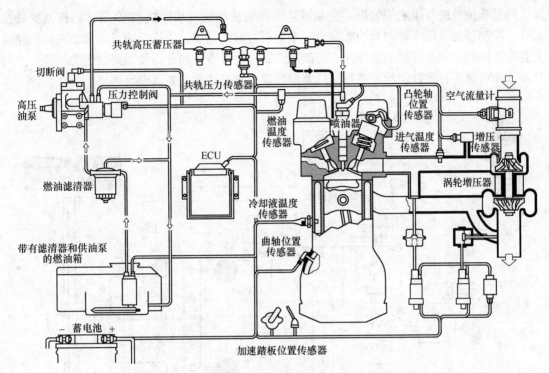

共轨高压蓄压器

切断阀

高压油泵

压力控制阀

共轨压力传感器

燃油温度传感器

喷油器

凸轮轴位置传感器

空气流量计

进气温度传感器

增压传感器

ECU

燃油滤清器

冷却液温度传感器

涡轮增压器

曲轴位置传感器

带有滤清器和供油泵的燃油箱

蓄电池 − +

加速踏板位置传感器

图 3-48 高压共轨柴油机 EDC 系统的传感器和执行器构成

随着使用工况的变化自动变换挡位或速度，实现自动变速，即自动有级换挡变速控制和自动无级调速变速控制。与人工变速控制相比，自动变速控制因具有以下优点而成为工程机械变速控制的先进方式，并向智能化控制方向发展。

1）能全面地综合发动机工况、外负荷工况以及作业行驶工况，使变速控制更为合理。

2）电子控制精度和灵敏度高，能精确地进行速度点的控制，可获得最佳的动力性能和经济性能。

3）按不同的使用要求，可以实现多种速度规律的控制。

4）可针对每一具体情况进行变速品质个别控制，使变速迅速平稳。

5）可实现工程机械的其他控制，例如作业载荷自适应控制等。

6）易实现各种辅助功能，例如自动故障诊断、防止意外挂高挡和倒挡、变速信息传输和存储等。

典型的机械液压行走传动变速控制如图 3-49 所示。四挡自动动力换挡变速箱实现了机器的有级变速，单泵双马达闭式双变量系统实现在各个挡位上的无级变速，组成一个变速比较大的有级—无级变速系统。变速箱的换挡和变量泵-马达的无级变速采用一个可编程的计算机控制器，完成全部变速操纵和控制，使机器在整个变速和变矩范围内没有牵引力中断的连续运转。换挡过程的转速同步通过液压马达排量的电动比例调节来实现，即液压马达的调节是由电子储存的特性曲线完成的。在换挡过程中，升挡的加速阶段和降挡的制动阶段充分利用变速的重叠区域，以使工作状况通过选择不同的换挡点使机器达到一个最佳的行驶状态。实际上微控器可以预定一条经济性和动力性较好的变速特性曲线，并控制各执行器沿其曲线平顺自动变速，从而达到提高变速平顺性、传动效率及发动机功率利用率、减少人工操纵、降低噪声及废气排放等效果。控制器除实现变速箱的自动换挡和泵-马达的自动变量控制外，控制器的极限负载调节功能避免了柴油机过载和熄火、监控功能可连续监视传动路线上各种不同的元件及部件的工作状态、故障诊断功能可查找和分析传动路线上的故障、二次开发功能可修改行驶性能预定参数使机器按照设计和制造者的要求进行调整。

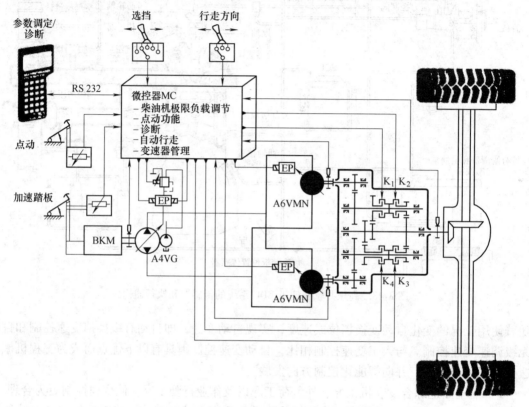

图 3-49　机械液压行走传动变速控制简图

3. 基于 CAN 总线的整机控制与信息装置

前述电喷柴油机控制装置和自动变速控制装置都是单一集中型的动力与传动控制模块，再加上行走装置、工作装置、故障监控与诊断、整机操纵和管理等控制与信息模块，使整个机器上需要单独操控的控制模块数量增多。如果各控制模块仍然独立操控，整机控制缺乏统一协调的管理，各模块的检测、执行和信息都不能共享，整机的控制与信息系统势必就会出现部分相同软硬件和线路重复配置、控制环节增多、操纵困难、指令与信息传输效率低、可靠性低、故障率高、成本增加等问题，最终影响工程机械的作业效能。因此，需要在整机层面上对各控制装置进行整体性设计和顶层设计，协调管理各个控制与信息模块，共享通用模块，做到简化操纵（例如集成化和人性化的电子手柄）、智能控制、网络分布式的系统集成。

（1）总体结构和工作原理　基于 CAN（Controller Area Network）总线的模块式微控制网络，把每个微控制模块变成 CAN 网络节点，以 CAN 总线为纽带，使整机控制和信息装置成为一个分布式智能控制系统。基于 CAN 总线的工程机械控制原理如图 3-50 所示。系统由上位管理机、CAN 接口适配卡和多个现场智能控制模块组成。

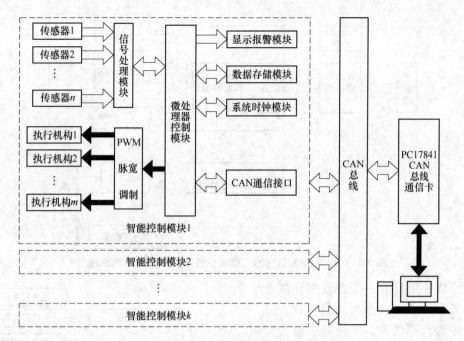

图 3-50 基于 CAN 总线的工程机械控制原理图

采用 CAN 总线上位机通过带 PCI 插槽的 CAN 接口适配卡与 CAN 总线相连，进行数据设定、修改，从而进行信息交换，并负责对整个系统进行监视管理。网络结构采用 CAN 总线驱动方式，上位管理机采用计算机。以微处理器为核心的智能控制模块，传输介质为双绞线，通信位速率为 125Kbit/s。智能节点控制单元通过 CAN 总线接收上位机的各种控制命令和设定参数，控制系统需要实时采集各模拟量输入通道信号，进行预先处理和实时报警，并把结果及运行状态通过 CAN 总线上传到上位机中备用。工作过程中上位机根据主控程序的需要，对检测信号进行分析，并及时处理，通过 CAN 总线向执行单元发布指令，从而实现模块的闭环智能控制和监测功能。

（2）通用控制模块原理 工程机械自动控制系统大致可以分为如下几部分：动力控制模块、传动控制模块、行走控制模块、作业装置控制模块、状态监测及故障诊断专家系统模块。虽然各个控制模块的功能不完全相同，但基本原理相同。硬件系统包括微控制器单元、信号测量采集单元、控制执行单元、CAN 总线接口单元四部分，如图 3-51 所示。微控制器作为本模块的智能处理中心，在很大程度上减轻了上位机的处理负担，并且大大提高了整个系统的可扩展性和可靠性。信号测量采集单元主要根据主程序的需要为系统形成智能闭环控制提供必要反馈参数。控制执行单元主要根据指令控制执行机构进行作业。CAN 总线接口单元则实现了模块与 CAN 总线的信号转换与通信。图 3-51 给出了基于 CAN 总线的工程机械通用控制模块结构原理图。

（3）系统控制程序软件 系统软件由上位机主控程序和各智能控制节点程序组成。在上位机程序设计中，根据系统的需要进行编程，充分利用潜在的计算机 CPU 空闲时间进行多线程操作，以提高应用程序的反应速度。控制系统中的上位机所完成的主要任务有：通过 CAN 总线接口与各现场控制器进行通信；接收下端现场控制器传来的数据和向 CAN 网络中的各节点发送指令；对现场控制器上传的数据进行数据处理和计算控制量。与之相对应，上

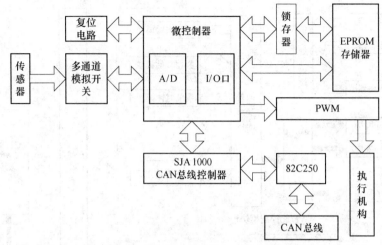

图 3-51　基于 CAN 总线的工程机械通用控制模块结构原理图

位机主控软件中具有一个主程序和两个子程序，其中一个子程序为通信线程，另一个子程序为计算线程。主线程是每个应用程序都具备的，实现线程间的同步、向计算线程和通信线程传递参数、显示测控结果、管理人机交互界面等功能。通信线程通过 CAN 总线网络，负责与下端的设备进行通信并交换数据。计算线程负责完成系统的主要计算任务，它根据智能节点传送的数据，对现场测控节点的控制量进行精确计算。图 3-52 详细给出了主控程序结构。

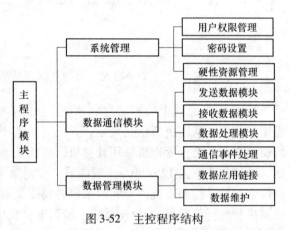

图 3-52　主控程序结构

通信程序是上位机程序的重要组成部分。CAN 网络通信程序主要由 CAN 控制器的初始化程序、发送程序、接收程序三部分组成。初始化程序是对 CAN 控制器的控制段寄存器内容进行设置，以设定 CAN 网络的通信参数，它包括工作模式、位速率、验收码、屏蔽码、字段长、总线定时和输出模式等。信息的发送和接收是由控制器自动完成的。发送程序只要把发送的信息帧送到控制器的发送缓冲区，且启动发送命令即可。接收程序只需从接收缓冲区读取要接收的信息即可。

根据系统的要求，各智能控制节点程序主要有控制系统硬件初始化程序（包括 I/O 初始化及功能设定）、CAN 总线通信程序、看门狗的初始化程序、A/D 采样控制程序和控制算法程序等。

（4）智能终端　智能终端是工程机械整机的信息装置，是加强工程机械管理的黑匣子，用于工程机械的智能化管理，包括运行状态监控、地理信息导航、智能化调度、远程状态诊断等方面的内容。现代工程常常需要多机种、高性能的施工机群联合作业，其指挥调度和维护管理难度较大，施工企业对设备运行的安全性、可靠性也提出了越来越高的要求。由于工程机械结构复杂、施工载荷不确定、工作环境条件恶劣，因而造成故障发生率较高；同时，由于工程机械作业地点分散，所以造成了管理难度大、调度效率低等问题，严重影响了施工效率和企业效益。为解决以上问题，工程机械智能终端应实现如下功能：

1）实现工程机械状态参数的电子监测与显示功能。根据需要监测的主要参数制订监测方案，对工程机械的状态信息进行采集、传输和处理，并可根据需要通过 LCD 液晶显示系统提供给用户。

2）实现工程机械运行状态参数的即时监控，并在超限时报警。根据工程机械的状态参数值范围，将比较典型的监测参数按照报警级别进行分类，设定其变化限值，在超限时进行报警，实现实时监控功能。

3）实现对作业机械的动态监控管理。通过 GIS 平台和监控中心，实时、准确地显示机械的运行状态。

4）采用 GPS 和 GPRS 技术，实现工程机械的定位导航和无线通信功能。

5）实现工程机械状态信息的查询、存储、导出等功能。配置人机交互设备，提供键盘查询与液晶显示功能。扩展数据存储器，可保存机械运行的历史数据，为故障诊断提供参考。

6）实现车载蓄电池电源的智能化管理功能。

为融合以上状态监测与故障诊断、GPS 定位导航、智能报警、电源管理、数据信息显示、人机交互等诸多功能，终端由微处理器、人机交互模块、报警模块、GPS/GPRS 模块、电源管理模块、存储扩展模块、CAN 总线通信模块、数据采集模块等部分集成，其总体结构如图 3-53 所示。微处理器包括上位机微处理器和下位机微处理器两部分，分别负责各终端功能模块和数据采集模块的程序执行。上位机微处理器通过 CAN 总线直接向下位机微处理器发出操控命令。下位机接受上位机的操控命令，并根据命令解释成相应时序信号直接获取设备状况信息。下位机不断地从传感器读取设备状态数据（一般为模拟量），转换成数字信号后再反馈给上位机。人机交互模块主要包括键盘和液晶显示模块两部分，负责数据输入、输出和查询及图形文字显示。报警模块对工程机械的超限情况进行智能化管理。GPS/GPRS 模块主要功能是对机器导航定位和无线通信。电源管理模块的主要功能是对车载蓄电池电压进行监控，实现智能化管理，在电压过低时报警。存储扩展模块可满足数据采集时大量数据信息存储的要求。CAN 总线通信模块负责上位机和下位机之间的通信。数据采集模块负责运行状态监测参数的采集。随着物联网的发展，智能终端将会增设互联网模块，可通过互联网进行信息交换和通信，实现工程机械的智能化识别、定位、跟踪、监控和管理等。

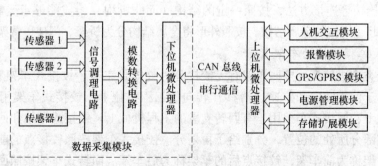

图 3-53 工程机械智能终端的总体结构图

第七节　工程机械机架结构

机架是工程机械的骨架，将其作业装置、行走装置、动力与传动装置、控制与信息装置连接成为一个整体。机架具有如下功能：

1）用来为作业装置提供安装部位。

2）连接和固定动力、传动、控制与信息等零部件总成和元器件总成。

3）承受和传递重量、作业载荷和行走载荷。

4）形成整机在工作面上行走或安装固定在地面上。

一、机架的分类

1. 按照机架是否移动分类

按照机架是否移动，分为机架和车架。通常固定不动的骨架结构称为机架，在地面或轨道上行走作业的骨架结构也是机架，但习惯上多称为车架。

2. 按照机架材料分类

机架按材料可分为金属机架和非金属机架。金属机架包括各种钢材、铝材和合金材料等，非金属机架包括各种混凝土、玻璃钢、碳纤维等。工程机械多采用金属机架。

3. 按照机架制造方法分类

按照机架制造方法可分为铸造机架、锻造机架、焊接机架、冲压机架、螺栓联接机架、铆接机架等。

4. 按照机架外形分类

机架按外形可分为网架式、框架式、梁柱式、板块式和箱壳式五种形式。

5. 按照结构力学模型分类

机架按结构力学模型可分为杆系结构、板结构和实体结构。杆系结构由杆件组成，而杆件长度远大于其他两个方向的尺寸，网架式、多数框架式和梁柱式机架为杆系结构；板结构由薄壁构件组成，而薄壁构件厚度远小于其他两个方向的尺寸，多数板块式和箱壳式机架为板结构；实体结构三个方向的尺寸在同一数量级上，少数板块式和箱壳式机架为实体结构。

6. 工程起重机械的机架

工程起重机械机架的主要功能是承重，是以金属材料轧制成的型钢及钢板作为基本元件，采用铆、焊、栓接等连接方法，按照一定的结构（而非机构）组成能够承受载荷的结构物，通常独自称为起重机械的金属结构。按照外形将金属结构分为桥架、门架、臂架和塔架。

7. 自行式工程机械的车架

车架的分类方法较多。按照车架有无铰接分为整体式车架、铰接式车架和回转式车架。整体式车架用于偏转转向和差速（滑移）转向的工程机械上，铰接式车架用于铰接转向的轮式工程机械上，回转式车架用于有回转支承的工程机械上。铰接式车架和回转式车架根据车架结构组成部分所处的位置，分别给予再划分。铰接式车架按照铰接点的前后位置，铰接点前的部分车架称为前车架，铰接点后的车架称为后车架。回转式车架按照回转支承的上下位置，回转支承以上的部分车架称为上车架，回转支承以下的车架称为下车架。在某些车辆或改装车辆上，为提高缓冲减振性能和制造通用性，将支承车桥、悬架、车厢或驾驶室等的部分支架进行独立制造，被称为副车架，相应的原车架被称为主车架或正车架。主车架和副车架之间采用刚性连接或弹性连接。主副车架、上下车架、前后车架并非完整的车架，只是车架的组成部分。

二、机架的要求

由于机架是整个机械的骨架和基础，所以机架的结构形式，首先必须满足整机总体布置的要求。机械在行驶或作业时，承受着较大的动载荷。为了保证在工作过程中机架上各部件的相对位置正确，机架总体上要求有足够的强度和刚度，同时质量要轻。

1. 工况要求

任何机架首先必须保证机械的特定工作要求。例如，保证机架上安装的零部件能顺利运转，机架的外形及内部结构没有阻碍运动件通过的突起；设置执行某一工况所必需的平台；保证上下料的要求、人工操作的方便及安全等。

2. 强度要求

对于一般设备的机架，刚度达到要求时也能满足强度的要求。但对于重载设备的强度要求必须引起足够的重视。在机器运转中可能发生的最大载荷情况下，机架上任何点的应力都不得大于允许应力。此外，还要满足疲劳强度的要求。对于某些机械的机架尚需满足振动或抗振的要求。例如振动机械的机架、受冲击的机架等。

3. 刚度要求

机架的刚度会影响机械的传动性能和作业精度。在必须保证特定外形的条件下，机架必须具有足够的刚度。

4. 稳定性要求

对于细长的或薄壁的受压结构及弯压结构会存在失稳问题，某些板结构也存在失稳问题或局部失稳问题。失稳对结构会产生很大的破坏，设计时必须校核。

5. 美观

对机架的要求不仅要能满足位置、强度、刚度和稳定性等要求，还要使其外形美观。

6. 其他

机架还需满足其他要求，例如散热的要求、防腐蚀及特定环境的要求、加热条件下热变形小的要求等。

三、典型机架

1. 整体式车架

典型的整体式车架如图 3-54 所示，它是两根位于两边的纵梁 1 和若干根横梁 2 焊接或

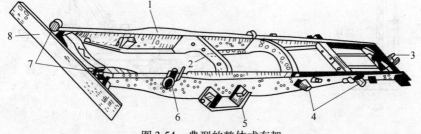

图 3-54　典型的整体式车架

1—纵梁　2—横梁　3—拖钩　4—后悬架支座　5—蓄电池托架　6—转向器托架　7—挂钩　8—保险杠

铆接而形成的基本结构。车架上的后悬架支座 4 与车桥上的弹性或刚性悬架相连。蓄电池和转向器分别安放在蓄电池托架 5 和转向器托架 6 上。车架上的挂钩 7 用于车辆自身的拖动,拖钩 3 用于拖动其他车辆。保险杠 8 能够吸收和缓和外界冲击力,以防护车身前部的安全。

2. 铰接式车架

图 3-55 所示是装载机常用的铰接式车架。车架从中间断开,分为前后两车架,通过铰销将两车架铰接成一体。前后车架能够在转向液压缸的作用下,绕铰销相对转动。此时,装在前后车架上的前后车桥与车架一起偏转,从而实现装载机的铰接转向。铰接式车架也常应用于压路机、铲运机等上。

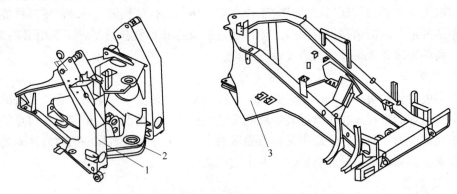

图 3-55 装载机常用的铰接式车架立体图
1—前车架 2—铰接销孔 3—后车架

3. 工程起重机金属结构

工程起重机金属结构的作用是作为机械的骨架,承受和传递起重机所负担的载重及其自身的质量。起重机金属结构可分为杆系结构和板结构。杆系结构由许多杆件焊接而成,每根杆件的特点是长度方向尺寸大,而断面尺寸较小。图 3-56a 所示的塔式起重机的桁架塔身和动臂均为杆系结构。板结构由薄板焊接而成。薄板的特点是长度和宽度方向尺寸较大,而厚度较小,所以板结构亦称薄壁结构。图 3-56b 所示的汽车起重机的箱形伸缩臂和支腿为板结构。杆系结构和板结构是起重机金属结构中最常用的结构形式。

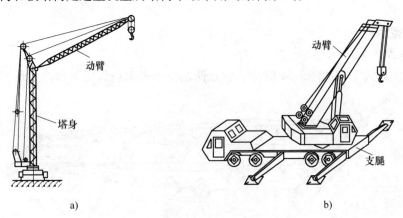

a)   b)

图 3-56 工程起重机金属结构示意图
a) 塔式起重机 b) 汽车起重机

4. 水泥混凝土搅拌楼机架

水泥混凝土搅拌楼的机架是指搅拌楼的钢结构，由主楼、搅拌机支架、水泥粉煤灰仓及其支架和上料传动带机桥架四部分组成，又分主楼结构和副楼结构两大部分。从层次上，主楼结构自上而下可分为五个基本层次：进料层、储料层、配料层、搅拌层和出料层。从支承结构上，主楼结构又可分为下部主机架、中部主机架和上部主机架（见图3-57）。下部主机架主要用于安装搅拌层和出料层的搅拌主机和出料斗。搅拌机支架独立支承搅拌机，以避免搅拌机的振动传给主楼结构。混凝土出料斗自下向上托连于搅拌机支架下。中部主机架主要用于安装储料层和配料层的骨料仓、称量秤。上部主机架主要用于安装进料层的进料斗和除尘设备。主楼各主机架用高强螺栓联接。水泥仓和粉煤灰仓设置在主楼侧面的水泥和粉煤灰仓支架副楼上。副楼上部设置水泥和粉煤灰仓，下部安装控制室和设置楼梯。楼梯沿水泥和粉煤灰仓支架上行，在配料检修层高程走出外围，升至料仓直段底的高程后，沿水泥和粉煤灰仓上行至进料层和水泥和粉煤灰仓顶。对应于主楼、搅拌机支架、水泥和粉煤灰仓支架的各个安装柱脚和承脚，地面下浇筑有顶面为钢板的水泥混凝土基础柱墩，柱墩中心埋设有地脚螺栓。整个搅拌楼机架的安装脚通过螺栓联接安装固定在地面基础柱墩上。

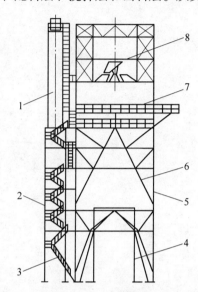

图 3-57　水泥混凝土搅拌楼机架示意图
1—水泥粉煤灰仓　2—副楼　3—楼梯
4—下部主机架　5—主楼　6—中部主机架
7—配料检修平台　8—上部主机架

第二篇

通用工程机械

第四章 土方工程机械

土方工程机械，顾名思义，是指用于土方施工的机械的总称，其内容十分丰富，主要包括推土机、挖掘机、铲运机、装载机、平地机等重要机种，它们是工程机械中用途最为广泛的一大类机械。土方工程机械广泛应用于公路、铁路、水利、矿山、港口、机场、农林及国防等各类工程建设中，在国民经济建设中起着重要的作用。

第一节 推 土 机

一、推土机的用途

推土机是一种多用途的自行式施工机械，被广泛应用于建筑、筑路、采矿、油田、水电、港口、农林及国防等各类工程中。

推土机属于循环作业式机械，每一个工作循环包括铲土、运土、卸土和空车返回四个过程。它的主要作业对象是土壤、砂石料等松散物料。推土机在作业时，将铲刀切入土中，依靠机械的牵引力，完成对土壤等的铲切和推运工作。

推土机主要用于开挖路堑、填筑路堤、回填基坑、铲除障碍、清除积雪、平整场地等，也可用来完成短距离内松散物料的铲运和堆集作业。当土壤太硬，铲运机或平地机作业不易切入土壤时，可以利用推土机的松土器将土壤疏松，也可以利用推土机的铲刀直接顶推铲运机以增加铲运机的铲土能力，还可以利用推土机的挂钩牵引拖式铲运机、拖式压路机等各种拖式工程机械。

推土机由于受到铲刀容量的限制，推运土壤的距离不宜太长，因而，它只是一种短距离的土方铲土运输机械。运距过长时，运土过程受到铲刀前土壤漏失的影响，会降低推土机的生产率；运距过短时，由于换向、换挡操作频繁，在每个工作循环中这些操作所用时间占的比例增大，同样也会使推土机的生产率降低。通常中小型推土机的运距为 30~100m，大型推土机的运距一般不应超过 150m。推土机的经济运输距离为 50~80m。

二、推土机的分类

1. 按发动机的功率分类

按推土机发动机功率大小，可分为以下三类：

1）小型推土机：功率在 37kW 以下。

2）中型推土机：功率在 37~250kW。

3）大型推土机：功率在 250kW 以上。

2. 按行走方式分类

按推土机的行走方式，可分为履带式推土机和轮胎式推土机两种，如图 4-1 和图 4-2 所示。

（1）履带式推土机 其附着性能好、牵引力大，接地比压小，爬坡能力强，能适应恶劣的工作环境，具有优越的作业性能，是推土机的主要机种。

（2）轮胎式推土机　其行驶速度快、机动性好，作业循环时间短，转移场地方便迅速且不损坏路面，特别适合城市建设和道路维修工程中使用。但轮胎式推土机的附着性能、抗地面磨损性能远不如履带式，使轮胎式推土机的使用范围受到一定的限制。

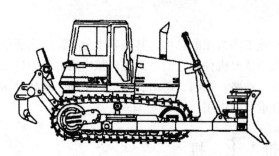

图 4-1　履带式推土机

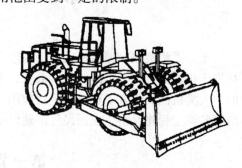

图 4-2　轮胎式推土机

3. 按用途分类

推土机按用途可分为普通型推土机和专用型推土机。

（1）普通型推土机　这种推土机通用性好，可广泛应用于各类土方工程施工作业，是目前施工现场广为采用的推土机机种。

（2）专用型推土机　专用型推土机有浮体推土机、水陆两用推土机、深水推土机、湿地推土机、爆破推土机、低噪声推土机、军用高速推土机等。浮体推土机和水陆两用推土机属浅水型推土作业机械。浮体推土机的机体为船形浮体，发动机的进、排气管装有导气管通往水面，驾驶室安装在浮体平台上，可用于海滨浴场、海底整平等作业。水陆两用推土机主要用于浅水区或沼泽地带作业，也可在陆地上使用。湿地推土机为接地比压低的履带式推土机，可适应沼泽地带的作业。军用高速推土机主要用于国防建设，平时用于战备施工，战时可快速除障、挖山开路。

4. 按推土板的安装形式分类

（1）固定式铲刀推土机　这种推土机的推土板与主机的纵向轴线固定为直角，也称直铲式推土机。一般来说，从铲刀的坚固性和经济性考虑，小型及经常重载作业的推土机都采用这种铲刀安装形式。

（2）回转式铲刀推土机　这种推土机的推土板在水平面内能回转一定角度，推土板与主机纵向轴线可以安装成固定直角，也可以安装成与主机纵向轴线呈非直角。回转式铲刀推土机作业范围较广，可以直线行驶一侧排土（与平地机施工作业类似）。回转式铲刀推土机适于平地作业，也适于横坡铲土侧移。这种推土机又称角铲式推土机。

5. 按铲刀的操纵方式分类

（1）钢索式推土机　铲刀的升降由钢索操纵，动作迅速可靠，铲刀靠自重入土。由于钢索式操纵方式存在不能强制切土、铲刀操纵机构经常需要人工调整、钢索易磨损等缺点，现已很少采用。

（2）液压式推土机　铲刀在液压缸作用下动作。铲刀一般有固定、上升、下降、浮动四个动作状态。铲刀可以在液压缸作用下强制入土，也可以像钢索式推土机的铲刀那样靠自重入土（当铲刀在"浮动"状态时）。此类推土机能铲推较硬的土，作业性能优良，平整质量好。另外，铲刀结构轻巧，操纵轻便，不存在操纵机构的经常性人工调整。液压式铲刀升降速度一般比钢索式慢，在冬季更为显著。

6. 按传动方式分类

（1）机械式传动推土机 采用机械式传动的推土机具有工作可靠、制造简单、传动效率高、维修方便等优点，但操作费力，传动装置对负荷的自适应性差，容易引起柴油机熄火，降低了作业效率。目前大中型推土机已较少采用机械式传动。

（2）液力机械式传动推土机 这种推土机由于采用液力变矩器与动力换挡变速箱组合的传动装置，因此具有自动无级变扭和自动适应外负荷变化的能力、柴油机不易熄火、可带载换挡、换挡次数少、操纵轻便灵活、作业效率高等优点。缺点是液力变矩器在工作过程中容易发热，降低了传动效率，同时传动装置结构复杂、制造精度高，提高了制造成本，也给维修带来了不便和困难。目前大中型推土机用这种传动形式较为普遍。

（3）全液压式传动推土机 由液压马达驱动，驱动力直接传递到行走机构。因为取消了主离合器、变速箱、后桥等传动部件，所以结构紧凑，大大方便了推土机的总体布置，使整机质量减轻，操纵轻便，可实现原地转向。但全液压式传动推土机制造成本较高，且耐用性和可靠性较差、维修困难，目前只在中等功率的推土机上采用全液压传动。

（4）电传动式推土机 由柴油机带动发电机，并向电动机供电，进而驱动行走装置。这种电传动式推土机结构紧凑，总体布置方便，操纵轻便，也能实现原地转向；行驶速度和牵引力可无级调整，对外界阻力有良好的适应性，作业效率高。但由于质量大、结构复杂、成本高，目前只在大功率推土机上使用。

三、推土机的构造与工作原理

推土机主要由发动机、传动系统、行走装置、工作装置、液压系统、电气系统和辅助装置等组成，如图4-3所示。推土机用的发动机多为柴油机，常布置在推土机的前部，通过减

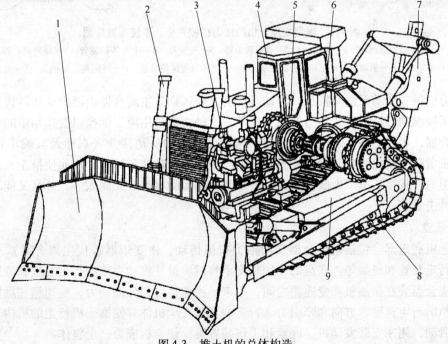

图4-3 推土机的总体构造

1—铲刀 2—液压系统 3—发动机 4—驾驶室 5—操纵机构 6—传动系统 7—松土器 8—行走装置 9—机架

振装置固定在机架上。电气系统主要包括发动机的电起动装置和机器照明装置等。辅助装置主要有燃油箱、液压油箱、驾驶室等。

1. 传动系统

传动系统的作用是将发动机的动力传给履带或车轮，使推土机具有足够的牵引力和合适的工作速度。履带式推土机和轮胎式推土机的传动系统多为液力机械传动。履带式推土机的液力机械式传动系统布置如图4-4所示。

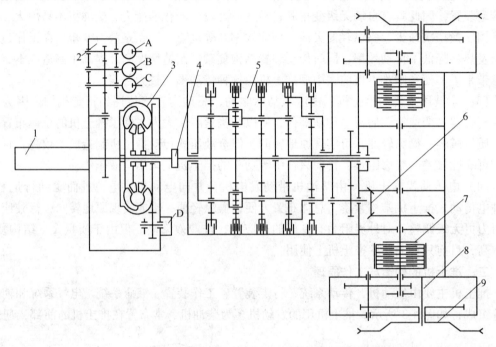

图4-4 履带式推土机的液力机械式传动系统布置简图

1—发动机 2—动力输出箱 3—液力变矩器 4—联轴器 5—变速箱 6—中央传动装置 7—转向离合器与制动器
8—最终传动装置 9—驱动轮 A—工作装置油泵 B—变矩器与变速箱油泵 C—转向离合器油泵 D—排油液压泵

液力机械式传动系统与机械式传动系统的主要区别是主离合器由液力变矩器代替，并采用了液压操纵的行星齿轮式动力换挡变速箱。这种变速箱用液压油操纵变速箱中的各多片式换挡离合器，可在不停机的情况下换挡。液力变矩器的从动部分（涡轮及其输出轴）能根据推土机负荷的变化，自动地在较大范围内改变其输出转速和转矩，从而使推土机的工作速度和牵引力在较宽的范围内能自动调节，因此变速箱的挡位数无需太多，并且又能减少传动系统的冲击载荷。

2. 底盘

推土机底盘部分包括主离合器（对液力机械传动，由变矩器替代主离合器）、变速箱、后桥、行走装置和机架等。底盘的作用是支承整机质量并将动力传给行走装置和液压操纵机构。主离合器装在柴油机和变速箱之间，用来平稳地接合和分离动力，变速箱和后桥用来改变推土机的行走速度、方向和牵引力。行走装置是支承机体并使推土机行走的机构。机架是整机的骨架，用来安装发动机、底盘和工作装置等，使全机成为一个整体。

3. 工作装置

推土机的工作装置为推土铲刀和松土器。推土铲刀安装在推土机的前端，是推土机的主要工作装置，有固定式和回转式两种形式。松土器通常配备在大中型履带式推土机上，悬挂在推土机的尾部。

图4-5所示为回转式推土铲刀，它由推土板1、顶推门架6、推土板推杆5和斜撑杆2等主要部件组成。为避免铲刀由于升降或倾斜运动导致各构件之间发生运动干涉，引起附加应力，铲刀与顶推门架前端采用球铰连接，铲刀与推杆、铲刀与斜撑杆之间，也采用球铰或万向联轴器连接。

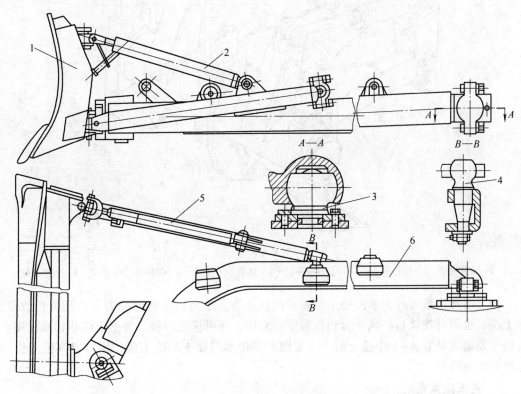

图4-5　回转式推土铲刀

1—推土板　2—斜撑杆　3—顶推门架支承　4—推杆球状铰销　5—推土板推杆　6—顶推门架

当两侧的螺旋推杆分别铰装在顶推门架的中间耳座上时，铲刀呈正铲状态；当一侧推杆铰装在顶推门架的后耳座上，而另一侧推杆铰装在顶推门架的前耳座上时，铲刀则呈斜铲状态；当一侧斜撑杆伸长，而另一侧斜撑杆缩短时，即可改变铲刀在垂直平面内的侧倾角，铲刀则呈侧铲状态。同时，调节两侧斜撑杆的长度（左、右斜撑杆的长度应相等），还可改变铲刀的切削角。

顶推门架铰接在履带式基础车台车架的球状支承上，铲刀可绕其铰接支承升降。

图4-6所示的松土器由安装支架1、倾斜液压缸2、提升液压缸3、横梁4、松土器臂8以及松土齿等组成。整个松土器悬挂在推土机后部的支承架上。松土器的提升或放下由提升

液压缸 3 控制。松土齿用销轴固定在横梁松土齿架的齿套内，松土齿杆 5 上设有多个销孔，改变齿杆销孔的固定位置，即可改变松土齿杆的工作长度，调节松土深度。

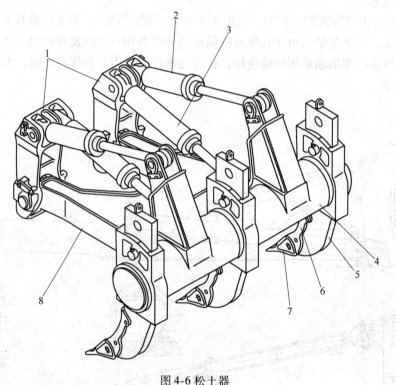

图4-6 松土器

1—安装支架 2—倾斜液压缸 3—提升液压缸 4—横梁 5—齿杆 6—保护盖 7—齿尖 8—松土器臂

松土器按齿数可分为单齿松土器和多齿松土器。单齿松土器开挖力大，既可松散硬土、冻土层，也可开挖软石、风化岩和有裂隙的岩层，还可拔除树根，为推土作业扫除障碍。多齿松土器通常装有 2~5 个松土齿，主要用来预松薄层硬土和冻土层，用以提高推土机和铲运机的作业效率。

4. 液压操纵系统

推土机工作装置液压操纵系统主要包括铲刀升降控制回路、铲刀垂直倾斜控制回路和松土器升降控制回路。第三章图 3-42 给出了 TY120 履带式推土机工作装置液压操纵系统。

5. 工作过程

依靠机械的牵引力，推土机可以独立地完成铲土、运土、卸土和空车返回四个过程，如图4-7所示。铲土作业时，将铲刀切入地面，行进中铲切土壤。运土作业时，将铲刀提至地面，把土壤推运到卸土地点。卸土作业有两种：

（1）随意弃土法 推土机将土壤推至卸土地点，略提铲刀，机械后退至铲土地点。

（2）分层铺卸法 推土机将土壤推至卸土地点，将铲刀提升一定高度，机械继续前进，土壤即从铲刀下方卸掉，然后推土机退回原处进行下一次铲土。

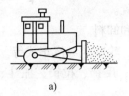 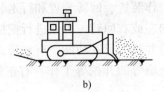 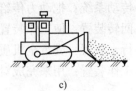

a)   b)   c)

图 4-7　推土机的作业过程
a）铲土　b）运土　c）卸土

四、推土机的主要技术性能指标

推土机的主要技术性能指标有发动机额定功率、最大牵引力、机器质量、铲刀宽度及高度。其中，发动机额定功率反映了推土机的作业能力，故国产推土机型号规格常按发动机额定功率进行分级。国产推土机的型号用字母 T 表示，L 表示轮胎式（无 L 时表示履带式），Y 表示液力机械式，后面的数字表示发动机功率，单位是马力（1 马力＝735.499W）。例如，TY180 型推土机，表示发动机功率为 180 马力的履带式液力机械式推土机。

第二节　挖　掘　机

一、挖掘机的用途

挖掘机是用来进行土方开挖的一种施工机械，被广泛应用于各类工程中。挖掘机按作业特点可分为周期性作业式和连续性作业式两种，前者为单斗挖掘机，后者为多斗挖掘机。本节着重介绍单斗液压挖掘机。

单斗挖掘机属于循环作业式机械，每一个工作循环包括挖掘、回转、卸料和返回四个工作过程。作业时利用铲斗的切削刃切入土中并把土装入斗内，装满土后提升铲斗并回转到卸土地点卸土，然后，再使回转装置回转，铲斗下降到挖掘面，进行下一次的挖掘。

单斗挖掘机的主要用途是：在公路工程中用来开挖堑壕；在建筑工程中用来开挖基础；在水利工程中用来开挖沟渠、运河和疏浚河道；在采石场、露天采矿等工程中用于剥离和矿石的挖掘等。此外还可对碎石等进行装载作业。更换工作装置后还可进行浇筑、起重、安装、夯土、打桩和拔桩等工作。

二、单斗挖掘机的分类

单斗挖掘机的种类很多，它可以按以下几个方面来分类。

按动力装置分类，有电驱动式、内燃机驱动式、复合驱动式等。

按传动装置分类，有机械传动式、半液压传动式、全液压传动式。

按行走装置分类，有履带式、轮胎式、汽车式、悬挂式。

按工作装置在水平面可回转的范围分类，有全回转式（360°）和非全回转式（<270°）。

按工作装置分类，有铰接式和伸缩臂式。

三、单斗挖掘机的构造与工作原理

单斗挖掘机主要由以下几部分组成。

1）发动机：整机的动力源，多采用柴油机。

2）传动系统：把动力传给工作装置、回转装置和行走装置。

3）回转装置：使工作装置向左或右回转，以便进行挖掘和卸料。

4）行走装置：支承全机质量并执行行驶功能，有履带式、轮胎式与汽车式等。

5）工作装置：用来完成对土壤等的开挖等工作，有正铲、反铲、拉铲、抓斗、起重等形式。

6）操纵系统：操纵工作装置、回转装置和行走装置，有机械式、液压式、气压式及复合式等。

7）机架：全机的骨架，除行走装置装在其下面外，其余组成部分都装在其上面。

下面以单斗液压挖掘机为例介绍挖掘机的构造和工作原理。单斗液压挖掘机主要由工作装置、回转机构、动力装置、传动机构、行走装置和辅助装置等组成，如图4-8所示。常用的全回转式挖掘机，其动力装置、传动机构的主要部分和回转机构、辅助装置及驾驶室等都装在可回转的平台上，通称为上部转台，因而又把这类机械概括成由工作装置、上部转台和行走装置三大部分组成。工作装置如图4-9所示，主要由铲斗1、斗杆2、动臂3及铲斗液压缸7、斗杆液压缸6和动臂液压缸5等组成。

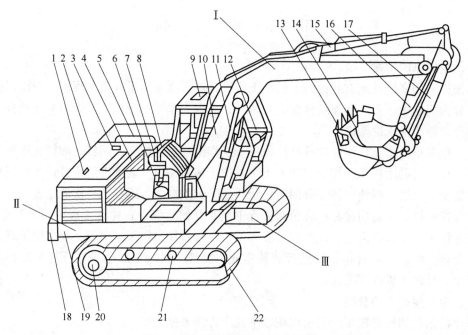

图 4-8　单斗液压挖掘机的总体构造

1—柴油机　2—机棚　3—液压泵　4—液控多路阀　5—液压油箱　6—回转减速器　7—液压马达　8—回转接头
9—驾驶室　10—动臂　11—动臂液压缸　12—操纵台　13—斗齿　14—铲斗　15—斗杆液压缸　16—斗杆
17—铲斗液压缸　18—平衡重　19—转台　20—行走减速器和液压马达　21—托轮　22—履带
Ⅰ—工作装置　Ⅱ—上部转台　Ⅲ—行走装置

液压式单斗挖掘机的工作原理如图4-9所示。发动机13驱动两个液压泵11、12，把高压油输送到两个分配阀9，操纵分配阀将高压油再送往有关的液压执行元件（液压缸或液压马达），驱动相应的机构进行工作。挖掘机作业时，接通回转装置液压马达，上部转台转动，带动工作装置转到挖掘地点，同时，操纵动臂液压缸小腔进油，液压缸活塞杆回缩，使动臂下降至铲斗接触挖掘面为止，然后操纵斗杆液压缸和铲斗液压缸，使其大腔进油、活塞杆伸长，迫使铲斗进行挖掘和装载工作。铲斗装满后，切断斗杆液压缸和铲斗液压缸油路并操纵动臂液压缸大腔进油，使动臂升离挖掘面，随之接通回转马达，使铲斗转到卸载地点，再操纵斗杆和铲斗液压缸活塞杆回缩，使铲斗反转卸土。卸完土，将工作装置转至挖掘地点进行下一次的挖掘作业。

液压挖掘机一般可带正铲、反铲、抓斗或起重工作装置，其正铲、反铲的作业范围如图 4-10 所示，两者对停机面以上、以下的作业面都能挖掘。

四、单斗挖掘机的主要技术性能指标

单斗挖掘机的主要技术性能指标有机器质量、斗容量、发动机额定功率、最大挖掘力、最大挖掘半径、最大挖掘深度等。整机质量直接影响挖掘能力的发挥和机械的稳定性，反映了挖掘机的实际作业能力，故挖掘机型号规格常按整机质量进行分级。

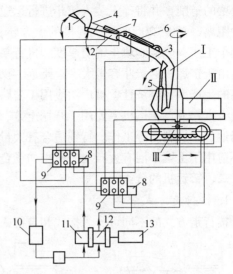

图 4-9　液压式单斗挖掘机的工作原理
1—铲斗　2—斗杆　3—动臂　4—连杆　5—动臂液压缸
6—斗杆液压缸　7—铲斗液压缸　8—安全阀　9—分配阀
10—油箱　11、12—液压泵　13—发动机
Ⅰ—工作装置　Ⅱ—上部转台　Ⅲ—行走装置

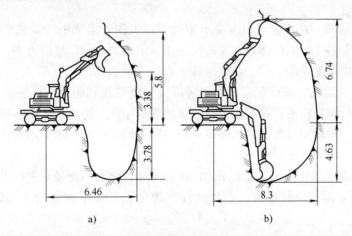

图 4-10　液压式挖掘机的作业范围示意图（单位：m）
a）正铲　b）反铲

第三节　铲　运　机

一、铲运机的用途

铲运机是一种利用装在前后轮轴或左右履带之间的带有铲刃的铲斗，在行进过程中完成

对土壤的铲削，并将碎土装入铲斗进行运送的铲土运输机械。它属于循环作业机械，主要用于中距离（100～2000m）大规模的土方转移工程。它能综合地完成铲土、装土、运土和卸铺四个工序，能控制填土铺层厚度和进行平土作业，并对卸下的土进行局部碾压等。

由于铲运机的铲斗容量大、运距远、操作人员少，因而与其他装运土方的设备相比具有较高的生产率和经济性，被广泛应用于公路、铁路、水利、港口及大规模的建筑施工等工程中的土方作业。铲运机主要用于开挖土方、填筑路堤、开挖河道、修筑堤坝、挖掘基坑、平整场地、土层剥离等工作。特别适合有大量土方的场地平整工程和大面积基坑的填挖工程，但不适用于土壤中混有大石块、树桩的场合和深度挖掘的作业。

二、铲运机的分类

1. 按行走方式分类

按行走方式的不同可分为拖式和自行式两种，如图 4-11 所示。

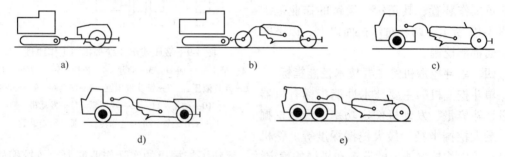

图 4-11 铲运机类型

a）单轴拖式 b）双轴拖式 c）单发动机自行式 d）双发动机自行式 e）三轴自行式

（1）拖式铲运机 拖式铲运机本身不带动力，工作时通常由履带式牵引车牵引。这种铲运机的特点是牵引车的利用率高，接地比压小，附着力大和爬坡能力强，在短距离和松软潮湿地带的工程中普遍使用，但工作效率低于自行式铲运机。

（2）自行式铲运机 按行走装置的不同可分为履带式和轮胎式两种，其本身具有行走能力。履带式自行铲运机的铲斗直接装在两条履带的中间，适用于运距不长、场地狭窄和松软潮湿地带工作。轮胎式自行铲运机按发动机台数不同又可分为单发动机式、双发动机式和多发动机式三种，按轴数不同可分为二轴式和三轴式（图 4-11c、d、e）。轮胎式自行铲运机由牵引车和铲斗两部分组成，大多采用铰接式连接，铲斗不能独立进行工作。轮胎式自行铲运机具有结构紧凑、行驶速度高、机动性好等优点，在中距离的土方转移施工中应用较多。

2. 按卸土方式分类

按卸土方式不同分为自由卸土式、半强制卸土式和强制卸土式三种，如图 4-12 所示。

（1）自由卸土式 自由卸土式铲运机如图 4-12a 所示，它利用铲斗倾翻（有向前、向后两种形式），斗内的土靠本身自重卸出。卸土时所需功率小，但对粘在铲斗两侧壁和斗底上的黏湿土无法卸除干净，一般只用于小容量铲运机。

（2）半强制卸土式 半强制卸土式铲运机如图 4-12b 所示，它利用连在一起的铲斗底板与后壁共同向前翻转，以强制方式卸去一部分土，同时利用土本身质量将其余部分土卸出。这种卸土方式可使粘附在铲斗侧壁上的土部分地被清除，斗底上粘附的土不能卸除干净。

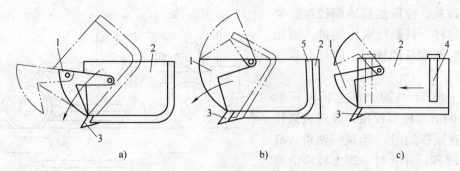

图 4-12　铲斗卸土示意图

a) 自由卸土式　b) 半强制卸土式　c) 强制卸土式

1—斗门　2—铲斗　3—刀片　4—后斗壁　5—斗底与后壁

（3）强制卸土式　强制卸土式铲运机如图 4-12c 所示，铲斗的后壁为一块可沿导轨移动的推板，靠此推板（卸土板）自后向前推进，将铲斗中的土壤强制推出。这种卸土方式可彻底卸净粘附在两侧壁及斗底上的土，但卸土消耗的功率较大。

3. 按铲斗容量分类

（1）小型　铲斗容量 $<3\ m^3$。

（2）中型　铲斗容量为 $3 \sim 15\ m^3$。

（3）大型　铲斗容量为 $15 \sim 30\ m^3$。

（4）特大型　铲斗容量在 $30m^3$ 以上。

4. 按工作装置的操纵方式分类

按工作装置的操纵方式可分为机械操纵式和液压操纵式两种。

（1）机械操纵式　用动力绞盘、钢索和滑轮来控制铲斗、斗门及卸土板的运动。由于结构复杂、技术落后，已逐渐被淘汰。

（2）液压操纵式　工作装置各部分用液压操纵，能使铲刀切削刃强制切入土中，结构简单，操纵轻便灵活，动作均匀平稳，故应用广泛。

三、铲运机的构造与工作原理

轮胎式自行铲运机一般由单轴牵引车和单轴铲斗两部分组成。采用单轴牵引车驱动铲土工作时，有时需要推土机助铲。有的自行式铲运机在单轴铲斗后还装有一台发动机，铲土工作时可采用两台发动机同时驱动。

图 4-13 所示为一典型液压操纵自行式铲运机的构造简图。柴油机 1 和传动箱 14 均安装在机架 16 上，柴油机的动力经传动箱（变速箱）14 传给主传动器后再经差速器和半轴传给轮边减速器和驱动轮。当驱动轮转动时，地面给予驱动轮的力使牵引车产生运动，从而牵引其后的铲斗，与此同时传动箱还带动液压泵工作，为铲运机各液压缸提供液压油。

铲斗 9 的后部利用尾架 12 与后轮 13 的桥壳相连，使铲斗可以绕后轮轴线转动。铲斗的前部通过两侧的两个铲斗升降液压缸 7 吊挂在辕架的支臂 6 上。辕架 5 与支架 2 通过两根垂直布置的主销 3 铰接，用两个转向液压缸来控制单轴牵引车相对铲斗的偏转，以实现铲运机的转向。

斗门 25 通过两侧的斗门杠杆 8 铰接在铲斗上，斗门杠杆的短臂和斗门开闭液压缸 10 的活塞杆铰接，液压缸缸体则铰接在铲斗上，这样，只要使液压油进入液压缸，随着活塞杆的伸缩，即可开启或关闭斗门。

卸土板 17 与两个卸土板液压缸18、23 的活塞杆相铰接，液压缸缸体则铰接在顶杆 21 上。当液压油进入液压缸使活塞杆伸长时，卸土板即沿着斗底前移而进行卸土；若使液压油进入液压缸的另一腔，则活塞杆的收缩将使卸土板回位。为了引导卸土板作纵向移动，在尾架上固定有矩形导向杆 19，卸土板上固定有与导向杆相配合的套管 22，套管上装有滚轮 20，当卸土板作纵向移动时，套管便带着滚轮 20 沿着导向杆 19 滚动。

四、铲运机的主要技术性能指标

铲运机的主要技术性能指标有铲斗几何容量（平装容量）、发动机额定功率、铲刀宽度、切土深度等。其中，

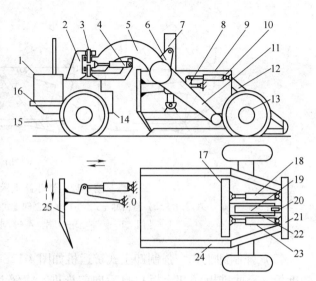

图 4-13　液压操纵自行式铲运机的构造简图
1—柴油机　2—支架　3—主销　4—转向液压缸　5、11—辕架
6—支臂　7—铲斗升降液压缸　8—斗门杠杆
9—铲斗　10—斗门开闭液压缸　12—尾架　13—后轮
14—传动箱　15—前驱动轮　16—机架　17—卸土板
18、23—卸土板液压缸　19—导向杆　20—滚轮
21—顶杆　22—套管　24—铲斗侧壁　25—斗门

铲斗几何容量反映了铲运机的作业能力，故国产铲运机型号规格常按铲斗几何容量进行分级。国产铲运机的型号用字母 C 表示，L 表示轮胎式，无 L 表示履带式，T 表示拖式，后面的数字表示铲运机的铲斗几何容量，单位为 m^3。如 CL7 表示铲斗几何容量为 $7m^3$ 的轮胎式铲运机。

第四节　装　载　机

一、装载机的用途

装载机是一种广泛应用于公路、铁路、矿山、建筑、水电、港口等工程的土方工程机械。装载机主要用来铲装、搬运、卸载、平整松散物料，也可以对岩石、硬土等进行轻度的铲掘工作，如果换装相应的工作装置，还可以进行推土、起重、装卸其他物料等。

二、装载机的分类

1. 按发动机的功率分类

（1）小型装载机　发动机功率小于 74kW。

（2）中型装载机　发动机功率为 74～147kW。

（3）大型装载机　发动机功率为 147～515kW。

（4）特大型装载机　发动机功率大于 515kW。

2. 按传动方式分类

（1）机械传动式　机械传动式装载机具有结构简单、制造容易、成本低、使用维修较

容易等优点。但因其传动系冲击振动大，功率利用率低，故仅小型装载机采用这种传动形式。

（2）液力机械传动式　液力机械传动式装载机由于其传动系冲击振动小、传动件寿命长、车速可随外载荷自动调节、操作方便，可减少驾驶员疲劳，因此大中型装载机多采用这种传动形式。

（3）液压传动式　液压传动式装载机可无级调速、操作简单。但其起动性差，而且液压元件寿命较短，因此仅小型装载机采用这种传动形式。

（4）电传动式　电传动式装载机可无级调速且工作可靠、维修简单。但设备的质量大、成本高，目前只有大型装载机采用这种传动形式。

3. 按行走方式分类

（1）轮胎式装载机　这种装载机具有质量轻、速度快、机动灵活、作业效率高、行走时不破坏路面等优点。但其接地比压大、通过性差、稳定性差、对场地和物料块度有一定要求。目前国产 ZL 系列装载机都是轮胎式的，应用非常广泛。

轮胎式装载机按车架结构的不同又可分为整体式车架装载机和铰接式车架装载机两种。

1）整体式车架装载机。这种装载机的车架是一个整体，其转向方式有后轮转向、全轮转向、前轮转向及差速转向四种。仅小型全液压式和大型电传动式装载机采用整体式车架。

2）铰接式车架装载机。铰接式车架由前、后两车架构成，通过铰销将两车架铰接成一体，并用转向液压缸控制车架的偏转角，以实现铰接转向。这种装载机具有转弯半径小、纵向稳定性好、生产率高等优点。这种装载机不但适用于路面，而且可用于井下物料的装载运输作业，目前轮胎式装载机多采用这种形式。

（2）履带式装载机　这种装载机具有接地比压小、通过性好、重心低、稳定性好、附着性能好、牵引力大、铲入力大等优点。但其速度低、机动灵活性差、制造成本高、行走时易损坏路面、转移场地时需拖车拖运。这种装载机主要用在工程量大、作业点集中、路面条件差的场合。

4. 按装卸方式分类

（1）前卸式装载机　前卸式装载机前端铲装卸载，其结构简单、工作安全可靠、视野好。适用于各种作业场地，应用广泛。

（2）回转式装载机　回转式装载机的工作装置安装在可回转 90°～360° 的转台上，可侧面卸载故无需调头，作业效率高。但其结构复杂、质量大、成本高且侧稳性差。适用于狭窄的场地作业。

（3）后卸式装载机　后卸式装载机前端装料，向后端卸料。作业时不需调头，可直接向停在装载机后面的运输车辆卸载，故作业效率高。但卸载时由于铲斗必须越过驾驶室，作业安全性差，故应用不广，一般用于井巷作业。

三、装载机的构造与工作原理

装载机一般由车架、动力装置、工作装置、传动系统、行走系统、转向系统、制动系统、液压系统和操纵系统等组成，图 4-14 所示为轮胎式装载机的总体构造示意图。

如图 4-14 所示，发动机 1 的动力经液力变矩器 2 传给变速箱 14，再由变速箱把动力经传动轴 12 传到前、后驱动桥 11 和 15 以驱动车轮转动。发动机动力还经分动箱驱动液压泵工作，为液压系统提供动力。

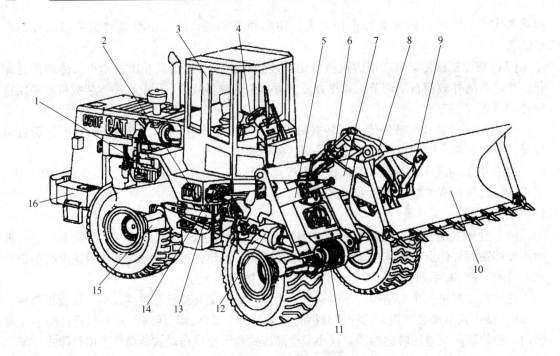

图 4-14　轮胎式装载机总体构造

1—发动机　2—液力变矩器　3—驾驶室　4—操纵系统　5—动臂液压缸　6—转斗液压缸　7—动臂　8—摇臂
9—连杆　10—铲斗　11—前驱动桥　12—传动轴　13—转向液压缸　14—变速箱　15—后驱动桥　16—车架

轮胎式装载机的工作装置如图 4-15 所示。动臂 5 一端铰接在车架上，另一端安装有铲斗 1，动臂的升降由动臂液压缸 4 的伸缩带动，铲斗的翻转则由转斗液压缸 6 的伸缩通过连杆 2 来实现。装载机铲装物料就是通过操纵系统、液压系统使动臂液压缸、转斗液压缸按一定顺序和程度伸缩来实现的，当然，装载物料的过程中少不了整机的进、退动作。

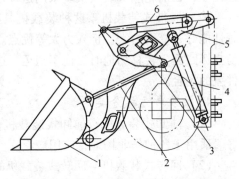

图 4-15　轮胎式装载机的工作装置

1—铲斗　2—连杆　3—摇臂　4—动臂液压缸
5—动臂　6—转斗液压缸

铰接转向的装载机转向时，通过转动转向盘使液压转向系统的转向液压缸 13（见图 4-14）伸缩，前、后车架便绕铰销作相对转动，以实现转向。

装载机液压系统包括工作装置液压控制系统和液压转向系统两部分，分别用来控制工作装置作业和装载机的转向。

装载机也是一种循环作业式机械，它的一个工作循环由铲装、转运、卸料和返回四个过程组成。

（1）铲装过程　首先将铲斗的斗口朝前，并平放到地面上（见图 4-16a），随着机械的前进，铲斗插入料堆，斗口装满物料。然后，将斗收起，使斗口朝上（见图 4-16b），完成铲装过程。

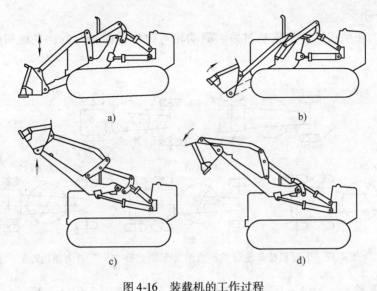

图 4-16 装载机的工作过程
a) 铲装 b) 收斗 c) 升斗 d) 卸料

（2）转运过程　用动臂将铲斗升起（见图 4-16c），机械倒退，转驶至卸料处。

（3）卸料过程　先使铲斗对准停止在运料车厢的上空，然后将斗向前倾翻，物料即卸入车厢内（见图 4-16d）。

（4）返回过程　将铲斗翻转成水平位置，机械驶至装料处后，放下铲斗，准备再次铲装。

四、装载机的主要技术性能指标

装载机的主要技术性能指标有额定载重量、铲斗容量、发动机额定功率、最大行驶速度、爬坡能力等。其中，额定载重量反映了装载机的作业能力，故国产装载机型号规格常按额定载重量进行分级。国产装载机的型号用字母 Z 表示，第二个字母 L 代表轮胎式装载机，无 L 代表履带式装载机，Z 或 L 后面的数字代表额定载重量。例如 ZL50 型装载机，表示额定载重量为 5t 的轮胎式装载机。

第五节 平 地 机

一、平地机的用途

平地机是一种装有以铲土刮刀为主，配有其他多种可换作业装置，进行土的切削、刮送和整平等作业的土方机械。它可以进行路基、路面的整形和维修，表层土或草皮的剥离，挖沟、修刮边坡等整平作业，还可完成材料的混合、回填、推移、摊平作业。平地机配以辅助作业装置，可以进一步提高其工作能力，扩大其使用范围。因此，平地机是一种作业效率高、作业范围广、控制精度高的工程机械，被广泛应用于公路、铁路、机场、停车场等大面积场地的整平作业。

二、平地机的分类

1. 按操纵方式分类

按操纵方式，可分为机械操纵式平地机和液压操纵式平地机两种。

2. 按车轮分类

平地机均为轮胎式,按车轮总对数、驱动轮对数和转向轮对数,平地机分类如图 4-17 所示。

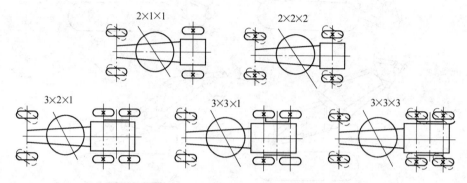

图 4-17　平地机按车轮分类示意图(车轮上带"×"者为驱动轮)

(1)四轮平地机　2×1×1 型——前轮转向,后轮驱动;2×2×2 型——全轮转向,全轮驱动。

(2)六轮平地机　3×2×1 型——前轮转向,中后轮驱动;3×3×1 型——前轮转向,全轮驱动;3×3×3 型——全轮转向,全轮驱动。

驱动轮对数越多,在工作中所产生的附着牵引力越大;转向轮越多,平地机的转弯半径越小。因此,上述五种形式中以 3×3×3 型性能最好,大中型平地机多采用这种形式。2×1×1 型和 2×2×2 型均用于轻型平地机中。目前,转向轮装有倾斜机构的平地机获得了广泛的应用。装设倾斜机构后,在斜坡上工作时,车轮的倾斜可提高平地机工作时的稳定性;在平地上转向时,能进一步减小转弯半径。

3. 按车架的结构形式分类

按车架的结构形式,可分为整体车架式平地机和铰接车架式平地机。整体车架式有较大的整体刚度,但转弯半径较大,传统的平地机多采用这种车架结构。现代平地机则大多采用铰接式车架,它的优点是:

1)转弯半径小,一般比整体式的小 40% 左右,可以容易地通过狭窄地段,能快速调头,在弯道多的路面上尤为适宜。

2)采用铰接式车架可以扩大作业范围,在直角拐弯的角落处,刮刀刮不到的地方极少。

3)在斜坡上作业时,可将前轮置于斜坡上,而后轮和机身可在平坦的地面上行进,提高了机械的稳定性,使作业比较安全。

三、平地机的构造与工作原理

平地机主要由发动机、传动系统、行走转向装置、车架、工作装置、操纵及电气系统等组成,如图 4-18 所示。

平地机的发动机一般采用柴油机,有风冷、水冷两种,且多数采用废气涡轮增压技术。

传动系统一般由主离合器、液力变矩器、变速箱、后桥传动及平衡箱串联传动装置(六轮平地机)等组成。其动力传递路线为:发动机飞轮→主离合器→(液力变矩器)→变速箱→后桥传动→平衡箱串联传动装置→驱动轮。

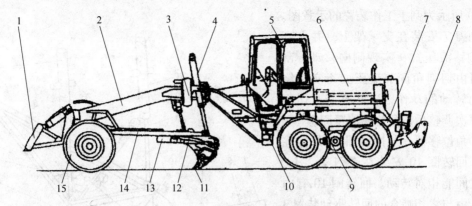

图 4-18　平地机的总体构造

1—前推土铲　2—前车架　3—摆架　4—刮刀升降液压缸　5—驾驶室　6—发动机　7—后车架　8—后松土器
9—后桥　10—铰接转向液压缸　11—刮刀　12—切削角调节液压缸　13—回转圈　14—牵引架　15—前轮

　　行走装置的形式主要为轮胎式，其驱动形式有后轮和全轮驱动两种。采用全轮驱动时，前轮的驱动力可由变速箱输出，通过万向联轴器的传动轴传至前桥，或采用液压传动方式将动力传到前桥。转向装置有前轮转向、全轮转向及铰接转向三种形式。

　　平地机的车架为一个支持在前桥和后桥上的弓形梁架。车架上安装有发动机、传动装置、驾驶室及工作装置等。在车架中间的弓背处装有液压缸支架，上面安装刮刀升降液压缸。车架有整体式和铰接式两种形式。

　　图 4-19 所示为最普通的箱形结构的整体式车架，它是一个弓形的焊接结构。弓形纵梁 2 为箱形断面的单桁梁，工作装置及其操纵机构就悬挂或安装在此梁上。车架后部由两根纵梁和一根后横梁 5 组成。车架上面安装有发动机、传动装置和驾驶室；车架下面则通过轴承座 4 固定在后桥上；车架的前鼻则以铸钢座 1 支承在前桥上。

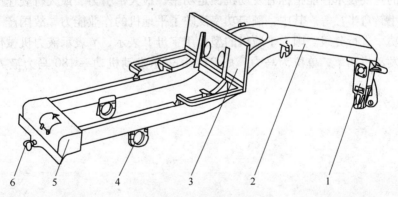

图 4-19　整体式车架

1—铸钢座　2—弓形纵梁　3—驾驶室底座　4—轴承座　5—后横梁　6—拖钩

　　铰接式车架分为前车架和后车架，前、后车架以铰销连接，并设有左、右铰接转向液压缸，用来改变和固定前、后车架的相对位置。铰接式车架提高了机器的灵活性，减小了转弯半径，机器可以折身前进作业，增强了平地机的作业适应性。

　　工作装置分为主要工作装置和辅助工作装置两种。刮土装置是平地机的主要工作装置，

图 4-20 所示为刮土工作装置的示意图。

刮刀 7 安装在支承架上，并由刮土板侧移液压缸 9 实现侧向移动。刮土板可由切削角调节液压缸 4 实现绕其轴向转动的动作，以此改变其切削角。每次调整后用角位移器紧固螺母 5 锁紧。角位移器 6 与回转圈 10 焊接在一起，回转圈 10 安装在牵引架 2 上，它们之间能相对转动。回转圈 10 有内齿圈，由与之相啮合的回转驱动装置 3 驱动（或者由液压缸直接驱动），实现回转。牵引架 2 通过球铰与车架相连接，牵引架 2 在升降液压缸 1 和 12 及牵引架引出液压缸 11 （倾斜液压缸）的联合作用下，能达到作业所需的工作位置。

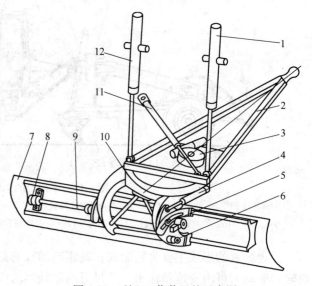

图 4-20　刮土工作装置的示意图
1—右升降液压缸　2—牵引架　3—回转驱动装置
4—切削角调节液压缸　5—角位移器紧固螺母　6—角位移器
7—刮刀　8—液压缸头铰接支座　9—刮土板侧移液压缸
10—回转圈　11—牵引架引出液压缸　12—左升降液压缸

辅助工作装置有耙土器、松土器、推土铲、除雪犁等。它们主要用来配合刮刀作业。

操纵系统包括工作装置操纵系统和行驶操纵系统。工作装置操纵系统用来控制刮刀、耙土器、松土器、推土铲等的运动。

四、平地机的主要技术性能指标

平地机的主要技术性能指标有发动机额定功率、最大牵引力、最大行驶速度、刮刀宽度和高度、最小转弯半径等。其中，额定功率反映了平地机的作业能力，故国产平地机型号规格常按额定功率进行分级。国产平地机的型号用字母 P 表示，Y 表示液力机械传动式，后面的数字表示发动机功率，单位为马力，如 PY180 表示发动机功率 180 马力液力机械传动式的平地机。

第五章　石方工程机械

石方工程机械，顾名思义，是指用于石方开采和石料加工的机械的总称。它们是工程机械中的一大类机械，主要包括破碎机、筛分机、联合破碎筛分设备、凿岩机等机种。

第一节　破　碎　机

一、破碎机的用途

在各种工程中，需要大量的碎石材料作为各种混凝土的骨料，或直接作为铺筑材料。例如，在水泥混凝土中骨料的质量占到其总质量的80%以上。破碎机是用来将石块加工生产成各种规格碎石及砂料的机械设备，广泛应用于公路、建筑、水利等工程施工中。

二、破碎机的分类

石块破碎方式有挤压、劈裂、折断、磨碎和冲击等方式，各种破碎机的破碎方式如图 5-1 所示。在实际破碎过程中，通常是几种方式的综合使用。

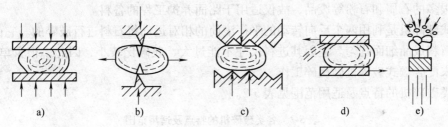

图 5-1　破碎方式

a) 挤压　b) 劈裂　c) 折断　d) 磨碎　e) 冲击

破碎前的块石尺寸 D 与最后加工成品的碎石尺寸 d 之比，称为破碎比 i，即

$$i = D/d$$

破碎比 i 是评价破碎机工作情况的参数，可用来衡量对石块的加工程度。当所供石料和所需成品石料尺寸一定时，若选用的 i 值大，则破碎次数就多，反之破碎次数就少。

破碎机按其结构的不同，基本上可分为颚式、锥式、锤式和辊式四大类，如图 5-2 所示。

破碎机根据加工前石块尺寸和加工后石块尺寸的大小，又有粗碎机、中碎机、细碎机和磨碎机之分（见表 5-1）。

表 5-1　按石块加工前后的尺寸分类的破碎机

名　　　称	石块加工前尺寸/mm	石块加工后尺寸/mm
粗碎机	500 ~ 1200	100 ~ 200
中碎机	100 ~ 500	30 ~ 100
细碎机	20 ~ 100	3 ~ 20
磨碎机	3 ~ 5	<0.7

颚式破碎机是利用一个活动颚板的往复摆动对石块进行挤压破碎的。这种破碎机可用于粗碎和中碎。它的优点是结构简单、外部尺寸小、破碎比较大（$i = 6 \sim 8$）、操作方便，因此目前使用很广泛。

圆锥式破碎机是利用一个置于固定锥子孔体内的偏心旋转锥体的转动，使石块受挤压、碾磨和弯折等作用而被破碎的，可用于中碎和细碎。由于它没有空回行程，故生产率高，动力消耗小；但其结构较复杂、体积大、移动不方便，所以只适用于固定的大型采石场，而筑路工程中很少采用。

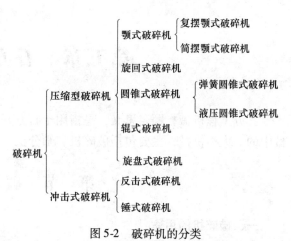

图 5-2　破碎机的分类

锤式破碎机是利用破碎锤来破碎石块的。破碎锤交错地安装在壳体内的一横轴上，当原动机带动横轴旋转时，加入壳体内的石块就被各个破碎锤轮流地锤击而破碎。石块从壳体上口加入，被击碎后的石料成品从壳体的卸料隙口卸出。这种破碎机的结构较为简单、质量轻、体积小，能破碎硬度较大的石块。但由于其生产率不高，且石料成品的规格大小不一，且含有很多的石屑和石粉等废品，故仅适用于路面养护工程的备料。

辊式破碎机是利用两个反向转动的平衡滚筒的相对运动将石料进行破碎的。它的结构较简单，石料成品细而均匀。但因其进料尺寸不能过大、破碎比较小，因此，很少单独使用，一般用来配合颚式破碎机做次碎工作。

各类破碎机的特点及适用范围见表 5-2。

表 5-2　各类破碎机的特点及适用范围

机械名称	特　　点	适　用　范　围
颚式破碎机	结构简单、工作可靠、维修方便	粗、中碎硬质及中硬质岩石
旋回式破碎机	连续破碎、生产率较高	粗碎中等硬度岩石、矿石
圆锥式破碎机	破碎比大、生产率高、粒度均匀、结构复杂	中、细碎中等硬度岩石
辊式破碎机	结构简单、紧凑、工作可靠、生产率低	中、细碎硬、软质石料
旋盘式破碎机	粒度细、形状好、效率高、经济	超细碎各种砂料
反击式破碎机	结构简单、破碎比大、粒度均匀	粗、中、细碎中等硬度脆性物料
锤式破碎机	破碎比大、生产率高、粒度均匀、简化生产流程、能耗低	中、细碎中等硬度脆性物料

三、破碎机的典型构造和工作原理

1. 颚式破碎机

颚式破碎机结构简单、工作可靠、维修方便，主要用于粗碎和中碎各种岩石。投料尺寸一般为 $100 \sim 1500mm$，出料尺寸为 $40 \sim 350mm$，岩石的抗压强度不超过 250MPa。

（1）工作原理　颚式破碎机工作时，动颚板相对于定颚板作周期性摆动。当动颚板向定颚板靠拢时，为破碎机的破碎行程，石料在动颚板与定颚板之间受到挤压、剪切、弯曲等作用而碎裂；当动颚板与定颚板相离时，为破碎机的排料行程，破碎了的石料在重力作用下被排出。

根据动颚板运动特性的不同，常用的颚式破碎机可分为简单摆动式（简摆式）和复杂摆动式（复摆式）两种基本类型。

1）简摆式颚式破碎机。简摆式颚式破碎机为颚板作简单摆动的曲柄单摇杆机构的颚式破碎，如图5-3a所示。这种颚式破碎机活动颚板2上的每一点都绕其悬挂轴心相对固定颚板1作周期的圆弧运动。连杆5上端悬挂在偏心轴4上，下端的前后两面各连接一块推力板3。当偏心轴转动时，就驱动连杆上下运动，通过推力板使活动颚板摆动，活动颚板、固定颚板之间的石块在不断下溜过程中被多次破碎，等到它们最后被破碎到尺寸小于两颚板的下隙口尺寸时，成品石料就从下隙口漏出。

2）复摆式颚式破碎机。这种颚式破碎机为动颚板作复杂摆动的曲柄单摇杆机构的颚式破碎，如图5-3b所示。这种颚式破碎机的活动颚板2是直接悬挂在偏心轴4上的，它没有单独的连杆，只有一块推力板。活动颚板由偏心轴带动，其工作表面上每点的运动轨迹都是一个封闭曲线，上部轨迹接近圆形，下部轨迹接近椭圆形。

复摆式颚式破碎机与简摆式颚式破碎机相比，具有结构简单、紧凑、生产率高等优点。简摆式颚式破碎机一般为大、中型机械，常用于粗碎作业，破碎比为3～6。复摆式颚式破碎机一般为中、小型机械，其破碎比可达10，在碎石料生产中普遍采用。

（2）总体结构　简摆式颚式破碎机如图5-4所示。

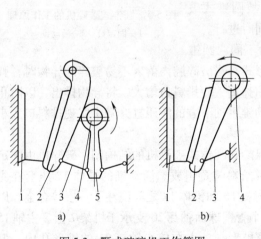

图5-3　颚式破碎机工作简图
a）简摆式　b）复摆式
1—固定颚板　2—活动颚板　3—推力板
4—偏心轴　5—连杆

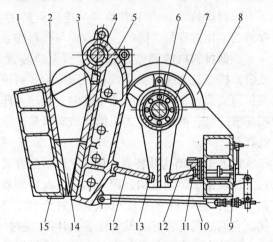

图5-4　简摆式颚式碎石机
1—机架　2—固定颚板　3—活动颚板　4—悬挂轴
5—动颚　6—偏心轴　7—连杆　8—飞轮　9—弹簧
10—拉杆　11—楔形铁块　12—推力板
13—楔形铁块与推力板支座　14—侧板　15—底板

破碎机的工作腔由机架1的前壁（即固定颚板2）和活动颚板3及侧板14组成。定颚和动颚5上都衬有耐磨的颚板，破碎腔的两个侧面也装有耐磨衬板。颚板一般用螺栓紧固在定颚和动颚上。为防止颚板与颚之间因贴合不紧密而造成作业时过大的冲击，其间通常装有可塑性材料制成的衬垫，衬垫材料一般为锌合金或铝板。颚板用高锰钢等抗冲击、耐磨损材料制造。颚板的表面通常设计为齿状，以在破碎岩石时产生各种作用应力。动颚上端固定在悬挂轴 4 上，悬挂轴 4 则用轴承支承在机架上，这样，动颚可以绕悬挂轴的中心作摆动。偏心轴 6 也用轴承支承在机架上，偏心轴的偏心部分装在连杆 7 的上端。偏心轴转动时，可带动连杆作偏心运动。连杆 7 的下端通过前后推力板 12 与动颚和机架相连。为防止磨损，推力板所支承的部位都装有耐磨的楔形铁块与推力板支座 13。

颚式破碎机在工作时，偏心轴每转动一周，就有一次破碎和一次排料的过程。偏心轴上配置有质量较大的飞轮，储存动颚排料行程产生的能量，尽量保证偏心轴的转速恒定。

推力板在工作时，由于惯性作用，其有离开支座的趋势。在动颚破碎行程中，弹簧 9 受到压缩；在动颚卸料行程中，弹簧恢复长度。弹簧的预紧力保证了推力板与其支座间始终处于接触状态。

2. 圆锥式破碎机

（1）工作原理　如图 5-5 所示，圆锥式破碎机的工作装置由两个同向正置的圆锥组成，外面的一个锥体为固定圆锥体（简称固定锥），内锥体为活动圆锥体（简称活动锥）。由于活动锥的中心轴线与固定锥的中心轴线有一定的偏角，所以，工作时，活动锥作偏心运动，其轴线的运动轨迹为一小圆锥，使活动圆锥和固定圆锥的间距周期性地增大和缩小。当活动锥靠近固定锥时，岩石受到挤压而发生碎裂；当活动锥离开固定锥时，碎石在自重的作用下由下方排料口排出。由于活动锥是连续运转的，故圆锥式破碎机的工作过程是连续的，且破碎与排料作业同时进行。

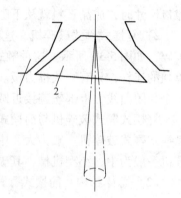

图 5-5　圆锥式破碎机的工作原理
1—固定锥　2—活动锥

根据排料口的调整方式和过载保险装置的不同，圆锥式破碎机可分为弹簧保险式和液压保险式两种形式。当破碎腔内落入不易破碎的异物时，弹簧保险式圆锥式破碎机的固定锥向上抬起并压缩弹簧，使排料口增大，将异物排出，以防止损坏破碎机。液压保险式圆锥式破碎机是由活动锥主轴下方的液压缸升降来实现排料口大小的调节。

（2）总体结构及特点　图 5-6 所示为弹簧保险式圆锥式破碎机的结构图。破碎机由固定锥、活动锥、驱动机构、调整机构、保险装置及给料装置组成。活动锥的锥体 17 压套在主轴 15 上，锥体 17 的表面镶有耐磨衬板 16。在衬板 16 和锥体 17 之间浇注了一层锌合金，以保证它们之间有良好的贴紧度。锥体 17 通过一个青铜球面轴瓦 20 支承于机架 7 上。主轴 15 的上端装有一个给料盘 13，主轴 15 的下部做成锥形，插入在偏心轴套 31 的锥形孔内。偏心轴套 31 的上部压装了一个大锥齿轮 5，该齿轮与传动轴 3 上的小锥齿轮 4 啮合，将动力传递到偏心轴套 31 上。偏心轴套安装在机架中心的套筒 25 内，其下端通过青铜推力轴承 27 支承在机架 7 的下盖上。为了减少摩擦，偏心轴套 31 的锥孔内和机架中心的套筒内部都装有青铜衬套。

固定锥是一个圆环状构件，环的内侧为圆锥面，锥面上镶有耐磨衬板 12，在衬板 12 与本体之间也浇注有锌合金。为确保安装可靠，衬板 12 还用螺栓固定在调整环 10 上。调整环 10 的外侧是一个圆柱面，表面加工有梯形螺纹。支承环 8 安装在机架 7 的上部，靠四周的压缩弹簧使之与机架贴紧。调整环 10 外侧的梯形螺纹与支承环的内表面的梯形螺纹相配合。当调整环向下拧时，排料口尺寸减小；反之，排料口尺寸增大。

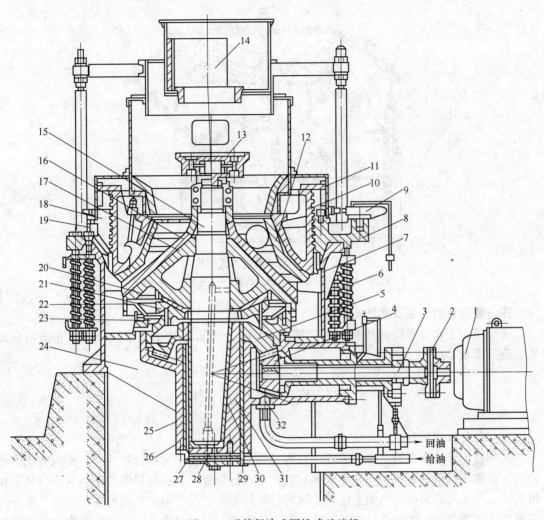

图 5-6　弹簧保险式圆锥式破碎机

1—电动机　2—联轴器　3—传动轴　4—小锥齿轮　5—大锥齿轮　6—弹簧　7—机架　8—支承环　9—推动液压缸
10—调整环　11—防尘罩　12—衬板　13—给料盘　14—给料箱　15—主轴　16—衬板　17—破碎锥体　18—锁紧螺母
19—活塞　20—球面轴瓦　21—球面轴承座　22—球形颈圈　23—球形槽　24—肋板　25—中心套筒　26—衬套
27—推力轴承　28—机架下盖　29—进油口　30—锥形衬套　31—偏心轴套　32—排油孔

　　当传动轴转动时，通过锥齿轮传动，使偏心轴套旋转。偏心轴套带动主轴绕机架中心线作公转摆动。由于主轴与活动锥是刚性连接的，所以活动锥就随着主轴的转动作圆摆动。

　　3. 反击式破碎机

　　单转子反击式破碎机的结构如图 5-7 所示。当物料进入破碎腔时受到高速旋转转子 5 板锤的冲击而破碎，破碎的物料以很大的动能冲向前反击板 3，经撞击而破碎，当其反弹至板锤回转半径以内时，再次受到冲击破碎。同时，被粉碎的物料又以高速冲向后反击板 2，得到进一步破碎。当粉碎了的物料小于后反击板下部衬板与板锤回转半径之间的间隙时，即被作为合格碎石排出。

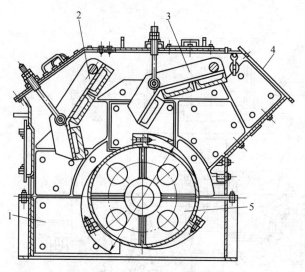

图 5-7　单转子反击式破碎机

1—机体　2—后反击板　3—前反击板　4—进料口　5—转子

四、破碎机的主要技术性能指标

破碎机的主要技术性能指标有生产能力（t/h）、装机总功率、给料口尺寸和排料口尺寸、整机质量等。

第二节　筛　分　机

一、筛分机的用途

从采石场开采出来的或经过破碎的石料是颗粒大小不均匀的混合物，含有不同的成分和杂质。在加工石料的过程中，必须按颗粒的大小进行分级，并从材料中去除杂质。分级可在带有一定尺寸孔的平面或曲面上进行，这种过程称为筛分，所用的机械称为筛分机。筛分机主要用于各种碎石料的分级，以及脱水、脱泥等作业。在石料生产中，筛分机常与各种破碎机配套使用，组成联合破碎筛分设备。另外，筛分机也可用于沥青混凝土和水泥混凝土搅拌楼。

利用筛子将不同粒径的混合物按粒度大小进行分级的作业称为筛分作业。根据在碎石生产中的作用不同，筛分作业可有以下两种工作类型。

1. 辅助筛分

这种筛分在整个生产中起到辅助破碎作业的作用。通常有两种形式：预先筛分形式和检查筛分形式。预先筛分是在石料进入破碎机之前，即把细小的颗粒分离出来，使其不经过这一阶段的破碎，而直接进入下一个加工工序。这样做既可以提高破碎机的生产率，又可以减少碎石料的过粉碎现象。检查筛分形式通常设在破碎作业之后，对破碎产品进行筛分检查，把合格的产品及时分离出来，把不合格的产品再进行破碎加工或将其废弃。检查筛分有时也用于粗碎之前，阻止太大的石块进入破碎机，以保证破碎生产的顺利进行。

2. 选择筛分

碎石生产中的这种筛分主要用于对产品按粒度进行分级。选择筛分一般设置在破碎作业之后，也可用于除去杂质的作业，如石料的脱泥、脱水等。

选择筛分作业的顺序如下：

（1）由粗到细筛分　这种筛分顺序可将筛面按粗细重叠，筛子结构紧凑。同时，筛孔尺寸大的筛面布置在上面，不易磨损。其缺点是最细的颗粒必须穿过所有的筛面，增加了在粗碎石中夹杂细颗粒的机会。现代筛分工艺中，大都采用由粗到细的筛分顺序。

（2）由细到粗筛分　这种筛分顺序将筛面并列排布，便于出料，并能减少细颗粒的夹杂。但是，采用这种筛分顺序时，机械的结构尺寸较大，并且由于所有物料都先通过细孔筛面，加快了细孔筛面的破损。

（3）混合筛分　在有些场合采用这种顺序，一般需用两台筛分机。

二、筛分机的分类

筛分机按是否运动分为固定式和活动式两种。

固定筛按筛网形式分为固定格筛、弧形筛和旋流筛。在使用时安装成一定的倾角，使石料在其自重的垂直分力作用下，克服筛面的摩擦阻力，并在筛面上移动分级。固定筛主要用于预先的粗筛，在石料进入破碎机或下级筛分机前筛出超粒径的大石料。

活动筛按传动方式的不同又分为滚筒筛和振动筛等。振动筛又可按工作部分的运动特性分为偏心振动筛、惯性振动筛、共振筛和电磁振动筛等。

各种筛分机的分类如图5-8所示。

三、振动筛的工作原理和典型构造

振动筛是依靠机械或电磁的方法使筛面发生振动的振动式筛分机械。

1. 偏心振动筛

偏心振动筛又称为半振动筛。它是靠偏心轴的转动使筛箱产生振动的。偏心振动筛的工作原理如图5-9所示。

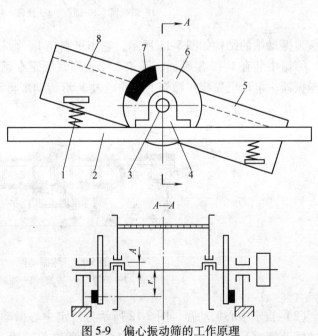

图5-9　偏心振动筛的工作原理
1—弹簧　2—筛架　3—主轴　4—轴承座　5—筛箱
6—平衡轮　7—配重　8—筛面

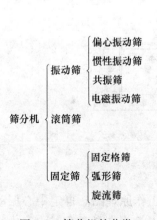

图5-8　筛分机的分类

偏心振动筛的电动机通过 V 带驱动偏心轴转动，偏心轴的旋转使得筛箱 5 中部作圆周运动。由于筛箱的两端弹性地支承在筛架 2 上，整个筛箱相对于中部偏心轴可以作一定程度的摆动。筛箱的摆动会产生很大的惯性力，这个惯性力会通过偏心轴传递到筛架上，引起筛架乃至机架的有害的强烈振动。因此，偏心振动筛在偏心轴的两端安装了两个平衡轮 6，利用平衡轮上设置的配重 7，抵消了偏心轴上的惯性力。

2. 惯性振动筛

惯性振动筛是靠固定在其中部的带偏心块的惯性振动器驱动而使筛箱产生振动。按照筛子结构的不同，惯性振动筛可分为纯振动筛、自定中心振动筛和双轴振动筛。双轴直线振动筛如图 3-12 所示。

（1）纯振动筛　纯振动筛的工作原理如图 5-10 所示。当电动机通过 V 带传动使激振器的偏心块高速旋转时，激振器产生很大的惯性激振力，使筛箱产生振动，从而实现筛分作业。由于弹簧的隔振作用，使机架的振动得到抑制。

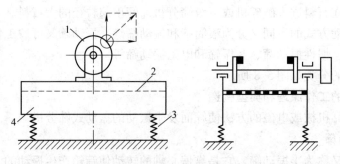

图 5-10　纯振动筛的工作原理
1—激振器　2—筛面　3—弹簧　4—筛箱

纯振动筛的结构如图 5-11 所示，它由进料槽 1、筛箱 2、弹簧 3、筛架 4、激振器 5 等组成。筛箱中装有 1~2 层筛面，筛箱 2 用板弹簧固定在筛架 4 上。筛箱 2 的上方装有单轴偏心激振器。电动机安装在筛架上，并通过 V 形传动带将动力传递给激振器。

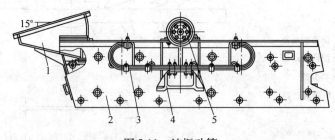

图 5-11　纯振动筛
1—进料槽　2—筛箱　3—弹簧　4—筛架　5—激振器

（2）自定中心振动筛　图 5-12 所示为自定中心振动筛的工作原理图。自定中心振动筛与纯振动筛的不同之处在于：自定中心振动筛在筛箱振动过程中，其带轮能保持自身中心线不动；在结构上，纯振动筛的带轮与轴同心安装，而自定中心振动筛带轮几何中心与轴孔中心不同心,有一偏心距 A。当激振器偏心轴旋转时,筛箱与带轮上的配重均绕带轮中心作圆周运动,在一定条件下,可使它的质量中心与带轮中心线重合,从而使带轮的中心线近似保持不变。

自定中心振动筛如图 5-13 所示。单轴激振器固定在筛箱 2 的上方,筛箱用弹簧 5、吊杆 4 固定在机架上。电动机 1 安装在机架上,其动力通过 V 带传到激振器 3 上。

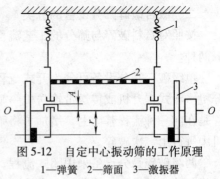

图 5-12 自定中心振动筛的工作原理
1—弹簧 2—筛面 3—激振器

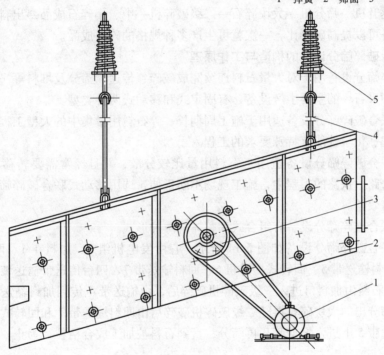

图 5-13 自定中心振动筛
1—电动机 2—筛箱 3—激振器 4—吊杆 5—弹簧

四、筛分机的主要技术性能指标

筛分机的主要技术性能指标有筛分能力（m^3/h）、装机功率、筛孔尺寸、筛面层数、筛面尺寸、整机质量等。

第三节 联合破碎筛分设备

一、联合破碎筛分设备的用途

在石料加工量较大时,为了提高生产率和节约劳动力,而将石料的供给、破碎、输送和筛分的各个环节联合起来,组装成为石料的联合破碎筛分设备,以利于实现石料破碎和筛分的机械化和自动化。

二、联合破碎筛分设备的分类

按照对石料破碎与筛分的工艺流程的不同，这种设备可分为单级破碎筛分和双级破碎筛分两种。

单级破碎筛分设备可分为开式流程和闭式流程两种。前一种的工艺流程是：给料器→破碎机→斗式提升机或传送带输送机→筛分机→不同规格的碎石与石屑成品。后一种的工艺流程是在前一种流程基础上，增加了将筛分后的不合规格的石料由溜槽或输送机再送入原破碎机中进行第二次破碎。

两级破碎筛分设备采用闭式流程，其流程如下：石料→给料器→一级破碎机→传送带输送机或斗式提升机→筛分机→大块碎石→二级破碎机→中、小碎石成品→出料输送机。这种破碎筛分设备可以提高破碎比，一次就可生产多种规格的碎石成品。

三、联合破碎筛分设备的构造与工作原理

联合破碎筛分设备用于对大量石料连续完成破碎、传递、筛分及堆料等一系列生产工艺过程，是大型采石场的主要生产设备，有固定式和移动式两种类型。

固定式联合破碎筛分设备适用于施工周期长、碎石料用量集中的大型工程，以及对石料的机械、物理、化学性能有特殊要求的工程。

移动式联合破碎筛分设备适用于石料用量比较分散，并且经常需要转移场地的工程施工。在修筑公路、铁路的工程中，施工现场不断延伸，选用移动式联合破碎筛分设备将会产生明显的经济效益。

移动式联合破碎筛分设备有组合式和整体式两种形式。

组合式联合破碎筛分设备如图 5-14 所示。它由发电机组 3、加料斗 1、两台破碎机 2、输送带 4、加料输送带 5、回转式提升机 6、回料输送带 7、四台传送带输送装置 8 和振动筛 9 组合而成。石料由加料口进入一级破碎机破碎后，由输送带 4 传到加料输送带 5 进入振动筛 9 筛分。筛分出的大块碎石再经二级破碎机破碎后由回料输送带 7 和回转式提升机 6 再输送到加料输送带 5 上进入振动筛 9 再筛分，直到石料被加工成合格粒径为止。

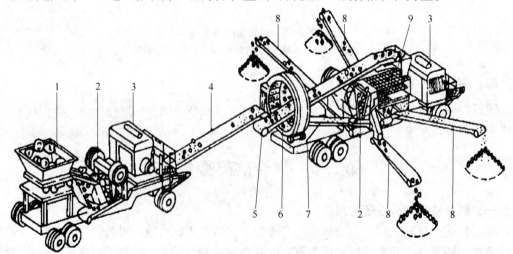

图 5-14 组合式联合破碎筛分设备

1—加料斗 2—破碎机 3—发电机组 4—输送带 5—加料输送带 6—回转式提升机
7—回料输送带 8—传送带输送装置 9—振动筛

整体式联合破碎筛分设备如图 5-15 所示，对石料的加工流程与组合式类似，但比组合式设备更加紧凑。石料由加料斗 1 进入颚式破碎机 8 破碎后由连接输送带 4 和回转式提升机 5 送到振动筛 3 进行筛分。筛分后的合格料由集料输送带 2 分级堆放，粗石料再由辊式破碎机破碎后经回料输送带 7 和回转式提升机 5 送到振动筛 3 进行再筛分，直到石料被加工成合格粒径为止。

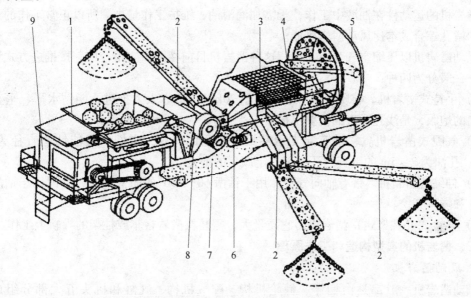

图 5-15　整体式联合破碎筛分设备

1—加料斗　2—集料输送带　3—振动筛　4—连接输送带　5—回转式提升机
6—辊式破碎机　7—回料输送机　8—颚式破碎机　9—动力装置

四、联合破碎筛分设备的主要技术性能指标

联合破碎筛分设备的主要技术性能指标有最大生产率（t/h）、装机总功率、送料粒度、出料粒度、整机质量等。

第四节　凿　岩　机

一、凿岩机的用途

所谓凿岩，就是在岩石（或矿石）上钻凿炮孔。凿岩机就是用来对岩石进行钻孔等作业的机械设备，主要适用于钻凿孔径小于 80mm 的炮孔，在中、小型石方工程中使用较多。钻孔爆破法（简称钻爆法）是较常用的隧洞开挖方法，它首先用凿岩机在岩石的工作面上开凿一定深度和孔径的炮眼，然后装入炸药进行爆破，再将爆破后的碎石由装岩设备运走，从而实现凿岩和掘进。在采石场的石方生产中，通常是采用钻孔爆破法将岩石崩落下来，再运至破碎机和筛分机进行破碎和筛分，加工成合格的碎石。

二、凿岩机的分类

按照凿岩机所用动力的不同，凿岩机可分为风动、电动、内燃和液压凿岩机四种类型。

电动凿岩机以电动机为驱动力，并通过机械的方法将电动机的旋转运动转化为锤头周期性地对钎尾的冲击运动。电动凿岩机的动力单一，效率较高。

内燃凿岩机以小功率内燃机为驱动动力。其优点是本身带有动力源，使用灵活。可适用于野外或山地以及没有其他能源的地方进行凿岩作业。

液压凿岩机以高压液体为驱动力。这种凿岩机动力消耗少，能量利用率高。高效液压凿岩机的能耗只有同级风动凿岩机的 $1/4 \sim 1/3$，而凿岩速度超过风动凿岩机的 $2 \sim 4$ 倍，而且噪声低；液压凿岩机冲击能量高、转矩大，能量传递特性好，主要零件及钎具使用寿命长；液压凿岩机的运动件在油液中工作，无需加润滑油，维护工作量少，所以正常工作的液压凿岩机的凿孔综合成本比风动凿岩机低。

风动凿岩机以压缩空气为驱动力。这种凿岩机目前在国内应用较广。按推进方式和用途不同，一般分为四种：

1）手持式凿岩机。它质量轻（通常小于 20kg），依靠人力推进，能钻水平、垂直和倾斜方向的炮眼，是浅孔凿岩的主要机械。

2）气腿式凿岩机。它带有起支承和推进作用的气腿，它们一般能钻凿直径为 $34 \sim 42mm$、孔深为 $2 \sim 5m$ 的垂直炮孔或带一定倾角的炮孔。

3）伸缩式凿岩机。带有轴向气腿，用于钻凿 $60° \sim 90°$ 的向上炮孔，专门用于钻凿向上的炮孔和隧洞开挖。

4）导轨式（柱架式）凿岩机。它质量大，需装在凿岩台车或柱架的导轨上工作。

三、凿岩机的典型构造和工作原理

1. 风动凿岩机

风动凿岩机一般都是由柄体、棘轮机构、配气机构、气缸和机头五大部分组成，如图 5-16 所示。

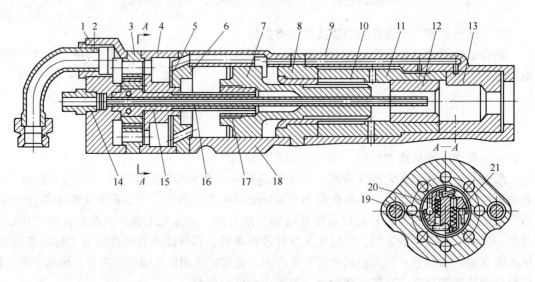

图 5-16　风动凿岩机结构示意图

1—柄体　2—风管弯头　3—棘轮　4—阀柜　5—阀　6—阀盖　7—活塞　8—导向套　9—机头　10—花键母
11—转动套　12—钎套　13—卡套　14—水管接头　15—水针　16—螺旋棒　17—螺母
18—气缸　19—柱塞　20—弹簧　21—回转爪

1）柄体部分由柄体1、风管弯头2、水管接头14和水针15等组成。凿岩机内的压缩空气和冲洗水都经柄体供给，水针内也可以用压缩空气进行强烈吹洗。

2）棘轮机构由棘轮3、螺旋棒16、柱塞19、弹簧20、回转爪21等组成。该机构在活塞回转时制动，使凿岩机产生回转动作。

3）配气机构由阀柜4、阀5、阀盖6等组成。该机构可完成气缸内活塞前后腔的配气工作，实现活塞的往复运动。

4）气缸部分由活塞7、导向套8、气缸18等组成，它是全机的核心。冲击及回转动作均由活塞的往复运动而产生，在活塞内有螺母17，它与螺旋棒16上的螺旋牙相啮合。

5）机头部分由机头9、转动套11、卡套13等组成。转动套一端有花键母10与活塞牙相啮合；另一端压入钎套12，作为钎尾导向用。卡套与钎套用端面爪连接，卡套内孔铣有凸凹槽与钎尾两耳咬合，组成一个传递转矩的刚性结构。

2. 液压凿岩机

液压凿岩机是在风动凿岩机的基础上发展起来的。它们两者的共同特点是利用压差的作用迫使活塞在缸体内作高速往复运动，并冲击钎杆破碎岩石。一般液压凿岩机由柄体（缸盖）、缸体和机头三部分组成。因其体积较大，常与专用液压凿岩台车或柱架配套使用。它以高压油为驱动力，实现活塞的往复冲击动作。

液压凿岩机按钎头凿岩方式的不同，可分为冲击旋转式和旋转式两种；按液压技术使用程度的不同，又可分为部分液压式和全液压式两种。

图5-17所示为一种轻型旋转式全液压凿岩机，与液压凿岩台车配套，对中硬、坚硬岩石可钻凿任意方向的炮孔，其工作原理如下。

（1）冲程　如图5-17a所示，在高压油和后蓄能器9的共同作用下，活塞开始向前运动。缸体前油室M中的油经油口e、阀腔K、Q流回油箱。在冲程末端（提前几毫米），油室A和冲程推阀口b接通，高压油进入阀右油室E推动阀体向右移动，油流换向。但在惯性作用下，活塞仍继续向前运动，最后冲击钎尾1，冲程结束。

（2）回程　如图5-17b所示，高压油经进油口P、阀腔H、K和回程进油口e进入缸体前部油室M，推动活塞作回程运动；油室A中的油经过管路a和阀腔G、N流回油槽。活塞回程至一定位置（1/2行程）时，进油口e和回程推阀口d相通；回油路c和阀右端油室E接通，阀体向右移动，油流换向；高压油经阀腔H、G，冲击进油口a进入缸体后部油室A。由于惯性，活塞继续向右运动，D腔中油将经f口回到油槽。最后活塞尾部将D室封闭，压缩后蓄能器9，在油室A和后蓄能器的联合作用下，最后终止活塞回程运动。在冲击工作系统中，偶合了两个蓄能器，前蓄能器4偶合在主油路中，用来积蓄和补偿液流，减少液压泵的供油量，从而可提高效率，减少液压冲击。后蓄能器9置于活塞的回程中，当回程达2/3行程后，后蓄能器9即起作用，和主油路蓄能器一起，吸收活塞回程能量，并在冲程时放出能量以加速活塞运动。使用蓄能器是液压凿岩机不同于风动凿岩机的地方，利用它来克服液体不可压缩性和活塞变速运动间的矛盾，对液压凿岩机效率的发挥起着重要的作用。

四、凿岩机的主要技术性能指标

凿岩机的主要技术性能指标有凿岩孔径、凿岩深度、冲击能量、冲击频率、整机质量等。

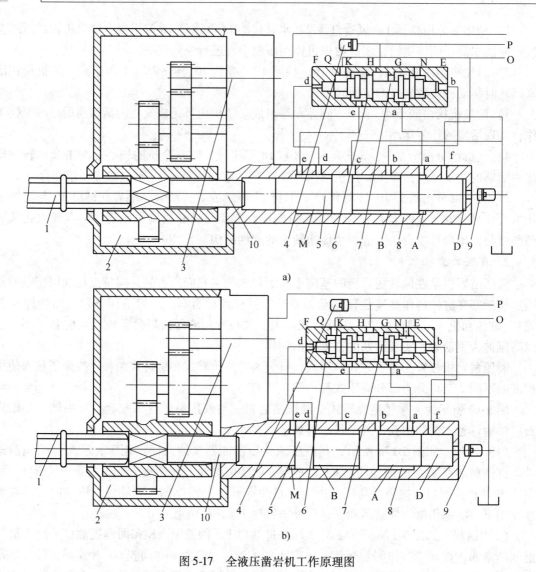

图 5-17　全液压凿岩机工作原理图

a) 冲程　b) 回程

1—钎尾　2—转钎减速器　3—转钎液压马达　4—前蓄能器　5—活塞
6—阀体　7—阀芯　8—缸体　9—后蓄能器　10—中间活塞

第六章 钢筋与预应力机械

在各种工程中，广泛采用钢筋混凝土结构、预应力钢筋混凝土结构。钢筋在这些结构中起着极其重要的作用，因此钢筋的加工已经成为工程施工中很重要且工作量很大的一个生产环节。为了满足钢筋加工生产的需要，并做到节省材料、减轻体力劳动、保证加工质量，就必须对钢筋加工实行机械化，并逐步实现自动化。

钢筋加工机械和钢筋预应力机械主要是用于制作各种混凝土结构物或钢筋混凝土预制件所用的钢筋和钢筋骨架等。钢筋加工机械和钢筋预应力机械主要包括以下几种类型：

1）钢筋强化机械：钢筋冷拉机、钢筋冷拔机、冷轧带肋钢筋成形机、钢筋冷轧扭机等。

2）钢筋成形机械：钢筋调直切断机、钢筋切断机、钢筋弯曲（弯箍）机、钢筋网片成形机等。

3）钢筋连接机械：钢筋焊接机、钢筋套管挤压连接机、钢筋锥螺纹连接机等。

4）钢筋预应力机械：钢筋预应力张拉机、钢筋预应力锚具、钢筋预应力墩头机等。

第一节 钢筋强化机械

随着工程对构件强度要求的不断提高，构件配筋强度也必须相应地提高。为了挖掘和发挥钢筋强度的潜力，节省钢材，钢筋冷加工是最简易而有效的方法，即对钢筋施以超过屈服强度的力，使钢筋产生不同形式的变形，从而大幅度提高钢筋的强度和硬度，减少外力作用下的塑性变形，更适应混凝土的变形特性，减少构件的裂缝。由于冷加工后的钢筋长度延长，相应地节省了钢材，故而在工程施工中广泛应用。钢筋冷加工主要有冷拉、冷拔、冷轧、冷轧扭四种方法。钢筋强化机械是对钢筋进行冷加工的专用设备，它主要有钢筋冷拉机、钢筋冷拔机、冷轧带肋钢筋成形机和钢筋冷轧扭机等。

一、钢筋冷拉机

钢筋冷拉是钢筋冷加工方法之一。它是在常温下利用钢筋冷拉机，对热轧钢筋进行强力拉伸，使其拉应力超过钢筋的屈服强度，但不大于抗拉强度，此时钢筋产生塑性变形，然后放松钢筋即可。冷拉钢筋适用于钢筋混凝土结构中的受拉钢筋和预应力混凝土结构中的预应力钢筋。常用的钢筋冷拉机有卷扬机式、液压式和阻力轮式等。

卷扬机式钢筋冷拉工艺是目前普遍采用的工艺。它具有适应性强（适用于单控、双控冷拉法）；可以按照要求调节冷拉率和冷拉控制应力；冷拉行程大，不受设备限制，可冷拉不同长度的钢筋；设备简单、效率高、成本低。图6-1所示为卷扬机式钢筋冷拉机。

卷扬机式钢筋冷拉机的工作原理是：卷扬机1卷筒上的钢丝绳2正、反向绕在两副动滑轮组3上，当卷扬机旋转时，夹持钢筋的一副动滑轮组被拉向卷扬机，钢筋8被拉长；另一副动滑轮组被拉向导向滑轮7，为下一次冷拉时交替使用。钢筋所受的拉力，经传力杆和活动前横梁9传给千斤顶10及测力装置11，测出拉力的大小。钢筋拉伸长度通过机身上的标尺直接测量或用行程开关控制。

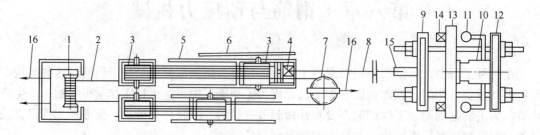

图6-1　卷扬机式钢筋冷拉机

1—卷扬机　2—钢丝绳　3—动滑轮组　4—夹具　5—轨道　6—标尺　7—导向滑轮　8—钢筋　9—活动前横梁

10—千斤顶　11—测力装置　12—活动后横梁　13—固定横梁　14—台座　15—夹具　16—地锚

二、钢筋冷拔机

钢筋冷拔是在常温下将直径为 $6 \sim 10mm$ 的钢筋以强力拉拔的方式，通过比原钢筋直径小 $0.5 \sim 1mm$ 的钨合金制成的拔丝模，使钢筋被拉拔成直径较小的高强度钢丝，如图6-2所示。如果将钢筋进行多次冷拔，则可加工成直径更小的冷拔钢丝。钢筋经冷拔后，强度可得到大幅度的提高，一般可提高 $40\% \sim 90\%$ ，但塑性降低，延伸率变小。其工艺流程为：原料上盘→轧头→除锈→润滑→冷拔→收线及卸成品。钢筋冷拔机是加工冷拔钢筋的专用设备，其种类和形式很多，但常用的形式有卧式和立式两种。

1. 卧式冷拔机

图6-3所示为卧式双卷筒钢筋冷拔机的结构示意图。它由电动机5驱功，通过减速器4带动卷筒3旋转，钢筋在卷筒旋转产生的强拉力作用下，通过拔丝模盒2完成冷拔工序，并将拔出的钢丝缠绕在卷筒上。卧式冷拔机相当于卷筒处于悬臂状态的卷扬机，其结构简单，操作方便。

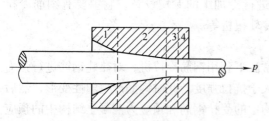

图6-2　钢筋冷拔机的拔丝模

1—进口区　2—挤压区　3—定径区　4—出口区

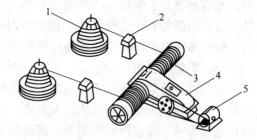

图6-3　卧式双卷筒钢筋冷拔机

1—承料架　2—拔丝模盒　3—卷筒

4—减速器　5—电动机

2. 立式冷拔机

立式单卷筒钢筋冷拔机的结构如图6-4所示。电动机6通过减速器5和一对锥齿轮3和4传动，带动固套在立轴2上的卷筒1旋转。将圆盘钢筋的端头轧细后穿过拔丝模架7上的拔丝模，固结在卷筒上，开动电动机即可进行拔丝。

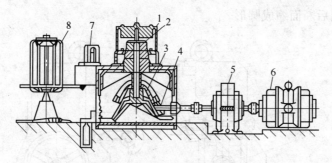

图 6-4　立式单卷筒钢筋冷拔机

1—卷筒　2—立轴　3、4—锥齿轮　5—减速器

6—电动机　7—拔丝模架　8—承料架

三、冷轧带肋钢筋成形机

冷轧带肋钢筋（俗称冷轧螺纹钢筋）是一种新型、高效、节能建筑用钢材，它以普通低碳盘条或低合金盘条，经多道冷轧或冷拔减径和一道压痕，最后形成带有两面或三面月牙形横肋的钢筋。由于冷轧带肋钢筋强度高、塑性好、握裹力强，因而得到迅速发展。它广泛应用于工业与民用建筑、水泥电杆与输运管、高速公路与桥梁的路面钢网和防护网、水电站坝基与各建筑工程。冷轧带肋钢筋可以用钢筋网片成形机焊成网运至施工现场进行混凝土浇模作业，改变了手工扎绑的落后作业方法。另外，冷轧带肋钢筋适合生产 $\phi 10\mathrm{mm}$ 以下的小规格螺纹钢筋，弥补了热轧螺纹钢筋品种的不足。

目前我国冷轧带肋钢筋生产工艺基本上归纳为两种：其一是轧制工艺，即利用三辊技术完成由原料断面→弧三角断面→圆断面→弧三角断面→刻痕的流程（见图 6-5）；其二是拉拔工艺，即利用冲拔模具完成从原料断面→圆断面→圆断面（缩小直径）→弧三角断面→刻痕的流程（见图 6-6）。两种生产工艺相比，冷轧更有利于钢筋的塑性变形，可以提高钢筋的延伸率和变形率，断头率较低。

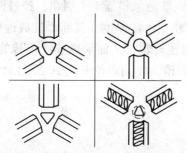

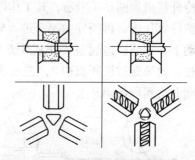

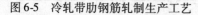

图 6-5　冷轧带肋钢筋轧制生产工艺　　　图 6-6　冷轧带肋钢筋拉拔生产工艺

冷轧带肋钢筋成形机有主动式和被动式两种，目前趋向于使用以拉拔机带动的辊模进行被动轧制。被动式冷轧带肋钢筋成形机的结构如图 6-7 所示。冷轧机是通过轧辊组内三个互成 120°并带有孔槽的轧辊组成的孔型来完成减径或成形的。每一台轧机装有两套轧辊组，且两套轧辊组 6 的轧辊交错 60°，即每台轧机共有两套轧辊组共六个相互交错 60°的轧辊，从而实现两次成形。冷轧机通过左、右侧轴，经蜗杆 3 和蜗轮 4 的传动来实现三个轧辊的张开或合拢，从而调整孔型的大小。线材通过冷轧机前轧辊轧制后的断面为略带圆角的三角

形，经后轧辊轧制后断面缩成圆形。

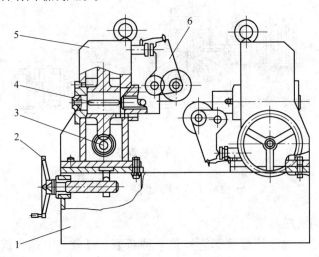

图 6-7　被动式冷轧带肋钢筋成形机

1—机架　2—调整手轮　3—蜗杆　4—蜗轮　5 箱体　6—轧辊组

四、钢筋冷轧扭机

冷轧扭钢筋（冷轧变形钢筋）是将普通低碳钢热轧成盘圆钢筋，经过冷拉、冷轧和冷扭加工形成具有一定螺距的连续螺旋状强化钢筋。冷轧扭钢筋的生产工艺流程为：原料→冷拉调直→冷却润滑→冷轧→冷扭→定尺切断→成品。

钢筋经过冷轧扭加工不仅大幅度提高了钢筋的强度，而且由于冷轧扭钢筋具有连续的螺旋曲面，使钢筋与混凝土之间产生较强的机械胶合力和法向应力，提高了两者间的黏结力。当构件承受载荷时，钢筋与混凝土相互制约，可提高构件的强度和刚度，改善构件的弹塑性，使钢筋强度得到充分发挥，从而达到节约材料的目的，同时还提高了钢筋加工的机械化。

钢筋冷轧扭机如图 6-8 所示，其工作原理是：钢筋由承料器 1 上引出，经过调直机构 2 调直，并清除氧化皮，再经导向架 3 进入轧机，冷轧至一定厚度，其断面轧成近似于矩形。在轧辊推动下，钢筋被迫通过冷扭机构 6 中的一对扭转辊，从而形成连续旋转的螺旋状钢筋。再经过导向架穿过切断机构 8，进入承料架的料槽，碰到定位开关 10 而起动切断机构，钢筋被切断并落到承料架 9 上。

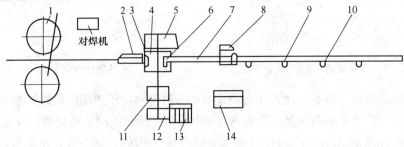

图 6-8　钢筋冷轧扭机结构示意图

1—承料器　2—调直机构　3、7—导向架　4—冷轧机构　5—冷却润滑机构　6—冷扭机构　8—切断机构
9—承料架　10—定位开关　11、12—减速器　13—电动机　14—操纵控制台

第二节　钢筋成形机械

钢筋成形机械是钢筋混凝土预制构件生产及施工现场不可缺少的机械设备。主要包括：钢筋调直切断机、钢筋切断机、钢筋弯曲（弯箍）机、钢筋网片成形机。钢筋成形机械的作用是把原料钢筋按照各种混凝土结构物所用钢筋制品的要求进行成形加工。

一、钢筋调直切断机

钢筋有盘圆钢筋和直条钢筋两种。在使用前需要进行调直，否则混凝土构件中的曲折钢筋将会影响构件的受力性能及切断钢筋长度的准确性。因此，钢筋调直是钢筋加工中的一项重要工序。钢筋调直切断机能自动调直和定尺切断钢筋，并可清除钢筋表面的氧化皮和污迹。

钢筋调直切断机有如下分类：

1）按调直原理分为孔模式钢筋调直切断机、斜辊式（双曲线式）钢筋调直切断机。

2）按切断原理分为锤击式钢筋调直切断机、轮剪式钢筋调直切断机。

3）按传动方式分为液压式钢筋调直切断机、机械式钢筋调直切断机、数控式钢筋调直切断机。

4）按切断运动方式分为固定式钢筋调直切断机、随动式钢筋调直切断机。

5）按其切断机构的不同有下切剪刀式和旋转剪刀式两种。下切剪刀式又由于切断控制装置的不同还可分为机械控制式和光电控制式。

1. 孔模式钢筋调直切断机

孔模式钢筋调直切断机如图6-9所示，其工作原理是：电动机的输出轴端装有一个大带轮和一个小带轮，大带轮带动调直滚筒2旋转，小带轮通过传动箱3带动送料辊和牵引辊旋转，并且驱动切断装置。当调直后的钢筋进入承料架5的滑槽内时被切断。

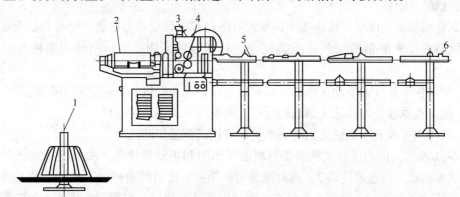

图6-9　孔模式钢筋调直切断机

1—盘料架　2—调直滚筒　3—传动箱　4—机座　5—承料架　6—定长器

2. 数控式钢筋调直切断机

数控式钢筋调直切断机是采用光电测长系统和光电计数装置，自动控制钢筋的切断长度和切断根数，使切断长度的控制更加准确。数控式钢筋调直切断机的工作原理如图6-10所示，其调直、送料和牵引部分与孔模式钢筋调直切断机基本相同，在钢筋的切断部分增加了一套由穿孔光电盘9、光电管6和11等组成的光电测长系统及计量钢筋根数的计数信号发生器。

穿孔光电盘带有等分100个小孔和一个周长为100mm的摩擦轮，并在同一轴上，当已调直的钢筋被牵引辊送出100mm时，摩擦轮被带动转动一圈，穿孔光电盘同时也转一圈。这时光电源由于穿过这个穿孔光盘而被光电管接受，同时产生脉冲信号。每一个孔产生一个信号，一个信号也就是1mm钢筋的长度。因此，需要将钢筋切断多长，就在控制台上指定产生多少个脉冲信号。当钢筋达到所指定的长度时，钢筋连续通过摩擦轮所产生的脉冲信号个数和指定个数相符，长度计数器即触发长度指令电路，使控制电器接通三相制动电磁铁电源，电磁铁拉动联杆，切断钢筋。随即长度信号系统又自动恢复，使切断工作重复进行。

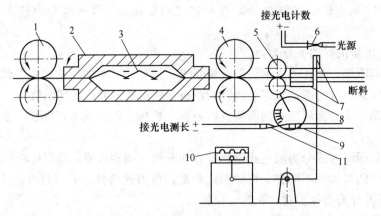

图 6-10　数控式钢筋调直切断机的工作原理

1—送料辊　2—调直滚筒　3—调直模　4—牵引辊　5—传送辊　6、11—光电管
7—切断装置　8—摩擦轮　9—光电盘　10—电磁铁

二、钢筋切断机

在钢筋混凝土构件中，按作用不同配置有各种规格和形状的钢筋。钢筋切断机是用于对钢筋原材料或校直的钢筋按制品所需尺寸进行切断的专用设备。钢筋切断机类型有如下几种：

1）按结构形式分为手动式钢筋切断机、立式钢筋切断机、卧式钢筋切断机。

2）按工作原理分为凸轮式钢筋切断机、曲柄连杆式钢筋切断机。

3）按传动方式分为机械式钢筋切断机、液压式钢筋切断机。

图6-11所示为曲柄连杆式钢筋切断机的外形图和传动系统图。曲柄连杆式钢筋切断机由电动机1驱动，通过带传动2、两对减速齿轮3和9传动使曲柄轴4旋转。装在曲柄轴上的连杆8带动滑块7和动刀片5在机座的滑道中作往复运动，与固定在机座上的定刀片6相配合切断钢筋。

三、钢筋弯曲机

钢筋弯曲机是将已切断的钢筋弯曲成所要求的尺寸和形状的专用设备。其类型有以下几种：

1）按传动方式分为机械式钢筋弯曲机、液压式钢筋弯曲机。

2）按工作原理分为蜗轮蜗杆式钢筋弯曲机、齿轮式钢筋弯曲机。

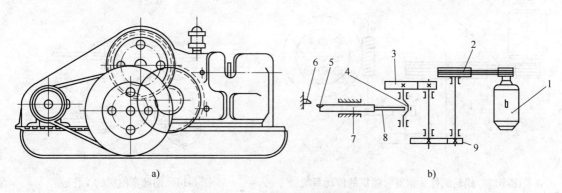

图 6-11 曲柄连杆式钢筋切断机

a) 外形 b) 传动系统

1—电动机 2—带传动 3、9—减速齿轮 4—曲柄轴 5—动刀片 6—定刀片 7—滑块 8—连杆

3）按结构形式分为台式钢筋弯曲机、手持式钢筋弯曲机。

常用的蜗轮蜗杆式钢筋弯曲机主要由机架、电动机、传动系统、工作机构（工作盘、插入座、夹持器、滚轴等）及控制系统等组成，其结构如图 6-12 所示，传动系统如图 6-13 所示。图 6-12 所示的蜗轮蜗杆式钢筋弯曲机是由电动机 1 经 V 带轮 3，传动两对齿轮 4、5、7 及蜗杆 6，带动工作盘 11 旋转。其工作盘上一般有 9 个轴孔（见图 6-13），其中位于中心的孔用来插中心轴或轴套，周围的 8 个孔，用来插成形轴或轴套。当工作盘旋转时，中心轴的位置不变化，而成形轴围绕着中心轴作圆弧转动，通过调整成形轴的位置，即可将加工的钢筋弯曲成所需要的形状。更换钢筋弯曲机

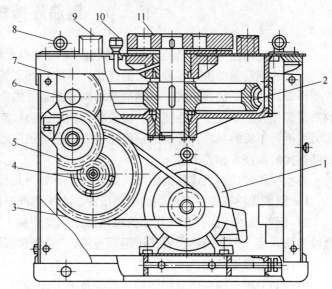

图 6-12 蜗轮蜗杆式钢筋弯曲机

1—电动机 2—蜗轮 3—带轮 4、5、7—齿轮 6—蜗杆
8—滚轴 9—插入座 10—油杯 11—工作盘

的交换齿轮，可使主轴的工作盘获得不同的转速。一般这种钢筋弯曲机具有行走轮，便于移动。

钢筋弯曲机的工作过程如图 6-14 所示。将钢筋 5 放在工作盘 4 上的心轴 1 和成形轴 2 之间，开动弯曲机使工作盘转动，由于钢筋一端被挡铁轴 3 挡住，因而钢筋被成形轴推压，绕心轴进行弯曲，当达到所要求的角度时，自动或手动使工作盘停止，然后使工作盘反转复位。如果改变钢筋弯曲的曲率，可以更换不同直径的心轴。

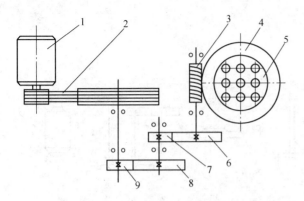

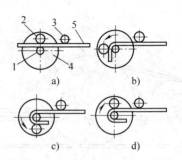

图 6-13　蜗轮蜗杆式钢筋弯曲机的传动系统
1—电动机　2—V 带　3—蜗杆　4—蜗轮
5—工作盘　6、7—配换齿轮　8、9—齿轮

图 6-14　钢筋弯曲机的工作过程
a）装料　b）弯90°　c）弯180°　d）回位
1—心轴　2—成形轴　3—挡铁轴　4—工作盘　5—钢筋

第三节　钢筋连接机械

工业与民用建筑、道路与桥梁的钢筋混凝土结构工程中，钢筋布置密度和直径越来越大，大量的钢筋需要进行各种位置的连接，因此钢筋现场的连接成为结构设计与施工中一个重要环节，尤其是抗震结构、风动荷载结构等复杂受力结构更应注意钢筋的可靠连接。传统的搭接绑扎方法不仅受力性能差、浪费材料，而且会影响混凝土的浇灌质量。随着高层建筑和大型桥梁工程的兴建，传统的钢筋连接方法已不适应形势发展的需要，取而代之的是一些钢筋连接的新技术、新工艺。

目前应用较广而且成熟的钢筋连接新技术有如下几种：

1）钢筋焊接连接：竖向钢筋电渣压焊、水平钢筋窄间隙焊、钢筋气压焊接。

2）钢筋机械连接：套管式轴向机械挤压钢筋连接、套管式径向机械挤压钢筋连接、锥螺纹钢筋联接、梅花齿形套管挤压钢筋连接、"基围接驳"钢筋连接。

一、钢筋焊接机械

在钢筋混凝土构件中的钢筋网、骨架及施工现场中，钢筋的连接现已广泛采用焊接的方法来完成，从而大大提高了钢筋成形加工的机械化水平，减轻了劳动强度，节省了绑扎用的细钢丝。通过钢筋焊接，还可以充分利用钢筋的短头余料，以短接长，既能保证接头质量，又节省了钢材。在钢筋预制加工及现场施工中，目前普遍采用闪光对焊接头、电弧焊接头、气压焊接头、电渣压焊接头。闪光对焊接头适用于水平钢筋非施工现场的连接；电弧焊接头和气压焊接头适用于施工现场的竖向和水平钢筋连接；电渣压焊接头适用于现场的竖向钢筋连接。

1. 钢筋对焊机

对焊属于塑性压力焊接。它是利用电能转化成热能，将对接的钢筋端头部位加热到近于熔化的高温状态，并施加一定压力实行顶锻而达到连接的一种工艺。对焊适用于水平钢筋的预制加工。对焊机的种类很多，按焊接方式分为电阻对焊、连续闪光对焊和预热闪光对焊；按结构形式分为弹簧顶锻式、杠杆挤压弹簧式、电动凸轮顶锻式和气压顶锻式等。

对焊机的外形和工作原理如图 6-15 所示。对焊机的固定电极 4 和活动电极 5 分别装在固定平板 2 和滑动平板 3 上。滑动平板可以沿机身 1 上的导轨移动，并与加压机构 9 相连。电流由变压器二次线圈 10 通过接触板引到电极上。当推动加压机构使两根钢筋端头接触到一起时，造成短路电阻很大，通过的电流很强产生热量，从而使钢筋端部温度升高而熔化，同时利用加压机构压紧，使钢筋端部牢固地焊接到一起。

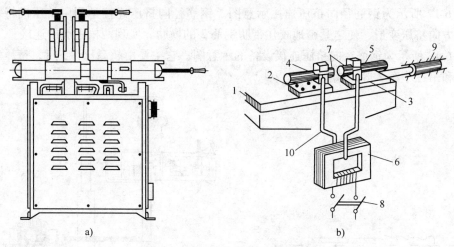

图 6-15 对焊机的外形及工作原理

a）外形 b）工作原理

1—机身 2—固定平板 3—滑动平板 4—固定电极 5—活动电极 6—焊接变压器
7—待焊钢筋 8—开关 9—加压机构 10—变压器二次线圈

2. 钢筋电渣压焊机

钢筋电渣压焊因其生产率高、施工简便、节能节材、接头质量可靠安全、成本低而得到广泛应用。主要适合于现浇钢筋混凝土结构中竖向或斜向钢筋的连接。

钢筋电渣压焊机按控制方式分为手动式、半自动式和自动式；按传动方式分为手摇齿轮式和手压杠杆式。它主要由焊接电源、控制系统、夹具（机头）和辅助件等组成。

钢筋电渣压焊实际是一种综合焊接方法，它同时具有埋弧焊、电渣焊和压焊的特点，其工作原理如图 6-16 所示。它利用电源 3 提供的电流，通过上下两根钢筋 2 和 4 端面间引燃的电弧，使电能转化为热能，将电弧周围的焊剂 8 熔化，形成渣池（称为电弧过程）；然后将钢筋端部插入渣池中，利用电阻热能使钢筋端面熔化并形成有利于保证焊接质量的端面形状（称为电渣过程）；最后，在断电的同时，迅速进行挤压，排除全部熔渣和熔化金属，形成焊接接头。

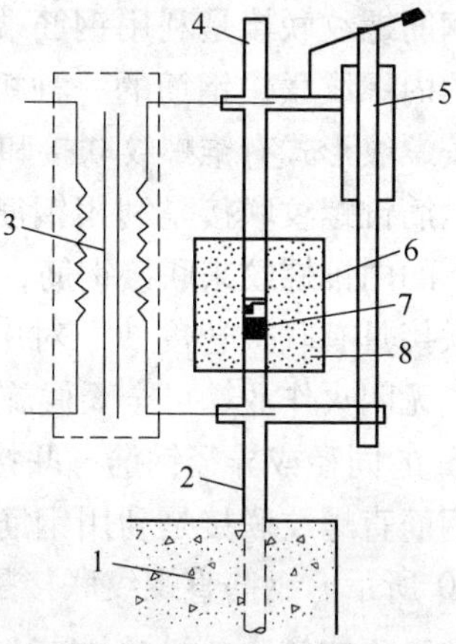

图 6-16 电渣压焊工作原理

1—混凝土 2、4—钢筋 3—电源 5—夹具
6—焊剂盒 7—铁丝球 8—焊剂

二、钢筋机械连接设备

1. 钢筋挤压连接设备

钢筋挤压连接是将需要连接的螺纹钢筋插入特制的钢套筒内，利用挤压机压缩钢套筒，

使之产生塑性变形，靠变形后的钢套筒与钢筋的紧固力来实现钢筋的连接。这种连接方法具有节能、节材、不受钢筋焊接性制约、不受季节影响、不用明火、施工简便、工艺性能良好和接头质量可靠度高等特点。它适合于任何直径的螺纹钢筋的连接。钢筋挤压连接技术有径向挤压工艺和轴向挤压工艺两种。钢筋径向挤压连接应用广泛。

图 6-17 所示为钢筋径向挤压连接示意图。钢筋径向挤压连接是利用挤压机将钢套筒 1 沿直径方向挤压变形，使之紧密地咬住带肋钢筋 2 的横肋，实现两根钢筋的连接。

图 6-18 所示为钢筋径向挤压连接设备的示意图。它主要由超高压泵站 1、挤压钳 3、平衡器 4 和吊挂小车 2 等组成。

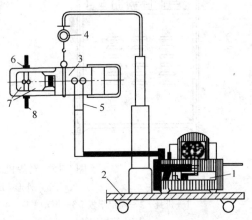

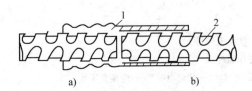

图 6-17　钢筋径向挤压连接

a) 已挤压部分　b) 未挤压部分

1—钢套筒　2—带肋钢筋

图 6-18　钢筋径向挤压连接设备示意图

1—超高压泵站　2—吊挂小车　3—挤压钳　4—平衡器

5—软管　6—钢套筒　7—压模　8—钢筋

2. 钢筋螺纹联接设备

钢筋螺纹联接是利用钢筋端部的外螺纹和特制钢套筒上的内螺纹联接钢筋的一种机械连接方法。钢筋螺纹联接按螺纹形式有锥螺纹联接和直螺纹联接两种。

钢筋锥螺纹联接是利用钢筋 1 端部的外锥螺纹和套筒 2 上的内锥螺纹来联接钢筋，如图 6-19 所示。钢筋锥螺纹联接具有联接速度快、对中性好、工艺简单、安全

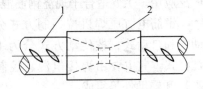

图 6-19　钢筋锥螺纹联接

1—钢筋　2—套筒

可靠、无明火作业、可全天候施工、节约钢材和能源等优点。适用于在施工现场连接 $\phi16 \sim \phi40\text{mm}$ 的同径或异径钢筋，联接的钢筋直径之差不超过 9mm。

钢筋直螺纹联接是利用钢筋 1 端部的外直螺纹和套筒 2 上的内直螺纹来联接钢筋，如图 6-20 所示。钢筋直螺纹联接是钢筋等强度连接的新技术。这种方法不仅接头强度高，而且施工操作简便，质量稳定可靠。可用于 $\phi20 \sim \phi40\text{mm}$ 的同径、异径、不能转动或位置不能移动钢筋的联接。镦粗直螺纹联接有镦粗设备，可将端头镦粗，再加工出使小径不小于钢筋母材直径的螺纹，使接头与母材等强度。滚压直螺纹联接是通过滚压后接头部分的螺纹和钢筋表面因塑性变形而强化，使接头与母材等强度。滚压

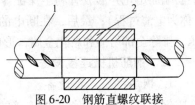

图 6-20　钢筋直螺纹联接

1—钢筋　2—套筒

直螺纹联接主要有直接滚压螺纹、挤（碾）压肋滚压螺纹和剥肋滚压螺纹三种形式。

钢筋锥螺纹联接所用的设备和工具主要有钢筋套丝机、量规、力矩扳手和砂轮锯等。图6-21所示为钢筋套丝机的结构示意图。它由夹紧机构2、切削头4、退刀机构3、减速器5、冷却泵1和机体7等组成。

镦粗直螺纹联接所用设备和工具主要由钢筋镦粗机、镦粗直螺纹套丝机、量规、管钳和力矩扳手等组成。

滚压直螺纹联接所用设备和工具主要由滚压直螺纹成形机、量具、管钳和力矩扳手等组成。图6-22所示为剥肋钢筋滚压直螺纹成形机的结构示意图，其工作原理是：钢筋夹持在台虎钳1上，扳动进给手柄8，减速机7向前移动，剥肋机构4对钢筋进行剥肋，到调定长度后，通过涨刀触头2使剥肋机构停止剥肋，减速机继续向前进给，涨刀触头缩回，滚丝头5开始滚压螺纹；滚到设定长度后，行程挡块9与行程开关10接触断电，设备自动停机并延时反转，将钢筋退出滚丝头；扳动进给手柄减速机后退，通过收刀触头3收刀复位，减速机退到极限位置后停机，松开台虎钳，取出钢筋，完成螺纹加工。

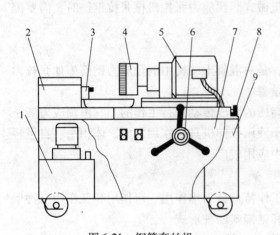

图6-21 钢筋套丝机

1—冷却泵 2—夹紧机构 3—退刀机构 4—切削头
5—减速器 6—手轮 7—机体 8—限位器 9—电器箱

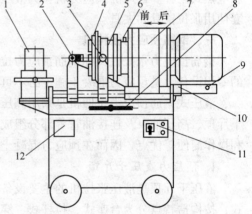

图6-22 剥肋滚压直螺纹成形机

1—台虎钳 2—涨刀触头 3—收刀触头 4—剥肋机构
5—滚丝头 6—上水管 7—减速机 8—进给手柄
9—行程挡块 10—行程开关 11—控制面板 12—机座

第四节 预应力机械

预应力混凝土结构是在结构承受外载荷以前，在结构内部造成一种应力状态，使其在使用阶段产生拉应力的区域预先受到压应力，能够抵消一部分或全部使用载荷时所产生的拉应力。预应力的施加方法，是将混凝土结构受拉区域的钢筋，拉长到一定的数值，然后锚固在混凝土上，放松张拉力，钢筋产生的弹性回缩传给混凝土，使混凝土受到压应力，称为预应力，用这种方法制成的构件称为预应力混凝土构件。

预应力混凝土与普通钢筋混凝土相比，主要优点有：提高了构件的抗裂度和刚度；增加了构件的耐久性；节省了材料；能减轻构件自重。

预应力混凝土按施工预应力的时间不同可分为先张法和后张法两种，按张拉钢筋方法的不同又分为机械张拉和电热张拉两种。先张法如图 6-23 所示，先张拉钢筋，后浇筑混凝土。先张法的施工过程为：张拉机械 4 张拉钢筋 3 后，用夹具 1 将其固定在台座 2 上，浇筑混凝土，混凝土具有一定强度后，放松钢筋，钢筋回缩，使混凝土产生预应力。后张法如图 6-24 所示，先浇筑混凝土，后张拉钢筋。后张法的施工过程为：构件中配置预应力钢筋的部位预先留出孔道 1，混凝土具有一定强度后，把钢筋 2 穿入孔道，张拉机械 4 张拉钢筋后，用锚具 3 将其固定在构件两端，钢筋的回缩力使混凝土产生预应力。

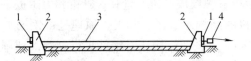
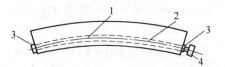

图 6-23　先张法张拉钢筋示意图　　　　　图 6-24　后张法张拉钢筋示意图
1—夹具　2—台座　3—钢筋　4—张拉机械　　　1—预留孔道　2—钢筋　3—锚具　4—张拉机械

预应力张拉机械是对预应力混凝土构件中钢筋施加张拉力的机械，分为液压式、机械式和电热式三种。常用的预应力机械为液压式和机械式。预应力张拉机械张拉钢筋时，需要配套使用张拉锚具和夹具。

一、钢筋预应力张拉机

钢筋预应力张拉机又称钢筋预应力拉伸机，是对混凝土结构中的预应力钢筋施加张拉力的专用设备，是预应力混凝土施工必不可少的设备。

液压式钢筋预应力拉伸机是采用高压或超高压的液压传动进行工作的。它由预应力液压千斤顶、高压油泵及连接油管等部分组成。由于液压拉伸机具有作用力大、体积小、自重轻和操作简便等优点，因而在预应力混凝土施工中应用较广。

1. 预应力液压千斤顶

液压千斤顶是液压张拉机的主要设备，按工作特点分为单作用、双作用和三作用三种形式；按构造特点分为台座式、拉杆式、穿心式和锥锚式四种形式。

（1）拉杆式液压千斤顶　拉杆式液压千斤顶是以活塞杆为拉杆的单作用液压张拉千斤顶，适用于张拉带有螺纹端杆的粗钢筋。拉杆式液压千斤顶的构造如图 6-25 所示。

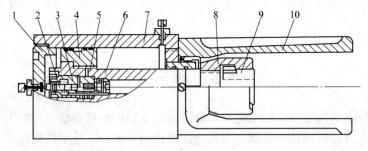

图 6-25　拉杆式液压千斤顶

1—端盖　2—差动阀活塞杆　3—阀体　4—活塞　5—锥阀　6—拉杆　7—液压缸　8—连接头　9—张拉头　10—撑套

（2）穿心式液压千斤顶　穿心式液压千斤顶的构造特点为沿千斤顶轴线有一穿心孔道，供穿预应力钢筋或张拉杆用；具有两个工作液压缸，分别负责张拉和顶锚固；张拉活塞采用液压回程，顶压活塞采用弹簧回程或液压回程；张拉液压缸与顶压液压缸的排列有并联和串联两种形式。它既适用于张拉并顶锚带有夹片锚具的钢丝线、钢丝束，配上撑力架、拉杆等附件后，也可以用作拉杆式液压千斤顶使用。根据作用功能不同，又可分为实心单作用式、穿心双作用式和穿心拉杆式。

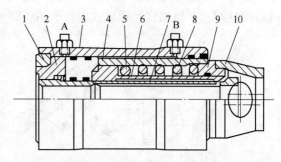

穿心式液压千斤顶的构造如图 6-26 所示，主要由液压缸 3、张拉活塞 4、顶压活塞 6、穿心套 7 等组成。张拉预应力钢筋时，A 油嘴进油，B 油嘴回油，顶压活塞 6、连接套 9 和撑套 10 等连成一体右移顶住支承锚环；张拉活塞 4 和穿心套 7 等连成一体带动工具锚左移张拉预应力钢筋。

图 6-26　穿心式液压千斤顶的构造
1—螺母　2—堵头　3—液压缸　4—张拉活塞
5—弹簧　6—顶压活塞　7—穿心套
8—保护套　9—连接套　10—撑套

（3）锥锚式液压千斤顶　锥锚式液压千斤顶是双作用的液压千斤顶，用于张拉带有钢质锥形锚具的钢筋束。锥锚式千斤顶的构造如图 6-27 所示。

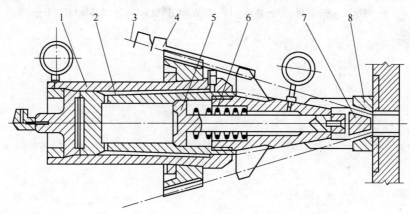

图 6-27　锥锚式液压千斤顶
1—张拉缸　2—顶压缸　3—钢丝　4—楔块　5—活塞杆　6—弹簧　7—对中套　8—锚塞

2. 高压油泵

高压油泵是液压张拉机的动力与控制装置，供给液压千斤顶所需的高压油。高压油泵有手动和电动两种形式。电动油泵按照工作原理可分为齿轮泵、叶片泵、轴向柱塞泵、径向柱塞泵；按照泵的流量特性可分为定量泵、变量泵；按照工作需要可分为单路供油泵、双路供油泵。一般由泵体、控制阀、压力表、油箱、油管和接头等组成。

二、预应力钢筋锚具和夹具

锚具是预应力混凝土的重要组成部分，通常由若干个机械部件组成。在后张法结构或构件中，锚具起着保持预应力钢筋的拉力并将其传递到混凝土中去的作用，是一种永久性的锚固装置。在先张法结构或构件施工中，为保持预应力钢筋的拉力并将其固定在张拉台座（或设备）上所使用的机械装置称为夹具。夹具是一种临时件的锚固装置。预应力张拉中使用的工具锚（有的位于张拉设备内部）也是夹具的一种。工具锚的作用是把千斤顶或其他张拉设备的张拉力传递给预应力钢筋。当结构或构件中的预应力钢筋需要连接时，要使用连接器。连接器可使分段施工的预应力钢筋分别张拉锚固而又保持其连续性，它实际上也是一种锚具。

锚具产品的种类很多，锚具、夹具和连接器按锚固方式不同，可分为夹片式、支承式（螺杆和墩头）、锥塞式和握裹式四种。图 6-28 中所示为常用的螺杆类锚具和夹具。

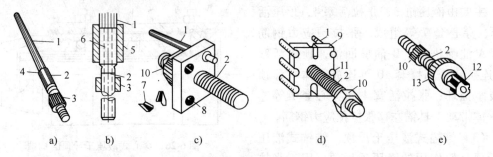

图 6-28　螺杆类锚具和夹具

a）螺纹端杆锚具　b）锥形螺杆锚具　c）螺杆销片夹具　d）螺杆镦头夹具　e）螺杆锥形头夹具

1—钢筋　2—螺纹端杆　3—锚固用螺母　4—焊接接头　5—套筒　6—带单向齿的锥形杆　7—锥片
8—锥形孔　9—锚板　10—螺母　11—钢筋端的镦粗头　12—锥形螺母　13—夹套

第七章 水泥混凝土机械

水泥混凝土机械指的是在水泥混凝土的生产、运输、成形等过程中用到的各种机械。根据水泥混凝土的施工工艺过程可将水泥混凝土机械归纳为以下几类：

1）水泥混凝土生产（或称制备）机械。水泥混凝土生产机械主要是搅拌站（楼），其作用是生产出满足施工要求的水泥混凝土。它主要由混凝土配料设备、称量设备、搅拌机等组成，其中各种类型的混凝土搅拌机也可作为独立的水泥混凝土生产机械。

2）水泥混凝土运输机械。水泥混凝土的运输分水平运输和垂直运输。水平运输为各种容量的水泥混凝土搅拌运输车。混凝土装入搅拌运输车的搅拌筒中，搅拌运输车一边行驶，一边对搅拌筒内的水泥混凝土进行搅动，以防止混凝土发生分层离析，或在较长时间的运输途中凝结硬化。垂直运输为各种形式的水泥混凝土泵。用混凝土泵配上适当的输送管道和布料装置，可完成施工现场新拌混凝土的水平及垂直输送，它可以连续不断地向施工地点输送水泥混凝土。

3）水泥混凝土成形机械。它的种类很多，根据对混凝土施工和工程的要求，可分为混凝土振动机械、混凝土砌块成形机械、混凝土喷射机械、混凝土路面摊铺机械、混凝土滑模机械等。

第一节 水泥混凝土搅拌设备

一、水泥混凝土搅拌机

1. 搅拌机的用途及分类

水泥混凝土搅拌机是将水泥、砂、石和水等按一定的配合比例，进行均匀拌和的机械。水泥混凝土搅拌机按工作原理可分为自落式和强制式两类；按作业方式可分为周期式和连续式搅拌机；按搅拌筒的结构可分为鼓筒形、双锥形、梨形、圆盘立轴式及圆槽卧轴式搅拌机；按出料方式又可分为倾翻式和反转式搅拌机。

2. 搅拌机的工作原理

（1）自落式搅拌机的工作原理 自落式搅拌机的工作原理如图7-1所示。搅拌机构为搅拌筒，沿筒内壁周围安装有若干个搅拌叶片。工作时，叶片随筒体绕其自身中心轴线旋转，利用叶片对筒内物料进行分割、提升、洒落和冲击，使配合料的相对位置不断进行重新分布而得到均匀搅拌。它的特点是搅拌强度不大、效率低，适合于搅拌一般集料的塑性混凝土。

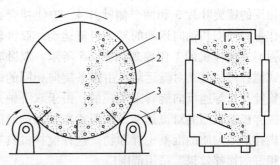

图7-1 自落式搅拌机的工作原理图

1—混凝土拌合料 2—搅拌筒 3—搅拌叶片 4—托轮

（2）强制式搅拌机的工作原理 强制式搅拌机可分为立轴涡桨式、立轴行星式、卧轴式三种形式。

1）立轴涡桨强制式搅拌机的工作原理如图 7-2 所示。搅拌机的圆盘中央有一根竖立转轴 1，轴上装有几组搅拌叶片 3，当转轴旋转时带动搅拌叶片旋转而进行强制搅拌。涡桨式搅拌机具有结构紧凑、体积小、密封性能好等优点。

2）立轴行星强制式搅拌机的工作原理如图 7-3 所示。搅拌机带有搅拌叶片 4 的旋转立轴不是装在搅拌筒 3 的中央，而是装在行星架 2 上。它除带动搅拌叶片绕本身轴线自转外，还随行星架绕搅拌筒的中心轴 1 公转。这比只有自转的涡桨式搅拌机可产生更加复杂的运动。行星式搅拌机旋转立轴的数量按搅拌容量的不同可以是一根、两根或三根。行星式搅拌机搅拌强烈，且搅拌时间短，搅拌容量大，常用于混凝土搅拌站（楼）。

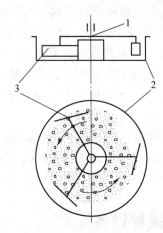

图 7-2 立轴涡桨强制式搅拌机工作原理图
1—竖立转轴 2—搅拌筒 3—搅拌叶片

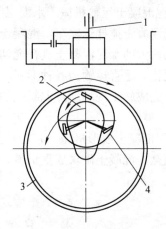

图 7-3 立轴行星强制式搅拌机工作原理图
1—中心轴 2—行星架 3—搅拌筒 4—搅拌叶片

3）卧轴式搅拌机是通过水平轴的旋转带动叶片进行强制搅拌混凝土的机械，分为单卧轴式和双卧轴式两种，其搅拌筒呈槽形。

单卧轴强制式搅拌机的工作原理如图 7-4 所示。搅拌机的一根轴上装有两条大小相同、旋向相反的螺旋叶片 3 和两个侧叶片 4，迫使拌合物作带有圆周和轴向运动的复杂对流运动。双卧轴强制式搅拌机的工作原理如图 7-5 所示。双卧轴式搅拌机的复杂对流运动是由两条旋向相同的螺旋叶片作等速反向旋转来实现的。由于双卧轴式搅拌机的强烈的对流运动，因而能在较短的时间内拌制成匀质的混凝土拌和物。这种搅拌机具有很好的搅拌效果，适用范围广。

3. 搅拌机的基本构造
混凝土搅拌机一般由以下几个部分组成：
1）搅拌机构。它是搅拌机的工作装置，有

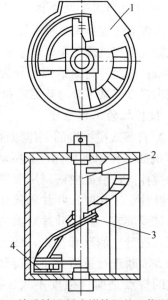

图 7-4 单卧轴强制式搅拌机的工作原理图
1—搅拌筒 2—搅拌轴 3—螺旋叶片 4—侧叶片

搅拌筒内安装叶片和搅拌轴上安装叶片两种
结构形式。

2）上料机构。向搅拌筒内投放配合料的
机构，常见的有翻转式料斗、提升式料斗、
固定式料斗等形式。

3）卸料机构。将搅拌好的新拌水泥混凝
土卸出搅拌筒的机构，有斜槽卸料式、倾翻
式、螺旋叶片式等。

4）传动机构。它是将动力传递到搅拌机
各工作机构上的装置，主要有机械传动式和
液压传动式两种形式。

5）供水系统。它是根据混凝土的配比要
求，定量供给搅拌用水的装置。一般有水泵-
水箱系统、水泵-水表系统以及水泵-时间继电
器系统等。

（1）锥形反转出料式混凝土搅拌机的构
造 锥形反转出料式搅拌机属自落式搅拌机。

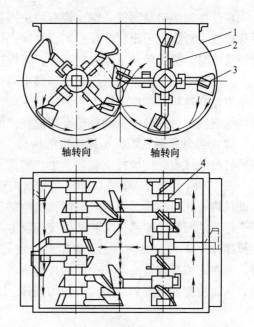

图 7-5 双卧轴强制式搅拌机的工作原理图
1—搅拌筒 2—中心叶片 3—搅拌叶片 4—搅拌轴

其搅拌筒及其传动机构如图 7-6 所示。搅拌
筒由中间的圆柱体及其两端的截头圆锥组成，通常采用钢板卷焊而成。搅拌筒内有两组交叉
布置的搅拌叶片，分别与搅拌筒轴线成 45°和 40°夹角，且呈相反方向。其中一组较长的主
叶片直接与筒壁相连；另一组较短的副叶片则由撑脚架起。当搅拌筒转动时，叶片使物料除
作提升和自由下落运动外，而且还强迫物料沿斜面作轴向窜动，并借助两端锥形筒体的挤压
作用，从而使筒内物料在洒落的同时又形成沿轴向往返交叉运动，大大强化了搅拌作用，提
高了搅拌效率和搅拌质量。

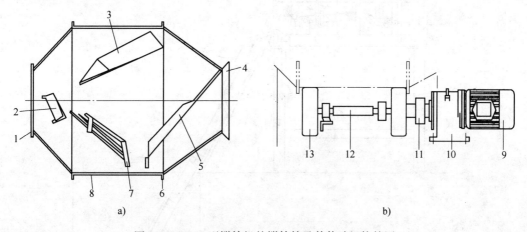

a) b)

图 7-6 JZ350 型搅拌机的搅拌筒及其传动机构简图
a）搅拌筒 b）搅拌筒传动机构
1—进料口圈 2—挡料叶片 3—主叶片 4—出料口圈 5—出料叶片 6—挡圈 7—副叶片 8—搅拌筒筒体
9—电动机 10—减速箱 11—弹性联轴器 12—主动托轮轴 13—橡胶托轮

在搅拌筒的进料圆锥一端，焊有两块挡料叶片，防止进料口处漏浆。在出料圆锥一端，对称布置一对螺旋形出料叶片。当搅拌筒正转时，螺旋运动方向朝里，将物料推向筒内。搅拌筒反转时，螺旋叶片运动方向朝外，将搅拌好的混凝土卸出。

搅拌筒支承在四个橡胶托轮上，其中两个为主动托轮，另两个为从动托轮。搅拌电动机的动力经减速箱、弹性联轴器，传递到主动托轮轴，轴上两个主动橡胶托轮依靠摩擦传动使搅拌筒旋转。另外两个从动托轮则随搅拌筒的转动而转动。

（2）卧轴强制式混凝土搅拌机的构造　卧轴强制式混凝土搅拌机兼有自落式和强制式两种机型的优点，即搅拌质量好、生产率高、能耗低，可用于搅拌干硬性、塑性混凝土等。

图7-7所示为JS500型双卧轴强制式混凝土搅拌机。该机主要由搅拌机构、上料机构、传动机构、卸料装置等组成。其搅拌机构的工作原理如图7-5所示。搅拌机构由水平放置的两个相连的圆槽形搅拌筒1和两根按相反方向转动的搅拌轴4等组成。在两根轴上安装了几组搅拌叶片2、3，其前后上下都错开一定的距离，从而使拌和料在搅拌筒内轮番地得到搅拌。一方面将搅拌筒底部和中间的拌和料向上翻滚，另一方面又将拌和料沿轴线分别前后挤压，从而使拌和料得到快速而均匀的搅拌。

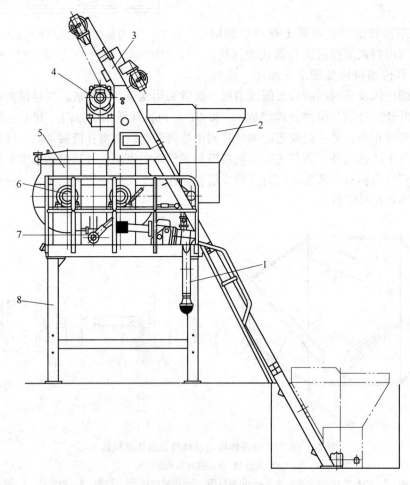

图7-7　JS500型双卧轴强制式混凝土搅拌机

1—供水系统　2—上料斗　3—上料架　4—卷扬装置　5—搅拌筒　6—搅拌装置　7—卸料门　8—机架

双卧轴式搅拌机的卸料装置有单出料门卸料和双出料门卸料两种形式。卸料门的启闭方式有人工扳动摇杆、电动推杆、液压缸等方式。

图 7-8 所示为双出料门卸料装置。安装在两个圆槽形搅拌筒底部的两扇出料门，由气缸操纵经齿轮连杆机构而获得同步控制。出料门的长度比搅拌筒长度短，所以绝大部分的混凝土是靠自重向外卸出，残留的则靠搅拌叶片强制向外排出。出料时，搅拌轴转动，即可将料卸净。

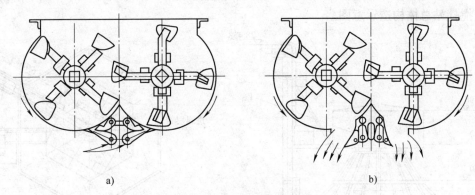

图 7-8　双出料门卸料装置
a）关闭　b）开启

二、水泥混凝土搅拌站

1. 用途及分类

水泥混凝土搅拌站（也称搅拌楼）是用来集中搅拌混凝土的联合装置，亦称混凝土工厂。它的作用是将水泥混凝土的原材料——水泥、水、砂、石料和外加剂等，按预先设定的配合比，分别进行输送、上料、储存、配料、称量、搅拌和出料，生产出符合质量要求的成品混凝土。混凝土搅拌站具有机械化和自动化程度较高、生产率大、有利于混凝土的商品化等特点，所以常用于混凝土工程量大、施工周期长、施工地点集中的大中型建设施工工地。

水泥混凝土搅拌站有如下分类：

1）按移动方式不同，可分为固定式和移动式混凝土搅拌站。前者适用于永久性的搅拌站，后者则适用于施工现场。

2）按作业方式不同，可分为周期式和连续式混凝土搅拌站。

3）按搅拌站的工艺布置形式，可分为单阶式和双阶式混凝土搅拌站。

（1）单阶式混凝土搅拌站　砂、石、水泥等材料一次就提升到搅拌站最高层的储料斗，然后配料、称量直到搅拌成混凝土，均借助物料的自重下落而形成垂直生产工艺体系。此类型式具有生产率高、动力消耗低、机械化和自动化程度高、布置紧凑和占地面积小等优点。但其设备较复杂，基建投资大，故单阶式布置适用于大型永久性搅拌站。

（2）双阶式混凝土搅拌站　砂、石、水泥等材料需分两次提升。第一次将材料提升至储料斗，经配料称量后，第二次再次将材料提升并卸入搅拌机。它具有设备简单、投资少、建成快等优点；但其机械化和自动化程度较低、占地面积大、动力消耗多，故该布置形式适用于中小型搅拌站。

2. 水泥混凝土搅拌站的基本构造和工作原理

水泥混凝土搅拌站主要由集料供储系统、水泥供储系统、配料系统、搅拌系统、控制系统及辅助系统等组成。

（1）单阶式水泥混凝土搅拌站的基本构造和工作原理　单阶式水泥混凝土搅拌站一般为大型固定式搅拌设备。其金属结构作垂直分层布置，机电设备分装各层，集中控制。搅拌站自上而下分为进料、储料、配料、搅拌、出料五层。图 7-9 所示为 3HLF90 型单阶式水泥混凝土搅拌站总体构造示意图。

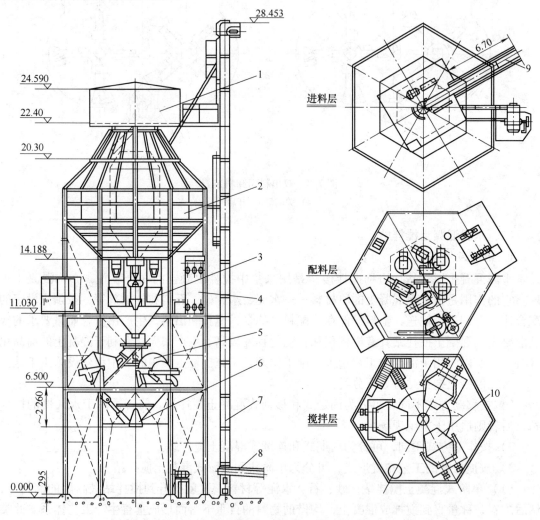

图 7-9　3HLF90 型单阶式水泥混凝土搅拌站总体构造示意图

1—进料层　2—储料层　3—配料层　4—吸尘装置　5—搅拌层　6—出料层
7—斗式提升机　8—螺旋输送机　9—带输送机　10—搅拌机

1）进料层。进料层布置有砂、石和水泥的进料装置。它包括输送骨料用的带输送机，分料用的电动回转料斗，输送水泥或掺合料用的斗式提升机。若以气力输送水泥时，旋风分离器、管道、两路开关等都布置在进料层，进料层的平面布置如图 7-9 所示。

2）储料层。储料层装有六角（或八角）形金属结构装配式储料仓。储料仓中央布置有双锥圆筒形水泥储仓，沿储仓轴线用钢板分隔成格，可同时储存两种不同标号的水泥。水泥储仓周围为砂、石骨料储仓，彼此以钢板隔开，可同时分别储存各种粒径骨料和掺合料，整个储料仓安装在有六根（或八根）支柱的钢排架顶部，以便随时提供原料。

3）配料层。配料层内设料仓给料器、供水管路和储水箱、称料斗、电子配料装置、控制室、吸尘装置和集料斗等，配料层的平面布置如图 7-9 所示。由控制室控制的电子自动称量装置按混凝土生产的配合比要求，分批地将砂、碎石、水泥、水和外加剂等称量好，并将配好的砂、碎石汇集到集料斗，待下料时与水和外加剂同时卸入搅拌机内。

4）搅拌层。如图 7-9 中搅拌层的平面布置图所示，搅拌层内设有三台（或四台）双锥形倾翻式搅拌机、回转给料器、搅拌系统的电气控制柜、压缩空气净化装置和储气罐等。当称好的砂、碎石、水泥、水和外加剂经回转给料器卸入搅拌机后即可进行搅拌。

5）出料层。出料层设有出料斗，出料斗中的成品料由气缸带动的弧形门启闭而控制卸料量。卸出的混凝土由专用的水泥混凝土搅拌运输车或自卸车等运往施工现场。

单阶式水泥混凝土搅拌站的工艺流程为：砂、石骨料由带输送机提升到搅拌站的顶层（进料层），再通过回转料斗送入储料层中骨料储仓的各个储料斗内，水泥则经由下部螺旋输送机和斗式提升机装进储料层中的水泥储仓，水和外加剂通过专设的泵和相应的管路直接送入储水箱和外加剂容器中，从而完成上料和储存工序。称量是由骨料称量斗、水泥称量斗和水（含外加剂）称量斗分别进行的，经过称量的各种材料一起被投入搅拌机内进入搅拌工序。成品料可以直接卸入运输车内或送入成品料出料斗暂存。

（2）双阶式水泥混凝土搅拌站的基本构造和工作原理 双阶式水泥混凝土搅拌站主要由集料存储装置、集料一次提升机构、称量机构、集料二次提升机构、水泥存储与称量装置、搅拌系统、成品料料斗、控制系统以及辅助系统等组成。图 7-10 所示为双阶式水泥混凝土搅拌站的构造与工艺流程。

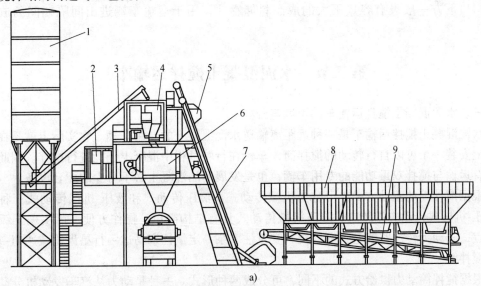

a)

图 7-10　双阶式水泥混凝土搅拌站构造与工艺流程图

a）混凝土搅拌站总体构造简图

1—水泥筒仓　2—控制系统　3—螺旋输送机　4—水泥称量斗　5—提升斗　6—搅拌机
7—上料导轨　8—集料仓　9—带输送机

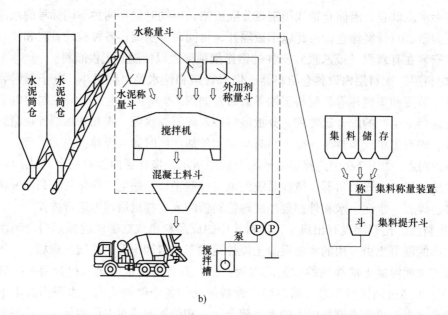

b)

图 7-10　双阶式水泥混凝土搅拌站构造与工艺流程图（续）

b）工艺流程图

　　双阶式水泥混凝土搅拌站的工艺流程为：砂、碎石经一次提升装进集料仓 8 的集料斗内。同样，水泥经一次提升装进水泥筒仓 1 备用；砂、碎石通过带输送机（传动带秤）9 的称量并输送到提升斗 5 中，再经提升斗 5 的提升加进搅拌机中；水泥由筒仓 1 底部的料门经斜架式螺旋输送机 3 提升到位于搅拌机 6 上方的水泥称量斗 4 中，进行单独计量，计量后直接投入搅拌机；水和外加剂分别由水泵和外加剂泵，从储存箱直接泵送进入搅拌机。搅拌机的卸料口下方一般设有容量不大的成品料储存斗，用于运输车辆进出间隔期间的成品料暂存。

第二节　水泥混凝土搅拌运输车

一、水泥混凝土搅拌运输车的用途与分类

　　水泥混凝土搅拌运输车是一种远距离输送水泥混凝土的专用车辆。它实际上就是在汽车底盘上安装一个可以自行转动的搅拌筒，车辆在行驶过程中混凝土仍能进行搅拌。因此，它是具有运输与搅拌双重功能的专用车辆，也是发展商品混凝土必不可少的配套设备。

　　根据搅拌筒的驱动方式，可分为机械传动式、液压传动式和液压-机械传动式三种，其中液压-机械式传动应用较广。液压机械传动式具有结构简单、操作方便、可实现无级调速等优点，其动力传递路线是：发动机→变量柱塞泵→定量柱塞马达→行星齿轮减速箱→联轴器→搅拌筒。

　　根据搅拌筒动力供给方式的不同，可分成两种形式。一种是动力从汽车发动机分动箱引出，通过减速器和开式齿轮直接驱动搅拌筒或通过液压泵及液压马达驱动搅拌筒。这种搅拌运输车的特点是结构简单、紧凑、造价低，但因道路条件的变化将会引起搅拌筒转速的波动，从而影响混凝土拌和物的质量。另一种形式是采用单独发动机驱动搅拌筒。这种形式的

搅拌运输车可选用各种汽车底盘，搅拌筒的工作状态与底盘的行驶性能互不影响。但其制造成本较高、装车质量较大，适用于大容量的搅拌运输车。

根据搅拌容量的大小，可分为小型（搅拌容量在 $3m^3$ 以下）、中型（搅拌容量为 $3 \sim 8m^3$）和大型（搅拌容量在 $8m^3$ 以上）三种。

二、水泥混凝土搅拌运输车的构造与工作原理

图 7-11 所示的水泥混凝土搅拌运输车主要由底盘车、搅拌筒、驱动装置、给水装置和操纵系统等组成。

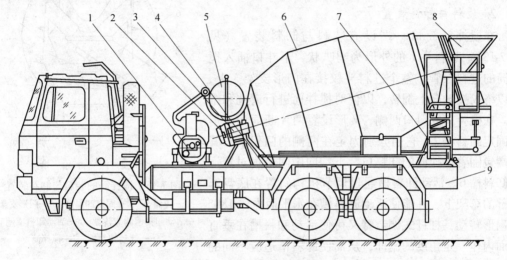

图 7-11 水泥混凝土搅拌运输车

1—泵连接组件 2—减速机总成 3—液压马达 4—车架 5—给水装置 6—搅拌筒
7—操纵系统 8—装料与卸料装置 9—底盘车

1. 搅拌筒

搅拌筒 6 为单口型筒体，由不在同一水平面上的三个支点支承，即筒体底端的中心轴安装在车架 4 的轴承座内，另一端通过滚道支承在一对滚轮上。搅拌筒轴线与水平面的倾斜角为 16°~20°。筒体底部端面封闭，由上部的筒口进料与卸料，如图 7-12 所示。

搅拌筒的内壁焊有两条相差 180°的带状螺旋叶片，以保证物料沿螺旋线滚动和上下翻动，防止混凝土的离析和凝固。工作时，发动机通过驱动装置驱动搅拌筒转动，当搅拌筒正转时，物料顺着螺旋叶片进入搅拌筒内进行搅拌；当搅拌筒反转时，拌和好的混凝土则沿着螺旋叶片向外旋出，其卸料速度由搅拌筒的反转转速控制。

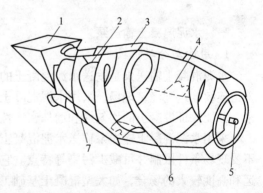

图 7-12 搅拌筒内部构造示意图

1—进料斗 2—进料导管 3—搅拌筒壳体
4—辅助搅拌叶片 5—中心轴
6—带状螺旋叶片 7—环形滚道

在搅拌筒的筒口处，沿两条螺旋叶片的内边缘焊接了一段进料导管。进料导管与筒壁将筒口分割为两部分，导管内部分为进料口，导管与筒壁形成的环形空间为出料口。从出料口

的端面看，它被两条螺旋叶片分割成两部分，卸料时，混凝土在叶片反向螺旋运动的顶推作用下，从此卸出。进料导管的作用是：① 使进料导管口与进料斗的下斗口贴紧，防止加料时混凝土外溢，并引导混凝土迅速进入搅拌筒内部；② 保护筒口部分的筒壁和叶片，使之在加料时不受混凝土集料的直接冲击，以延长使用寿命，同时防止这种冲击造成叶片的变形而对卸料性能的影响；③ 进料导管与筒壁和叶片形成卸料通道，它可使卸料更加均匀连续，改善了卸料性能。

2. 装料与卸料装置

在搅拌筒筒口一端设有装料与卸料装置（见图 7-13）。进料斗 1 的外形为喇叭状，下斗口插入搅拌筒的进料导管。整个进料斗铰接在门形支架 3 上，可以绕铰接轴向上翻转，以便对搅拌筒进行清洗和维护。在搅拌筒卸料口两侧，V 形设置两片断面为弧形的固定卸料槽 2，它们分别固定在两侧的门架上，其上端包围着搅拌筒的卸料口，下端向中间聚拢对着活动卸料槽 6。活动卸料槽通过调节机构斜置在底盘车尾部的车架上，并能使活动卸料槽在水平面内作 180°的扇形转动，杠杆式调节臂又可使活动卸料槽在垂直平面内作一定角度的俯仰，从而使卸料槽适应不同的卸料位置，并加以锁定。

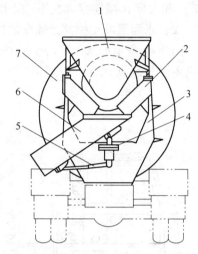

图 7-13　搅拌筒的装料与卸料装置
1—进料斗　2—固定卸料槽　3—门形支架
4—活动卸料槽调节转盘　5—活动卸料槽调节臂
6—活动卸料槽　7—搅拌筒

第三节　水泥混凝土输送设备

一、水泥混凝土输送泵

1. 用途与分类

水泥混凝土输送泵是输送水泥混凝土的专用机械，它配有特殊的管道，可以将混凝土沿管道连续输送到浇筑现场。采用水泥混凝土输送泵可将混凝土的水平输送和垂直输送结合起来，并能保证混凝土的均匀性和增加密实性。

采用水泥混凝土输送泵输送水泥混凝土，具有效率高、质量好、机械化程度高和作业时不受现场条件限制并可减少污染等特点。它适用于混凝土用量大、作业周期长及泵送距离较远和高度较大的场合，如大型混凝土基础工程、水下及隧道内的混凝土浇筑、地下混凝土工程以及其他大型混凝土建筑工程等。特别是对施工现场场地狭窄，浇筑工作面较小，或配筋稠密的建筑物浇筑，水泥混凝土输送泵是一种有效而经济的水泥混凝土输送设备。

水泥混凝土输送泵的分类方法有：

1）按移动形式不同，可分为：固定式混凝土泵，指安装在固定机座上的混凝土泵；拖式混凝土泵，指安装在可以拖行的底盘上的混凝土泵；车载式混凝土泵，指安装在机动车辆底盘上的混凝土泵，亦称混凝土泵车。

2）按其理论输送量可分为超小型（$10 \sim 20 m^3/h$）、小型（$30 \sim 40 m^3/h$）、中型（$50 \sim 95 m^3/h$）、大型（$100 \sim 150 m^3/h$）和超大型（$160 \sim 200 m^3/h$）。

3）按其驱动方式可分为电动机驱动式和柴油机驱动式两种。

4）按工作时混凝土泵出口的混凝土压力（即泵送混凝土压力）可分为低压（2.0～5.0MPa）、中压（6.0～9.5MPa）、高压（10.0～16.0MPa）和超高压（22.0～28.5MPa）四种。

2. 构造与工作原理

图7-14所示为 HBT60 型拖式混凝土泵，它主要由料斗、泵送机构、液压系统、清洗系统、电气系统、电动机、行走底盘等组成。

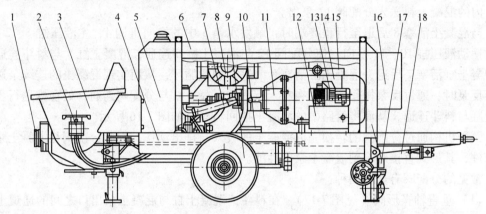

图7-14　HBT60 型拖式混凝土泵

1—出料口　2—搅拌机构　3—料斗　4—机架　5—液压油箱　6—机罩　7—液压系统　8—冷却系统
9—拖运桥　10—润滑系统　11—动力系统　12—工具箱　13—清洗系统　14—电动机　15—电气系统
16—软启动箱　17—支地轮　18—泵送机构

HBT60 型拖式混凝土泵的泵送机构如图7-15所示。泵送机构由两只主液压缸 1、2，水箱 3，换向机构 4，两只混凝土缸 5、6，两只混凝土缸活塞 7、8，摆臂 9，两只摆动液压缸 10、11，分配阀12（S形阀），出料口 13 和料斗 14 等组成。

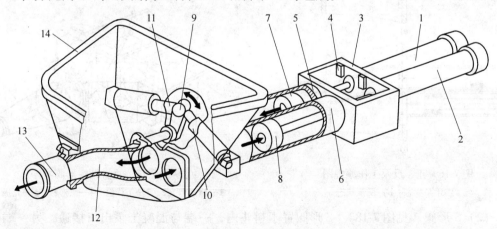

图7-15　泵送机构

1、2—主液压缸　3—水箱　4—换向机构　5、6—混凝土缸　7、8—混凝土缸活塞
9—摆臂　10、11—摆动液压缸　12—分配阀　13—出料口　14—料斗

混凝土缸活塞（7、8）分别与主液压缸（1、2）活塞杆连接，在主液压缸液压油作用下，作往复运动，一缸活塞前进，则另一缸活塞后退。混凝土缸出口与料斗14连通，分配阀12一端接出料口13，另一端通过花键轴与摆臂9连接，在摆动液压缸作用下，可以左右摆动。

泵送混凝土料时，在主液压缸作用下，混凝土缸活塞7前进，混凝土缸活塞8后退，同时在摆动液压缸作用下，分配阀12与混凝土缸5连通，混凝土缸6与料斗连通。这样混凝土缸活塞8后退，便将料斗内的混凝土吸入混凝土缸6，混凝土缸活塞7前进，则将混凝土缸5内的混凝土料送入分配阀12泵出。

当混凝土活塞8后退至行程终端时，触发水箱3中的换向机构4，主液压缸1、2换向，同时摆动液压缸10、11换向，使分配阀12与混凝土缸6连通，混凝土缸5与料斗连通，这时混凝土缸活塞7后退，混凝土缸活塞8前进。如此循环，从而实现混凝土的连续泵送。

反泵时，通过反泵操作，使处在吸入行程的混凝土缸与分配阀连通，处在推送行程的混凝土缸与料斗连通，从而将管路中的混凝土抽回料斗，如图7-16所示。

泵送机构通过分配阀的转换完成混凝土的吸入与排出动作，因此分配阀是混凝土泵的关键部件，其形式直接影响到混凝土泵的性能。

常见的分配阀有如下四种：

(1) 垂直轴蝶形阀（见图7-17）在料斗、混凝土缸与混凝土泵出口之间的通道上，设置一个蝶形板，在液压缸活塞杆的推动下蝶形板翻动，使工作缸2、3得到与输送管1及集料斗不同的通道。该阀具有结构简单、体积小、混凝土流道短、换向阻力小和检修方便等特点。

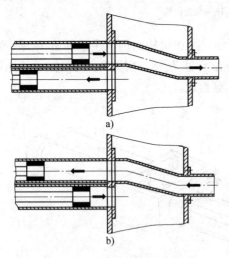

图 7-16　正、反泵工作原理图
a) 正泵状态　b) 反泵状态

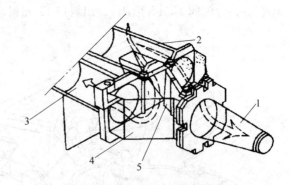

图 7-17　垂直轴蝶形阀
1—输送管　2、3—工作缸　4—蝶形板　5—壳板

(2) S形阀（见图7-18）S形阀置于料斗内，一端与混凝土泵出口接通，另一端在两个液压缸活塞杆的作用下作往复摆动，分别与两个混凝土缸A、B接通。当S形阀与混凝土缸B接通时，B缸压送混凝土，此时A缸吸入混凝土；当S形阀与混凝土缸A接通时，则A缸压送、B缸吸入混凝土，如此实现吸料和排料的过程。S形阀本身就是输送管的部分，流道截面形状没有变化，故泵送阻力小。S形阀与阀体之间具有磨损自动补偿系统，并设置

了耐磨环和耐磨板，易损件磨损后便于维修和更换。因泵送混凝土压力大，具有输送距离远和输送高度大的特点。

（3）C形阀（见图7-19） C形阀置于料斗内，一端与混凝土泵出口接通，另一端在两个液压缸的作用下作往复摆动，分别与两个混凝土缸7接通，实现吸料和排料过程。该阀具有以下特点：容易清除残余混凝土；更换方便；耐磨板与C形阀之间的接触面可由自动密封环自动补偿磨损量；C形阀采用厚锰钢材料，耐磨；没有类似S形阀的摆轴，混凝土能直接吸入混凝土缸内，吸入效

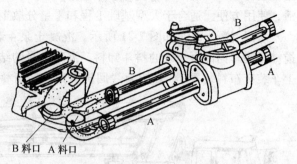

图 7-18 S形阀

率高；C形阀轴承位于混凝土区域之外，可免除经常维护；对骨料的适应性较强等。

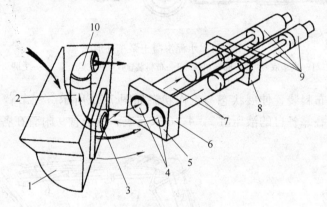

图 7-19 C形阀

1—料斗 2—C形阀 3—摆动管口 4—工作缸口 5—可更换的摩擦板面 6—缸头

7—混凝土缸 8—清水箱 9—主液压缸 10—输送管口

（4）斜置式闸板阀（见图7-20） 该阀设置在料斗1的后部，这样既可以降低料斗的高度，又使泵体紧凑而且不妨碍搅拌运输车向料斗卸料，两个液压缸各有一个闸板阀，在液压缸2活塞杆的作用下作往复运动，完成打开或关闭混凝土的进、出料口的动作。此阀对混凝土的适应性强，但结构复杂。更换此阀时需拆下料斗，故维修不便。出料口采用Y形管，压力损失较大，故泵送混凝土压力小。

二、水泥混凝土泵车

把水泥混凝土泵和布料装置安装在汽车底盘上，即成为水泥混凝土泵车，所以，水泥混凝土泵车是由汽车底盘、水泥混凝土泵和布料装置组合的

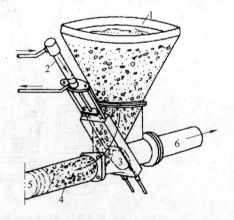

图 7-20 斜置式闸板阀

1—料斗 2—液压缸 3—闸板 4—混凝土工作缸
5—液压缸活塞 6—输送管

机械设备。混凝土泵利用汽车发动机的动力，通过分动箱将动力传给液压泵，然后带动混凝土泵进行工作。混凝土通过布料装置，可送到一定的高度与距离。它的机动性好，布料灵活，使用方便，适合于大型基础工程和零星分散工程的混凝土输送。

水泥混凝土泵车如图 7-21 所示。混凝土泵 4 装在汽车底盘 1 的尾部上，以便于混凝土搅拌运输车向混凝土泵的料斗卸料。混凝土泵的结构和工作原理与拖式混凝土泵基本相同。上车装有布料装置 3，臂架为"回折"形三节折叠臂。

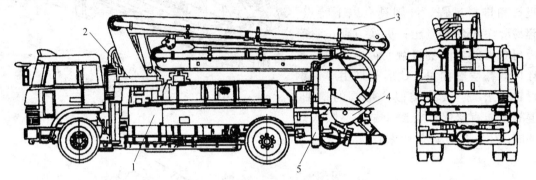

图 7-21　水泥混凝土泵车外形图
1—汽车底盘　2—回转机构　3—布料装置　4—混凝土泵　5—支腿

混凝土泵车的布料装置伸展状态与工作状态如图 7-22 所示。三节臂架 3、5、7 相互铰接，各节臂架的折叠靠各自的液压缸 2、4、6 来完成。输送管 9 附着在各段臂架上，拐弯处

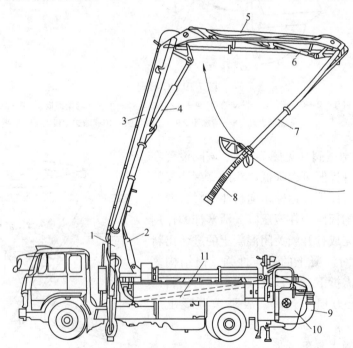

图 7-22　混凝土泵车的布料装置伸展状态与工作状态图
1—回转装置　2—变幅液压缸　3—第一节臂架　4—第二节臂架调节液压缸　5—第二节臂架
6—第三节臂架调节液压缸　7—第三节臂架　8—软管　9、11—输送管　10—混凝土泵

用密封可靠的回转接头连接。整个臂架安装在回转装置 1 的转台上，可作 360°全回转。臂端软管 8 可摆动，可使浇注口达到图 7-23 所示的空间中的任意位置。图 7-24 所示为布料装置不工作时的几种收回折叠形式，有回折形、Z 形和 S 形。

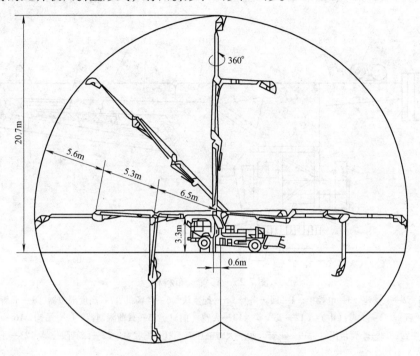

图 7-23　布料装置工作范围包络图

三、混凝土布料杆

　　用水泥混凝土泵输送混凝土，单位时间内输送量大，而且是连续供料，因而在浇筑地点将混凝土及时进行分布和摊铺就显得很重要。为充分发挥混凝土泵的工作效率和降低工人的劳动强度，就需具备机动灵活的布料装置。这种既能担负混凝土的运输又能完成混凝土的布料、摊铺工作，且由臂架和混凝土输送管道构成的装置，称之为布料杆。布料杆要能在其所能及的范围内作水平和垂直方向的混凝土输送，甚至还要能够跨越障碍进行浇筑，就要求它能够抬高、放低、仰缩和回转。

　　布料杆的种类很多，根据其支承结构的不同，可分为 5 种形式：移置式布料杆、固定式布料杆、移动式布料杆、装于塔吊上的布料杆和起重布料两用机。

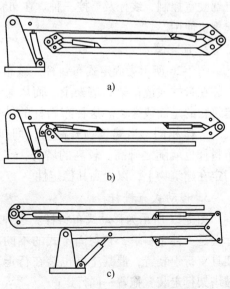

图 7-24　布料装置臂架折叠形式
a）回折形　b）Z 形　c）S 形

1. 移置式布料杆

图 7-25 所示为移置式布料杆。该布料杆通常放置在建筑物的上面，它需要平衡重以保持稳定。其位置转移一般是靠塔式起重机等来吊搬，而混凝土泵则置于建筑物底部的地面上。

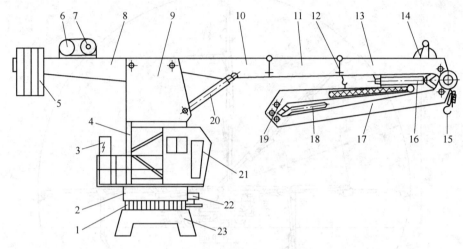

图 7-25　移置式布料杆

1—回转齿圈　2—上支座　3—电控柜　4—回转塔身　5—配重块　6—卷扬机　7—高度限位器　8—平衡臂　9—转台　10—大臂（后）　11—大臂（中）　12—安全钩　13—大臂（前）　14—载荷限制器　15—吊钩　16—中臂液压缸　17—中臂　18—小臂液压缸　19—小臂　20—大臂液压缸　21—驾驶室　22—回转限位器　23—下支座

移置式布料杆主要由折叠式臂架（一般为大、中、小三节）、输送管道、回转支承装置、液压变幅机构、上下支座及配重块等部分组成。布料杆的动作采用液压驱动，控制方式有驾驶室控制、线控及遥控三种。在布料杆的上部，还加配了多速起重系统，可以作为塔式起重机使用。

2. 固定式布料杆

图 7-26 所示为固定式布料杆。该布料杆一般是装在管柱式或桁架式塔架上，而塔架可安装在建筑物的里面或旁边。这种布料杆的结构与移置式的大体相同，当建筑物升高时，即接高塔身，布料杆也就随之升高。较高的塔身，需要用撑杆固定在建筑物上，以提高其稳定性。

3. 移动式布料杆

图 7-27 所示为移动式布料杆。这种布料杆实际上是一种布料塔，它与固定式的不同之处是塔架具有行走装置，混凝土泵也装在行走装置上或被塔架行走装置拖着一同行走。

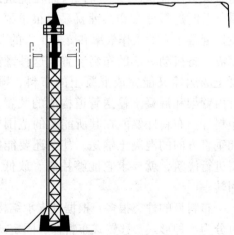

图 7-26　固定式布料杆

4. 装于塔式起重机上的布料杆

图 7-28 所示为装于塔式起重机上的布料杆。其结构简单，布料范围广，一般用于高层建筑施工。

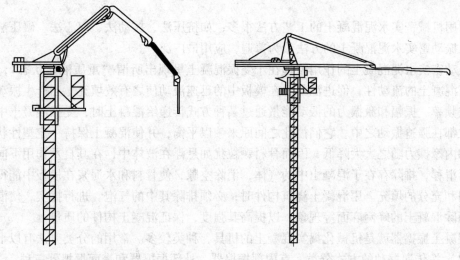

图 7-27　移动式布料杆　　　　　　　图 7-28　装于塔式起重机上的布料杆

5. 起重布料两用机

图 7-29 所示为起重布料两用机。它是利用塔式起重机的起重臂来作布料臂的一种结构形式。其塔机与一般通用塔式起重机不同，起重臂为铰接三节臂，臂杆一侧（或内部）装有混凝土输送管。当作起重机使用时，各臂杆均伸直，铰接处用销锁定即可用钢丝绳滑轮组起升重物。起重臂的变幅则由第一节臂的液压缸来进行，第二、三节臂液压缸不起作用。当作布料臂使用时，拆除节臂锁定销，并在第三节臂的前端装上软管托架，接好浇筑软管，这样三节臂即变为布料杆。

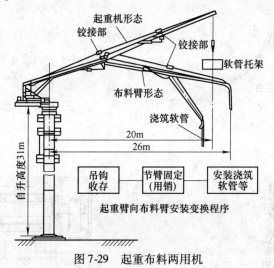

图 7-29　起重布料两用机

第四节　水泥混凝土密实设备

一、用途与分类

现场浇筑混凝土时，必须随即用有效的方法使之密实填充，以保证混凝土构件的内部质量。

利用机械密实水泥混凝土的工艺方法很多，如挤压法、振动法、离心法、碾压法等。其中，以振动密实水泥混凝土的方法最为普遍，应用最广泛。

振动密实水泥混凝土的作用原理在于受振混凝土呈现出所谓"重质液体状态"，从而大大提高混凝土的流动性，促进混凝土在模板中的迅速流动使之有效填充。当产生振动的机械将一定频率、振幅和激振力的振动能量通过某种方式传递给混凝土时，受振混凝土中所有骨料颗粒都在强迫振动之中。它们彼此之间原来赖以平衡，并使混凝土保持一定塑性状态的黏着力和内摩擦力随之大大降低，因而骨料颗粒犹如悬浮在液体中，在其自重作用下向新的位置沉落滑移，排除存在于混凝土中的气体，消除空隙，使骨料和水泥浆在模板中能得到致密的排列和充分的填充。用混凝土浇筑构件时，必须排除其中的气泡，进行捣实，使混凝土密实，消除混凝土的蜂窝麻面等现象，以提高其强度，保证混凝土构件的质量。

混凝土振捣器就是机械化捣实混凝土的机具，种类较多。常用的分类方法有以下几种：

（1）按传递振动的方式分类　有内部振捣器、外部振捣器和表面振捣器三种。

1）内部振捣器又称插入式振捣器，如图 7-30 所示。工作时振动头 1 插入混凝土内部，将其振动波直接传给混凝土。这种振捣器多用于震实厚度较大的混凝土层，如桥墩、桥台基础以及基桩等。它的优点是质量轻，移动方便，使用广泛。

2）外部振捣器又称附着式振捣器，如图 7-31 所示，它是一台具有振动作用的电动机，在该机的底面安装有特制的底板，工作时底板附着在垂直或水平模板上，振捣器产生的振动波通过底板与模板间接地传给混凝土，这种振捣器多用于薄壳构件、空心板梁、拱肋、T 形梁等的施工。

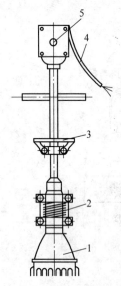

图 7-30　插入式振捣器
1—振动头　2—减振器　3—手把盘
4—橡胶电缆　5—操纵开关

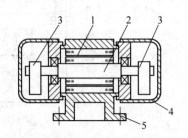

图 7-31　外部振捣器
1—电动机　2—电动机轴　3—偏心块
4—护罩　5—固定基座

根据施工需要，外部振捣器除附着式外，还有一种振动台，它是用来振捣混凝土预制品的。装在模板内的预制品放置在与振捣器连接的台面上，振捣器产生的振动波通过台面与模板传给混凝土预制品。

3）表面振捣器（见图 7-32）可直接放在混凝土表面上，振动器 2 产生的振动波通过与之固定的振捣器底板 1 传给混凝土。由于振动波是从混凝土表面传入，故称表面振捣器。工作时由两人握住振捣器的手柄 4，根据工作需要进行拖移。它适于厚度不大的混凝土路面和桥面等工程的施工。

（2）按振捣器的动力分类　有电动式、内燃式两种，以电动式应用最广。

（3）按振捣器的振动频率分类　有低频式、中频式和高频式三种。低频式的振动频率为 25～50Hz（1500～3000 次/min）；中频式为 83～133Hz（5000～8000 次/min）；高频式为 167Hz（10000 次/min）以上。

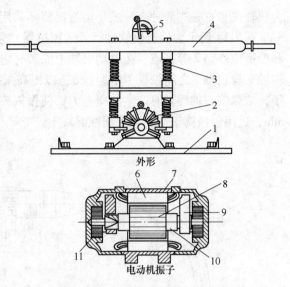

图 7-32　平面式表面振捣器和电动机振子
1—振捣器底板　2—振动器　3—缓冲弹簧　4—手柄
5—开关　6—定子　7—机壳　8—转子
9—偏心块　10—转轴　11—轴承

（4）按振捣器产生振动的原理分类
有偏心块式和行星式两种。其振动结构和工作原理如图 7-33 所示。

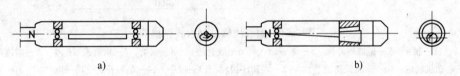

图 7-33　振捣棒激振原理示意图
a）偏心块式　b）行星式

偏心块式振捣器如图 7-33a 所示，它是利用振捣棒中心安装的具有偏心质量的转轴，在作高速旋转时所产生的离心力通过轴承传递给振捣棒壳体，从而使振捣棒产生圆周振动的。

行星式振捣器的激振原理如图 7-33b 所示，它是利用振捣棒中一端空悬的转轴，在它旋转时，其下垂端的圆锥部分沿棒壳内的圆锥面滚动，从而形成滚动体的行星运动以驱动棒体产生圆周振动。

二、结构与工作原理

1. 内部振捣器

内部振捣器由原动机、传动装置和工作装置三部分组成。其工作装置是一个棒状空心圆柱体，通常称为振捣棒，内部装有振动子。在动力源驱动下，振动子的振动使整个棒体产生高频低幅的机械振动。作业时，将它插入已浇好的混凝土中，通过棒体将振动能量直接传给混凝土内部各种集料，一般只需 20～30s 的振动时间，即可把棒体周围 10 倍于棒径范围的混凝土振动密实。内部振捣器主要适用于震实深度和厚度较大的混凝土构件或结构。

内部振捣器绝大部分采用电动机驱动，根据电动机和振捣棒之间传动形式的不同，可分为软轴式和直联式两种，一般小型振捣器多采用软轴式，而大型振捣器则多采用直联式。

图 7-34 所示为偏心块软轴插入式振捣器，它由电动机 15、增速器 8、软轴 5、偏心轴 3 和振捣棒外壳 2 等组成。在电动机轴上安装有防逆装置，以防软轴反向旋转，同时在电动机转轴 9 与软轴 5 之间设置了增速器 8，以提高振捣棒的振动频率。振捣棒采用偏心块式振动子，依靠偏心轴回转时产生的离心力，使振捣棒产生振动，振动频率一般为 6000~7000 次/min，适用于振捣塑性和半干硬性混凝土。

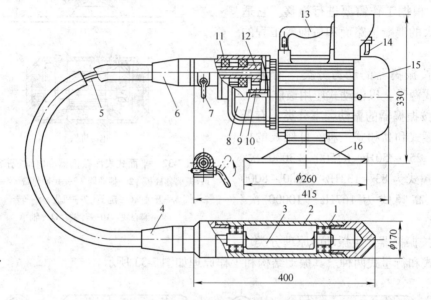

图 7-34　偏心块软轴插入式振捣器

1、11—轴承　2—振捣棒外壳　3—偏心轴　4、6—软管接头　5—软轴　7—软管锁紧把手　8—增速器
9—电动机转轴　10—胀轮式防逆装置　12—增速小齿轮　13—提手　14—电源开关　15—电动机　16—底座

2. 附着式振捣器

电动附着式振捣器依靠底部螺栓或其他锁紧装置固定在混凝土构件的模板外部，通过模板间接将振动传给混凝土使其密实。如图 7-35 所示，它由电动机、偏心块式振动子等组成，

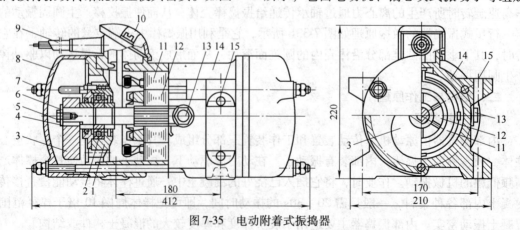

图 7-35　电动附着式振捣器

1—轴承座　2—轴承　3—偏心块　4—键　5—螺钉　6—转轴　7—长螺栓　8—端盖　9—电源线
10—接线盒　11—定子　12—转子　13—定子螺钉　14—外壳　15—地脚螺栓孔

外形如一台电动机。电动机为特制铸铝外壳的三相两极电动机，机壳内除装有电动机定子和转子外，在转轴的伸出端上还装有一个扇形偏心块，振动器两端用端盖封闭。偏心块随同转轴旋转，利用其离心力而产生振动。

3. 电动平板式振捣器

电动平板式振捣器又称表面振捣器，它除在振捣器底部设置一块船形底板外，其他结构和原理与附着式振捣器基本相同。

4. 混凝土振动台

混凝土振动台又称台式振动器，它是一种混凝土结构成型的机械设备。振动台的机架一般支承在弹簧上，机架下端装有激振器，机架上放置成型制品的钢模板，模板内装有混凝土混合料。工作时，在激振器的作用下，机架连同模板及混合料一起振动，从而使模板内的混凝土震实成型。

图 7-36 所示为 ZT-1.5×6 型混凝土振动台，其台面尺寸为 1.5m×6m，最大载重量为 30kN，振动频率为 47.5Hz。它由台面 1、下部框架 2、支承弹簧 4、电动机 6、齿轮同步器 5、偏心块式振动子 9 等组成。两根对称布置的振动轴是由 6 对安装有偏心块式振动子的传动轴以弹性联轴器联接而成，并通过 12 对轴承安装在台面下。

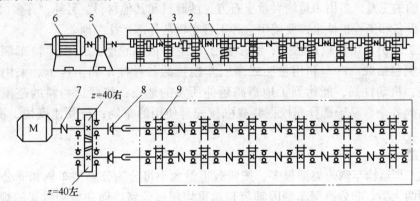

图 7-36　ZT-1.5×6 型混凝土振动台

1—台面　2—下部框架　3—振动轴　4—支承弹簧　5—齿轮同步器　6—电动机

7—弹性联轴器　8—万向联轴器　9—偏心块式振动子

第八章 工程运输与工业车辆

工程施工中，需经常使用工程运输车辆和工业车辆，以运输、装卸和搬运建筑材料、建筑构件、钢材、机电设备组件、工程机械和集装箱等。工程运输车辆包括各种载重汽车、自卸汽车、牵引汽车、挂车、半挂车等。工业车辆是指用来搬运、推顶、牵引、起升、堆垛或码放各种货物的动力驱动的车辆，包括各种叉车（前移式叉车、插腿式叉车、平衡重式叉车、侧面式叉车等）、堆垛车、牵引车、挂车、底盘车等。它们的特点是在轮式无轨底盘上装有起重、输送、牵引或承载装置进行各种作业。

第一节 工程运输车辆

在大中型水利水电、建筑、公路、桥梁、隧道和铁路等工程施工中，工程运输车辆作为工地内部运输的工具，多用来运输大量土石方、沙砾料和其他材料。另外，许多沉重的建筑构件、机电设备和工程机械也需要使用这种工程车辆从外部运往工地。

除少数工程仍采用铁道运输外，大多数工程主要依靠轮胎式工程运输车辆。轮胎式工程运输车辆包括载重汽车和用轮胎式牵引车拖挂的各种挂车和半挂车。采用轮胎式车辆的优点是：机动性高，能达到工地道路延伸所及的地点；能载运物料的范围广，用途多；产品系列齐全，易于选择与挖掘装载机械配套使用的车辆；行驶速度快，操纵灵活，使用可靠。

一、分类

轮胎式工程运输车辆的类型很多，按照载重量大小可分为公路型车辆和非公路型（或重型）车辆两大类。非公路型车辆因轴荷和总重均超过公路路面和桥涵载荷的规定，或车辆尺寸过大，不允许在正规公路上载重行驶。目前，我国生产的工程运输车辆以公路型车辆为主。

按照车辆结构和用途不同，公路型车辆和非公路型车辆又可分为若干形式，分别如图8-1和图8-2所示。

1. 公路型工程运输车辆

（1）载重汽车和自卸汽车 如图8-1a、b所示，载重汽车和自卸汽车的特点是：利用自身备置的动力驱动车辆行驶；车厢安装在汽车车架之上；自卸汽车的车厢，一般向后或向一侧倾翻卸料。按照转向方式，可分为偏转前轮转向和铰接转向两种。采用铰接转向方式的车辆，其转弯半径较小，并有良好的越野性能。按照公路运输车辆轴荷和总重的限制，公路型双轴汽车的总重应不超过20t，三轴汽车的总重应不超过30t，单轴负荷不超过13t，双后轴负荷不超过24（12×2）t。载重汽车的驱动形式常以4×2、4×4、6×4和6×6等表示，其中第一个数字表示汽车车轮总数（双轮胎作1轮计），第二个数字表示驱动轮数。对于越野汽车，为了充分利用汽车附着质量和提高其通过性，一般采用全轮驱动式，如4×4和6×6的车辆。

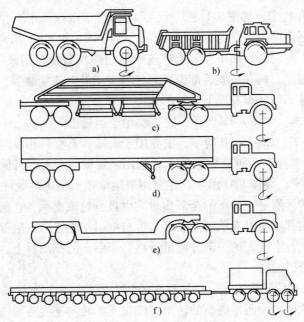

图 8-1　公路型车辆的类型

a）自卸汽车　b）铰接式自卸汽车　c）底卸式半挂车　d）后卸式半挂车　e）阶台车架式半挂车　f）重型平板挂车

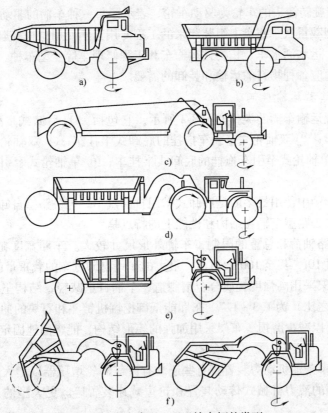

图 8-2　非公路型工程运输车辆的类型

a）后卸式重型自卸汽车　b）侧卸式重型自卸汽车　c）双轴轮式牵引车拖挂的底卸式半挂车
d）双轴轮式牵引车拖挂的侧卸式半挂车　e）单轴轮式牵引车拖挂的底卸式半挂车　f）单轴轮式牵引车拖挂的后卸式半挂车

（2）牵引汽车和挂车　如图 8-1c～f 所示，牵引汽车也称汽车头，是专门设计用来牵引挂车和半挂车作公路运输的。它的驱动形式有 6×4、6×6 和 8×8 几种。在牵引汽车的前部为发动机和驾驶室，在它的后部车架上设有支承转向连接装置，用来与挂车、半挂车相连。如与超重型的挂车相连，则在车架后部设车厢代替支承转向连接装置，用来装载加载物，以提高牵引效率。半挂车与挂车有以下几种形式。

1）底卸式半挂车，如图 8-1c 所示，它主要用于运输土方。

2）后卸式半挂车，如图 8-1d 所示，主要用于运输砂石材料和煤炭等。

3）阶台车架式半挂车，如图 8-1e 所示，它用来运输重型工程机械和机电设备。

4）重型平板挂车，如图 8-1f 所示，主要用来运输超重型机电设备。

挂车与半挂车的区别是：挂车的全部质量均由自身轮轴支承，它通过牵引辕杆与牵引车相连。而半挂车的前部则通过支承转向连接装置与牵引车相连，其后部有自身的单轴、双轴或多轴的轮轴。因此，半挂车的一部分质量转移到牵引车的驱动桥上，增加了牵引车的附着质量，从而提高其牵引性能。

图 8-1 示出了车辆的转向方式。自卸汽车的转向为前桥偏转车轮转向或铰接转向，牵引车的转向为偏转车轮转向，而半挂车的转向则依靠支承转向连接装置。挂车的转向方式有两种，一种是通过与汽车相连的牵引辕杆带动挂车前桥的水平转向盘实现转向；另一种是通过牵引辕杆带动每组车轮旋转，实现全车全轮转向。

在图 8-1 中带旋转箭头的车轮为驱动车轮，表示了每一种车辆的驱动轮布置。

目前在公路型载重汽车底盘上组装起来的工程专用车辆使用也很普遍，它包括散装水泥车、运油加油车、运水洒水车、长物件运输车和工程修理车等变型车种。它们的主要特点是车厢结构部分可适应各种物料的运输和装卸的需要。

2. 非公路型工程运输车辆

非公路型工程运输车辆的类型如图 8-2 所示，它包括：① 后卸式重型自卸汽车；② 侧卸式重型自卸汽车；③ 双轴轮式牵引车拖挂的底卸式半挂车；④ 双轴轮式牵引车拖挂的侧卸式半挂车；⑤ 单轴轮式牵引车拖挂的底卸式半挂车；⑥ 单轴轮式牵引车拖挂的后卸式半挂车。

在非公路型车辆中使用最多的是后卸式矿用自卸汽车。与公路型自卸汽车相比较，矿用自卸汽车和其他非公路型车辆在结构和性能上的特点是：

1）因不受公路轴荷和总重的限制，车辆外形尺寸较大。车厢宽度在 2.6m 以上；满载时，单轴载荷超过 10t，甚至 100t。目前，最大的矿用自卸汽车的载重量已达到 400t。

2）车厢和车架采用高强度轻质合金钢制造，车辆自重减轻，结构坚实耐用，载重系数（载重量与空车重之比）为 1.3～1.7。车厢能抵御挖掘机铲斗和石块的冲击，其内壁和底部用耐磨钢板镶衬，以减少磨损。车架采用加强的箱形结构，能牢固地固定传动系各部件、车厢及举升机构。

3）采用大功率柴油机动力装置，有些还装有废气涡轮增压器以增大功率。大吨位的车辆多采用动力换挡的液力机械式传动装置和轮边减速装置等。更大型的车辆还采用电动轮驱动。

4）功率与车重的比值为 2.2～3.7kW/t，要比一般载重汽车低。其最高行驶速度也较低，为 45～55km/h，但在困难条件下的爬坡能力要比一般载重汽车高 25%～40%。

5）重型自卸汽车大多采用短轴距的 4×2 驱动方式。其结构简单，车重减轻，操纵灵活，制造成本低。少数车辆采用 4×4 越野型，6×4 的驱动形式在载重量很大的车辆上也有所采用。重型自卸汽车和非公路型车辆均采用大断面低压轮胎或无内胎轮胎，其附着力大，车辆的通过性良好。

6）在设计制造上遵守法规要求，特别注意安全、环境污染（包括空气污染和噪声）和驾驶员的舒适等问题。采用有翻车保护结构和落体撞击保护结构的密封驾驶室，能防尘、防振和防噪声。

二、构造与工作原理

1. 自卸汽车

在工程建设中，使用最为普遍的运输车辆是各种型号的自卸汽车。目前，国际市场可供应的重型自卸汽车和工程运输车辆的型号多达 200～300 种，绝大部分车型是后轴驱动的后卸式自卸汽车，其载重量达 10～400t，发动机功率达 130～2200kW。

图 8-3 所示为 4×2 重型自卸汽车总体布置简图，它由发动机、传动系、行驶系、操纵系统、车身和电气设备等部件组成。它的工作原理、构造、部件形式和作用等，基本上与工程机械轮式底盘相同。

大多数重型自卸汽车采用 4×2 驱动形式。但是公路型与非公路型的自卸汽车仍有采用多轴形式的。采用 3 轴或 4 轴的原因是为了提高载重量，采用中、后桥驱动或全轮驱动是为了提高越野和牵引性能。在多轴驱动的汽车传动系中要增添分动箱、轴间差速器和驱动桥。因此，整个传动系更为复杂，并且价格提高。

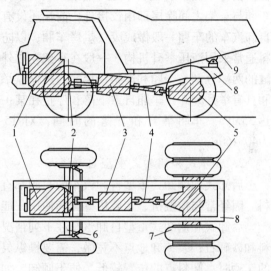

图 8-3　4×2 重型自卸汽车总体布置图
1—发动机　2—离合器　3—变速箱　4—万向传动轴
5—主传动和差速器　6—前桥　7—后桥
8—车架　9—自卸车厢

载重汽车和重型自卸汽车上的动力装置一般均采用四冲程柴油机，少数采用二冲程。其缸数有直列 2 缸、4 缸和 6 缸的，以及 V 形 6 缸、8 缸和 12 缸的。在四冲程柴油机上加装废气涡轮增压器的已逐渐增多，以保证在高原地区作业时功率不至于降低太多。

载重汽车上采用的传动方式可分为三种：① 机械式传动，载重 30t 以下的汽车上采用较多。② 液力机械式传动，载重 30～80t 的重型自卸汽车上采用较多。③ 电传动，多在载重 80t 以上的重型自卸汽车上采用。机械式传动系中，大多采用人力换挡的常啮合齿轮变速箱，通过啮合套或同步器实现换挡变速。重型汽车一般有 5～10 个挡位，也有 12 个的，个别的甚至多到 16～20 个挡位。

机械式变速箱具有效率较高、工作可靠和结构简单等优点，但对于重型自卸汽车和其他要求通过性高的汽车，由于使用条件困难，更多采用动力换挡的液力机械式变速箱以改善汽车的使用性能。这种由液力变矩器和行星齿轮变速箱组成的变速箱功能较为完善，它只用一根操纵杆就可进行多个挡位的换挡。这种变速箱一般具有 9 个前进挡和 3 个倒退挡。在每挡中，由速度控制器根据行驶速度的变化自动地变换传动形式，包括液力变矩器传动、直接传动（机械式传动）和超速传动，从而更有效地利用发动机的功率和提高传动效率。

重型自卸汽车在制动方面除采用行车制动、停车制动、紧急制动外，一般均备有下长坡液力缓行器，以保证行车安全。此外，全液压转向操纵和油气悬架装置等也有采用。重型自卸汽车的驾驶室大多为偏头式、单座的，以改善视野和便于维修发动机。重型自卸汽车的车厢要求结构牢固，以抵御装车时铲斗和岩石的冲击。有的车厢底部为三层结构，上、下层为4～8mm厚的钢板，中层夹有40～80mm厚的硬木。车厢两侧板、前板和底板都用加强的纵横梁加固。车厢前部装有保护驾驶室的顶板，尾部呈鸟尾形，并向上翘起15°～20°，使其在行驶时车厢中的土料不至于撒落。车厢的倾斜角一般达到50°～55°时，可将土料卸净。车厢与车架之间除尾部用铰接外，前端还设有橡胶缓冲器，以缓和车厢下落时的冲击。重型自卸汽车的车厢一般做成废气烘烤车厢，以防土料冻结和淤泥粘结车厢内壁。车厢的举升卸料通常采用液压举升机构。一般在车架左右外侧安装有倒置的三节柱塞式举升液压缸，液压缸的两端分别与车厢和车架铰接。通过操纵举升控制阀，用压缩空气操纵液压操纵阀，使车厢具有举升倾卸、车厢自重下落和停止在某一位置的3个操纵位置。举升液压缸的油压可高达35MPa。车厢举升和下落的时间，对15～25t的自卸汽车为15～30s，25t以上的为40～60s。

2. 后卸式和侧卸式重型自卸汽车

后卸式和侧卸式重型自卸汽车的车厢都直接装在车架上，用液压举升机构使车厢倾翻卸料。因经常与挖掘机、装载机等配套使用，能抵抗铲斗和石块的冲击。

后卸式和侧卸式重型自卸汽车在下列情况下使用：装运爆破块石和易流动粗细混杂的土料和砂砾石；装、卸地点不宽敞，需要操纵灵活的车辆时；道路坡度较大，需要爬坡能力强的车辆时；卸料点的位置较低，便于倾卸，如车辆由高处向低处卸料时。侧卸式重型自卸汽车可做到向车辆任一侧卸料，而不像后卸式车辆那样需要掉头转向卸料；也可做到不停车卸料，以缩短卸料时间。例如，在碎石加工厂的受料斗处，如采用侧卸式自卸汽车运输就只需要一条通路，不必留出调车场地。

3. 双轴牵引车拖挂的半挂车

在公路型车辆中使用的牵引车为牵引汽车，其轴荷较小、不超过公路的规定。非公路型车辆中使用的牵引车，其轴荷和总重均大，超过公路规定。轮式牵引车可分为双轴和单轴两类。双轴牵引车又可分为二轮驱动牵引车和四轮驱动牵引车两种。二轮驱动的双轴牵引车一般为整体式车架，前桥为转向桥，后桥为驱动桥，采用偏转车轮转向。四轮驱动的双轴牵引车多为铰接转向式，前后车架绕铰销相对偏转实现铰接转向。单轴牵引车的特点是它必须与半挂车连接在一起成为前轮驱动的整体机械才能工作。双轴和单轴牵引车都通过支承转向连接装置与后面的半挂车相连接。这种连接装置，如图8-4所示，能保证车辆的转向，并将一部分半挂车的质量转移到牵引车驱动桥上，以增加附着质量；而且，在不平的路面上行驶时，使全部车轮能够着地。

牵引汽车与半挂车之间的支承连接装置由装在牵引汽车车架后部的转盘和装在半挂车前部下方的圆柱销组成，如图8-4所示，它们合起来称为圆柱牵引销-转盘式支承连接装置。图8-5所示为半挂车的支承连接装置，它具有纵向和横向销轴，因而可使半挂车相对牵引汽车能左右和上下摆动。圆柱销与转盘中岔口的连接是自动碰接的，将半挂车与牵引汽车分离

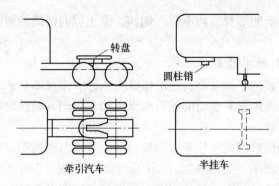

图 8-4　牵引汽车与半挂车连接示意图

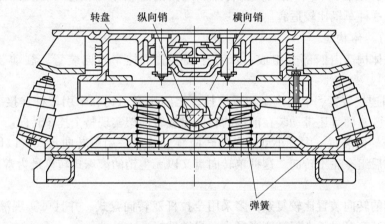

图 8-5　圆柱牵引销-转盘式支承连接装置

则需手工操纵，故称之为双自由度半自动鞍式牵引座。圆柱销用来传递牵引力，上下两转盘用来承受半挂车前部的质量和实现挂车转向。

底卸式半挂车设有液压或钢索操纵的底门或弧门。纵向的底门适合于卸成料堆，横向的底门则适合于铺摊。底卸式半挂车的特点有：

1）由于底门的开缝不大，故不适于运输块石，只适于运输易流动的土料、砂砾和碎石等材料。

2）这种半挂车采用的是大断面低压单个轮胎，胎压为 200～350kPa，比重型自卸汽车的双轮胎胎压（400～550kPa）低，适于在软土和沙地上行驶。

3）双轴牵引车的行驶速度快，可达 110km/h。当半挂车换上大轮胎时，最适于在平坦路面上作长距离的高速行驶运输。

4）由于功率和车重之比值要比重型自卸汽车的小，并且在上坡时作用在驱动轮上的附着质量的一部分会转移到后面半挂车的后轮上，因此爬坡能力受到限制。一般情况下，长坡道路的坡度在 5% 以内时才能顺利通过。

5）底卸式半挂车能不停车卸料，也能停靠在固定料斗之上向下卸料。

6）底卸式半挂车的结构简单，维修容易，台班费用较低。

双轴轮式牵引车拖挂的侧卸式半挂车，不仅适于运输易流动的土料，还可运输大块石，车厢侧卸倾角能达 55°，能将粘附在车厢上的物料卸净。前述底卸式半挂车具有的特点，它也都有，所不同的是它们的卸料方向不同。例如，沿土堤向两侧卸料时，侧卸式的就比其他卸料方式更方便。

4. 单轴牵引车拖挂的半挂车

由单轴牵引车所组成的车辆具有良好的操纵灵活性。车身不必前驶，牵引车就能在原地向左或向右转向。还可采用左右摆动的蛇行操纵方法，当陷入泥泞时能自救驶出。但这种前轴驱动车辆的爬坡能力较低。

由单轴牵引车拖挂的后卸式半挂车有一最明显的特点，即当车厢举升至卸料位置时，轴距缩短，因而转弯半径减小（见图 8-2f 左图所示的卸料情况，其轴距缩短）。故在隧洞施工出碴和在狭窄路堑中运土时，即使场地很窄，也能进行空车调头转向，后卸式半挂车装运的物料性质与后卸式自卸汽车相同。当装卸点之间的运输距离较短，行驶道路坡度不超过 10% 时，使用这种车辆比较适宜。

5. 挂车的总体构造

挂车的总体构造由四部分组成：牵引连接装置、挂车转向装置、制动装置和挂车悬架等。

（1）牵引连接装置　牵引汽车与重型挂车之间用牵引钩和牵引辕杆连接。牵引辕杆不仅拖动挂车行驶，而且还带动装在前端的转向盘或转向架实现整个挂车转向。

（2）挂车转向装置　中、小型挂车的转向装置一般采用单转向盘式，以使挂车的前轴转向，后轴或后组车轮不转向。这种单转向盘又以无主销的滚珠式转盘最为常见，它转向灵活，密封性好。

重型挂车的转向装置比较复杂，多采用全拉杆双转向盘式，并且可实现液压全轮转向，使转向轻便。其车身虽长，但转弯半径小、机动性好。

（3）制动装置　载重量小的单轴挂车可不设制动器，双轴挂车则常用后轮制动，大吨位的挂车必须采用全轮制动。挂车的制动方式常与牵引车相同，有液压制动、气压制动等方式。

（4）挂车悬架　一般挂车的悬架多采用叶片式钢板弹簧。双联桥的悬架有刚性摆臂式平衡悬架等形式。100t 以上的重型挂车上常采用空气液压平衡悬架，并采用摆臂式支架，使轮轴可上下调节和左右摆动 ±8°，以保证挂车具有纵向和横向通过性能。

为了保持多轴挂车的台面呈水平，常在挂车上将各轴液压悬架的油路连成 3 个或 4 个独立的回路，每一油路平衡一个力。当在横坡上行驶时，如控制受载一侧悬架充油，卸载的另一侧悬架放油，便可保持挂车台面的水平状态。

此外，在单轴挂车和半挂车上还应设置辅助支承装置，以在脱离牵引车后，挂车能够放平。为了保证安全，还必须设有安全和信号装置。

6. 挂车车厢结构

各种卸料方式的半挂车车箱结构如图 8-6 所示，包括底卸式、侧卸式、有车架后卸式、无车架后卸式和推挤后卸式五种车箱结构形式。

三、车辆的载重量和装载容量

工程运输车辆的载重量是指车辆允许承载的净重量，以吨计。工程运输车辆多用于运输土石方和矿石，而且是松方。如果松方物料的堆积密度（t/m³）已知，则车辆的载重量也可用容量（m³）来表示。车箱的容量分平装容量和堆装容量两种。有关车辆的载重量和车

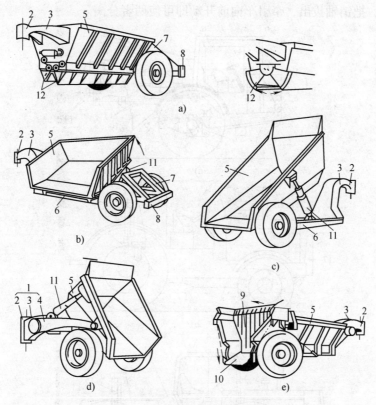

图 8-6　各种卸料方式的车箱图

a）底卸式车箱　b）侧卸式车箱　c）有车架后卸式车箱　d）无车架后卸式车箱　e）推挤后卸式车箱

1—牵引架　2—转向连接装置　3—曲梁　4—牵引臂　5—车箱　6—主车架　7—后部车架　8—尾部缓冲器
9—推挤板　10—尾门　11—液压缸　12—底门

箱的平装及堆装容量一般在车辆的技术数据中均可查到。

第二节　牵　引　车

一、挂车牵引车与挂车

挂车牵引车与前述各种挂车配合，用于水平搬运货物。牵引车主要由发动机和底盘组成，其总体布置与汽车相似，如图 8-7 所示。

二、普通牵引车与平板车

普通牵引车与拖挂平板车可搬运各种杂货或散件货。普通牵引车的总体布置如图 8-8所示。

普通牵引车的内燃机安装在车体前部。牵引时，后轮轮压较大，因此采用后轮驱动，前轮转向。为了增大附着质量以提高牵引性能，在车体靠近驱动桥部位装有配重块。前后桥与车架的连接均采用弹性悬架。

为适应顶推与牵引平板车的需要，普通牵引车前部装有坚固的护板，尾部装有拖挂机构。拖挂机构有一喇叭口，当平板车的拖挂杆伸入其中时，驾驶员可在驾驶室扳动操纵杠杆，把销轴插入拖挂杆孔中，完成与平板车的挂钩结合。需要牵引车与平板车脱钩时，只需扳动操纵杠杆，把销轴拔出，牵引车向前开动即可使两者分离。

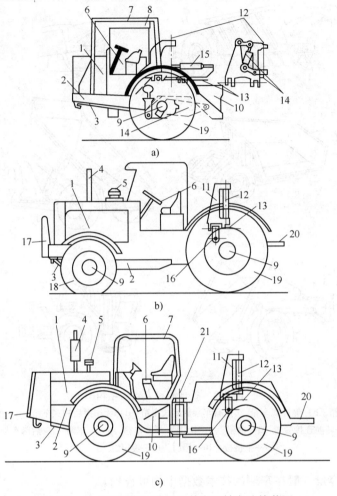

图 8-7　轮式牵引车的类型及其支承转向连接装置

a）单轴牵引车　b）双轴二轮驱动牵引车　c）双轴四轮驱动牵引车

1—发动机　2—车架　3—底壳　4—排气管　5—空气过滤器　6—驾驶室　7—翻车保护机构　8—车棚　9—车轮
10—变速箱　11—摆架　12—垂直主销　13—纵向水平销　14—悬架　15—转向液压缸　16—横向水平销　17—车前挡板
18—转向轮　19—驱动轮　20—挂钩　21—铰接车架主销

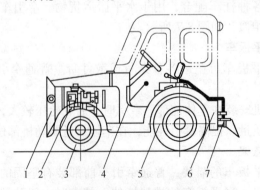

图 8-8　普通牵引车

1—护板　2—内燃机　3—转向轮　4—传动装置　5—驱动轮　6—配重块　7—拖挂机构

平板车如图 8-9 所示，其载货平台为一平板。一辆牵引车通常要拖挂数辆平板车进行搬运。平板车的四个车轮均为转向轮，两个车桥上的转向梯形机构之间用摆动杠杆互相连接，以保证平板车的车辙与牵引车完全一致。因此只要牵引车能通过的地方，后面拖挂的平板车也能通过。

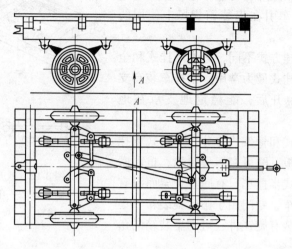

图 8-9　平板车

三、集装箱牵引车和挂车

集装箱牵引车专门用于拖挂集装箱挂车。两者结合组成车组，长距离搬运集装箱。

集装箱牵引车的外形如图 8-10 所示，其内燃机和底盘的布置与普通牵引车大体相同，但是集装箱牵引车前后轮均装有行车制动器，车架后部装有连接挂车的牵引鞍座（见图 8-11）。

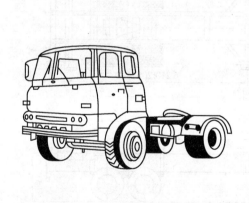

图 8-10　集装箱牵引车的外形

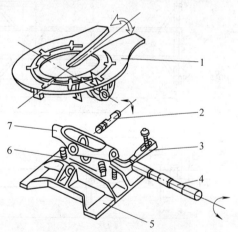

图 8-11　双轴固定式牵引鞍座
1—鞍座　2—滚轴　3—楔　4—俯仰轴
5—底盘座　6—弹簧　7—支承架

图 8-11 所示为双轴固定式牵引鞍座，鞍座下装有夹爪。与半挂车连接时，先调节半挂车支腿，使挂钩高度低于鞍座基面 50～80mm，并使鞍座中心孔对准挂钩，牵引车徐徐倒退，即可与半挂车连接。双轴固定式牵引鞍座可前后左右摇摆，适用于在不平坦的路面上

行驶。

图 8-12 所示为低升降式牵引鞍座。在底盘座上装有两个升降液压缸。液压缸推动滚轴移动，即可通过起升臂使牵引鞍座升起与挂车连接。低升降式牵引鞍座主要用于牵引在集装箱货场上使用的挂车。

集装箱挂车按拖挂方式不同，分为半挂式和全挂式两种。其中以半挂式最为常用。半挂车装有支腿，以便与牵引车脱开后，能稳定地支承在地面上。

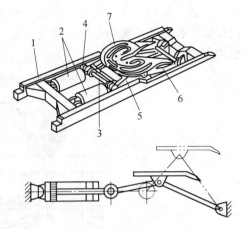

半挂车又有平板式和骨架式之分。平板式半挂车底盘上全部铺有钢板，既可搬运集装箱，也可搬运长大件货物。骨架式半挂车只有底盘骨架而没有铺板平台，又称底盘车，专门用于搬运集装箱。集装箱半挂车车架四角装有旋锁件，可与集装箱的角配件锁定。

图 8-12　低升降式牵引鞍座

1—底盘座　2—升降液压缸　3—滚轴
4—滚轮　5、6—起升臂　7—鞍座

图 8-13 所示的集装箱半挂车可装两个 20ft 或一个 40ft 集装箱。它由车架、支腿、行走装置、制动装置和集装箱锁定装置等几部分组成。

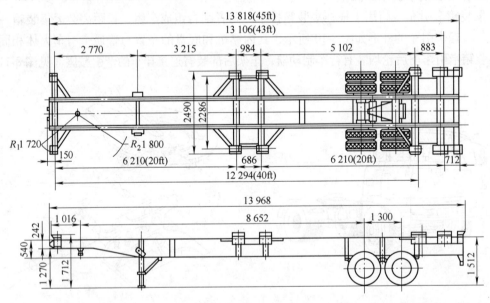

图 8-13　集装箱半挂车

支腿装在半挂车前部，两侧各有一个。当半挂车与牵引车分离后，必须使用支腿才能稳定地停驻。车桥与车架之间采用钢板弹簧悬架。车轮制动器采用气制动方式，以便与牵引车的制动系统连接或分离。对于 20ft 和 40ft 集装箱兼用的半挂车，除了在车架四角装有旋锁件之外，还在车架中部装有 4 个起伏式旋锁件，搬运 40ft 集装箱时可将中部旋锁件压下不用。

第三节　叉　车

叉车又称铲车，它以货叉作为主要的取物装置，依靠液压起升机构升降货物，由轮胎式行走装置实现货物的水平搬运。叉车除了使用货叉外，还可更换各种类型的取物装置以适应多种货物的装卸、搬运和堆垛作业。

一、分类

叉车根据其结构和功用，可分为平衡重式叉车、插腿式叉车、前移式叉车、侧面式叉车和集装箱叉车等。

1. 平衡重式叉车

如图 8-14 所示，平衡重式叉车的货叉位于叉车前部，为了平衡货物质量产生的倾翻力矩，在叉车的后部装有平衡重，以保持叉车的稳定。平衡重式叉车通用性强，是使用最为广泛的一种叉车。平衡重式叉车产品种类众多，额定起重量小的不到1t，大的可达数十吨。中型的平衡重式叉车可把货物提升3m 高。

2. 插腿式叉车

如图 8-15 所示，插腿式叉车的两条支腿向前伸出，支承在直径很小的车轮上。支腿的高度很小，可连同货叉一起插入货物底部，然后由货叉托起货物。货物的重心落在车辆的支承平面内，因此稳定性很好，不必设置平衡重。插腿式叉车一般用电动机驱动，蓄电池供电，起重量小，车速低，对路面要求高，但结构简单，外形小巧，适用于通道狭窄的库内作业。

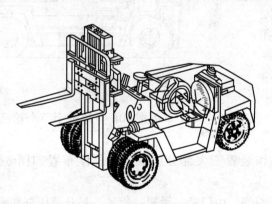

图 8-14　平衡重式叉车

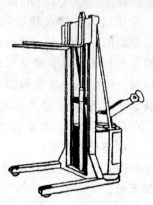

图 8-15　插腿式叉车

3. 前移式叉车

如图 8-16 所示，前移式叉车也有两条前伸的支腿，但是车轮直径较大，支腿较高。作业时支腿不能插入货物底部，而门架可以带着整个起升机构沿支腿内侧的轨道前移。叉取货物后稍微起升一个高度即可缩回，保证叉车运行时的稳定。前移式叉车一般用电动机驱动，额定起重量在2t 以下。

4. 侧面式叉车

如图 8-17 所示，侧面式叉车的门架、起升机构及货叉位于叉车中部，并可沿横向导轨移动。货叉在侧面叉取货物后，起升一定高度，门架缩回，降下货叉，可把货物搁在叉车前后货台上。起升机构在车辆行驶时不受载。由于货物重心在前后车轮的支承平面内，因而纵向稳定性很好。侧面式叉车适用于装卸搬运长件货物，如型钢、管材、木料等。为了减小一侧车轮的载荷，并保证叉车的横向稳定性，叉取货物时宜放下侧面的液压支腿。

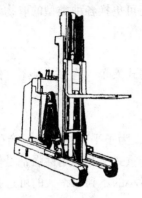

图 8-16　前移式叉车

图 8-17　侧面式叉车

5. 集装箱叉车

如图 8-18 所示，集装箱叉车专门用于集装箱的装卸搬运，也有正面式和侧面式两类。集装箱底部托板制有叉孔。起重量足够大的通用型叉车也可叉起 10t 以下的小型集装箱，但是对于 30ft 以上的大型集装箱，若用货叉直接在集装箱中部叉起，该部位受到的应力很大，可能造成集装箱的变形甚至损坏。集装箱叉车装备特制的顶吊框架，可以抓住集装箱顶部的角配件进行装卸。大型集装箱叉车能提起 30 ~

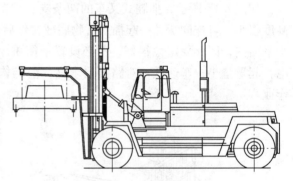

图 8-18　集装箱叉车

40ft 长的满载集装箱，并堆放到两个箱高。专用的空箱叉车可把 40ft 空箱堆至 7 个箱高。

二、构造与工作原理

平衡重式叉车由发动机、底盘和工作装置三大部分组成，其总体布置如图 8-19 和图 8-20 所示。

平衡重式叉车的工作装置布置在叉车前部，由门架、滑架、货叉、起升液压缸和倾斜液压缸等组成，用以叉取和升降货物。为了平衡前部的货物质量，保证叉车的纵向稳定性，在叉车尾部装有平衡重。

内燃机是叉车的动力装置，装在驾驶座的后方，兼起平衡重作用。

底盘由传动系、行驶系、转向系和制动系组成。

传动系把发动机的动力传给驱动轮。它由液力变矩器或离合器、变速箱、传动轴和驱动桥内的主传动器、差速器、半轴等组成。

行驶系用以支承车辆，把传给驱动轮的转矩转化为牵引力，并承受路面反力。它由车架、车桥、车轮以及悬架组成。

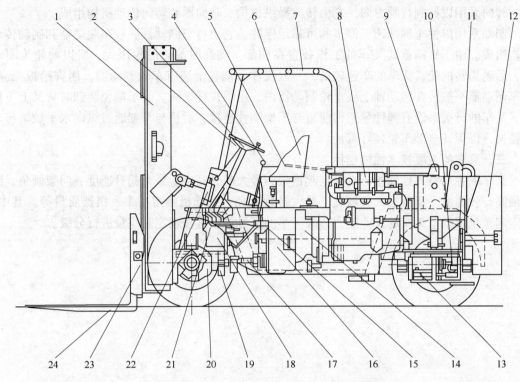

图 8-19 TCM FD100Z3 型叉车主视图

1—外门架 2—升降杆 3—转向盘 4—换向杆 5—发动机停车杆 6—座椅 7—防护罩 8—空气过滤器 9—散热器
10—转向液压缸 11—转向桥 12—平衡重 13—转向三联板 14—变矩器 15—制动主缸 16—变速箱 17—传动轴
18—真空增压器 19—驻车制动器 20—驱动桥 21—转向器 22—控制阀 23—滑架 24—货叉

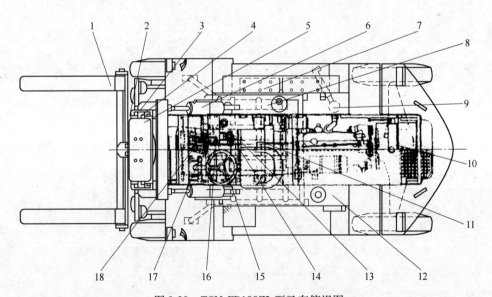

图 8-20 TCM FD100Z3 型叉车俯视图

1—货叉 2—滑架 3—外门架 4—门架滚轮 5—内门架 6—倾斜液压缸 7—蓄电池 8—油箱 9—消声器
10—散热器 11—发动机停车杆 12—燃料箱 13—变速杆 14—换向杆 15—倾斜杆 16—升降杆
17—制动踏板 18—加速踏板

转向系用以控制行驶方向。它由转向操纵机构、转向器和转向传动机构组成。

制动系用以使车辆减速、停车和可靠地停驻。它由行车制动器、驻车制动器和制动传动机构组成。由于平衡重式叉车的工作装置在前部，满载时前轮的轮压大，所以前轮为驱动轮，后轮为转向轮。叉车的车速较低，一般仅在驱动轮上装有车轮制动器，用脚踏板操纵。驻车制动器一般装在传动轴上或车轮制动器内，用手拉杆操纵。为了避免装卸时货叉上下振动，叉车的行驶系设有弹性悬架，前桥与车架刚性连接，后桥与车架通过纵向水平铰轴与车架铰接，以保证全部车轮良好着地。

三、叉车的主要技术性能指标

叉车的主要技术性能指标有额定起重量、最大起升高度、最大起升速度、门架倾角、满载最高行驶速度、满载最大爬坡度、最大转弯直径、发动机额定功率、机器质量等。其中，额定起重量反映了叉车的作业能力，故叉车的型号规格常按额定起重量进行分级。

第九章　工程起重机械

工程起重机械是指在各种工程建设中用于起重作业的各种机械的总称。它对于减轻劳动强度、节省人力、降低建设成本、提高施工质量、加快建设速度、保证施工安全、实现工程施工机械化起着十分重要的作用。

工程起重机械主要包括汽车起重机、轮胎起重机、履带式起重机、塔式起重机、施工升降机、高空作业机械、桅杆式起重机、缆索起重机、跨缆起重机等。缆索起重机和跨缆起重机常用在桥梁工程施工中，故将其列在第十三章"桥梁工程机械"中阐述。

工程起重机械适用于各类建筑和工业设备安装等工程中的结构件与设备的安装工作以及成件物品的垂直运输与装卸工作，它也广泛应用于交通、农业、油田、水电、核电和军工等部门的装卸与安装工作。

第一节　起重机的基本参数与基本构成

一、起重机的基本参数

起重机的参数是表征其技术性能的指标，也是设计和选用起重机的依据。它主要包括：起重量、幅度（或外伸距）、起升高度、工作速度、生产率、轨距（或跨度、轮距）和基距（或轴距）、工作级别、起重机外形尺寸、自重和轮压等。

1. 起重量

起重量通常是指最大额定起重量，它指起重机正常工作时允许起升的重物的最大质量（t）。对于使用吊钩的起重机，它指允许吊钩吊起的重物的最大质量。对于使用吊钩以外各种吊具的起重机，如使用抓头、电磁吸盘、集装箱吊具等取物装置的起重机，这些吊具的质量应包括在内，即为允许起升的重物最大质量与可拆吊具的质量之和。对于起重量较大的起重机，通常除主钩外，还装设起重能力较小、起升速度较快的副钩。副钩的起重量一般为主钩起重量的20%~40%。

2. 幅度（或外伸距）

幅度是指起重机吊具伸出起重机支点以外的水平距离（m），不同形式的起重机往往采用不同的计算起点。对于回转臂架起重机，其幅度是指回转中心线与吊具中心线间的水平距离。

3. 起升高度

起升高度是指起重机能将额定起重量起升的最大垂直距离（m）。

4. 工作速度

起重机的工作速度包括起升、变幅、回转、运行四个机构的速度。起升速度是指起重机起升额定起重量时，重物匀速上升的速度（m/min）；变幅速度是指起重机吊具从最大幅度至最小幅度并沿水平方向运动的平均速度（m/min）；回转速度是指起重机的转动部分在匀速转动状态下每分钟回转的圈数（r/min）；运行速度是指起重机或起重小车匀速运行时的速度（m/min），对于无轨运行机械常称行驶速度（km/h）。起重机各机构的工作速度既取决于作业上的要求，又取决于技术上的可能性。轮胎起重机的行驶速度一般为 10~18km/h，为越野汽车行驶速度的 10%~30%。

5. 生产率

起重机的生产率是指在单位时间内吊运货物的总吨数，通常用 t/h 表示。它是综合了起重量、工作行程和工作速度等基本参数，以及操作技能、作业组织等因素而表明起重机工作能力的综合指标。由此可见，起重机的生产率不仅取决于起重机本身的性能参数，如起重量大小、工作速度高低等，还与重物种类、工作条件、生产组织以及驾驶员的熟练程度等密切相关。要提高起重机的生产率，应从以下三方面着手：一是提高起重量，如采用大吨位的起重机或采用轻型吊具，以增大起重机的有效起重量；二是增加每小时的工作循环次数，如提高工作机构的速度，缩短工作机构起动和制动时间，改进结构和装卸工艺以缩短起重机吊具运行的路程，几个工作机构尽可能同时动作，改善机构的性能以便于驾驶员操纵和缩短挂钩等辅助时间，加大有关零部件的安全可靠性，保证作业快速进行等；三是总结推广先进的管理和操作经验，以便充分利用起重机的起重量和加快工作循环。

6. 起重机及其机构的工作级别

工作级别是表明起重机及其机构工作繁忙程度和载荷状态的参数。

起重机是进行间歇动作的机械，工作时，各个机构不但时开时停，而且有时正转，有时反转；有时满载，有时空载；有时载荷大，有时载荷小；有的起重机日夜三班工作，有的特殊用途的起重机甚至一年才用一两次。在起重机每次吊运货物的工作循环中，各个机构运动时间的长短和开动次数也不相同。这些现象都会对起重机的金属结构和机构零部件的疲劳、磨损等产生不同的影响。因此，应根据不同情况对起重机及其机构划分为不同的工作级别，目的是为合理地设计、制造和选用起重机及其零部件提供一个统一的标准。

根据我国起重机设计规范（GB/T 3811—2008），起重机及其机构的工作级别是按它们的利用等级和载荷状态来划分的。利用等级反映了工作的繁忙程度，起重机按其设计使用期内总的工作循环次数划分等级，各机构再按其使用期内运转总时数划分等级。起重机及其机构的载荷状态表明它们经常受载的轻重程度，分为轻、中、重、特重四级。根据起重机或机构的利用等级和载荷状态，把起重机的工作级别分为 A1~A8 共八个级别，各机构则分为 M1~M8 共八个工作级别。例如，1~3 级是指不经常使用或经常轻闲使用的级别，而 7~8 级则表示繁忙使用或者利用等级中等但载荷状态为重或特重的情况。

二、基本构成

各种类型的起重机基本上都是由工作机构、运行机构、动力装置、控制系统和金属结构五大部分组成。结合图 9-1 所示的三种在建设工程中广泛应用的起重机为例说明起重机的基本组成。

1. 工作机构

工作机构是为实现起重机不同运动要求而设置的，不同类型的起重机工作机构有所不同。起重机的主要工作机构有起升、变幅和回转机构。而复杂的起重机还有其他工作机构，例如轮式起重机还有吊臂伸缩机构和支腿收放机构，塔式起重机还有塔身顶升机构等。

（1）起升机构　为实现吊具垂直升降而设置的零部件组合称为起升机构。其作用就是

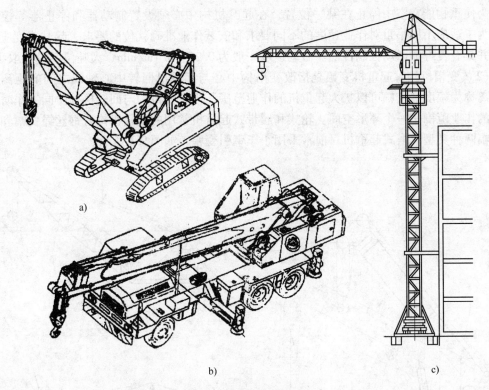

图 9-1　起重机基本构造

a) 履带式起重机　b) 轮式起重机　c) 塔式起重机

将原动机的旋转运动转变为吊钩的垂直升降运动。图 9-2 所示为三种典型的起升机构示意图。它由驱动马达 1、减速器 4、卷筒 5、钢丝绳 7、滑轮组和吊钩 6、离合器、制动器等组成，其中滑轮组、钢丝绳和卷筒是起重机起升机构的主要零部件。驱动马达旋转时，通过减速器带动卷筒旋转，缠绕在卷筒上的钢丝绳通过滑轮组带动吊钩作垂直上下的直线运动，从而实现起升或下放重物。

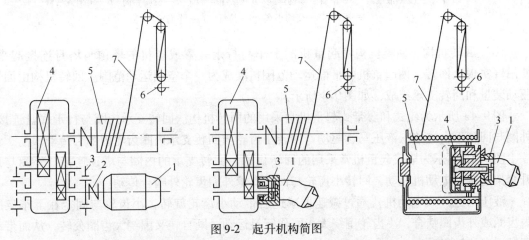

图 9-2　起升机构简图

1—驱动马达　2—联轴器　3—制动器　4—减速器　5—卷筒　6—吊钩　7—钢丝绳

为使重物能在空中停止在某一位置，在起升机构中必须设置制动器和停止器等控制部件。为了适应不同吊重对作业速度的不同要求和安装作业准确就位的要求，起升速度应能调节，并具有良好的微动控制性能。微动速度一般为 $0.25 \sim 0.4 \text{m/min}$，大吨位起重机取小值。

（2）变幅机构 起重机变幅是指改变吊钩中心与起重机回转中心轴线之间的距离，这个距离称为幅度。变幅可以扩大起重机的作业范围。当变幅机构与回转机构协同工作时，起重机的作业范围是一个环形空间。轮式和履带式起重机常用的变幅机构有钢丝绳变幅和液压缸变幅两种类型，塔式起重机目前常采用小车牵引变幅，如图 9-3 所示。

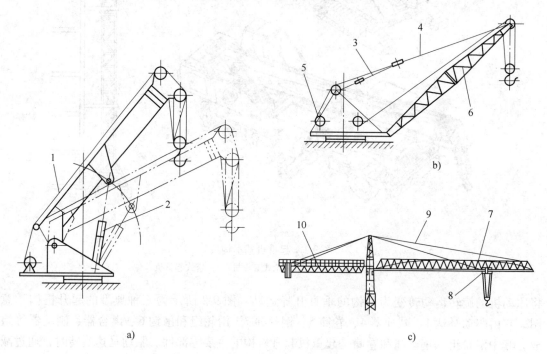

图 9-3 变幅机构

a）液压缸变幅机构 b）钢丝绳变幅机构 c）小车牵引变幅机构

1—吊臂 2—变幅液压缸 3—吊臂变幅钢丝绳 4—悬臂吊臂绳 5—变幅卷筒 6—桁架式吊臂
7—吊臂 8—变幅小车 9—拉杆 10—平衡臂

（3）回转机构 回转机构将起重机的上车与行走装置或塔机的塔顶与塔身连接起来，使吊臂实现全回转，使起重机的平面运动范围扩展成为一个空间运动范围。回转机构由回转驱动装置和回转支承组成，如图 9-4 所示。

图 9-4a 所示为轮式和履带式起重机常采用的回转机构。回转支承内圈与行走底盘连接，外圈与回转平台连接。液压马达驱动，回转小齿轮与回转支承内圈齿轮内啮合传动。

图 9-4b 所示为塔式起重机常采用的回转机构。回转支承的内圈与塔顶连接，外圈与顶升套架连接。电动机驱动，回转小齿轮与回转支承外圈齿轮外啮合传动。

液压马达（或电动机）通过减速器减速后带动小齿轮旋转，小齿轮与固定在下车架的内齿圈或外齿圈啮合，小齿轮围绕大齿圈作行星运动，既自转又围绕大齿圈公转，从而带动回转平台旋转运动。

（4）吊臂伸缩机构 轮式起重机多采用伸缩式吊臂。伸缩式吊臂由焊接的多节箱形结

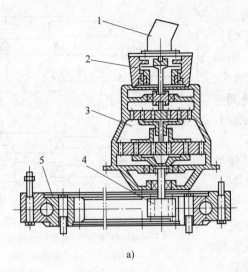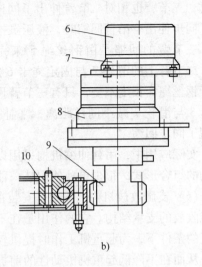

图 9-4　回转机构

a）轮式、履带式起重机回转机构　b）塔式起重机回转机构

1—液压马达　2—制动器　3—行星减速器　4—回转小齿轮　5—回转支承内圈　6—电动机　7—制动器

8—行星减速器　9—回转小齿轮　10—回转支承外圈

构套装在一起组成。各节臂的横截面多为矩形、五边形或多边形结构。通过装在臂架内的伸缩机构使吊臂伸缩，从而改变起重臂的长度。常用的吊臂伸缩方式有顺序伸缩、独立伸缩和同步伸缩三种。

顺序伸缩是指各节吊臂必须按一定的先后顺序完成伸缩动作，如图 9-5 所示，吊臂按二节臂—三节臂—四节臂的顺序伸出，再按相反顺序缩回。

独立伸缩是指吊臂在伸缩过程中，各节臂均能独立地进行伸缩。独立伸缩机构显然可以完成顺序伸缩或同步伸缩的动作。

同步伸缩是指各节伸缩臂以相同的行程进行伸缩动作。同步伸缩机构有液压马达螺杆同步和钢丝绳滑轮同步形式。图 9-6 所示为钢丝绳滑轮同步伸缩机构，它采用一个液压缸和一套动滑轮钢丝绳（也可采用链轮和链条）实现同步。伸缩液压缸的活塞杆 12

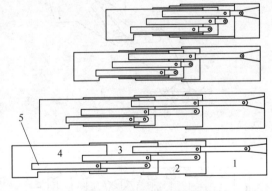

图 9-5　顺序伸缩示意图

1—基本臂　2—二节臂　3—三节臂

4—四节臂　5—液压缸

与基本臂 11 由销轴 9 铰接。缸体与二节臂 13 由销轴 8 铰接。滑轮 7 装在二节臂 13 上。滑轮 1 装在缸体 14 头部。平衡滑轮 10 装在基本臂 11 上。钢丝绳 2 绕过平衡滑轮 10 和滑轮 1，其两端头由固定绳卡 4 与三节臂 15 相连。钢丝绳 5 绕过滑轮 7，一端头由固定绳卡 6 与基本臂 11 相连，另一端头由固定绳卡 3 与三节臂 15 相连。

当液压缸通过销轴 8 推动二节臂伸出时，滑轮 1 与平衡滑轮 10 距离增加。因为钢丝绳 2 长度不变，所以固定绳卡 4 到滑轮 1 的距离减小。这样，在二节臂 13 相对基本臂 11 伸出的同时，三节臂也相对二节臂伸出了同样的距离，实现了同步伸出。吊臂回缩时，液压缸推动二节臂回缩，三节臂的回缩是由钢丝绳 5 来完成的。回缩时，二节臂上的滑轮 7 与固定绳卡 6 的距离增大，由于钢丝绳 5 长度不变，只有三节臂回缩，使固定绳卡 3 与滑轮 7 减小同样距离，来补充这段距离，实现了同步回缩。

实际应用中，吊臂伸缩机构采用以上几种伸缩机构的组合形式，很少单独使用某一种伸缩机构。

（5）支腿收放机构　支腿是安装在车架上可折叠或收放的支承结构。它的作用是在不增加起重机宽度的条件下，为起重机工作时提供较大的支承跨度，从而在不降低起重机机动性的前提下提高起重特性。轮式起重机的支腿均采用液压传动，常采用的支腿收放机构有蛙式、H 式、X 式和辐射 H 式四种类型，其工作原理分别如图 9-7a～d 所示。

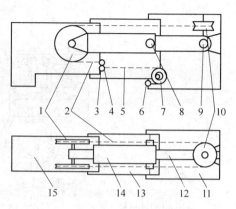

图 9-6　钢丝绳滑轮同步伸缩机构

1、7—导向滑轮　2—伸臂钢丝绳
3、4、6—固定绳卡　5—缩臂钢丝绳
8、9—液压缸固定销轴　10—平衡滑轮
11—基本臂　12—活塞杆　13—二节臂
14—缸体　15—三节臂

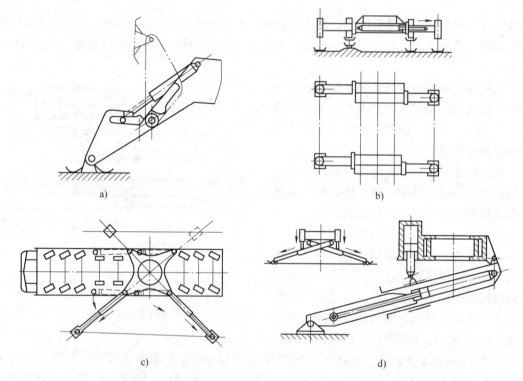

图 9-7　四种支腿收放机构

a）滑槽式蛙式支腿　b）H 式支腿　c）X 式支腿　d）辐射 H 式支腿

蛙式支腿的收放是由一个液压缸完成的。支腿和液压缸铰接在车架上，液压缸活塞杆头部卡在活动支腿的滑槽中。当液压缸收缩时，支腿收起。液压缸推出时，支腿放下，支腿着地后支起整机。这种支腿用于小型起重机。

H式支腿的每个支腿由两个液压缸（水平和垂直液压缸）控制收放。水平液压缸可使支腿在水平方向伸缩，可以改变起重机的支承跨距，垂直液压缸可使支腿支承地面，并可适应地面的起伏不平。支腿外伸后，呈"H"形。为保证足够的外伸距离，左右支腿交错布置。H式支腿跨距大，易调平，广泛应用在大中型起重机上。

X式支腿的每个支腿也由两个液压缸控制收放。固定支腿一端铰接于车架，中间与垂直液压缸活塞杆相连接。活动支腿套装在固定支腿内，靠装在其内的液压缸控制伸缩。当左右支腿伸出后，呈"X"形。这种支腿比H式支腿稳定性好，但离地间隙小，常与H式支腿混合使用。

辐射H式支腿的每个支腿与回转支承底座铰接，使回转支承承受的全部力和力矩直接传送到支腿上，可以减轻整个底盘质量5%～10%，适用于大型轮式起重机等。

2. 运行机构

运行机构的任务是使起重机和行走台车水平运动，有时用于调整起重机的工作位置，有时用于搬运物品。运行机构分为无轨运行和有轨运行两种。前者采用轮胎或履带，用于汽车起重机、轮胎起重机和履带式起重机。后者在专门铺设的钢轨上运行，如塔式起重机的行走台车。

3. 动力装置

轮式起重机和履带式起重机的动力装置多为内燃机，可由一台内燃机为上车和下车的各机构提供动力。对于有些大型汽车起重机的上车和下车需各设一台内燃机，分别驱动工作机构（起升、变幅和回转机构）和运行机构。塔式起重机和固定场所工作起重机的动力装置采用电动机。

4. 控制系统

控制系统包括操纵装置和安全装置。操纵装置主要包括：离合器、制动器、停止器、液压控制阀、各种类型的调速装置。安全装置包括：起重力矩限制器、载荷限制器、力矩传感器、工作机构行程限位开关、工作性能参数显示仪表和计算机控制装置等。通过控制系统实现各机构的起动、调速、换向、制动和停止，从而达到起重机作业所要求的各种动作，并同时保证起重机的安全作业。

5. 金属结构

金属结构是起重机的骨架。它包括用金属材料制作的吊臂、回转平台、人字架、底架（车架大梁）、支腿和塔式起重机的塔身、平衡臂和塔顶等，是起重机的重要组成部分。起重机各机构和零部件都安装或支承在这些金属结构上，它承受起重机的自重以及作业时的各种外载荷。

第二节　轮式起重机

一、用途与分类

轮式起重机本身自带行走装置，机动性好，转场方便、快速，作业适应性好。用于各种建设工程和设备安装工程的结构与设备安装及各种材料、构件的垂直运输和装卸工作。

按照行走装置的结构，轮式起重机可分为汽车起重机和轮胎起重机。汽车起重机的起重作业部分安装在汽车底盘上，而轮胎起重机的起重作业部分安装在特制的轮胎式底盘上。汽车起重机不能带载行驶，转弯半径大，越野性能差，工作时必须打开支腿，不能在前方吊装作业；而轮胎起重机能带载行驶，转弯半径小，越野性能好。

轮胎起重机又分为通用轮胎起重机、越野轮胎起重机和全地面起重机。通用轮胎起重机具有在平坦地面上不用支腿吊重及能吊重行驶的功能。越野轮胎起重机具有越野性能好、不用支腿能吊重及能吊重行驶的功能。全地面起重机具有汽车起重机和越野轮胎起重机的主要功能。

按照起重量的大小，轮式起重机可分为小型（起重量在 12t 以下）、中型（起重量为 16~40t）、大型（起重量为 40~100t）和特大型（起重量在 100t 以上）。目前汽车起重机、越野轮胎起重机和全地面起重机的最大起吊质量分别可达到 300t、150t 和 1200t。

按照吊臂形式，轮式起重机可分为桁架臂和箱形臂两种。

按照传动形式，轮式起重机可分为机械传动、电-机械传动和液压机械传动三种。

二、构造与工作原理

1. 汽车起重机

通常习惯上把装在通用或专用载重汽车底盘上的起重机称为汽车起重机。图 9-8 所示为 QY12 型全液压汽车起重机整体结构，它是利用通用汽车底盘的伸缩臂式液压汽车起重机。

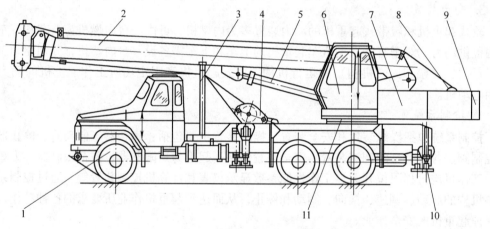

图 9-8   QY12 型全液压汽车起重机整体结构图

1—汽车底盘 2—吊臂 3—吊臂支架 4—吊钩 5—变幅液压缸 6—操纵室 7—转台
8—卷扬机 9—配重 10—支腿 11—回转机构

由于汽车起重机是利用汽车底盘，所以具有汽车的行驶通过性能，机动灵活，行驶速度快，可快速转移，转移到作业场地后能迅速投入工作。因此特别适用于流动性大、不固定的作业场所。此外，在现成的汽车底盘上改装成起重机比较容易和经济。汽车起重机由于具有上述这些特点，因而随着汽车工业的迅速发展，近年来各国汽车起重机的品种和产量都有很大发展。但汽车起重机也有其弱点，主要是起重机总体布置受汽车底盘的限制，一般车身都较长，转弯半径大，并且只能在起重机左、右两侧和后方作业。

汽车起重机是成批生产的系列产品，种类较多，现以 QY12 型全液压汽车起重机为例介绍其主要组成部分的结构及工作原理。

QY12 型汽车起重机在工作半径为 3m 时最大起重量为 12000kg，是具有三节伸缩臂、全回转的液压起重机。其取力装置（即动力输出装置）位于起重机底盘变速器右侧，起重机从行驶状态转入起重作业时，在操纵室内操纵取力操纵杆使取力装置接合后，汽车发动机动力经过取力装置传至齿轮泵，使齿轮泵工作。齿轮泵输出的液压油通过液压系统驱动起重机的支腿和上车回转及变幅、伸缩机构以及卷扬机工作。支腿为"H"形结构，前后固定支腿分别焊接在车架下方，四个活动支腿分别装在前后固定支腿的箱形体内，支腿机构为液压驱动。活动支腿通过支腿操纵阀控制，它可以同时动作，也可以单独动作。支腿的动作一般情况是先伸出水平支腿后，再伸出垂直支腿；缩回时应先缩回垂直支腿，后缩回水平支腿。

起重臂的主臂为三节四边形箱形吊臂，伸缩机构为单级液压缸加钢丝绳同步伸缩方式，其结构如图9-9所示，原理如图9-6所示。为提高伸缩液压缸的稳定性，将伸缩液压缸倒置安装在伸缩臂中，活塞杆头与基本臂尾部铰接，缸体端部与二节臂根部铰接。当伸缩液压缸伸出时，活塞杆固定不动，则缸体运动将二节臂推出；当伸缩液压缸缩回时，则缸体运动将二节臂拉回。

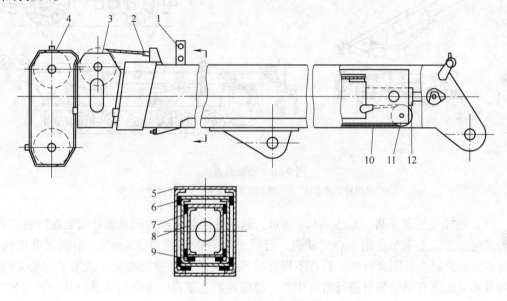

图9-9　起重臂及伸缩机构
1—导绳器　2—伸臂钢丝绳　3—伸臂滑轮　4—导向滑轮　5—基本臂　6—侧滑块　7—二节臂　8—三节臂
9—下滑块　10—缩臂钢丝绳　11—缩臂滑轮　12—伸缩液压缸

起升机构由液压马达、双级圆柱齿轮减速器、制动器、卷筒、钢丝绳、起重吊钩等组成。其制动器为常闭摩擦片干式制动器，由制动液压缸控制，并可在起重过程中任何位置实现重物停稳而不下滑。在起升机构液压回路中装有平衡阀，用来控制重物下降的速度。

回转机构由液压马达、蜗杆减速器、回转支承等组成。回转机构工作时，由齿轮泵供给液压油，采用定量马达驱动，通过回转分配阀的控制可以实现正、反向全回转。

变幅机构由吊臂、转台与一个前倾安装的双作用液压缸构成，其变幅动作是通过双作用液压缸的伸缩实现的。

2. 轮胎起重机

将起重作业部分装在专门设计的自行轮胎式底盘上所组成的起重机称为轮胎起重机，它分通用、越野和全地面三种类型，分别如图9-10a、b和c所示。轮胎起重机因为不受汽车底盘的限制，轴距和轮距可根据起重机总体设计的要求而合理布置，一般轮距较宽，稳定性好；轴距小，车身短，故转弯半径小，适用于狭窄的作业场所。轮胎起重机可前后、左右四面作业，在平坦的地面上可不用支腿吊重以及在吊重情况下慢速行驶。它的行驶速度一般比汽车起重机慢，其机动性不及汽车起重机，但它与履带式起重机相比，具有便于转移和能在城市道路上通过的性能。近年来，轮胎起重机行驶速度有显著提高，并且出现了越野型液压伸缩臂式的高速轮胎起重机，它具有较大的牵引力和较高的行驶速度（80km/h 以上），越野性能好，并可以全轮转向，机动灵活，特别适合于在狭窄场地上作业。

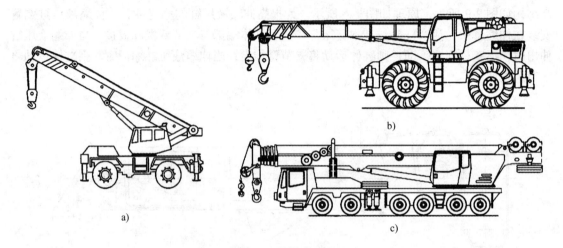

图 9-10　轮胎起重机
a）通用轮胎起重机　b）越野轮胎起重机　c）全地面起重机

（1）通用轮胎起重机　如图 9-10a 所示，通用轮胎起重机的起重部分安装在特制的充气轮胎式底盘上。上下车合用一台发动机，行驶速度一般不超过 30km/h，车辆宽度也较宽，因此不宜在公路上长距离行驶。具有不用支腿吊重及吊重行驶的功能，适用于货场、码头、工地等移动距离有限的场所进行吊重作业。通用轮胎起重机的主要特点是：其行驶驾驶室与起重操纵室合二为一，作业稳定，起重量大，可在特定范围内吊重行走，但必须保证道路平整坚实、轮胎气压符合要求。

（2）越野轮胎起重机　越野轮胎起重机是一种性能扩展、强力而灵活的轮胎起重机，介于履带式起重机和全地面起重机之间的一个品种。与履带式起重机相同的是它们不能上路行驶，只能用拖车或挂车运送到工地。越野轮胎起重机不仅不用支腿也可吊重，而且还能在松软地面上吊重行驶。与履带式起重机不同的是液压臂不需要拆卸，作业准备时间较短。越野轮胎起重机吊重装置与汽车起重机相同，与汽车起重机和履带式起重机不同的是越野轮胎起重机具有独特的底盘结构。底盘有两根车轴及四个大直径的越野花纹轮胎，如图 9-10b 所示。四个车轮均为驱动轮及转向轮，当在泥泞不平的场地上作业时，四个车轮都传递动力，即四轮驱动，并可选超低速挡位以克服通过泥泞地面及不平路面产生的阻力。当快速行驶时可实现自动无级变速。可选用前驱或前后全驱的形式来驱动车轮，以减少油耗。四轮转向的功能适合狭小的场地作业，行驶中四个轮胎的转向可任意调整，可操作成近 90°的转弯，蟹形行走，最小转弯半径可小于 5m，起重力矩满足 360°作业，无前后作业之分，极大地方便了驾驶员的操作。

（3）全地面起重机　如图9-10c所示，全地面起重机综合了汽车起重机和越野轮胎起重机的主要功能，而在起吊质量、行驶稳定性、整机质量分配均衡性上更加优越。全地面起重机优越性能的关键在于它的多桥底盘技术，其中油气悬架系统和多桥转向系统是全地面起重机的独有技术。油气悬架系统是多桥底盘的必要条件，除了能起到多轴平衡的作用外，还能起到增加整机侧倾刚度、克服制动前倾、调节车架高度和锁死悬架等功能。油气悬架系统由油气弹簧和配流系统组成。油气弹簧是用气体作为弹性元件，在气体与活塞之间引入油液作为中间介质。而配流系统则利用油液的流动，起到平衡轴荷、阻尼振动、调节车身高度等作用。

第三节　履带式起重机

把起重作业部分安装在履带式底盘上，行走依靠履带行走装置的起重机称为履带式起重机。履带式起重机与轮式起重机相比，因履带与地面接触面积大，故对地面的平均比压小，为0.05~0.25MPa，可在松软、泥泞的地面上作业。履带式起重机起重量大（可达4000t）、牵引系数高（约为轮式的1.5倍）、爬坡坡度大（可在崎岖不平的场地上行驶）。由于履带式起重机支承面宽大，故稳定性好，一般不需要像轮式起重机那样设置支腿装置。对于大型履带式起重机，为了提高其作业时的稳定性，履带行走装置设计成可横向伸展，以扩大支承宽度。但履带式起重机行驶速度慢（1~5km/h），而且行驶过程会损坏路面。因此，转移作业场地时，需通过铁路运输或用平板拖车装运。又因履带式底盘笨重，用钢量大（一台同功率的履带式起重机比轮式起重机重50%~100%），制造成本高。

一、履带式起重机的用途和分类

履带式起重机除用于工业与民用建筑施工和设备安装工程的起重作业外，更换或加装其他工作装置，可作为正铲、拉铲、抓斗、钻孔机、打桩机和连续墙抓斗等施工机械，另外，还能改装成履带式的塔式起重机。这种履带式的塔式起重机施工时既不用铺设轨道，也不用浇筑混凝土基础，能大大减少施工场地费用和施工成本。所以，履带式起重机是一种应用广泛的起重设备。

按照传动方式，履带式起重机可分为机械传动式、液压传动式和电传动式三种。目前，多采用液压传动式。

二、构造与工作原理

履带式起重机采用履带式底盘，它的工作机构与轮式起重机相近，吊臂一般采用可接长的桁架结构。

液压履带式起重机如图9-11所示，主要由吊臂、工作机构、转台、行走装置、动力装置、液压系统、电气系统和安全装置等组成，采用全液压传动方式。柴油机驱动液压泵，液压泵输出的液压油通过控制阀传递到起升、变幅、回转和行走装置的液压马达，使之产生转矩，再通过减速器后传给卷筒、驱动轮等实现各种动作。履带式起重机的起升和回转机构与轮式起重机近似或相同，行走装置与液压挖掘机近似或相同。变幅机构采用钢丝绳拉动吊臂俯仰变幅。

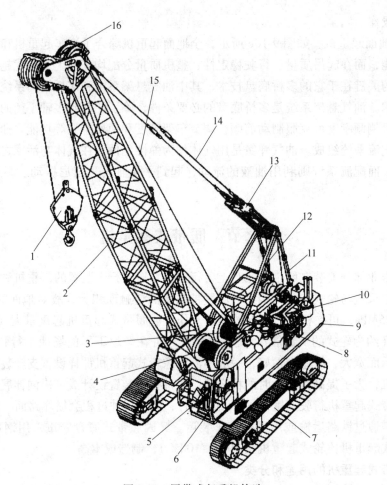

图 9-11　履带式起重机构造

1—吊钩　2—吊臂　3—起升卷扬机构　4—变幅卷扬机构　5—操纵系统　6—驾驶室　7—行走装置　8—液压泵　9—平台
10—发动机　11—变幅钢丝绳　12—支架　13—拉紧器　14—吊挂钢丝绳　15—起升钢丝绳　16—滑轮组

第四节　塔式起重机

一、用途与分类

塔式起重机是各种建设工程（工业与民用建筑、桥梁工程等）的施工机械之一，特别是现代化工业与民用高层建筑工程中的主要施工机械，用于起吊和运送各种预制构件、建筑材料和设备安装等工作。它的起升高度和有效工作范围大，操作简便，工作效率高。建筑用塔式起重机新产品的突出特点是向大、中型发展。目前生产的塔式起重机的起重能力在 1120kN/m 以上，同早期生产的 400 ~ 650kN/m 城市塔式起重机相比，安装时间进一步缩短，维修保养更加简化；吊臂幅度向更长的臂架发展，变幅臂架可长达 90m。

塔式起重机的类型较多，其共同特点是有一个垂直的塔身，在其上部装有起重臂，工作幅度可以变化，有较大的起吊高度和工作空间。通常有如下分类：

1）按照塔式起重机能否移动，可分为固定式和行走式。固定式塔式起重机塔身固定不动，安装在混凝土基础上。固定式塔式起重机为改善塔身的受力，在塔身全高的适当位置处，以一定的间隔与建筑物相锚固，故又称为外部附着式塔式起重机。按照行走装置，行走式塔式起重机又可分为轨道式、轮胎式、汽车式和履带式四种形式。

2）按照回转方式，塔式起重机可分为上回转式和下回转式两种。上回转式塔式起重机的塔身不回转，而是利用通过支承装置安装在塔顶上的转塔（由起重臂、平衡臂和塔帽组成）回转。按回转支承的构造形式，上回转式又可分为塔帽式、转柱式和转盘式三种。这种起重机的起重能力比较大，起升高度比较高，目前应用最为广泛。下回转式塔式起重机的起重臂和塔身一起回转，回转支承装置安装在塔身下部。下回转式塔式起重机的重心低、质量轻、转场方便，但起重能力有限。

3）按照变幅方式，塔式起重机可分为动臂变幅式、小车变幅式和综合变幅式。综合式的起重臂是可折叠式的铰接两用臂架，其上装有起重小车，必要时可将后一节铰接臂或整个起重臂俯仰，以提高起升高度。

4）按照塔身高度的变化方式，塔式起重机可分为塔身自升式和爬升式。爬升式的塔身长度一定，底架通过伸缩支座支承在建筑物上（主要通过电梯井进行安装），塔身可以随建筑物升高而升高，故又称楼层自升式塔式起重机。塔身自升式是通过加装标准节以接高塔身的塔式起重机。自升式的接高形式主要有三种。一是上加节接高形式，它是用起重吊钩把标准节塔身吊装进起重机顶部中心位置就位，然后利用液压顶升机构逐步爬升。二是中加节接高形式，塔身由爬升套架（又称外套架）的侧面横向加节并借助于液压顶升机构自升。这种形式又分为两种：一种采用外套架内塔身加节；另一种采用内套架外塔身加节，外塔身往往是顶升前在平台上临时拼装起来的。三是下加节接高形式，塔身加节是在地面上进行的，其外套架连在塔式起重机底部的机座上。

二、构造与工作原理

1. 上回转式塔式起重机

当建筑高度超过50m时，一般必须采用上回转自升式塔式起重机。上回转式塔式起重机的起重臂装在塔顶上，塔顶和塔身通过回转支承连接在一起，回转机构使塔顶回转而塔身不动。它可附着在建筑物上，随建筑物升高而逐渐爬升或接高。因此，自升式塔式起重机可分为内部爬升式和外部附着式两种。

内爬式塔式起重机安装在建筑物内部，并利用建筑物的骨架来固定和支承塔身。它的构造和普通上回转式塔式起重机基本相同。不同之处是增加了一个套架和一套爬升机构，塔身较短。利用套架和爬升机构，起重机能够自己爬升。内部爬升式起重机多由外附式改装而成。内部爬升式的综合技术经济效果不如外部附着式的，一般只在因工程对象、建筑形体及周围空间等条件限制不能使用外附式塔式起重机时，才采用内爬式的。

外部附着式塔式起重机可做成多用途形式，有固定式、轨道式和附着式。固定式塔身比附着式低2/3左右，轨道式用于楼层不高建筑群的施工，附着式起升高度最大。

图9-12所示为最大起重力矩为800kN·m的QTZ80型上回转塔式起重机，该机为水平臂架、小车变幅、上回转、自升式多用途塔机。该机具有轨道式、固定式和附着式三种使用形式，适合各种不同的施工对象。

QTZ80型塔机的主要技术性能为：最大起重力矩为800kN·m，最大起重量为8t，轨道式和固定式最大起升高度为45m，附着式最大起升高度为200m。为满足工作幅度的要求，

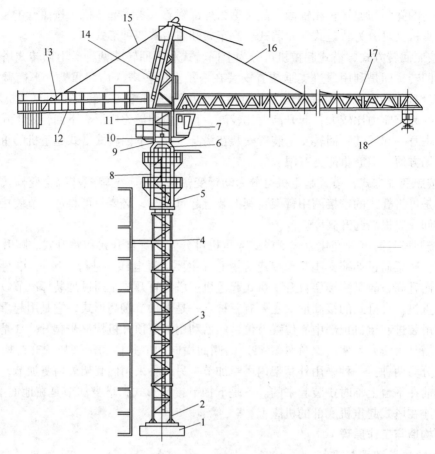

图 9-12　QTZ80 型上回转塔式起重机

1—固定基础　2—底架　3—塔身　4—附着装置　5—套架　6—下支座　7—操纵室　8—顶升机构　9—回转机构
10—上支座　11—回转塔身　12—平衡臂　13—起升机构　14—塔顶　15—平衡臂拉杆　16—起重臂拉杆
17—起重臂拉杆　18—变幅机构

分别设有 45m 及 56m 两种长度的起重臂。该塔机具有起重量大、工作速度快、自重轻、性能先进、使用安全可靠等特点，广泛应用于高层及多层民用与工业建筑、码头和电站等工程施工。

　　2. 下回转塔式起重机

　　下回转塔式起重机的吊臂铰接在塔身顶部，塔身、平衡重和所有工作机构均装在下部转台上，并与转台一起回转。它重心低、稳定性好、塔身受力较好，能做到自行架设和整体拖运，但起升高度小。下面以 QTA60 型轨道式下回转快装塔式起重机为例说明其构造及工作原理。

　　QTA60 型塔式起重机是下回转轨道式塔机，额定起重力矩为 600kN·m，最大起重量为 6t，最大起升高度为 50m，工作幅度为 10～20m，适合 10 层楼以下高层建筑施工和设备安装工程。该机主要由起重臂 11、塔身 10、转台 4、底架 2、行走台车 1、工作机构、操纵室 7 和电气控制系统等组成，如图 9-13 所示。

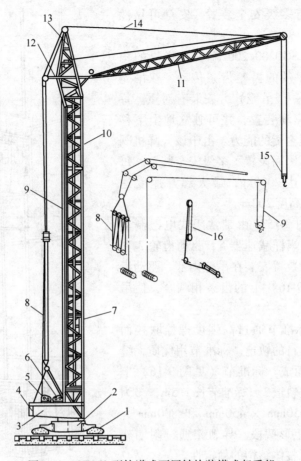

图 9-13　QTA60 型轨道式下回转快装塔式起重机

1—行走台车　2—底架　3—回转机构　4—转台及配重　5—变幅卷扬机　6—起升卷扬机　7—操纵室　8—变幅滑轮组
9—起升滑轮组　10—塔身　11—起重臂　12—塔顶承架　13—塔顶　14—起重臂拉索滑轮组　15—吊钩滑轮
16—操纵室卷扬机构

第五节　施工升降机

一、用途与分类

施工升降机是一种采用齿轮齿条啮合方式或采用钢丝绳提升方式，使吊笼作垂直或倾斜运动的起重机械。它广泛应用于高层建筑、大型桥梁和井下作业等施工中，既可运送各种建筑物资和设备，又可以运送施工人员，能显著提高劳动生产率。

施工升降机按驱动方式分为齿轮齿条驱动、卷扬机钢丝绳驱动和前两者混合型驱动三种类型。混合型多用于双吊笼升降机，一个吊笼由齿轮齿条驱动，另一个吊笼由卷扬机钢丝绳驱动。

二、构造与工作原理

目前，施工升降机主要采用齿轮齿条传动方式，驱动装置的齿轮与导轨架上的齿条相啮合。控制驱动电动机正反转，吊笼就会沿着导轨上下移动。升降机装有多级安全装置，安全可靠性好，可以客货两用。

图 9-14 所示为 SCD200/200 施工升降机的构造。它采用笼内双驱动的齿轮齿条传动，双吊笼（在导轨的两侧各装一个吊笼）并安装有对重。每个吊笼内有各自的驱动装置，并可独立地上下移动，从而提高了运送客货的能力。由于该升降机既可载货，又可载人，因而设置了多级安全装置。每个吊笼额定载重可达 2000kg，最大起升速度达 40m/min，最大架设高度 200m。

驱动装置（见图 9-15）由带常闭式电磁制动器的电动机 1、蜗轮蜗杆减速器 5、驱动齿轮 3 和背轮 2 等组成。驱动装置安装在吊笼内部，驱动齿轮与导轨架（见图 9-16）上的齿条相啮合，使吊笼上下运行。

导轨架由多节标准节通过高强度螺栓联接而成，作为吊笼上下运行的轨道。标准节用优质无缝钢管和角钢等组焊而成。标准节（见图 9-16）上安装有齿条 2 和对重轨道 3。标准节长 1.5m，多为 650mm × 650mm、650mm × 450mm 和 800mm × 800mm 三种规格的矩形截段。导轨架通过附墙架与建筑物相连，保证整体结构的稳定性。

防坠限速器里装有离心块，当吊笼发生异常下滑超速时，离心块会克服弹簧拉力带动制动鼓旋转，与其相连的螺杆同时旋进，制动鼓与外壳接触逐渐增加摩擦力，通过啮合着的齿轮齿条，使吊笼平缓制动，同时通过限速保护开关切断电源保证人机安全。防坠限速器经调整复位后，施工升降机则可正常运行。

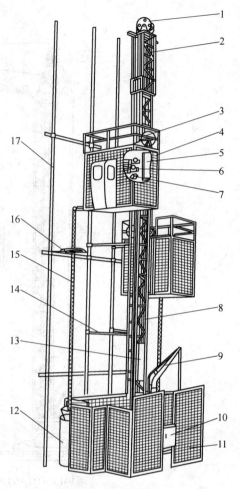

图 9-14　SCD200/200 施工升降机的构造
1—天轮装置　2—顶升套架　3—对重机构
4—吊笼　5—电气控制系统　6—驱动装置
7—限速器　8—导轨架　9—吊杆　10—电源箱
11—底笼　12—电缆笼　13—对重　14—附墙架
15—电缆　16—电缆保护架　17—立管

对重用于平衡吊笼的自重，从而提高电动机的功率利用率和吊笼的载重量，并可改善机构的受力状况。天轮装置安装在导轨架顶部，用做吊笼与对重连接的钢丝绳支承滑轮。钢丝绳一端固定在笼顶钢丝绳架上，另一端通过导轨架顶部的天轮与对重相连。对重上装有四个导向轮，并有安全护钩，使对重在导轨架上沿对重轨道随吊笼运行。

升降机每个吊笼都有一套独立的电气设备。由于升降机应定期对安全装置进行试验，每台升降机还配备专用的坠落试验按钮盒。电源箱安装在底笼上，箱内有总电源开关为升降机供电或断电。电控箱位于吊笼内，各种电控元器件安装在电控箱内，电动机、制动器、照明灯及安全装置的控制均由电控箱完成。

安全控制系统由施工升降机上设置的各种安全开关装置和控制器组成。当升降机运行发

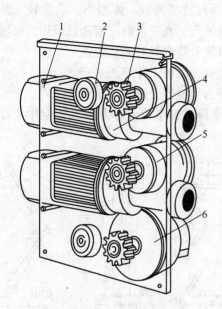

图 9-15　驱动装置

1—驱动电动机　2—背轮　3—驱动齿轮
4—联轴器　5—减速器　6—制动电动机

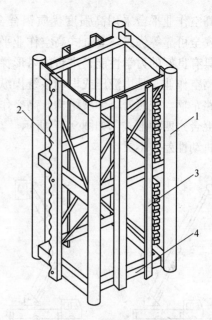

图 9-16　导轨架标准节

1—标准节立柱管　2—齿条
3—对重轨道　4—角钢框架

生异常情况时，将自动切断升降机的电源，使吊笼停止运行，以确保施工升降机的安全。例如，吊笼有任一个门有开启或未关闭时，均不能运行。吊笼上装有上、下限位开关和极限开关。当吊笼运行至上、下终端站时，可自动停车。若此时因故不停车超过安全距离时，极限开关动作切断总电源，使吊笼制动。钢丝绳锚点处设有断绳保护开关，万一吊笼在运行中突然断电，吊笼在常闭式制动器控制下可自动停车。

第六节　高空作业机械

高空作业机械是用来运送工作人员和使用器材到指定高度进行作业的特种工程车辆与设备的统称，它包括高空作业平台和高空作业车。高空作业机械用于建筑工程安装、建筑表面维护、市政工程维护、绝缘架线和维修、消防救援及大型物体（船舶、飞机）维护检查、树木剪枝、机械化施工作业等。

一、分类

高空作业车与高空作业平台的不同之处在于是否具有道路行走底盘，高空作业车具有行走底盘，而高空作业平台没有行走底盘。

高空作业平台是采用由液压或电动系统进行平台上下举升和水平移动，从而进行高空作业的机械平台设备。高空作业平台主要有：剪叉式、曲臂式、自行式、铝合金、套缸式高空作业平台五大类。

剪叉式高空作业平台具有剪叉式升降机构；曲臂式高空作业平台具有伸缩臂，能跨越一定的障碍或在一处升降进行多点悬伸作业；自行式高空作业平台具有自动行走的功能，能够在不同工作状态下，快速、慢速行走，在空中连续完成上下、前进、后退、转向等动作。铝合金高空作业平台采用高强度优质铝合金材料，具有造型美观、体积小、质量轻、升降平稳、安全可靠等优点。套缸式高空作业平台为多级液压缸直立上升，液压缸采用高强度的材质并具有良好的力学性能，平台的塔形梯状护架可使升降台具有高稳定性。

高空作业车是由液压或电动系统操纵多个液压缸，能够上下举升进行 3m 以上作业的一种道路车辆。按照升降伸展结构，高空作业车可分为伸缩臂升降式、折臂升降式、垂直升降式、混合式四种形式，如图 9-17 所示。其中垂直升降式高空作业车承重大，但作业高度有限、机动性差、不灵活。

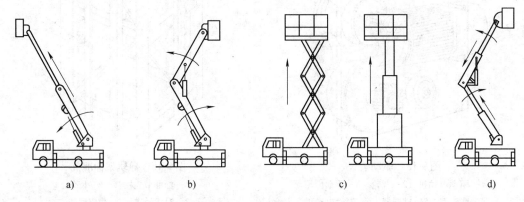

图 9-17　高空作业车分类

a）伸缩臂升降式　b）折臂升降式　c）垂直升降式　d）混合式

二、构造与工作原理

高空作业车由行走底盘、回转装置、折臂变幅装置、伸缩臂伸缩装置、作业斗横向摆动装置、传动系统、动力系统、控制操作装置、安全装置及作业斗自动调平装置等构成，图9-18 所示为伸缩臂式的高空作业车结构示意图。伸缩臂式高空作业车的动力、传动、行走、回转、伸缩臂伸缩等功能与通用轮胎起重机（见图 9-10a）相似，区别在于其工作装置是具有横向摆动和自动调平装置的作业斗。

高空作业车作业斗的自动调平装置按其调平原理大致可分为自重平衡式、机械调平式、电液调平式及液压调平式四类。

自重平衡式装置是将吊臂与作业平台的连接铰点所形成的轴线设置在作业平台重心所在的纵向平面内，且与水平面平行。利用吊臂上下摆动变幅时作业平台和载荷的自重始终垂直向下的原理，使作业平台保持水平。

机械调平式装置根据所采用机构的不同又可分为四连杆、钢丝绳、链条调平机构等几种。四连杆调平机构是采用平行四边形的原理所构成的，在两个四边形连杆机构中，相互间有一个公共边连接构成的运动中始终相互平行的连杆机构。钢丝绳调平机构的调平原理是：

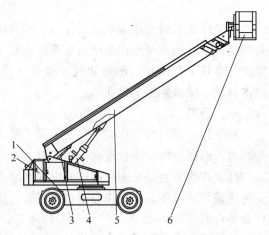

图 9-18　伸缩臂式高空作业车结构示意图

1—底盘　2—转台　3—调平液压缸　4—变幅液压缸
5—伸缩臂　6—作业斗总成

钢丝绳绕在等直径的圆柱上滚动时,其收放长度始终相等,达到将转台上的平面位置传递到作业平台上的目的。链条调平机构的调平原理与钢丝绳调平机构基本相同,只是钢丝绳和滑轮分别用链条与链轮取代。

电液式调平装置是从作业平台上直接获取水平度误差的电信号,经过信号处理放大装置和液压控制装置实现调平的系统。根据所采用的液压控制元件的不同又分为电液伺服控制和电液比例控制的自动调平装置。

液压式调平装置由上、下两个液压缸组成,如图 9-19 所示。下调平液压缸的缸体和活塞杆分别铰接于转台和动臂之上,上调平液压缸的缸体和活塞杆分别铰接于动臂和作业斗之上。另外,转台和动臂铰接于铰点 4,作业斗和动臂铰接于铰点 9。通过油路 12 将上调平液压缸的无杆腔和下调平液压缸的无杆腔连通,将上调平液压缸的有杆腔和下调平液压缸的有杆腔连通。在不考虑系统泄露的情况下,由于上调平液压缸和下调平液压缸采用相同规格的液压缸,故两个调平液压缸的活塞杆伸缩位移相同而能够实现同步动作,只是活塞杆的伸缩运动方向相反。该调平机构中,下调平液压缸为主动缸,当动臂在其液压缸的驱动下绕铰点4 转动时,动臂同时通过铰点 5 带动下调平液压缸活塞杆伸出或缩回,而上调平液压缸也会同步的缩回或伸出。因此,只要合理地设计由铰点 3、4、5 构成的下调平连杆机构和由铰点8、9、11 构成的上调平连杆机构的尺寸就可以实现系统的自动调平。

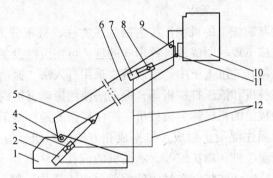

图 9-19 液压调平装置原理图

1—转台 2—下调平缸 3—缸体与转台铰点 4—动臂与转台铰点 5—活塞杆与动臂铰点 6—动臂 7—上调平缸
8—动臂与缸体铰点 9—动臂与作业斗铰点 10—作业斗 11—活塞杆与作业斗铰点 12—调平缸油路

第十章 基础工程机械

基础是将建筑物承受的各种载荷传递到地基的实体结构。根据基础的埋置深度不同可分为浅基础和深基础。若基础埋置深度不大（一般低于5m），只需经过挖槽、排水等普通施工程序就可建造起来的称为浅基础；反之，若浅层土质不良，需将基础埋置于较深的良好土层，并需借助特殊施工方法建造的称为深基础。浅基础类型有独立基础、条形基础、十字交叉基础、筏形和箱形基础等；深基础类型有桩基础、沉井和沉箱基础、地下连续墙基础等。

基础工程机械是指用于上述基础工程加固、开挖、钻孔及成形施工的机械，包括地基加固处理的各种机械设备。基础工程机械已广泛应用在各种建筑、公路、铁路、桥梁、海上采油平台、大型港口、深水码头等基础工程中。随着高层建筑和大跨度桥梁等大型工程或超级工程的日益增多，基础工程机械的种类和品质都在得到不断的发展和完善。

本章重点阐述用于深基础施工的桩工机械和地下连续墙施工机械，用于地基加固、基础开挖及成形的夯实机械、土石方机械、钢筋及混凝土机械等通用工程机械已列于相关章节中。

桩工机械是用于桩基础施工的机械。按桩的施工方法，桩可分为预制桩和灌注桩两类。预制桩指的是在工厂或施工现场制成的各种形式的桩，可用沉桩设备将桩打入、压入或振入土中，有的则用高压水将其冲沉入土中。预制桩常采用打入法、振动法和静压法施工。打入法所用的机械有柴油打桩机和液压打桩机等，振动法使用振动沉桩机，静压法使用静力压桩机。将预制桩从地层中拔出的机械称为拔桩机。灌注桩指的是在施工现场的桩位上用机械或人工成孔，然后在孔内灌注混凝土而成。根据成孔方法的不同分为挖孔灌注桩、钻孔灌注桩、冲孔灌注桩、沉管灌注桩和爆扩桩等。灌注桩的成孔方法有挤土成孔和取土成孔两种。挤土成孔法可用打入法或振动法将一端封闭的钢管沉入土层中，然后拔出钢管，即可成孔，它适用于较小直径（一般不超过500mm）的灌注桩。取土成孔法可用全套管钻机、螺旋钻机、旋挖钻机、潜水钻机等。

地下连续墙是先在地层中挖出沟槽，再放置钢筋笼，然后浇灌混凝土形成墙体。连续墙施工机械有双轮滚切成槽机、垂直轴多头钻机、连续墙抓斗等。

第一节 打 桩 机

打桩机由桩锤和桩架组成，靠桩锤冲击桩头，使桩在冲击力的作用下贯入土中，故又称冲击式打桩机。

根据桩锤驱动方式的不同，可分为蒸汽、柴油和液压打桩机三种类型。

一、柴油打桩机

柴油打桩机由柴油桩锤和桩架两部分组成。柴油桩锤按其动作特点分为导杆式和筒式两种。导杆式桩锤冲击体为气缸，它构造简单，但打桩能量小；筒式桩锤冲击体为活塞，打击能量大，施工效率高，是目前使用较广泛的一种打桩设备。下面以筒式桩锤为例介绍柴油桩锤的构造及工作原理。

筒式柴油桩锤依靠活塞的上下跳动来锤击桩，其构造如图 10-1 所示。它由锤体、燃料供给系统、润滑系统、冷却系统和起动系统等组成。

锤体主要由上活塞 1、缓冲垫 5、下活塞 14、上气缸 16、导向缸 17 和下气缸 21 等组成。导向缸 17 在打斜桩时为上活塞引导方向，还可防止上活塞跳出锤体。上气缸 16 是上活塞 1 的导向装置。下气缸 21 是工作气缸，它与上、下活塞一起组成燃烧室，是柴油桩锤爆炸冲击工作的场所。上、下气缸用高强度螺栓联接。在上气缸外部附有燃油箱及润滑油箱，通过附在缸壁上的油管将燃油与润滑油送至下气缸上的燃油泵与润滑油泵。上活塞 1 和下活塞 14 都是工作活塞，上活塞又称自由活塞，不工作时位于上气缸的下部，工作时可在上、下气缸内跳动，上、下活塞都靠活塞环密封，并承受很大的冲击力和高温高压作用。

在下气缸底部外端环与活塞冲头之间装有一个缓冲垫 5（橡胶圈）。它的主要作用是缓冲打桩时下活塞对下气缸的冲击。这个橡胶圈强度高、耐油性强。在下气缸四周，分布着斜向布置的进、排气管，供进气和排气用。

柴油桩锤起动时，由桩架卷扬机将起落架吊升，起落架钩住上活塞提升到一定高度，吊钩碰到碰块，上活塞脱离起落架，靠自重落下，柴油桩锤即可起动。

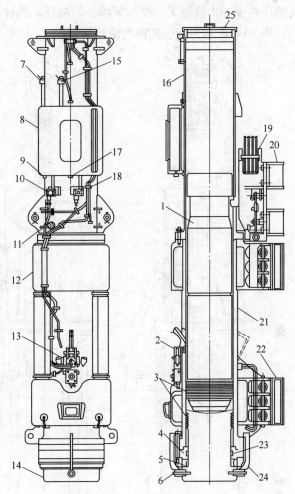

图 10-1　D72 型筒式柴油桩锤构造

1—上活塞　2—燃油泵　3—活塞环　4—外端环　5—缓冲垫
6—导向橡胶环　7—燃油进口　8—燃油箱　9—燃油排放旋塞
10—燃油阀　11—上活塞保险螺栓　12—冷却水箱
13—燃油和润滑油泵　14—下活塞　15—燃油进口
16—上气缸　17—导向缸　18—润滑油阀
19—起落架　20—导向卡　21—下气缸
22—下气缸导向卡爪　23—铜套
24—下活塞保险卡　25—顶盖

二、液压打桩机

液压打桩机由液压桩锤和桩架两部分组成。液压桩锤利用液压能将锤体提升到一定高度，锤体依靠自重或自重加液压能下降，进行锤击。根据打桩原理，液压桩锤可分为单作用式和双作用式两种。单作用式液压桩锤即自由下落式，冲击能量较小，但结构比较简单。双作用式液压桩锤在锤体被举起的同时，向蓄能器内注入高压油，锤体下落时，液压泵和蓄能器内的高压油同时给液压桩锤提供动力，使锤体下落的加速度超过自由落体加速度。双作用式液压桩锤冲击能量大，结构紧凑，但液压油路比单作用式液压桩锤要复杂些。

图 10-2 所示为液压桩锤的结构简图。

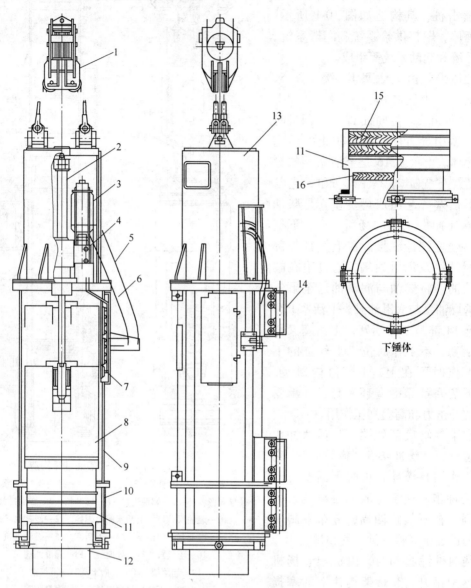

图 10-2　液压桩锤的结构简图

1—起吊装置　2—液压油缸　3—蓄能器　4—液压控制装置　5—油管　6—控制电缆　7—无触点开关　8—锤体
9—壳体　10—下壳体　11—下锤体　12—桩帽　13—上壳体　14—导向装置　15、16—缓冲垫

（1）起吊装置　起吊装置 1 主要由滑轮架、滑轮组与钢丝绳组成，通过桩架顶部的滑轮组与卷扬机相连。利用卷扬机的动力，液压桩锤可在桩架的导向轨上进行上下滑动。

（2）导向装置　导向装置 14 与柴油桩锤的导向卡（见图 10-1 中的件 20）基本相似。用螺栓将导向装置与壳体相连，使其与桩架导轨的滑道相配合，锤体可沿导轨上下滑动。

（3）上壳体　上壳体 13 用来保护液压桩锤上部的液压元件、液压油管和电气元件，同时连接起吊装置 1 和壳体 9。上壳体还用作配重使用，可以缓解和减少工作时锤体不规则的抖动或反弹，提高工作性能。

（4）锤体　液压桩锤通过锤体 8 下降打击桩帽 12，将能量传给桩，实现桩的下沉。锤体的上部与液压油缸活塞杆头部通过法兰连接。

（5）壳体　壳体 9 把上壳体 13 和下壳体 10 连在一起，在它外侧安装着导向装置 14、无触点开关、液压油管和控制电缆的夹板等。液压油缸的缸筒与壳体相连，锤体上下运动锤击沉桩的全过程均在壳体内完成。

（6）下壳体　下壳体 10 将桩帽罩在其中，上部与壳体的下部相连，下部支在桩帽上。

（7）下锤体　下锤体 11 上部有两层缓冲垫，与柴油桩锤下活塞的缓冲垫作用一样，防止过大的冲击力打击桩头。

（8）桩帽及缓冲垫　打桩时桩帽 12 套在钢板桩或混凝土预制桩的顶部，除起导向作用外，与缓冲垫一起既保护桩头不受损坏，也使锤体及液压缸受到的冲击载荷大为减小。

三、桩架

桩架是打桩机的配套设备，桩架应能承受自重、桩锤重、桩及辅助设备等重量。桩架的形式很多，这里主要介绍通用桩架，即那些能适用于多种桩锤或钻具的桩架。目前通用桩架有两种基本形式：一种是沿轨道行驶的万能桩架，另一种是装在履带式底盘上的桩架。沿轨道行驶的万能桩架因其要在预先铺好的水平轨道上工作，机构庞大，占用场地大，组装和搬运麻烦因而近年来已很少使用。而履带式桩架发展较为迅速，这里仅介绍这种桩架。履带式桩架可分为悬挂式和三支点式两种。

悬挂式履带桩架如图 10-3 所示，它是以履带式起重机为底盘，用吊臂 2 悬吊桩架立柱 6，桩架立柱 6 下面与机体 1 通过支承杆 7 相连接。由于桩架、桩锤的质量较大，重心高且前移，容易使起重机失稳，所以通常要在机体上增加一些配重。立柱在吊臂端部的安装比较简单。为了能方便地调整立柱的垂直度，立柱下端与机体的连接一般都采用丝杠或液压式等伸缩可调的机构。悬挂式履带桩架的缺点是横向稳定性较差，立柱的悬挂不能很好地保持垂直。这一点限制了这种桩架用于打斜桩。

三支点式履带桩架同样是以履带式起重机为底盘，但在使用时必须作较多的改动。首先拆除吊臂，增加两个斜撑 2，斜撑 2 下端用球铰支持在液压支腿的横梁上，使两个斜撑的下端在横向保持较大的间距，与立柱支撑 7 构成稳定的三点式支撑结构，如图 10-4 所示。三支点式履带桩架在性能上是比较理想的，工作幅度小，具有良好的稳定性，另外还可通过斜撑的伸缩使立柱倾斜，以适应打斜桩的需要。

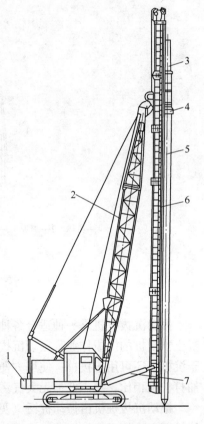

图 10-3　悬挂式履带桩架
1—机体　2—吊臂　3—桩锤　4—桩帽
5—桩　6—桩架立柱　7—支承杆

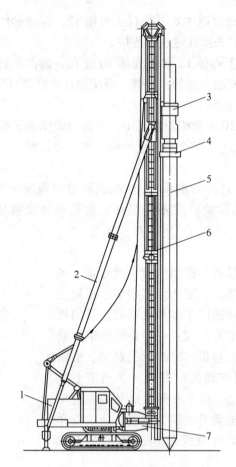

图 10-4 三支点式履带桩架
1—机体 2—斜撑 3—桩锤 4—桩帽 5—桩 6—桩架立柱 7—立柱支撑

第二节 振动沉拔桩机

振动沉拔桩机是一种适合各种基础工程的沉拔桩施工机械。它广泛应用于各类钢桩和混凝土预制桩的沉拔作业。振动沉拔桩机具有如下特点：贯入力强，沉桩质量好；不仅可以用于沉桩，还可用于拔桩；使用方便，施工速度快，成本低；结构简单，维修保养方便；与柴油打桩机相比，噪声低，无大气污染。

振动沉拔桩机由振动桩锤（见图 10-5）和通用桩架组成。振动桩锤是利用机械振动法使桩沉入或拔出。按振动频率可分为低、中、高和超高频四种形式；按作用原理可分为振动式和振动冲击式两种；按动力装置与振动器的连接方式可分为刚性式和柔性式两种；按动力源可分为电动式和液压式两种。

一、振动桩锤的工作原理

振动桩锤的主要装置为振动器，利用振动器产生的振动，通过与振动器连成一体的夹桩器传给桩体，使桩体产生振动。桩体周围的土壤由于受到振动作用，使得桩受到的摩擦阻力显著下降，在振动沉拔桩机和自重的作用下沉入土中。在拔桩时，振动可使拔桩阻力显著减小，只需较小的提升力就能把桩拔出。

振动器都采用机械式振动器，由两根装有偏心块的轴组成。这两根轴上装有相同的偏心块，但两根轴反向转动。这时两根轴上的偏心块所产生的离心力，在水平方向上的分力互相抵消，而其垂直方向上的分力则叠加起来形成合力。就是在这一激振力的作用下，桩身产生沿其纵向轴线的强迫振动。

二、电动式振动沉拔桩机

电动式振动沉拔桩机的振动桩锤主要由振动器、夹桩器和电动机等组成。电动机与振动器是刚性连接的，称为刚性振动桩锤，如图 10-6a 所示；电动机与振动器之间装有螺旋弹簧的，则称为柔性振动桩锤，如图 10-6b 所示。

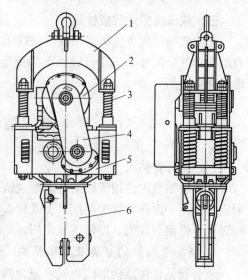

图 10-5 振动桩锤的构造
1—悬挂装置 2—电动机 3—减振装置
4—传动机构 5—振动器 6—夹桩器

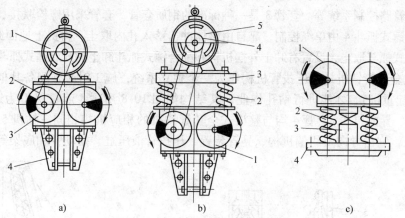

图 10-6 电动式振动桩锤的型式
a）刚性振动桩锤：1—电动机 2—传动机构 3—振动器 4—夹桩器
b）柔性振动桩锤：1—振动器 2—弹簧 3—电动机底座 4—传动机构 5—电动机
c）振动冲击桩锤：1—振动器 2—弹簧 3—冲击凸块 4—桩帽

振动器的偏心块通过电动机与 V 带驱动，振动频率可调节，以适应在不同土壤中打不同桩对激振力的不同要求。

夹桩器用来连接桩锤和桩，分液压式、气压式、手动式和直接（销接或圆锥）式等。

图 10-6c 所示为振动冲击桩锤，沉桩时既靠振动又靠冲击。振动器和桩帽经由弹簧相连；两个偏心块在电动机带动下，同步反向旋转时，在振动器 1 作垂直方向振动的同时，对冲击凸块 3 以快速的打击，使桩迅速下沉。

这种振动冲击桩锤，具有很大的振幅和冲击力，其功率消耗也较少，适用于在黏性土壤或坚硬的土层中打桩。其缺点是冲击时噪声大，电动机受到频繁的冲击作用易损坏。

三、液压式振动沉拔桩机

液压式振动沉拔桩机采用液压马达驱动。液压马达驱动具有能无级调节振动频率，起动力矩小、外形尺寸小、质量轻、不需要电源等优点；但其传动效率低，结构复杂，维修困难，价格较高。

第三节 钻 孔 机

一、全套管钻机

全套管钻机主要用于桥梁等大型建筑基础灌注桩的施工。施工时在成孔过程中一面下沉钢质套管，一面在钢管中抓挖黏土或砂石，直至钢管下沉至设计深度，成孔后灌注混凝土，同时逐步将钢管拔出，以便重复使用。

1. 全套管钻机的分类及总体结构

全套管钻机按结构形式不同可分为两大类，即整机式和分体式。

整机式全套管钻机采用履带式或步履式底盘，其上装有动力系统、钻机作业系统等。其结构如图10-7所示，主机1主要由驱动全套管钻机短距离移动的底盘和动力系统、卷扬系统等组成。钻机2主要由压拔管、晃管、夹管机构组成，包括压拔管、晃管、夹管液压缸和液压系统及相应的管路控制系统等。套管3是一种标准的钢质套管，套管采用螺栓联接，要求有严格的互换性。锤式抓斗4由单绳控制，靠自由落体冲击落入孔内取土，再提上地面卸土。钻架5主要用于锤式抓斗取土，设置有卸土外摆机构和配合锤式抓斗卸土的开启锤式抓斗机构。

分体式全套管钻机是以压拔管机构作为一个独立系统，施工时必须配备其他形式的机架（如履带式起重机），才能进行钻孔作业，其结构如图10-8所示。起重机1为通用起重机，锤式抓斗2、导向口3、套管4均与整机式全套管钻机的相应机构相同。钻机5是整套机构中的工作机，它由导向及纠偏机构、晃管装置、压拔管液压缸、摆动臂和底架等组成。

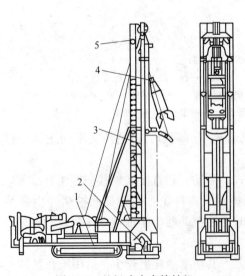

图10-7 整机式全套管钻机

1—主机 2—钻机 3—套管 4—锤式抓斗 5—钻架

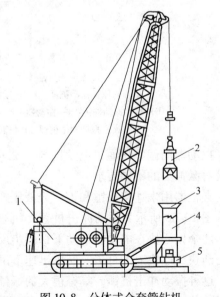

图10-8 分体式全套管钻机

1—起重机 2—锤式抓斗 3—导向口 4—套管 5—钻机

2. 全套管钻机的工作原理

全套管钻机一般均装有液压驱动的抱管、晃管、压拔管机构。成孔过程是将套管边晃边压，使其进入土壤之中，并使用锤式抓斗在套管中取土。抓斗利用自重插入土中，用钢丝绳收拢抓瓣。这一特殊的单索抓斗可在提升过程中完成向外摆动、开瓣卸土、复位、开瓣下落等过程。成孔后，在灌注混凝土的同时逐节拔出并拆除套管，最后将套管全部取出。

二、冲击钻机

冲击钻机是灌注桩基础施工的一种重要钻孔机械，它能适应各种不同的地质情况，特别是在卵石层中钻孔。同时，用冲击钻机钻孔和成孔后，孔壁四周会形成一层密实的土层，对稳定孔壁，提高桩基承载能力，均有一定作用。

常用的冲击钻机，其所有部件均装在拖车上，包括电动机、传动机构、卷扬机和桅杆等。冲击钻孔是利用钻机的曲柄连杆机构，将动力的回转运动变为往复运动，通过钢丝绳带动冲锤上下运动。通过冲锤自由下落的冲击作用，将卵石或岩石破碎，钻渣随泥浆（或用掏渣筒）排出。

冲锤（见图 10-9）有各种形状，但它们的冲刃大多是十字形的。

由于冲击钻机的钻进是将岩石破碎成粉粒状钻渣，功率消耗大，钻进效率低。因此，除在卵石层中钻孔时采用外，其他地层的钻孔已被其他形式的钻机所取代。

三、螺旋钻机

螺旋钻机是灌注桩施工机械的主要机种。其原理与麻花钻相似，钻头的下部有切削刃，切下来的土沿钻杆上的螺旋叶片上升，排至地面上。螺旋钻机的钻孔直径范围为 150 ～ 2000mm，一次钻孔深度可达 15 ～ 20m。

螺旋钻机的种类主要有长螺旋钻机、短螺旋钻机、振动螺旋钻机、加压螺旋钻机、多轴螺旋钻机、凿岩螺旋钻机、套管螺旋钻机、锚杆螺旋钻机等。这里主要介绍长螺旋钻机与短螺旋钻机。

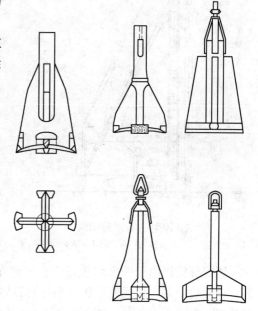

图 10-9　各种冲锤结构简图

1. 长螺旋钻机

长螺旋钻机如图 10-10 所示，通常由钻具和底盘桩架两部分组成。钻具可用电动机、内燃机或液压马达进行驱动。钻杆 3 的全长上都有螺旋叶片，底盘桩架有汽车式、履带式和步履式。采用履带式打桩机时，和柴油桩锤等配合使用，在立柱上同时挂有柴油桩锤和螺旋钻具，通过立柱旋转，先钻孔后用柴油桩锤将预制桩打入土中，这样可以降低噪声，提高施工进度，同时又能保证桩基质量。

用长螺旋钻机钻孔时，钻具的中空轴允许加注水、膨润土或其他液体进入孔中以减小钻孔阻力，并可防止提升螺旋时由于真空作用而塌孔和防止泥浆附在螺旋上。

2. 短螺旋钻机

履带式液压短螺旋钻机如图 10-11 所示，其钻具与长螺旋钻机的钻具相似，但钻杆 1 上只有一段叶片（为 2~6 个导程）。工作时，短螺旋不能像长螺旋那样直接把土输送到地面上来，而是采用断续的工作方式，即钻进一段，提出钻具卸土，然后再钻进。此种钻机也可分为汽车式底盘和履带式底盘两种。

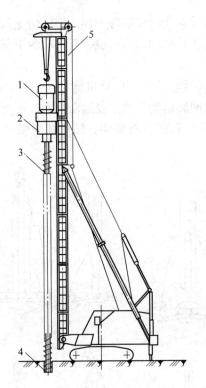 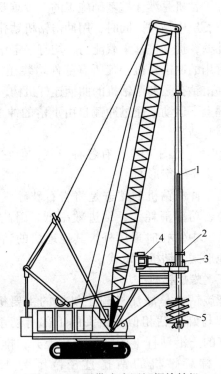

图 10-10　长螺旋钻机　　　　　　　图 10-11　履带式液压短螺旋钻机

1—电动机　2—减速器　3—钻杆　4—钻头　5—钻架　　　1—钻杆　2—加压液压缸　3—变速箱　4—发动机　5—钻头

短螺旋钻机由于一次取土量少，因此在工作时整机稳定性好。但进钻时由于钻具质量轻，进钻较困难。短螺旋钻机的钻杆有整体式和伸缩式两种，前者钻深可达 20m，后者钻深可达 30~40m。

短螺旋钻机有三种卸土方式。第一种方式是高速甩土（见图 10-12a），即低速钻进，高速提钻卸土，土块在离心力作用下被甩掉。这种方式虽然出土迅速，但因甩土范围大，对环境有影响。第二种方式为刮土器卸土（见图 10-12b），即当钻具提升至地面后，将刮土器的刮土板插入顶部螺旋叶片中间，螺旋一边旋转，一边定速提升，使刮土板沿螺旋刮土，清完土后，将刮土器抬离螺旋，再进行钻孔。第三种方式为开裂式螺旋卸土（见图 10-12c），即在钻杆底端设有铰销，当螺旋被提升至底盘定位板处时，开裂式螺旋上端的顶推杆与定位板相碰，开裂式螺旋即被压开，使土从中部卸出，如一次未能卸净，可反复进行几次。

四、旋转钻机

旋转钻机如图 10-13 所示。

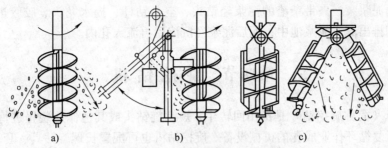

图 10-12 短螺旋钻机卸土原理图

a）高速甩土 b）刮土器卸土 c）开裂式螺旋卸土

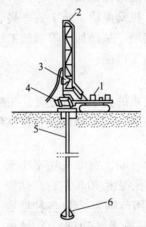

图 10-13 旋转钻机示意图

1—基础车 2—钻架 3—提水龙头 4—回转机构 5—钻杆 6—钻头

旋转钻机是利用旋转的工作装置切下土壤，使之混入泥浆中并排出孔外。根据排出渣浆的方式不同，旋转钻机可分为正循环和反循环两类。常用反循环钻机。

反循环钻机的工作原理如图 10-14 所示。钻机由电动机驱动转盘带动钻杆、钻头旋转钻

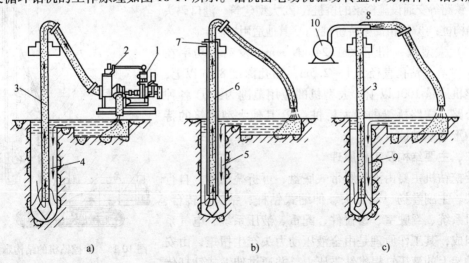

图 10-14 反循环钻机工作原理图

a）泵吸反循环 b）空气反循环 c）射流反循环

1—真空泵 2—泥浆泵 3—钻渣 4、5、9—清水 6—气泡 7—高压空气进气口 8—高压水进口 10—水泵

孔，同时开动泥浆泵，夹带杂渣的泥浆经钻头、空心钻杆、提水龙头、胶管进入泥浆泵2，再从泵的闸阀排出流入泥浆池中，而后泥浆经沉淀后再流入孔内。

第四节　旋挖钻机

旋挖钻机（简称旋挖钻）是指用回转斗、短螺旋钻头或其他作业装置进行干、湿钻进，逐次取土，反复循环作业成孔的机械设备。旋挖钻机也可配置长螺旋钻具、套管及其驱动装置、扩底钻斗及其附属装置、地下连续墙抓斗、预制桩桩锤等作业装置。旋挖钻机是大口径桩基础工程的高端成孔设备，与其他钻孔机相比，它具有机电液一体化技术含量高、装机功率大、输出扭矩大、轴向压力大、机动灵活、施工效率高、成孔质量好、地层适应性强和环保性能好等特点，在灌注桩、连续墙、基础加固等基础工程中得到了广泛的应用，已逐渐成为基础工程中成孔作业较理想的施工机械。

一、分类和用途

目前旋挖钻机主要根据工作扭矩的大小进行分类。一般来说，根据旋挖钻机的主要工作参数（扭矩、发动机功率、钻孔直径、钻孔深度及钻机整机质量），可以将旋挖钻机分为三种类型。

（1）小型机　扭矩小于100kN·m，发动机功率小于170kW，钻孔直径为0.5~1m，钻孔深度40m左右，钻机整机质量40t左右。这类钻机的应用范围为：① 各种楼房基础的护坡桩；② 楼房基础的部分承重结构桩；③ 城市改造市政项目的各种钻孔直径小于1m的桩。

（2）中型机　扭矩为100~240kN·m，发动机功率为170~300kW，钻孔直径为0.8~1.8m，钻孔深度为40~80m，钻机整机质量65t左右。中型机的应用范围为：① 各种高速公路、铁路等交通设施桥梁的桥桩；② 大型建筑、港口码头承重结构桩；③ 城市高架桥桥桩；④ 其他适用桩。

（3）大型机　扭矩大于240kN·m，发动机功率在300kW以上，钻孔直径为1~2.5m，钻孔深度80m以上，钻机整机质量100t以上。大型机的应用范围为：① 各种高速公路、铁路桥梁的特大桥桩；② 其他大型建筑的特殊结构承重基础桩。

二、主要结构及工作原理

旋挖钻机主要由液压履带式底盘、可折叠钻桅、自行起落架、主副卷扬、动力头、伸缩式钻杆、钻头、转台、发动机系统、驾驶室、覆盖件、配重、液压系统、电气系统等组成，其工作原理是由全液压动力头产生扭矩，由安装在钻架上的液压缸提供钻进压力，并通过伸缩式钻杆传递至钻头，钻下的钻渣装入钻头，由主卷扬提拔出孔外。其整机结构如图10-15所示。

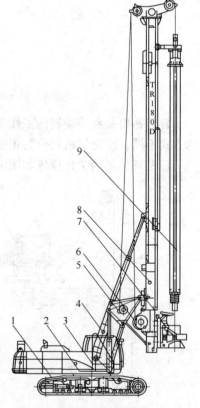

图10-15　旋挖钻机的结构示意图
1—行走装置　2—底架　3—转台
4—变幅机构　5—副卷扬　6—主卷扬
7—动力头　8—桅杆　9—钻杆

1. 动力头

动力头的主要作用是驱动钻杆带动钻头回转，并提供钻孔所需的钻进压力、辅助提升力。动力头能根据不同的土层硬度自动调整转速与扭矩，以满足不同的工况高效率钻进。动力头的具体结构如图 10-16 所示。

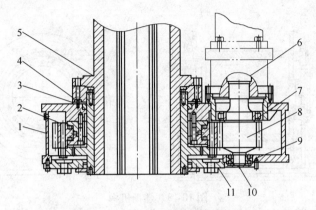

图 10-16　动力头结构图
1—动力箱　2—回转支承总成　3—过渡连接盘　4—密封圈　5—驱动套　6—行星减速器　7—轴承
8—小齿轮轴　9—轴承　10—轴承盖　11—下密封圈

动力箱 1 是动力头的主要支承件。箱体形状复杂，由于焊接件具有成形工艺简单、易于改型、质量较轻等特点，所以动力箱箱体常采用焊接结构。为了便于维修和观测，动力箱上设有润滑油高度显示、加油口、放油口等。减速机构主要由行星减速器 6、小齿轮轴 8 和回转支承 2 组成。为了减小动力头径向尺寸和质量，采用高速液压马达和大传动比的行星减速器传动方案，使动力头结构更加紧凑。动力头上、下端盖采用旋转密封圈进行密封，过渡连接盘 3 与上密封盖之间采用迷宫式密封，以防止在恶劣工作环境下尘土进入动力箱内部。为了保证回转支承 2 与小齿轮轴 8 内润滑充分，动力箱 1 采用油浴式润滑，使回转支承 2 与小齿轮轴 8 润滑充分，以减小磨损。驱动套 5 与动力头箱体通过过渡连接盘 3 连接，当驱动套 5 损坏时可以单独地更换而不必拆装动力箱 1。动力通过液压马达经行星减速器 6 传递到小齿轮轴 8，通过回转支承总成 2 的外齿圈将扭矩传递到驱动套 5。

2. 变幅机构

变幅机构是旋挖钻机中重要的支承机构，承受钻桅、钻杆、钻具等重量，钻孔时还受来自动力头的扭矩作用。变幅机构的结构如图 10-17 所示。平行四边形机构下铰点固联在转台上，变幅液压缸伸缩改变平行四边形机构的角度，三角架处于平动状态。

3. 卷扬机构

卷扬机构的主要功能是钻孔作业时提拉钻具、控制钻具下降速度和提升速度。钻孔效率的高低、钻孔事故发生的概率、钢丝绳寿命的长短都与卷扬机构有密切的关系。卷扬机构如图 10-18 所示，主

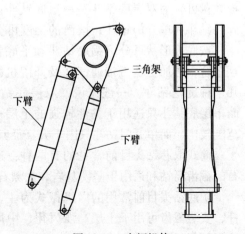

图 10-17　变幅机构

要由支承架 1 和动力驱动装置构成。卷扬支承架采用焊接结构，滚筒为铸造件。驱动装置的工作特性要求卷扬滚筒的转速不随外载荷的变化而改变，即匀速提钻和下钻，由液压控制系统实现。驱动装置主要由内藏式减速器和插装式马达组成。减速器内置制动器具有结构紧凑、传递扭矩大、制动迅速等特点。

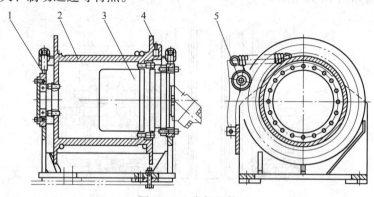

图 10-18　卷扬机构
1—支承架　2—滚筒　3—减速机　4—锁绳器　5—压绳器

4. 回转接头

钻孔时动力头驱动钻杆回转，钢丝绳如果直接与钻杆固定连接，就会因旋转而发生破坏，所以采用防旋转的回转接头。回转接头的主要作用是在钻杆旋转过程中保证钢丝绳不随钻杆旋转，要求其拆卸方便、快速连接、润滑好、回转阻力小、承载能力大。回转接头的结构如图 10-19 所示，钻杆通过销轴 1 与回转接头相连，钢丝绳通过卡套 8 与回转接头的另一端相连。工作时，钻杆旋转通过销轴 1 带动底座 2 转动，由于向心轴承 11 的作用使底座 2 与中间体 3 运动分离。推力轴承 12 承受提钻时的轴向拉力。

5. 钻头

旋挖钻机所使用的钻头有多种形式，包括螺旋钻头、旋挖钻斗、筒式取芯钻头、扩底钻头和冲击钻头。

螺旋钻头有锥形螺旋和斗齿直螺旋，又分别有单头和双头之分。

旋挖钻斗按所装齿不同可分为截齿钻斗和斗齿钻斗；按底板数量可分为双层底钻斗和单层底钻斗；按开门数量可分为双开门钻斗和单开门钻斗；按筒的锥度可分为锥筒钻斗和直筒钻斗；按底板形状可分为锅底钻斗和平底钻斗。以上结构形式相互组合，再加上是否带通气孔及开门机构的变化，可以组合成几十种旋挖钻斗。一般来说，双层底钻斗适用地层范围较广，而单层底钻斗只适用于黏性较强的土层；双开门钻斗适用地层范围较广，而单开门钻斗只用于大直径卵石及硬胶泥层。

筒式取芯钻头目前常见的有两种：适用于中硬基岩和卵砾石的截齿筒钻和适用于坚硬基岩和大漂石的牙轮筒钻。

扩底钻头目前常用的以机械式为主，张开机构一般为四连杆，安装截齿可用于土层、强风化、中风化地层，安装牙轮及滚刀可用于坚硬基岩。

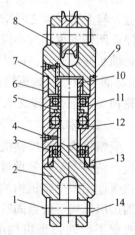

图 10-19　回转接头
1—销轴　2—底座　3—中间体
4—压力油杯　5—套筒
6—锁紧母　7—上座　8—卡套
9—螺钉　10—锁紧螺钉
11—向心轴承　12—推力轴承
13—密封圈　14—挡圈

冲击钻头、冲抓锥钻头用副卷扬带动（要求副卷扬有自动放绳功能），用于大漂石和坚硬基岩的辅助钻进，其中冲抓锥钻头也是旋挖钻机进行全套管钻进时必不可少的辅助钻具。

6. 旋挖钻孔的工作过程

旋挖钻孔施工是利用钻杆和钻头的旋转，以钻头自重并加液压缸推进作为钻进压力，使土屑装满钻斗后提升钻斗出土。通过钻斗的旋转、挖土、提升、卸土和泥浆置换护壁，反复循环而成孔。其成桩工艺为：定桩位→埋护筒→注泥浆→钻进取土→一次清孔→放钢筋笼→插入导管→二次清孔→混凝土浇注→拔出护筒。

第五节　连续墙抓斗

连续墙抓斗（成槽机）由履带式桩架（或履带式起重机）和抓斗组成。连续墙抓斗与一般挖掘机抓斗不同，它带有导向装置，可防止抓斗任意偏转。目前常用的有全导杆式液压抓斗、半导杆式液压抓斗和悬挂式液压抓斗。悬挂式液压抓斗刀口闭合力大（最大闭合力可达1700kN），成槽深度大（最深可达150m），同时装有自动纠偏装置，可保证抓斗的工作精度在1/1000成槽深度左右，是各种地下连续墙施工的主要机械。全导杆式液压抓斗是在履带式主机上挂有一个可伸缩的导杆导向，以保证槽的垂直度。但由于导杆的长度有限，成槽深度一般不超过40m，应用并不普及。

悬挂式液压连续墙抓斗如图10-20所示。液压抓斗8的动力由履带式起重机上的液压装置提供，卷盘上的油管通过导送滑轮将液压油送到抓斗液压缸，抓斗液压缸推动抓斗8的张开与闭合。如图10-21所示，在抓斗1的两侧安装有两组纠偏液压缸9和垂直度传感器10，

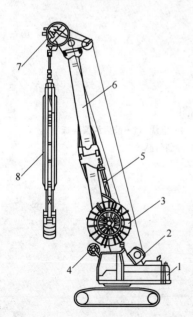

图10-20　悬挂式液压连续墙抓斗结构示意图

1—底盘　2—主卷扬　3—液压胶管卷盘
4—电缆卷筒　5—变幅液压缸　6—臂架
7—顶部滑轮组　8—液压抓斗

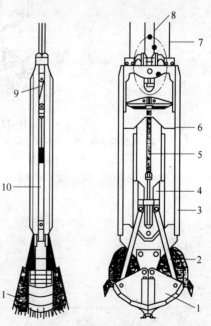

图10-21　抓斗结构示意图

1—抓斗　2—推杆　3—抓斗导向装置　4—推杆导向装置
5—抓斗液压缸　6—抓斗机架　7—液压油管　8—悬挂钢丝绳
9—纠偏液压缸　10—垂直度传感器　11—抓斗校正

抓斗 1 与垂直方向的任何偏斜经垂直度传感器 10 测量通过电缆线传到操作室里的控制装置，并显示在操作室的屏幕上。两个纠偏液压缸 9 可调整抓斗 1 相对槽两侧面的偏斜角度。操作人员可以在不中断正常作业的情况下，随时纠正在垂直方向的挖掘偏差，以保证垂直度。抓斗 1 顶部采用交叉钢丝绳悬挂装置，两组钢丝绳分层、交错和垂直轴向排列悬挂滑轮，既可防止抓斗 1 偏转，又可在钢丝绳 8 发生断裂的情况下，用另一组钢丝绳 8 提升抓斗 1。此外，抓斗 1 中部设有四块较大的固定导向板，对抓斗 1 进行导向。

图 10-22 所示的抓斗为动力装置内置结构。抓斗的动力装置为电动机，由电缆 4 供电。液压油箱也内置其中。电动机带动液压泵向液压缸供油，而不用液压管进行液压油的输送，从而减少了长液压管带来的压力损失。

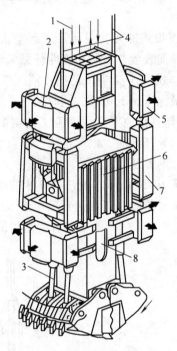

图 10-22　动力装置内置的抓斗

1—悬挂钢丝绳　2—左右纠偏导板　3—抓斗开闭液压缸　4—电缆　5—前后纠偏导板

6—液压装置　7—固定导板　8—前后左右倾斜传感器

第十一章 压实机械

压实机械是一种利用机械自重、振动或冲击的方法，对被压实材料重复加载，排除其内部的空气和水分，使之达到一定密实度和平整度的作业机械。它广泛应用于公路、铁路路基、机场跑道、堤坝及建筑物浅基础等基本建设工程的压实作业。

压实机械根据压实原理的不同，可分为静力式、冲击式和振动式三种类型，如图 11-1 所示。

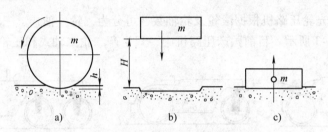

图 11-1 压实原理示意图

a）静力式压实机械 b）冲击式压实机械 c）振动式压实机械

静力式压实机械是沿被压实材料表面滚动，利用机械自重产生的静压力作用，使其产生永久性变形而达到压实的目的。其特点是循环延续时间长，材料应力状态的变化速度不大，但应力较大。静力式压实机械广泛应用于土方、砾石、碎石和沥青混凝土路面的压实作业中，包括静力式光轮压路机和轮胎压路机两种。

冲击式压实机械是利用一块质量为 m 的物体，从一定高度 H 处或以一定速度落下，冲击被压实材料从而达到压实的目的。其特点是使材料产生的应力变化速度很大，适用于对黏性土壤、砂质黏土和灰土的压实，主要有非圆滚轮冲击式压路机、冲击夯、蛙式打夯机等。

振动式压实机械是利用固定在质量为 m 的物体上的振动器所产生的激振力，迫使被压实材料作垂直强迫振动，急剧减小土壤颗粒间的内摩擦力，使颗粒靠近，密实度增加，从而达到压实的目的。振动压实的特点是其表面应力不大，过程时间短，加载频率大，同时还可以根据不同的铺筑材料和铺层厚度，合理选择振动频率和振幅，以提高压实效果，减少碾压次数。振动式压实机械广泛应用于黏性小的砂土、土石、沥青混合料和水泥混凝土等材料的压实，主要有振动压路机、振动平板夯等。

压实机械按行走方式不同，可分为手扶式、拖式和自行式三种类型。

第一节 静力式光轮压路机

一、用途与分类

静力式光轮压路机（见图 11-2）对被压材料的压实是依靠机械本身的质量来实现的。它可以用来压实路基、路面、广场和其他各类工程的地基等。其工作过程是沿工作面前进与后退反复地滚压，使被压实材料达到足够的承载力和平整的表面。

图 11-2　静力式光轮压路机

　　自行式静力式光轮压路机根据滚轮及轮轴数，可分为二轮二轴式、三轮二轴式和三轮三轴式三种，如图 11-3 所示。目前国产压路机中，只生产二轮二轴式和三轮二轴式两种。

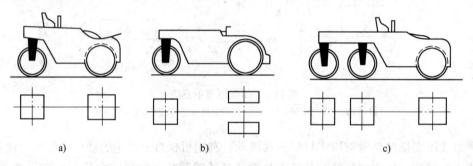

图 11-3　静力式光轮压路机根据滚轮及轮轴数分类
a）二轮二轴式　b）三轮二轴式　c）三轮三轴式

　　根据整机质量，静力式光轮压路机又可分为小型、轻型、中型和重型四种。质量为 3 ~ 5t 的二轮二轴式小型压路机，主要用于路面的养护及人行道的压实等。质量在 5 ~ 8t 的为轻型，多为二轮二轴式，适宜于压实路面、人行道、体育场等。质量在 8 ~ 10t 的为中型，有二轮二轴式和三轮二轴式两种。前者大多数用于压实与压平各种路面，后者多用于压实路基、地基以及初压铺筑层。质量在 10 ~ 15t 的为重型、15t 以上的为超重型，有三轮二轴式和三轮三轴式两种。前者用于路基的终压，后者用于各类路面与路基的终压，尤其适合压实与压平沥青混凝土路面。

二、总体构造

　　静力式光轮压路机由发动机、传动系统、行驶滚轮、操纵系统、车架和驾驶室等部分组成。其发动机一般采用柴油机，通常安装在车架的前部。车架是压路机的骨架，上面安装有发动机、传动系统、操纵系统和驾驶室。车架的前端和后部分别支承在前后滚轮上。静力式光轮压路机一般采用机械传动式的传动系统。

　　静力式光轮压路机的前轮为转向轮，后轮为驱动轮。转向轮利用液压转向系统控制。

　　图 11-4 所示为二轮二轴静力式光轮压路机的转向轮。滚轮由轮圈 5 和钢板轮辐 4 焊接而成。因为滚轮较宽，为了便于转向，减小转向阻力，一般都把转向轮左右分成两个完全相同的滚轮，分别用轴承 2 支承在转向轮轴 1 上。为了润滑轴承，在轮轴外装有储油管 6，以

便加注润滑脂。轮内可灌砂或水，以调节压路机质量。

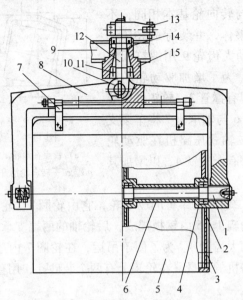

图 11-4　二轮二轴静力式光轮压路机无框架式转向轮

1—转向轮轴　2—轴承　3—圆形挡板　4—钢板轮辐　5—轮圈　6—储油管　7—刮泥板　8—"Π"形架
9—车架　10—横销　11、14—轴承　12—转向立轴　13—转向臂　15—转向立轴轴承座

转向轮轴 1 的两端被固定在"Π"形架的叉
脚上，"Π"形架的中间用横销 10 与转向立轴
12 相铰接。当转向轮在遇到道路不平时，应维
持机身的水平度，从而保证压路机的横向稳定
性。转向立轴轴承座 15 焊接在车架 9 的端部，
立轴靠上、下两个轴承 11 和 14 支承在轴承座
15 内，它的上端固装着转向臂 13。压路机转向
时，转向臂 13 被转向工作液压缸的活塞杆推动
并转动转向立轴 12 和"Π"形架 8，使转向轮
按照转向的需要，向左（或向右）转动一定的
角度。

图 11-5 所示为三轮二轴式压路机的框架式
转向轮。它与图 11-4 所示的转向轮基本相同，
所不同的是"Π"形架的叉脚不是直接固定在
轮轴上，而是铰接在另一框架前后边的中部，
框架的左、右两侧固装在轮轴上。这种结构可
使"Π"形架的铰接点下移。它与前一种悬架

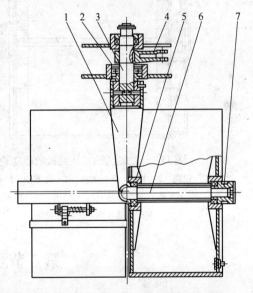

图 11-5　三轮二轴式压路机的框架式转向轮

1—叉脚　2—轴承　3—转向立轴　4—转向臂
5—轴承　6—轮轴　7—轴座

形式相比，虽然结构要复杂一些，但前轮悬架的操纵稳定性较好。例如：当滚轮在运行过程
中，其一侧遇到相同位置同样高度的隆起物使转向轮抬升相同角度时，可使滚轮中心的移动
量 x 减小（见图 11-6），即当 $\alpha' = \alpha$ 时，$x' < x$。

图 11-7 所示为二轮二轴式压路机的驱动轮。其结构形式及尺寸与转向轮基本相同，不同之处仅在于它是一个整体，并装有最终传动装置的从动大齿轮。从动大齿轮 9 用螺钉固定在左端轮辐的座圈 8 上。为了增加驱动轮的刚度，在左、右轮辐之间焊有撑管 2。轮辐外侧装有轴颈 5，以便通过轴承 6 与轴承座 7 将车架支承在该轮上。有的二轮二轴式压路机在驱动轮左、右轮辐的内侧还各铆有配重铁 4，以增加其质量。

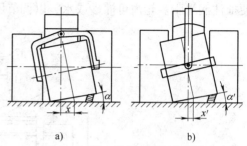

图 11-6　转向轮的两种悬架形式

a）铰点在滚轮上方　b）铰点在轮轴中线附近

α、α'—转向轮抬升角度　x、x'—转向轮侧移距离

图 11-8 所示为三轮二轴式压路机的驱动轮，它由轮圈 7、轮辐 1、5、轮毂 2 及齿轮等组成。轮圈 7 和内、外轮辐 1、5 由钢板焊成，后轮轴的两端支承在两个驱动轮的轮毂 2 上。在轮毂 2 的内端装有从动大齿圈 4。为了便于吊运，在轮圈 7 内还焊有三个吊环 6。轮内可以装沙子，用来调节压路机的质量。在轮辐上有两个装砂孔，用盖板 3 密封。

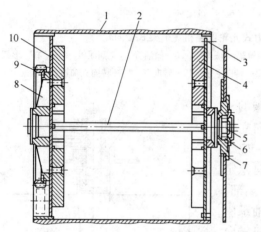

图 11-7　二轮二轴式压路机的驱动轮

1—轮圈　2—撑管　3—水塞　4—配重铁　5—轴颈
6—调心滚珠轴承　7—轴承座　8—座圈
9—从动大齿轮　10—轮辐

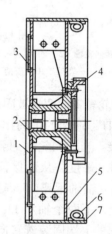

图 11-8　三轮二轴式压路机的驱动轮

1—内轮辐　2—轮毂　3—盖板　4—从动大齿圈
5—外轮辐　6—吊环　7—轮圈

第二节　轮胎压路机

一、用途与分类

轮胎压路机是一种利用充气轮胎的特性来进行压实的机械。它除有垂直压实力外，还有水平压实力。这些水平压实力，不但沿行驶方向有压实的作用，而且沿机械的横向也有压实的作用。由于压实力能沿各个方向移动材料颗粒，所以可得到较大的密实度。这些力的作用加上橡胶轮胎的弹性所产生的揉压作用，结果就产生了较好的压实效果。如果用钢轮压路机压实沥青混合料，钢轮的接触线在沥青混合料的大颗粒之间就形成了"过桥"现象，这种"过桥"留下的空隙，就会产生不均匀的压实。相反，橡胶轮胎柔曲并沿着这些轮廓压实，

从而产生较好的压实表面和较好的密实性。同时，由于轮胎的柔性，接地比压较为均匀，不是将初始接触时的沥青混合料推向滚轮前面，而是使其成为压实面，并施加很大的垂直力，这样就会避免钢轮压路机经常产生的裂缝现象。另外轮胎压路机还具有可增减配重、改变轮胎充气压力的特点。这样更有益于对各种材料的压实。因此，轮胎压路机不仅广泛用于压实各类建筑基础、路面和路基，而且更有益于压实沥青混凝土路面。

轮胎压路机分为拖式和自行式两种。

拖式可分为单轴式和双轴式两种。单轴式轮胎压路机的所有轮胎都装在一根轴上，其优点是外形尺寸小，机动灵活，可用于较狭窄工作面的压实工作。双轴式轮胎压路机的所有轮胎分别在前后两根轴上，多用于大面积工作面的作业，重型和超重型轮胎压路机多采用这种形式。目前拖式轮胎压路机已很少使用，更多的是使用自行式轮胎压路机。

自行式轮胎压路机有如下分类：

1）按轮胎的负载情况可分为多个轮胎整体受载、单个轮胎独立受载和复合受载三种。在多个轮胎整体受载的情况下，如图 11-9a 所示，压路机的重力 G 在不同连接构件的作用下，将其重力分配给每个轮胎。当压路机在不平路面上运行时，轮胎的负载将重新分配，其中个别轮胎可能会出现超载现象。在单个轮胎独立受载的情况下（如图 11-9b 中轮胎 6 和 9），压路机的每个轮胎是独立负载。在复合受载的情况下，一部分轮胎独立受载，另一部分轮胎整体受载。

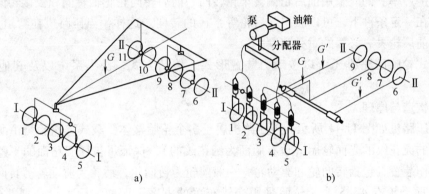

图 11-9　轮胎压路机受载示意图
a）多个轮胎整体受载　b）轮胎复合受载
Ⅰ-Ⅰ—压路机前轴　Ⅱ-Ⅱ—压路机后轴　1~11—轮胎

2）按轮胎在轴上安装的方式可分为各轮胎单轴安装、通轴安装和复合式安装三种。在单轴安装中，图 11-9b 所示的Ⅰ-Ⅰ轴线的各个轮胎具有不与其他轮胎轴连接的独立轴；在通轴安装中，图 11-9b 所示的Ⅱ-Ⅱ轴线的几个轮胎安装在同一根轴上；复合式安装包括单轴独立安装和通轴安装。

3）按平衡系统形式可分为机械（杠杆）式、液压式、气压式和复合式等几种。液压式和气压式平衡系统可以保证压路机在坡道上工作时，使其机身和驾驶室保持水平位置。图 11-9a 所示为具有机械平衡系统的压路机的行走部分。而在图 11-9b 中Ⅰ-Ⅰ轴线是具有液压平衡系统的结构形式。

4）按轮胎在轴上的布置可分为轮胎交错布置、行列布置和复合布置，分别如图 11-10a、b

和 c 所示。在现代压路机中，最广泛采用的是轮胎交错布置的方案。

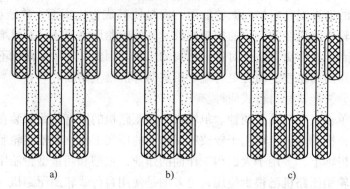

图 11-10 轮胎压路机轮胎布置简图
a）交错布置 b）行列布置 c）复合布置

5）按转向方式可分为偏转车轮转向、转向轮轮轴转向和铰接转向三种。单独采用偏转车轮或转向轮轴转向，都会引起前、后轮不同的转弯半径。若前、后轮转弯半径差值很大，可使前、后轮的重叠宽度减小到零，会导致压路机沿碾压带宽度压实的不均匀性。要提高这种转向形式的压实质量，就必须大大地增加重叠宽度，其结果又会减小压实带的宽度和降低压路机的生产率。同时采用前后轮偏转车轮转向、前后转向轮轮轴转向和铰接转向是较先进的结构，在一定条件下，可以获得前后轮等半径的转向。这样，当压路机在弯道上工作时，就可保证前后轮具有必要的重叠宽度。

自行式轮胎压路机还可以按动力装置形式、传动方式、操纵系统以及其他特征进行分类。

二、构造与原理

轮胎压路机如图 11-11 所示。该压路机属于多个轮胎整体受载式。轮胎是由耐热、耐油橡胶制成的无花纹的光面轮胎（也有胎面为细花纹的），保证了被压实路面的平整度。轮胎是它的工作装置，包括转向轮和驱动轮，一般前轮为转向轮，后轮为驱动轮。转向轮一般有3～4 个，驱动轮有 4～5 个。轮胎采用交错布置的方案，即前、后车轮分别并列成一排，前、后轮迹相互叉开，由后轮压实前轮的漏压部分。

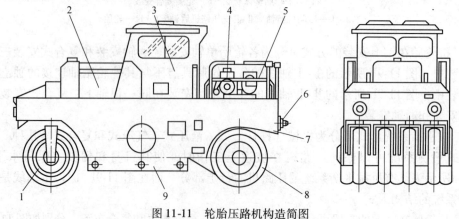

图 11-11 轮胎压路机构造简图
1—转向轮 2—发动机 3—驾驶室 4—汽油机 5—水泵 6—拖挂装置 7—车架 8—驱动轮 9—配重铁

轮胎压路机的车架是由钢板焊接而成的箱形结构，其前后分别支承在轮轴上。车架上安装有发动机、驾驶室、配重和水箱等。

轮胎压路机传动系统的组成基本上与前述静力式光轮压路机相似。发动机动力经由离合器、变速箱、换向机构、差速器、左右半轴、左右链轮等传动，最后驱动后轮。

轮胎压路机的换向机构一般为齿轮换向机构。通过圆柱齿轮向左或向右移动，可分别与从动锥齿轮的内齿相啮合。当圆柱齿轮被拨到与左或右锥齿轮内齿啮合位置时就可使动力正向或反向传递，从而实现换向。

转向轮 1 都是从动轮，它们分成可以上下摇摆的两组，通过摆动轴铰装在前后框架上，再通过立轴、叉脚、轴承和立轴壳与车架连接。在立轴的上端固定安装着转向臂，转向臂的另一端与转向液压缸的活塞杆端相铰接。

驱动轮 8 一般由两部分组成。在图 11-11 中，左边一组由三个车轮组成，右边一组由两个车轮组成。每个后轮都用平键装在轮轴上。左边三个车轮的轮轴是由两根短轴组成的，其间靠联轴器连接在一起。右边两个车轮共用一根短轴。左、右轮轴分别通过滚珠轴承装在各自的"Π"形轮架上，此轮架又通过轴承和螺钉安装在车架的后下部。

轮胎压路机上的洒水装置由汽油机 4 带动水泵 5，通过两个三通旋塞进行抽水和洒水。两个三通旋塞都刻有指示接通方向。抽水时先将进口指向抽入水泵的方向，其中进水有两个指向：一是由水源抽入水泵；二是由机身水箱抽入水泵。再将出水三通旋塞接通机身洒水箱或喷水管，并发动汽油机带动水泵进行增减配重或喷水。若打开洒水闸门，前后轮端洒水管就可进行洒水作业。

轮胎压路机制动器采用气助力系统。气体由空气压缩机进入主储气筒，经管道与增压气阀相通。当踩下制动器踏板制动时，油压总泵的液压油被压入增压器前缸的后面活塞而推动气阀活塞，再打开气阀活门，于是高压气进入增压器内，使增压器内的活塞杆推动前缸，前缸油液被压入分泵并胀开制动蹄进行制动。

第三节　振动压路机

一、用途与分类

振动压路机利用其自身重力和振动作用压实各种建筑材料，是公路、铁路、机场、港口、堤坝等建筑和筑路工程必备的压实设备。由于其压实效果好，影响深度大，生产率高，目前得到了迅速发展，已成为现代压路机的主要机型。

振动压路机按机器的结构质量可分为轻型、小型、中型、重型和超重型五种。

按行驶方式可分为手扶式、拖式和自行式三种。手扶式振动压路机本身能自行，但其行驶方向和速度需由操作人员在机下手扶操作，故操作人员工作时需随机走动，主要有单轮式和双轮式两种，如图 11-12 所示。拖式振动压路机作业时需由牵引车拖行作业，主要有拖式光轮振动压路机、拖式凸块振动压路机、拖式羊足振动压路机、拖式格栅振动压路机等，如图 11-13 所示。自行式振动压路机作业时由驾驶员直接在机上进行操作，主要有轮胎驱动式、钢轮轮胎组合式、两轮串联（铰接）式、四轮振动压路机，如图 11-14所示。

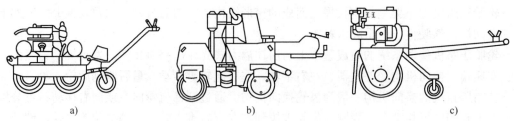

图 11-12　手扶式振动压路机类型

a）双轮整体式　b）双轮铰接式　c）单轮式

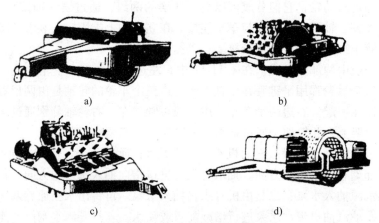

图 11-13　拖式振动压路机类型

a）拖式光轮振动压路机　b）拖式凸块振动压路机　c）拖式羊足振动压路机　d）拖式格栅振动压路机

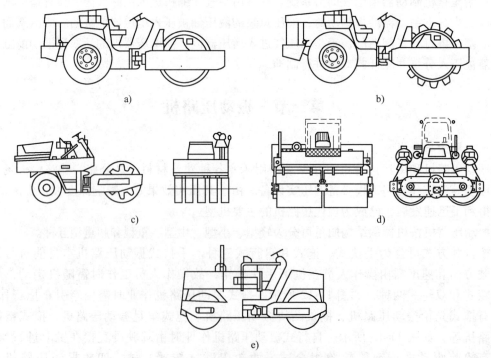

图 11-14　自行式振动压路机类型

a）轮胎驱动光轮振动压路机　b）轮胎驱动凸块振动压路机　c）钢轮轮胎组合式振动压路机

d）四轮振动压路机　e）两轮串联（铰接）式振动压路机

按振动轮数量分，可分为单轮振动、双轮振动和全轮振动。

按驱动轮数量分，可分为单轮驱动、双轮驱动和全轮驱动。

按传动方式分，可分为机械传动式、液压机械传动式和全液压传动式。

按振动轮内部结构分，可分为振动压路机、振荡压路机和垂直振动压路机三种。其中振动压路机又可分为单频单幅振动压路机、单频双幅振动压路机、双频双幅振动压路机、单频多幅振动压路机、多频多幅振动压路机和无级调频调幅振动压路机。

二、总体构造

自行式振动压路机主要由发动机、传动系统、操纵系统、行走装置（振动轮和驱动轮）以及车架（整体式或铰接式）等组成。图 11-15 所示为轮胎驱动光轮振动压路机的总体构造简图。

振动轮是振动压路机的重要部件。通过振动轮的变频变幅来完成对土壤、碎石、沥青混合料等的压实。振动压路机有单振动轮的，如轮胎驱动光轮振动压路机、轮胎驱动凸块振动压路机，也有双振动轮的，如两轮串联（铰接）振动压路机，还有四振动轮的，如双轴两轮并联式四轮振动压路机。

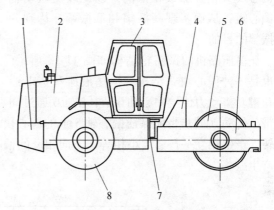

图 11-15　轮胎驱动光轮振动压路机的总体构造简图
1—后车架　2—发动机　3—驾驶室　4—挡板　5—振动轮
6—前车架　7—铰接轴　8—驱动轮胎

振动轮按其轮内激振器的结构不同又分为偏心块式和偏心轴式。调整偏心块、偏心轴的偏心质量大小和偏心质量分布可以改变振动轮激振力的大小和振幅的大小，以适应不同类型的振动压路机对不同压实材料的压实。而振动轮的调频则是通过液压马达或机械式传动改变激振器转速来实现的。

图 11-16 所示为某 YZ18C 型振动压路机的振动轮总成结构。钢轮 1 采用钢板卷制对口焊

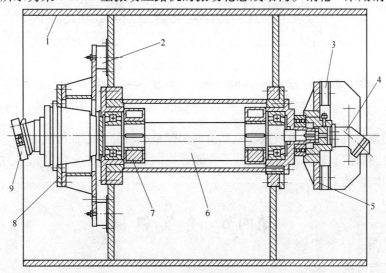

图 11-16　YZ18C 型振动压路机的振动轮总成结构
1—钢轮　2、3—减振块　4—振动马达　5、8—左右连接支架　6—偏心轴　7—调幅装置　9—振动轮行走马达

接而成。机器的振动是通过振动马达带动振动轴高速旋转而产生的，改变振动马达的旋转方向就可以改变振幅。

调幅装置 7 是一个密封的圆柱形焊接结构件，其调幅原理如图 11-17 所示。通过改变振动马达的旋转方向就可以改变振动轴的旋转方向。借助挡销 3 的作用，使固定偏心块 4 与活动偏心块 1 相叠加或相抵消，以此改变振动轴的偏心矩，从而实现高振幅和低振幅，达到调节振幅的目的。

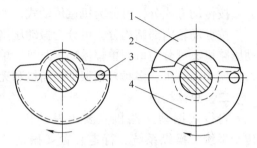

图 11-17 正反转调幅装置示意图
1—活动偏心块 2—振动轴
3—挡销 4—固定偏心块

振荡压路机的振荡轮结构如图 11-18 所示。它也是一种偏心块式结构。振荡液压马达 1 通过花键套将动力传给中心轴 6，中心轴 6 通过同步带 7 传动（同步带能保证偏心轴 5 上的偏心块 8 相位差为 180°），驱动两根偏心轴 5 同步旋转，产生相互平行、大小相等、方向相反的偏心力，形成激振力偶矩（交变扭矩），使滚筒产生振荡。

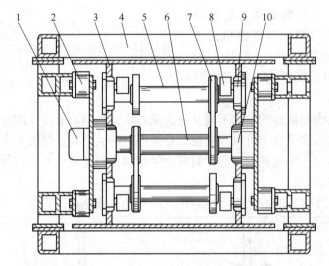

图 11-18 振荡压路机振荡轮结构示意图
1—振荡液压马达 2—减振块 3—振荡滚筒 4—机架 5—偏心轴 6—中心轴 7—同步带
8—偏心块 9—偏心轴轴承座 10—中心轴轴承座

垂直振动压路机振动轮的激振器也是由两根带偏心块的偏心轴构成的。与振荡压路机振荡轮不同的是两根偏心轴在水平方向相对安装，反向旋转，水平方向的偏心力相互抵消，仅产生垂直方向的振动力。

第四节　夯实机械

一、用途与分类

夯实机械适用于夯实黏性土壤和非黏性土壤，铺层厚度可达 1~1.5m 或更多，还可用于夯实自然土层。

夯实机械按其结构和工作原理可分为自由落锤式夯实机、爆炸夯、蛙式夯、振动冲击夯和振动平板夯。

按其冲击能量可分为轻型、中型和重型。轻型夯实机冲击能量为 0.8 ~ 1kN·m；中型夯实机冲击能量为 1 ~ 10kN·m；重型夯实机冲击能量为 10 ~ 50kN·m。

蛙式夯、振动冲击夯和小型振动平板夯等手扶式夯实机械属于轻型夯实机，可由内燃机和电动机驱动。这些机型的质量不大于 200kg，适用于夯实沟槽和基坑回填土，特别适用于墙角等狭窄地带和小面积的土方夯实作业。

爆炸夯和大型振动平板夯属于中型夯实机。

自由落锤式夯实机则属于重型夯实机。这种机型具有很高的冲击能量，夯实板质量可达 1 ~ 3t，提升高度可达 1.0 ~ 2.5m。在夯实板自重作用下夯击土壤，夯击频率比较低，它取决于夯锤的提升高度。利用履带式起重机改造的大型自由落锤式强夯机，强夯锤质量可达 10 ~ 40t，最大夯击能量可达 2000t·m，广泛应用于水电坝基、高速公路、港口码头、电厂厂房及物流集装箱堆场等工程的基础强夯作业。

高速液压冲击夯属于重型夯实机，它利用液压打桩机的工作原理，将由夯锤、夯架、液压缸等组成的夯实装置安装在装载机的动臂或液压挖掘机的斗杆上，液压油源由装载机或挖掘机提供。适用于夯实边坡、桥涵台背填土以及软土地基的加固处理等。

二、总体结构及工作原理

1. 蛙式夯

蛙式夯由电动机驱动，其结构如图 11-19 所示。由夯头 1、夯架 2、带两块偏心块的轴、电动机 6、二级减速的 V 带传动装置、底板 4 和扶手 7 等组成。电动机通过 V 带传动装置，驱动偏心块旋转，两偏心块所产生的向上离心力，将夯架 2 连同夯头 1 以及整个底板 4 的前部向上抬起；当偏心块旋转到前方时，夯机向前跃进；当偏心块转到下方时，夯头 1 向下冲击，对土进行一次夯实。

2. 振动冲击夯

振动冲击夯是利用冲击振动进行作业的夯实机械，其构造如图 11-20 所示。由发动机（电动机）、激振装置（曲柄连杆机构，上、下弹簧组）、套筒 7 和夯板 12 等组成。发动机驱动曲柄转动，曲柄连杆机构在运动中产生上、下往复作用力，使冲击夯跳离地面，在往复作用力和重力的共同作用下，夯板 12 对铺层材料作连续往复式冲击。冲击频率可达 7 ~ 11Hz，跳起高度可达 45 ~ 65mm。夯板 12 对铺层材料快速冲击的同时，还使铺层材料产生振动。在冲击和振动的共同作用下，获得很好的夯实效果。这种夯实机械适宜于砂土、黏土、三合土、砾石和沥青混合料的夯实，适用于建筑工程、水利工程和道路工程等各类地基基础的夯实作业，尤其适用于大型压实机械无法工作的狭小沟槽、坑穴、墙边、屋角等处的压实工程。

3. 振动平板夯

振动平板夯利用激振器产生的振动能量进行压实作业，在工程量不大、狭窄场地得到广泛应用。

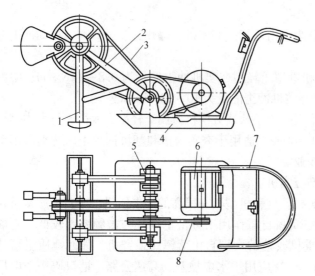

图 11-19　蛙式夯结构示意图

1—夯头　2—夯架　3、8—V 带　4—底板
5—传动轴架　6—电动机　7—扶手

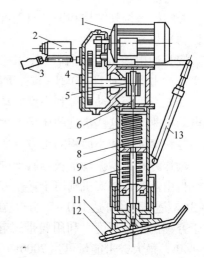

图 11-20　振动冲击夯结构示意图（电动式）

1—电动机　2—电气开关　3—操纵手柄
4—减速器　5—曲柄　6—连杆　7—套筒
8—机体　9—滑套活塞　10—螺旋弹簧组
11—底座　12—夯板　13—减振器支承杆

振动平板夯分非定向和定向两种形式，其结构如图 11-21 所示。动力由发动机经传动带传给偏心块式激振器 2，由激振器 2 产生的偏心力矩带动夯板 1 以一定的振幅和激振力振实被压实材料。非定向振动平板夯是靠激振器 2 产生的水平分力自动前移，定向振动平板夯是靠两个激振器壳体中心（两激振器中心）所处位置的不同，使振动平板原地垂直振动或在总离心力的水平分力作用下水平移动。

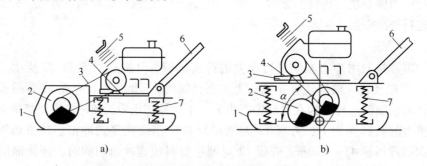

图 11-21　振动平板夯结构示意图

a）非定向振动式　b）定向振动式

1—夯板　2—激振器　3—V 带　4—发动机底架　5—操纵手柄　6—扶手　7—弹簧悬架系统

振动平板夯具有前进、后退和原地振动的功能。图 11-22 所示为振动平板夯的传动系统图。

振动平板夯内的两根偏心轴，其传动齿轮是相同的，故能使两轴作同步异向旋转，由于特定的安装角度，两偏心轴可在旋转中产生向下的垂直分力（震实分力）和向前的水平分力（运动分力），使振动平板夯在振动中向前运动。

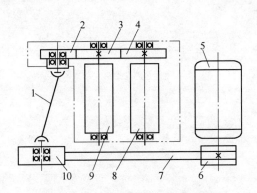

图 11-22　振动平板夯的传动系统图

1—万向节传动轴　2—主动齿轮　3、4—传动齿轮　5—电动机　6、7、10—V 带传动装置　8、9—偏心轴

两偏心轴的其中一根偏心轴是由偏心块套装在空心轴上构成，空心轴内装有带换向键的心轴，可改变偏心块与空心轴的相对位置。当需向后运动时，只要推动操纵手柄，使偏心块松脱，空心轴呈空套状态，在空心轴转过 180°后就会使其在新的位置接合，这样虽然两传动齿轮的转向不变，但两偏心轴产生的水平分力却改变了方向，使振动平板夯向后运动。

第三篇

专用工程机械

第十二章　路面工程机械

路面工程机械（简称路面机械）是指在公路建设中完成路面材料的生产与施工的机械设备。由于路面是用多种材料铺筑而成的多层带状结构物，以及公路等级及地理位置的不同造成所采用的筑路材料种类繁多，加之施工方法多样，因此路面工程机械的品种多种多样，其范围会涉及土方工程机械、石方工程机械、工程运输车辆等通用工程机械。本章所介绍的路面工程机械主要是公路路面工程专用机械，即专门用于修建路面的机械。

根据路面机械的结构、性能、用途可以有多种分类方法。根据路面结构层和机械用途可将路面工程机械分成面层施工机械、基层施工机械、沥青材料加工处理设备、石材集料加工处理设备四类，如图12-1 所示。图 12-1 中所列的石材集料加工处理设备、水泥混凝土搅拌设备等已在前面的通用工程机械章节中介绍。另外，沥青材料加工处理设备中的加热、储存和运输等装置的结构和工作原理内容将会在基层和面层机械中介绍。因此，本章仅对基层和面层施工机械中的沥青洒布机、稳定土拌和机、沥青混凝土搅拌设备和摊铺机等典型机型作重点介绍。

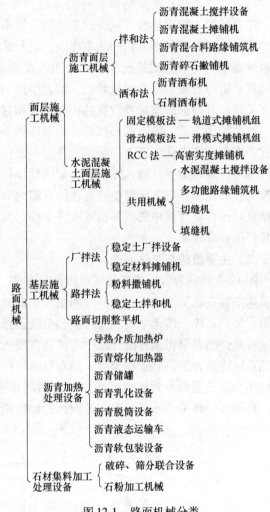

图 12-1　路面机械分类

第一节　沥青洒布机

一、用途与分类

沥青洒布机是一种历史较早的路面工程机械。在采用沥青贯入法或沥青表面处治法铺筑、养护沥青（或渣油）路面时，沥青洒布机可用来运输和喷洒各种液态沥青（热态沥青、乳化沥青和渣油等），也可向就地破碎的土壤喷洒沥青结合料，以修建稳定土路面。沥青洒布机在工程中也可作为沥青和乳化沥青等的运载工具，因此常被称作沥青洒布车。

按照用途不同，沥青洒布机可分为养路用和筑路用两种。养路工程使用的沥青洒布机储料箱容量一般不超过 400L，而筑路工程使用的沥青洒布机一般为 1000L 以上，有的高达 6000L。

按照运行方式，沥青洒布机可分为手推式、拖运式和自行式三种。手推式沥青洒布机是将沥青储料箱、洒布装置安装在手推车上，洒布能力一般在 30L/min 以下，用于道路养护作业。拖运式沥青洒布机是将所有有关部件和设备安装在一辆拖车上，由牵引车牵引运行作业。动力装置一般为小型的风冷式柴油机，洒布能力一般在 30L/min 以上。这种沥青洒布机大多用于道路养护和小面积的洒布作业。自行式沥青洒布机的工作装置与操纵机构等安装在工程运输车（一般为载货汽车）或专用汽车底盘上，其沥青洒布的动力，可直接利用汽车发动机，也可另备一台专用发动机。前者少用一台发动机，但因沥青泵转速与汽车车轮转速相互关联，其沥青洒布量及质量的控制精度相对于后者较差。

按照喷洒方式，沥青洒布机可分为泵压洒布和气压洒布两种形式。泵压洒布式是利用齿轮式沥青泵将沥青从沥青箱内吸出，并以一定压力将其从洒布管中喷出。气压洒布式是采用空气压缩机将压缩空气输入气密性和耐压性良好的沥青储料箱内，先对液态沥青加压，后经洒布管喷洒出去。空气压缩机还可在储料箱内形成负压，从而吸入沥青。气压式洒布机在作业结束时还可将管路中的残留沥青吹洗干净。尤其是对乳化沥青，使用气压式沥青洒布机可避免产生破乳现象。

二、主要结构与工作原理

图 12-2 所示为自行式沥青洒布机的外形图。自行式沥青洒布机是将整套的自动沥青洒布机构安装在载货汽车底盘上，并利用汽车发动机的动力完成各项工作。该机主要由沥青储料箱、加热系统、传动系统、循环洒布系统、操纵机构及检查、计量仪表等部件组成。其工作过程是：沥青泵将沥青熔化池中的热沥青吸入沥青储料箱 1 中；将沥青运输到施工现场；加热系统将沥青加热到工作温度；洒布操纵机构 3 将喷洒阀门开启；由沥青泵 7 将沥青以一定的压力输送至洒布管和喷嘴后按一定的洒布率喷洒到路面。作业结束后，沥青泵反向运转，将循环管路中的残留沥青吸送回沥青储料箱中。

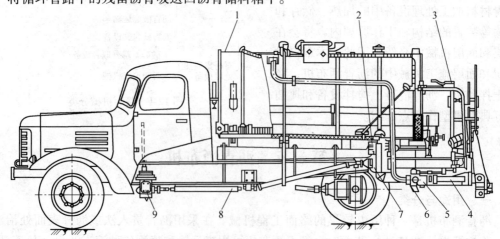

图 12-2　自行式沥青洒布机的外形图

1—沥青储料箱　2—主三通阀　3—洒布操纵机构　4—管道系统　5—左管道三通阀
6—放油口　7—沥青泵　8—传动轴　9—动力输出箱

自行式沥青洒布机主要部件的结构和工作原理分述如下。

1. 沥青储料箱

沥青储料箱的结构如图12-3所示。

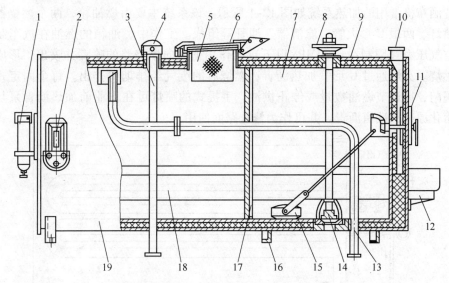

图 12-3 沥青储料箱结构图

1—灭火器 2—温度计 3—溢流管 4—排气管 5—进料网 6—进料口盖 7—箱体 8—总阀门操纵手轮
9—保温层 10—排烟口 11—刻度盘 12—固定燃烧器 13—进油管 14—总阀门 15—浮标 16—箱体固定架
17—隔板 18—U形加热火管 19—沥青箱外罩

沥青储料箱为一个用 3～5mm 厚的钢板焊接而成的椭圆形断面长筒，筒体外包一层约50mm 厚的玻璃绒或矿渣棉隔热保温层，隔热保温层外部包有一层薄钢板。此隔热保温层可使箱内的热态沥青的降温速度大大降低。箱体 7 内焊有隔板 17，用来将箱体分隔成前、后两室，以减轻箱内沥青在洒布行驶中的冲击振荡。为使沥青在箱内可自由流动，隔板上、下设有缺口。箱顶中部有带滤网的圆形进料口，由此可向箱内直接倾注热态沥青，同时也可供维修时维修人员进入箱体。平时进料口用进料口盖 6 盖住。由外部送来的沥青可经进油管 13 进入箱内。在箱底后部开有出油孔，孔上方设置有总阀门 14，它由箱顶上的手轮及阀杆实现开启或关闭。出油孔的下方装有一个主三通阀及沥青泵。

在进行加油作业时，超量的油液可通过穿出箱底外的溢流管 3 流出箱体，该管也是储料箱的透气孔（气压洒布式无此管）。为测定箱内的液量，在箱内装有浮标 15，它通过杆件等与箱体后壁外刻度盘 11 上的指针相连，以观察箱内沥青液面的高度。箱体前端外侧有温度计 2，用于观察箱内沥青的温度。

在箱内中下部设置有两根 U 形加热火管 18 用来加热箱内的沥青，两根火管的进口端装有一只固定式燃烧器 12，火管的另一端在箱体后壁处与排烟口 10 相连。

为了减少箱底沥青残留量，常在底部设置凹槽，底阀置于凹槽内且位置偏近箱体后壁，箱体以 1°～2° 的后倾角通过固定架与车架连接。

2. 加热系统

装有热态沥青的洒布机经长途运输后，沥青的温度将降低到工作温度以下，故在使用前应进行再加热升温。其加热方式可分为沥青储料箱的箱底加热和箱内加热两种方式。箱底加热法是用火焰直接加热箱底以提高沥青温度，多用于小型沥青洒布机；箱内加热是利用装于箱内的 1~2 根 U 形或 L 形火管使沥青升温。

沥青洒布机常用的加热系统如图 12-4 所示。该系统主要由燃油箱、两个燃烧器、一个手提式喷灯、两根 U 形火管、滤清器、油管等组成。工作中燃油箱的燃油在汽车制动系统储气筒空气压力（限制在 0.29MPa 以下）的作用下通向燃烧器的喷嘴并喷出，形成雾状燃油进行燃烧。火焰通过 U 形管加热沥青，燃烧后的废气经排烟口排出。每个固定式燃烧器都设有阀门，以调节燃油数量或停止供油。手提式的喷灯可在作业前加热沥青泵与管路系统，以熔化原来的残留沥青，并可作为修补路面使用。

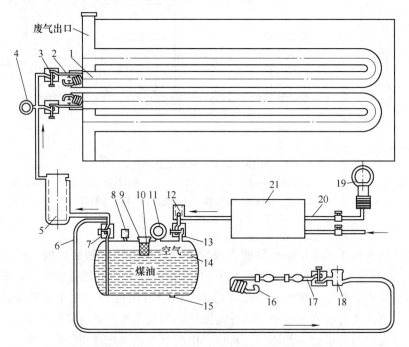

图 12-4 沥青洒布机常用的加热系统

1—火管 2—燃烧器 3—进油阀门 4—压力表 5—滤清器 6—软管 7—出油开关 8、12—安全阀 9—油箱盖
10、18—滤网 11—油压表 13—进气开关 14—燃油箱 15—放油螺塞 16—手提式喷灯 17—喷灯开关
19—空气压缩机 20—气管 21—储气筒

3. 循环-洒布系统

循环-洒布系统的作用是用来完成输送和洒布热态沥青、向箱内抽进热态沥青、放空箱内油液、排除洒布管的余料等作业，并使沥青箱内的热态液体沥青在循环管道内不断循环流动，以使箱内的全部沥青都能加热，在洒布和运输过程中能保持均匀的温度。

循环-洒布系统主要由沥青泵 4、主三通阀 3、左横管三通阀 12 和右横管三通阀 8、管道、洒布管 10、喷嘴等组成，如图 12-5 所示。工作中通过动力输出箱传递过来的动力使沥青泵 4 工作，并通过动力输出箱的不同挡位变换及倒挡实现沥青泵的不同转速及正反向的旋转，再通过转动左、右横管三通阀 12、8 及主三通阀 3 来实现吸油、放油、过油、洒油、循环、左洒布、右洒布、全宽洒布、人工洒布等工作。

洒布管中央两节是固定的，两侧可临时接装活动洒布管，通过调节洒布管的节数来实现 $2 \sim 7$ m 宽的路面喷洒。洒布管大多为圆钢管。国外一些沥青洒布机的洒布管采用钢板压制成的箱形截面钢管，管内装有若干喷嘴及其起闭阀门。这些喷嘴的起闭阀门通过一根主操纵杆实现同步起闭或分别起闭，以适应不同洒布宽度的需要。洒布管可利用球铰式连接管实现上下翻折和前后摆转。离地高度可通过调节器进行调节。调节器通过液压装置驱动，并可通过控制装置自动校正洒布管的高度。

在洒布管上按一定间距装有喷嘴，喷嘴端口开有长缝隙，缝隙的两侧通常做成 $45°$ 斜角，以使沥青能按 $90°$ 角向外喷洒。缝隙宽度一般为 $2.5 \sim 4$ mm。安装喷嘴时，其缝隙与洒布管轴线成 $15° \sim 30°$ 斜角，使相邻喷嘴间的喷洒扇面可相互搭接；在洒布管端部安装一块挡块或一个特殊喷嘴，可使边缘洒布整齐。

沥青泵多为大模数外啮合齿轮泵，其规格大小及驱动所需的功率应由最大洒布宽度所需要的泵送量来确定。三通阀为转阀，可用来控制液态沥青在管道中的流动方向。

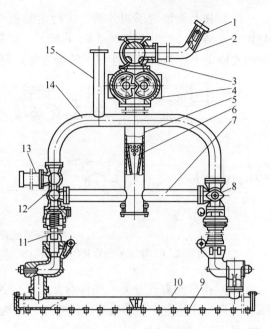

图 12-5 循环-洒布系统

1—滤网 2—加油管 3—主三通阀 4—沥青泵
5—输油总管 6—滤网 7—横管 8—右横管三通阀
9—喷嘴 10—洒布管 11—球铰式连接管
12—左横管三通阀 13—放油管 14—循环管
15—进油管

三、主要技术性能指标

沥青洒布机的主要技术性能指标有沥青储料箱容量（L）、洒布宽度、洒布量（L/m）、整机功率、整机质量等。其中，沥青储料箱容量反映了沥青洒布机的工作能力，故沥青洒布机的型号规格常按沥青储料箱容量进行分级。

第二节　稳定土拌和设备

稳定土拌和设备可将土粉碎，并与稳定剂（石灰、水泥、沥青、乳化沥青或其他化学剂）等均匀拌和，以提高土的稳定性，形成稳定混合料，用来修建稳定土基层或路面。

稳定土拌和设备按其设备与拌和工艺可分为稳定土路拌设备（稳定土拌和机）和稳定土厂拌设备两类。下面将对两种设备分别作以介绍。

一、稳定土拌和机

1. 用途与分类

稳定土拌和机是一种在行走过程中，以其工作装置在道路施工现场就地完成对土壤的切削、翻松、破碎作业并将土与加入的稳定剂（沥青、乳化沥青、水泥、石灰等）均匀拌和的机械。

根据结构特征，稳定土拌和机的分类及其特点如下：

（1）按行走装置形式分类　按行走装置形式可分为履带式、轮胎式和复合式（履带式与轮胎式结合），如图12-6a、b、c所示。履带式稳定土拌和机附着性和通过性好、质量大。轮胎式稳定土拌和机机动性好、转场方便。复合式稳定土拌和机结构较复杂。

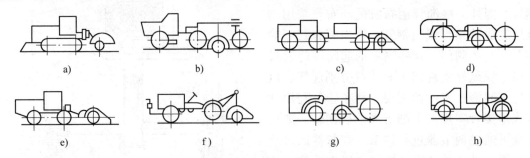

图 12-6　稳定土拌和机类型

a）履带式　b）轮胎式　c）复合式　d）自行式　e）半拖式　f）悬挂式　g）中置式　h）后置式

（2）按移动方式分类　按移动方式可分为自行式、半拖式和悬挂式，如图12-6d、e、f所示。自行式稳定土拌和机总体尺寸小、结构简单、质量轻。半拖式和悬挂式稳定土拌和机的主机可以一机多用。

（3）按动力传动形式分类　按传动形式可分为机械式、液压式和机械液压式。机械式稳定土拌和机属于传统结构形式，其设计理论较为成熟，制造、装配、维护简单，但消耗材料多、质量大、作业性能较差。液压式稳定土拌和机的优点较多，如功率密度大、结构紧凑、质量轻、可无级调速，调速范围大，布局灵活，基本不受机械结构的限制，运转平稳，工作可靠，能自行润滑，寿命较长，易实现过载保护和自动化，操纵方便省力等。

（4）按工作装置在机械上的位置分类　按工作装置在机械上的位置可分为中置式和后置式，如图12-6g、h所示。一般来说，中置式稳定土拌和机的轴距较大，转弯半径大，机动性较差。后置式稳定土拌和机更换转子及拌和铲容易，保养方便，但其整机的纵向稳定性较差。

（5）按转子旋转方向分类　按转子旋转方向可分为正转和反转两种。正转，即转子由上而下切削土壤，其切削及拌和阻力小，消耗功率小；反转，即转子由下而上切削土壤，对土壤破碎能力强，并可反复拌和，因此稳定土的拌和质量好。

2. 主要结构与工作原理

图12-7所示为后置式全液压轮胎式稳定土拌和机，其结构特点是：整体式车架，刚性

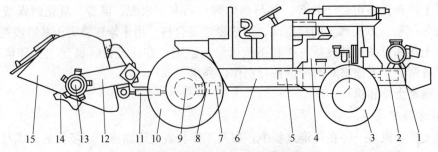

图 12-7　后置式全液压稳定土拌和机

1—液体喷洒泵　2—行走液压泵　3—前轮　4—发动机　5—转子液压泵　6—车架　7—行走马达　8—变速箱
9—驱动桥　10—后轮　11—转子举升液压缸　12—举升臂　13—转子马达　14—转子　15—罩壳

悬架，偏转车轮转向方式，前桥为转向桥，后桥为驱动桥；行走系统为变量泵—定量马达—两挡机械变速驱动；转子系统为变量泵-定量低速大扭矩马达直接驱动；转子和行走系统之间具有液压控制环节，根据超载时转子系统压力的控制可自动调节行走速度以限制超载。具有结构简单、维修使用方便等优点。不足之处为消耗整机功率 80% 左右的转子系统采用液压传动，整机传动效率仅为 60% 左右。

稳定土拌和机的工作装置，主要由转子及转子架、转子升降液压缸、罩壳及其后斗门开启液压缸等组成，如图 12-8 所示。稳定土拌和机行驶时，通过转子升降液压缸使整个工作装置抬起、离开地面。拌和作业时工作装置被放下，其罩壳支承在地面上。此时转子轴颈借助于罩壳两端长方形孔内的深度调节垫块支承在罩壳上。罩壳形成一个较为封闭的工作室，拌和转子在其内完成粉碎、拌和作业。

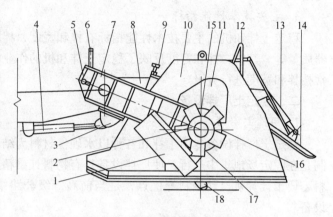

图 12-8　稳定土拌和机工作装置

1—分土器　2—液压马达　3—举升转动销轴　4—举升液压缸
5—保险箱　6—深度指示器　7—举升臂　8—牵引臂
9—调整螺栓　10—罩壳　11—护板　12—后斗门开度指示器
13—后斗门开启液压缸　14—后斗门　15—注油口　16—溢油口
17—放油口　18—转子

图 12-9 所示为稳定土拌和机转子结构示意图，它由转子轴及轴承、刀盘及刀片等组成。转子轴的长度由拌和宽度决定，一般较长，要求其质量轻、刚度大、强度高。转子轴的结构形式有：采用无缝钢管、钢板卷焊和组合式（用螺栓将中间拌和轴与两端轴联接在一起）。前两种为整体式，刚度大、强度高；后者则制造简单、拆装方便。转子轴的支承方式随转子轴的结构而异：整体式转子轴多采用剖分式滑动轴承，便于转子轴的拆装；组合式转子轴采用调心滚子轴承，以便于转子轴两端轴颈的调心对中。刀盘通常焊接在转子轴上，要求其刚度大、强度高。刀盘的数目由拌和宽度而定，一般不少于 10 个。每个刀盘的刀片数目一般为 4 把或 6 把。刀片在转子轴上一般布置成螺旋形，以保证拌和及受力均匀。螺旋刀轴可为 2 头、3 头或 4 头，可同一方向，也可分为左、右螺旋，后者可以使转子轴的轴向力明显减小。

刀片工作条件恶劣，容易磨损，一般连续拌和作业 8h 刀片就需要更换，因此刀片必须拆装方便。刀片在刀盘上的固定方式有拆卸固定和非拆卸固定两类。拆卸固定，又分为螺栓固定和楔块固定。刀片通过压板、螺栓固定在刀盘上时，螺栓往往因其螺纹被稳定剂粘死而

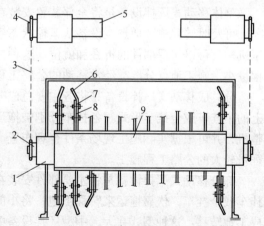

图 12-9　稳定土拌和机转子结构示意图

1—轴承　2、4—链轮　3—链条　5—液压马达
6—弯头刀片　7—刀盘　8—压板　9—转子轴

拆卸不方便。刀片也可以直接插入焊在刀盘上的刀库内，刀库由外面穿入两个固定螺栓，并穿过刀片上的两个缺口，然后在刀库短边处用一开口销将刀片挡住，换装刀片时只需抽出开口销即可。楔块固定是利用土的反作用力使刀片越来越紧固在刀盘上，拆卸方便。非拆卸固定，一般是将刀片焊接在刀盘上，该固定方式的刀片材料应为弹簧钢，并经热处理使其具有高耐磨性。

3. 主要技术性能指标

稳定土拌和机的主要技术性能指标有拌和宽度、拌和深度、作业速度、发动机功率、机器质量等。其中，拌和宽度反映了稳定土拌和机的作业能力，故国产稳定土拌和机型号规格常按拌和宽度进行分级。

二、稳定土厂拌设备

1. 用途与分类

稳定土厂拌设备专用于拌和各种以水硬性材料为结合料的稳定混合料。由于混合料的拌制是在固定场地集中进行，使厂拌设备具有物料计量精度高、级配准确、拌和均匀、节省材料、便于计算机自动控制等优点，是当前高等级公路修筑中的一种高效能的路面基层修筑设备。

稳定土厂拌设备可根据主要结构、工艺特性、生产率、机动性及拌和方式等进行分类。

1）根据生产率大小，稳定土厂拌设备可分为小型（生产率小于 200t/h）、中型（生产率为 200~400t/h）、大型（生产率为 400~600t/h）和特大型（生产率大于 600t/h）四种形式。

2）根据设备拌和工艺和方式可分为非强制跌落间歇式、非强制跌落连续式、强制间歇式和强制连续式四种。强制连续式又可分为单卧轴式和双卧轴式。在诸多形式中，双卧轴式最为常用。

3）根据设备布局及机动性可分为整体移动式、分总成移动式、部分移动式、可搬移动式、固定式等多种形式。

4）根据物料计量形式可分为容积计量和电子动态称重计量拌和设备两种。

整体移动式厂拌设备是将全部装置安装在一个专用的拖式底盘上，形成一个大型的半挂车，可及时转移施工地点。设备从运输状态到工作状态，不需要吊装设备，仅依靠自身的液压机构就可以实现部件的折叠和就位。这种厂拌设备一般具有中、小型生产能力，多用于工程量小、施工地点分散、经常移动的公路工程施工。

分总成移动式厂拌设备是将各主要总成分别安装在几个专用底盘上，形成两个或两个以上的半挂车或全挂车形式。各挂车分别被拖运到施工现场后，依靠吊装设备将其安装成工作整机，并可根据实际施工现场条件合理布置。这种型式多在大、中型设备中采用，适用于工程量较大的公路工程施工。

部分移动式厂拌设备是将主要部件安装在一个或几个特制的底盘上，形成一组或几组半挂车或全挂车，依靠拖运来转移工地；将小的部件采用可拆装搬运的方式，依靠汽车运输完成工地转移。这种型式在大、中型厂拌设备中采用，适用于城市道路和公路工程施工。

可搬移动式厂拌设备是将各主要总成分别安装在两个或两个以上机架上，各自进行装车运输实现工地转移，再依靠起重设备将几个总成安装成整机。这种型式在小、中、大型厂拌设备中采用，具有造价低、维护方便等特点，适用于各种工程量的城市道路和公路工程施工。

　　固定式厂拌设备是将整机安装在预先选好的场地上，形成一个稳定土生产基地。固定式厂拌设备具有很高的生产能力，适用于工程量大且集中的城市道路、公路工程施工。

　　2. 主要结构与工作原理

　　稳定土厂拌设备主要由集料（碎石、砂砾等）仓1、集料称重传动带机2、集料输送机3、螺旋输送机4、立式粉料罐5、搅拌机6、成品料输送机9、成品料仓10、水箱及供水系统和电器控制系统等组成，如图12-10所示。由于厂拌设备型号较多，结构布局多样，因此，各种厂拌设备的组成也有所不同。

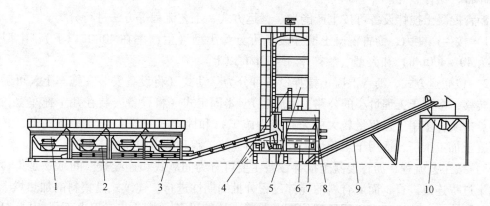

图 12-10　稳定土厂拌设备结构示意图

1—集料仓　2—集料称重传动带机　3—集料输送机　4—螺旋输送机　5—立式粉料罐　6—搅拌机
7—称重螺旋　8—水泥仓　9—成品料输送机　10—成品料仓

　　稳定土厂拌设备，一般采用连续作业式叶桨搅拌机进行混合料的强制搅拌。其基本工作原理为：把各种不同规格的砂石料用装载机装入各集料仓1中，由集料称重传动带机2按规定比例按量连续将集料配送到集料输送机3上，再由集料输送机3输送到搅拌机6中；结合料（也称粉料）由螺旋输送机4连续计量并输送到集料输送机3上或直接输送到搅拌机6中；水经流量计计量后直接泵送到搅拌机6中；通过搅拌机6将各种材料拌制成均匀的成品混合料；成品料通过成品料输送机9输送到成品料仓10中，或直接装车运往施工工地。

　　3. 主要技术性能指标与生产率计算

　　稳定土厂拌设备的主要技术性能指标有额定生产率（t/h）、计量精度、装机功率、设备质量、占地面积等。其中，额定生产率反映了稳定土厂拌设备的生产能力，故国产厂拌设备型号规格常按额定生产率进行分级。

　　稳定土厂拌设备的生产率 Q(t/h) 可按下式计算：

$$Q = \frac{3600 U q_c}{t} \tag{12-1}$$

式中　U——搅拌机的有效容积，m^3；

　　　q_c——混合料密度，t/m^3；

　　　t——拌和时间，s。

第三节　沥青混凝土搅拌设备

一、用途与分类

沥青混凝土搅拌设备为沥青混凝土路面施工的主导设备之一，其性能直接影响到所铺筑的沥青混凝土路面的质量。它的主要用途是将一定温度下的集料（骨料）、填料（石粉）和一定温度下的沥青，按适当的比例要求，搅拌成符合施工技术规范的沥青混合料。应用于公路、城市道路、机场、码头、停车场、货场等施工工程。常用的沥青混合料有沥青混凝土、沥青碎石、沥青砂等。

沥青混凝土搅拌设备可按生产能力、搬运方式、工艺流程等方法进行分类。

1）按生产能力，沥青混凝土搅拌设备可分为小型（生产率在 40t/h 以下）、中型（生产率为 40～400t/h）和大型（生产率在 400t/h 以上）。

2）按搬运方式，沥青混凝土搅拌设备可分为移动式（将设备安装在拖车上，可随施工地点转移，多用于工程量小的公路工程施工）、半固定式（将设备安装在几个拖车上，在施工地点拼装，多用于工程量较大的公路工程施工）和固定式（设备作业地点固定，又称沥青混凝土加工工厂，适用于工程量大且集中的公路工程和城市道路施工）。

3）按工艺流程，沥青混凝土搅拌设备主要可分为间歇式和连续式。间歇式是集料的加热烘干过程连续进行，而混合料的搅拌过程分批周期性进行。连续式是集料的加热烘干和混合料的搅拌都连续进行。不同机型的沥青混凝土搅拌设备，其工艺流程也不尽相同。目前，间歇式和连续式沥青混凝土搅拌设备国内外均有采用。

4）按砂石料的运动方向与燃烧气体的流动方向相同或相反，分为顺流式和逆流式。

二、总体结构与工作原理

1. 间歇式沥青混凝土搅拌设备

间歇式沥青混凝土搅拌设备总体结构如图 12-11 所示，其基本构成由下列装置及系统组成：冷骨料储存及配料装置、干燥滚筒总成、热骨料提升机、振动筛分装置、石粉储存及供给系统、称量系统、搅拌系统、成品料输送及储存系统、除尘系统、气动系统、沥青储存及

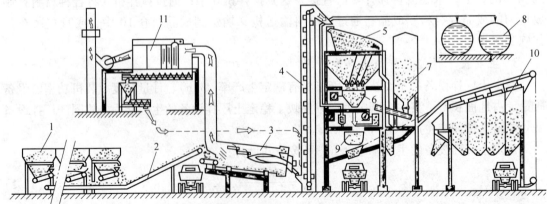

图 12-11　间歇式沥青混凝土搅拌设备总体结构

1—冷骨料储存及配料装置　2—冷骨料带式输送机　3—冷骨料干燥滚筒总成　4—热骨料提升机　5—振动筛分装置　6—热骨料计量装置　7—石粉供给系统　8—沥青供给系统　9—搅拌机　10—成品料储存仓　11—除尘系统

供给系统、电气控制系统等。

间歇式沥青混凝土搅拌设备的工作原理是：不同粒径的骨料经冷骨料储存及配料装置 1 初配后，由冷骨料带式输送机 2 输送到干燥滚筒总成 3 加热烘干至一定温度后，由热骨料提升机 4 提升至振动筛分装置 5 进行二次筛分，筛分后的骨料按粒径的大小分别储存在热骨料仓的分隔仓中。然后，在电气控制系统的操纵控制下，按设定的比例先后进入热骨料计量装置 6 内进行累加式称量，直至达到设定要求。同时，储存在石粉供给系统 7 中的石粉以及储存在沥青供给系统 8 中的热沥青分别由石粉螺旋输送机和沥青循环泵输送至石粉称量斗和沥青称量桶中。计量完成后的骨料，石粉以及沥青被先后投入到搅拌机 9 内进行搅拌。搅拌完成后形成的沥青混合料，通过成品料输送系统送入成品料储存仓 10 进行储存或直接卸入运输车辆中。沥青混凝土搅拌设备在运行过程中产生的粉尘、废气和水蒸气，经除尘系统 11 过滤后排入大气。

由于结构的特点，间歇式搅拌设备能保证集料的级配，集料与沥青的比例可达到相当精确的程度，另外也易于根据需要随时变更集料级配和油石比，所以拌制出的沥青混凝土质量好，可满足各种施工要求。因此，这种设备在国内外使用较为普遍。其缺点是工艺流程长、设备庞杂、建设投资大、耗能高、搬迁困难、对除尘设备要求高（有时所配除尘设备的投资高达整套设备费用的 30% ~ 50%）。

2. 连续式沥青混凝土搅拌设备

连续式沥青混凝土搅拌设备总体结构如图 12-12 所示，主要由以下部分组成：冷骨料储存及配料装置、烘干-搅拌滚筒总成、石粉储存及供给系统、沥青储存及供给系统、除尘系统、成品料输送及储存系统、电气控制系统等。

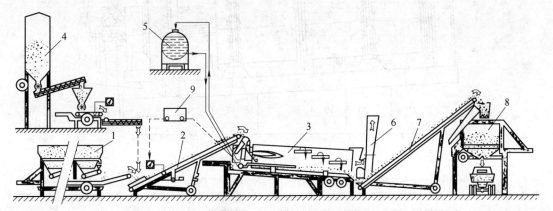

图 12-12　连续式沥青混凝土搅拌设备总体结构
1—冷骨料储存及配料装置　2—冷骨料带式输送机　3—烘干-搅拌滚筒总成　4—石粉供给系统　5—沥青供给系统
6—除尘系统　7—成品料输送机　8—成品料储存仓　9—油石比控制仪

连续式沥青混凝土搅拌设备的工作原理是：不同粒径的骨料经冷骨料储存及配料装置 1 计量后，由冷骨料带式输送机 2 送至烘干-搅拌滚筒总成 3 内，骨料在烘干-搅拌滚筒的前部被烘干加热至要求的温度，与此同时，石粉供给系统 4 中的石粉经计量装置计量后，被连续输送至烘干-搅拌滚筒内。经过加热烘干后的骨料与石粉，以及来自沥青供给系统 5 经过计量后的沥青，在烘干-搅拌滚筒的后部被混合搅拌。形成的沥青混合料由成品料输送机 7 运至成品料储存仓 8 中储存待运。在烘干-搅拌滚筒内产生的油烟和含尘气体经除尘系统 6 过滤后排入大气。需要说明的是，为了提高混合料的配比精度，有些设备在冷骨料进入烘干-搅拌滚筒之前，配备有骨料含水率测试仪。冷骨料含水率的数据动态地输入到电气控制系统的计算机中，由计算机换算出干骨料的实际质量，并根据干骨料的实际质量动态地自动调节石粉和沥青的添加量，从而达到准确控制混合料配比的目的。

与间歇式沥青混凝土搅拌设备相比，连续式沥青混凝土搅拌设备工艺流程大为简化，设备也随之简化，不仅搬迁方便，而且制造成本、使用费用和动力消耗可分别降低 15% ~ 20%、5% ~ 12% 和 25% ~ 30%。另外，由于湿冷集料在烘干-搅拌滚筒内烘干、加热后即被沥青裹敷，使细小粒料和粉尘难以逸出，因而易于达到环保标准的要求。

3. 冷骨料烘干加热系统

在生产沥青混凝土混合料时，为了烘干骨料并将其加热到所需要的工作温度，必须将骨料反复地抛撒，并使骨料与热气接触，以吸收热量、去除水分和提高温度。一般都是使用烘干加热系统使骨料加热到一定温度并充分脱水，以保证计量精确和结合料对它的裹覆，使成品料具有良好的摊铺性能。

冷骨料烘干加热系统包括干燥滚筒（或烘干搅拌滚筒）和加热装置两大部分，如图 12-13 所示。工作中，干燥滚筒不断地转动，筒内的提升叶片不断地将进入筒内的冷骨料升起、抛下，同时燃烧器向筒内喷入火焰，冷湿骨料就逐渐被烘干并加热到其工作温度。

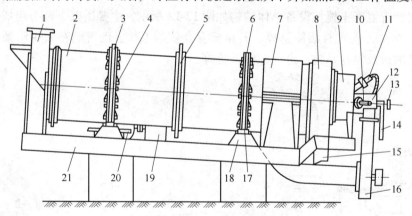

图 12-13　冷骨料烘干加热系统

1—加热箱和排烟箱　2—滚筒筒体　3、6—筒箍　4—胀缩件　5—传动齿圈（或链轮）　7—滚筒冷却罩
8—卸料箱　9—火箱　10—燃烧喷嘴　11—燃料燃烧传感器　12—燃烧器　13—燃油调节器　14—燃油管　15—卸料槽
16—鼓风机　17—支承滚轮　18—防护罩　19—驱动装置　20—挡滑滚轮　21—机架

干燥滚筒用来加热烘干湿冷骨料。为使湿冷骨料在较短的时间内，用较低的燃料消耗充分脱水升温，对干燥滚筒有如下要求：骨料在该筒内应均匀分散，并在筒内有足够的停留时间；骨料在筒内应与热气尽可能地多接触，以充分利用热能；干燥滚筒应有足够的空间，能容纳燃料燃烧后的热气和水分蒸发后的水蒸气，以免因气压过大而使粉尘逸散。

干燥滚筒内的骨料加热方法有两种：一种是逆流式，即火焰自滚筒的出料口一端喷入，热气流逆着料流方向穿过滚筒；另一种是顺流式，即火焰自滚筒的进料口一端喷入，热气顺着料流方向穿过滚筒。热气在滚筒内被骨料吸走热量后，废气从烟囱排出。逆流式的烟气温度为 350 ~ 400℃，而顺流式的烟气温度为 180 ~ 200℃。由于逆流式的热量利用效果比顺流式要好得多，所以间歇式搅拌设备的干燥滚筒均采用逆流式加热。

干燥滚筒筒体为直径 1.5～3m、长 6～12m 的旋转式圆柱体，由耐热锅炉钢板卷制焊接而成，它通过前后两道筒箍支承在滚轮上。由于筒体一般按 3°～6° 的安装角支承在滚轮上，且以旋转方式工作，所以应在两筒箍中的一道筒箍处安装一个水平挡滑滚轮，以便承受滚筒的下滑力。

在滚筒内壁不同区段安装有不同形状的叶片。当滚筒旋转时，叶片将骨料刮起提升并于不同位置跌落（见图 12-14），从而使骨料与热气流充分接触而被加热。滚筒的倾斜度、旋转速度、长度、直径、叶片的排列和数量决定了骨料在滚筒内停留的时间。一般可根据骨料的粒度和含水率的大小，确定干燥滚筒的倾斜角，从而确定骨料在筒内的移动速度，以达到适宜的加热温度。对于固定式搅拌设备，可通过千斤顶的升降来改变干燥滚筒的倾斜角度。

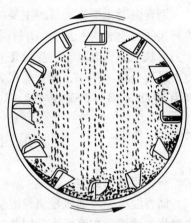

图 12-14　干燥滚筒内骨料的跌落

干燥滚筒的驱动方式有三种：齿轮驱动、链条驱动、摩擦轮驱动。齿轮驱动由主动齿轮驱动通过胀缩件固装在筒体上的从动齿圈使滚筒转动，其优点是传动可靠、寿命长；缺点是传动噪声大，齿圈（大多分段制造）制造成本高，安装调整困难，多用于小型及早期搅拌设备中。链条驱动是通过链条带动通过胀缩件固装在筒体上的链轮齿圈使滚筒转动，其制造费用及安装的精度要求均较低，保养与维修简单，多用在中型搅拌设备上。大型设备多采用摩擦轮驱动，即 4 个支承滚轮也为主动轮，利用主动轮与筒箍之间的摩擦力使滚筒转动，为增加驱动力，有的机型在主动轮上贴附一层橡胶。

4. 沥青混凝土搅拌设备电气控制系统

电气控制系统是沥青混凝土搅拌设备的关键组成部分，其自动化程度的高低标志着整套设备的先进程度，同时也直接影响整机性能。该系统通常具有手动、半自动和全自动控制功能，主要由四个基本子系统构成：设备供电及起停控制子系统；燃烧及温度控制子系统；配送及物料输送控制子系统；计算机监视及控制子系统。它们既相互独立，又相互关联，与沥青混凝土搅拌设备的机械本体及其执行机构构成一个有机的整体，图 12-15 为它们之间的关系框图。

设备供电及起停控制子系统的主要功能是向机械本体及其执行机构提供动力电源，以及按要求发出起动和停机的信号。物料配料及输送控制子系统的主要功能除了向机械本体的执行机构发出执行信号外，还负责从机械本体采集物料质量等传感器信号，并按设定的配合比要求进行物料计量和搅拌，搅拌后形成的成品混合料在控制系统的指挥下输送至成品料储料仓储存。燃烧及温度控制

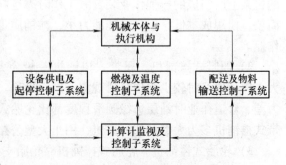

图 12-15　控制系统框图

子系统的主要功能是控制干燥滚筒的燃烧器的起停，并根据从干燥滚筒出料口处采集的骨料温度的高低，调整燃烧器油门的大小，保证干燥后的骨料温度达到设定要求。计算机监视及控制子系统的主要功能是提供操作直观的人机交互界面，该子系统通常具有设备运行监控、生产数据信息管理与编辑以及远程通信等功能。

三、主要技术性能指标

沥青混凝土搅拌设备的主要技术性能指标有生产能力（kg/锅或 t/h）、计量精度、干燥滚筒尺寸（直径×长度）、出料温度、温度控制精度、装机功率、整机质量等。其中，生产能力反映了沥青混凝土搅拌设备的工作能力，故国产沥青混凝土搅拌设备型号规格常按生产能力进行分级。例如，型号规格为 LB1000 和 LB2000 的沥青混凝土搅拌设备的生产能力分别为 1000kg/锅和 2000kg/锅。

第四节　沥青混凝土摊铺机

一、用途与分类

沥青混凝土摊铺机是沥青混凝土路面施工的主要设备之一。它将搅拌好的沥青混凝土混合料均匀地摊铺在路面底基层或基层上，构成沥青混凝土基层或沥青混凝土面层的虚铺层，供压路机进一步碾压成形。摊铺机能够准确保证摊铺层厚度、宽度、路面拱度、平整度、密实度，因而广泛用于公路、城市道路、大型货场、停车场、码头和机场等工程中的沥青混凝土摊铺作业，也可用于稳定材料和干硬性水泥混凝土材料的摊铺作业。它可大幅度降低施工人员的劳动强度，减少压路机的碾压遍数（约减少 2/3），加快施工进度，降低工程成本，提高路面的摊铺质量。

沥青混凝土摊铺机分类如下：

（1）按摊铺宽度分类　可分为小型、中型、大型和超大型四种。

小型：最大摊铺宽度一般小于 3.6m，主要用于路面养护作业和城市巷道路面修筑。

中型：最大摊铺宽度在 4~6m 之间，主要用于一般公路路面的修筑和养护作业。

大型：最大摊铺宽度一般在 7~9m 之间，主要用于高等级公路路面施工。

超大型：最大摊铺宽度为 12m 或以上，主要用于高速公路路面施工。

（2）按行走方式分类　摊铺机分为拖式和自行式两种。其中自行式又分为履带式、轮胎式两种。

1）拖式摊铺机。拖式摊铺机是将收料、输料、分料和熨平等作业装置安装在一个特制的机架上所组成的摊铺作业装置。工作时靠运料自卸车牵引或顶推进行摊铺作业。它的结构简单，使用成本低，但其摊铺能力小，摊铺质量低，所以仅适用于三级以下公路路面的养护作业。

2）履带式摊铺机。履带式摊铺机一般为大型摊铺机，其优点是接地比压小、附着力大、摊铺作业时较少出现打滑现象、运行平稳。其缺点是机动性较差、对路基凸起物吸收能力差、弯道作业时铺层边缘圆滑程度都比轮胎式摊铺机低，且结构复杂，制造成本较高。履带式摊铺机多为大型和超大型机，用于大型公路工程的路面施工。

3）轮胎式摊铺机。轮胎式摊铺机靠轮胎支承整机并提供附着力，它的优点是转移运行速度快、机动性好、对路基凸起物吸收能力强、弯道作业易形成圆滑边缘。其缺点是附着力小，在摊铺路幅较宽、铺层较厚的路面时易产生打滑现象，另外它对路基凹坑较敏感。轮胎式摊铺机主要用于道路修筑与养护作业。

（3）按动力传动方式分类　摊铺机分为机械式和液压式两种。

1）机械式摊铺机。机械式摊铺机的行走驱动、输料传动、分料传动等主要机构都采用机械方式。这种摊铺机具有工作可靠、维修方便、传动效率高、制造成本低等优点，但其装置复杂，操作不方便，调速性能和速度匹配性能较差。

2）液压式摊铺机。液压式摊铺机的行走驱动、输料和分料传动、熨平板延伸、熨平板和振捣梁的振动等主要采用液压方式，从而使摊铺机结构简化、质量减轻、传动冲击和振动减缓、工作速度性能稳定，而且便于无级调速及采用电液全自动控制。全液压和以液压传动为主的摊铺机，均设有电液自动调平装置，具有良好的使用性能和更高的摊铺质量，因而广泛用于高等级公路路面施工。

（4）按熨平板的延伸方式分类　摊铺机分为机械加长式和液压伸缩式两种。

1）机械加长式熨平板。机械加长式熨平板是用螺栓把基本（最小摊铺宽度的）熨平板和若干加长熨平板组装成所需作业宽度的熨平板。其整体刚度好、结构简单、分料螺旋（亦采用机械加长）贯穿整个摊铺槽，使布料分布均匀。因而大型和超大型摊铺机一般采用机械加长式熨平板，最大摊铺宽度可达 8000 ~ 12500mm。

2）液压伸缩式熨平板。液压伸缩式熨平板是靠液压缸伸缩无级调整其长度，使熨平板达到要求的摊铺宽度。这种熨平板调整方便省力，在摊铺宽度变化的路段施工更显示其优越性。但与机械加长式熨平板相比其整体刚性较差，在调整不当时，基本熨平板和可伸缩熨平板间易产生铺层高差，并因分料螺旋不能贯穿整个摊铺槽，可能造成混合料不均而影响摊铺质量。因而，采用液压伸缩式熨平板的摊铺机最大摊铺宽度一般不超过 9m。

（5）按熨平板的加热方式分类　分为电加热、液化石油气加热和燃油加热三种形式。

1）电加热方式是由摊铺机的发动机驱动的专用发电机产生的电能来加热，这种加热方式加热均匀、使用方便、无污染，熨平板和振捣梁受热变形较小。

2）液化石油气（主要是丙烷气）加热方式结构简单，使用方便，但火焰加热欠均匀，污染环境，不安全，且燃气喷嘴需经常清洗。

3）燃油（主要是轻柴油）加热装置主要由小型燃油泵、喷油器、自动点火控制器和小型鼓风机等组成，其优点是操作较方便，燃料易解决，但同样有污染，且结构较复杂。

二、总体结构与工作原理

1. 总体结构

一般来说，沥青混凝土摊铺机是由主机和熨平装置两大部分以及连接它们的牵引大臂组成的，如图 12-16 所示。主机主要包括柴油发动机及动力传动系统 3、操作台 4、履带行走装置 13、螺旋分料器 12、刮板输送器 1、接收料斗 14、大臂升降液压缸 7 和调平浮动液压缸（即调平系统液压缸）。主机用以提供摊铺机所需要的动力和支承机架，并接收、储存和输送沥青混凝土混合料给螺旋分料器。振捣熨平装置 9 主要包括振捣机构、振实机构、熨平板、厚度调节器、路拱调节器和加热系统。熨平板是对铺层材料作整形与熨平的基础装置，并以其自重对铺层材料进行预压实。厚度调节器为一手动调节装置，用以调节熨平板底面的纵向仰角，以改变铺层的厚度；路拱调节器是一种位于熨平板中部的螺旋调节装置，用以改变熨平板底面左右两半部分的横向倾角，以保证摊铺出符合给定路拱要求的铺层来；加热系统用于加热熨平板的底板以及相关运动件，使之不与沥青混合料相粘连、保证铺层的平整，即使在较低的气温下也能正常施工；振捣机构和振实机构则先后依次对螺旋分料器分布好的铺层材料进行振捣和振实，予以初步密实。

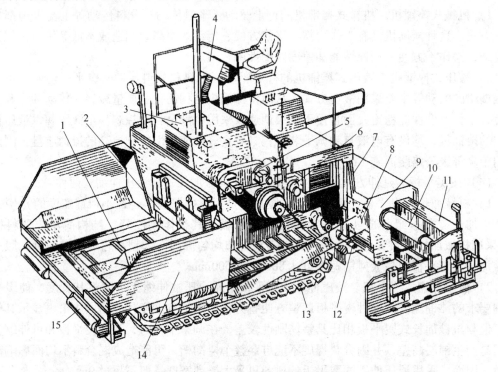

图 12-16　履带式沥青混凝土摊铺机

1—刮板输送器　2—闸门　3—发动机及动力传动系统　4—操作台　5—变速器
6—轴承集中润滑装置　7—大臂升降液压缸　8—大臂（牵引臂）　9—振捣熨平装置
10—熨平装置伸缩液压缸　11—伸缩振捣熨平装置　12—螺旋分料器
13—履带行走装置　14—接收料斗　15—顶推辊

2. 工作原理

作业前，首先把摊铺机调整好，并按所铺路段的宽度、厚度、拱度等施工要求，调整好摊铺机的各有关机构和装置，使其处于摊铺准备状态；装运沥青混凝土混合料的自卸车对准接收料斗 14 倒车，直至汽车后轮与摊铺机料斗前的顶推辊 15 相接触，自卸车挂空挡，由摊铺机顶推其向前运行，同时自卸车车箱徐徐升起，将沥青混凝土混合料缓缓卸入摊铺机的接收料斗 14 内；位于接收料斗 14 底部的刮板输送器 1 在动力传动系统的驱动下以一定的转速运转，将接收料斗 14 内的沥青混凝土混合料连续均匀地向后输送到螺旋分料器 12 前通道内的路基上；螺旋分料器 12 则将这些混合料沿摊铺机的整个摊铺宽度向左右横向输送，分摊在路基上。分摊好的沥青混凝土混合料铺层经振捣熨平装置 9 的振捣梁初步捣实，振动熨平板的再次振动预压、整形和熨平而成为一条平整的有一定密实度的铺层，最后经压路机压实而成为合格的路面（或路面基层）。在此摊铺过程中，自卸车一直挂空挡由摊铺机顶推着同步运行，直至车内混合料全部卸完才开动离开。另一辆运料自卸车立即驶来，重复上述作业，继续给摊铺机供料，使摊铺机连续地进行摊铺作业。

3. 主要工作装置

（1）螺旋分料器 螺旋分料器位于摊铺机后部的摊铺槽内，其作用是将刮板输送器输送到摊铺槽中部的沥青混凝土混合料，左右横向地分送到摊铺槽的全幅宽度上。螺旋分料器由两组对称布置的螺旋轴、螺旋叶片、连接套筒、反向叶片等组成，如图 12-17 所示。

左右两组螺旋轴上的螺旋叶片的旋向相反，以使混合料由摊铺槽中部向两端输送。为控制料位高度，左右两端设有料位传感器。螺旋叶片采用耐磨材料（耐磨合金钢或耐磨激冷铸铁）制造，或进行表面硬化处理。左右两根螺旋轴支承在机架上，其内端装在后链轮或齿轮箱上，由左右两个传动链或锥齿轮分别驱动（液压传动亦如此）。左右螺旋转速可相同，也可不同，以适应左右摊铺宽度、摊铺厚度和摊铺速度等不同要求。螺旋分料器分主节段和加长节段，它们分别与熨平板的主节段和加长节段的长度相对应。加长节段用来摊铺加宽的摊铺带。为了改善对沥青混凝土混合料的输送，其叶片尺寸常比主节段的稍大些。

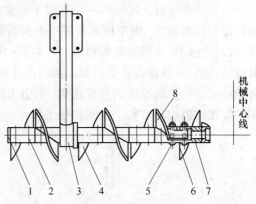

图 12-17 螺旋分料器
1—盖板 2—螺旋轴 3—支架 4—螺旋叶片
5—螺栓 6—连接套筒
7—中间螺旋轴 8—中间反向叶片

螺旋分料器的总长度应为摊铺宽度的 90%，以避免沥青混凝土混合料拥挤于两端，使整个宽度获得厚度、密实度均匀的铺层。若摊铺比标定摊铺宽度窄的路面，则可采用切割履板（见图 12-18）堵住螺旋外端的方法，使螺旋分料器有效工作长度变短。切割履板有数挡堵截长度，使用时将履板置于摊铺槽内，履板上不同排挡的销钉插入侧板底部水平脚板的孔中，可使侧板向内移动不同的距离，从而使摊铺宽度有不同程度的减小。

螺旋分料器一般固定安装在机架后壁的下方。为适应不同摊铺厚度的需要，有的摊铺机螺旋分料器可调节离地高度。螺旋叶片是易损件，为减少摊铺机维修费用，摊铺机螺旋分料器常采用组合式结构，即利用螺栓将叶片固定在螺旋叶桨上，如图 12-19 所示。

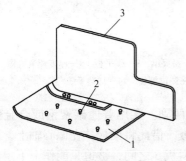

图 12-18 切割履板
1—履板 2—销钉 3—侧板

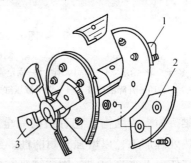

图 12-19 组合式螺旋分料器
1—轴 2—可换叶片 3—螺旋叶桨

（2）振捣熨平装置 振捣熨平装置是沥青混合料摊铺机的主要工作装置之一，其作用是将摊铺槽内全幅宽度的沥青混凝土混合料摊平、捣实和熨平。对振捣和熨平这两道工序，在一般的自行式沥青混凝土摊铺机上，大多采用两种方案和相应的工作装置：一种方案是先用振捣梁进行预捣实，再由熨平板整形和熨平；另一种方案是用振动熨平板同时进行振实和整形及熨平。这两种方案的主要区别是，前者紧贴在熨平板前面有一根或两根悬挂在偏心轴上的振捣梁，可对沥青混凝土混合料进行低频捣实；而后者则以装在熨平板上的振动器代替振捣梁，由熨平板本身震实铺层。这两种形式的熨平板本身的结构基本相同。

一般沥青混凝土摊铺机的振捣熨平装置如图 12-20 所示。振捣熨平装置位于螺旋分料器的后面，挡料板 6、熨平板 8 及熨平板两端的端面挡板等所包容的空间称为摊铺槽。端面挡板可以使摊铺层获得平整的边缘。左右牵引臂铰接在机架的中部，整个振捣熨平装置是依靠升降液压缸 10 悬挂在机身后部，摊铺作业时在铺层上呈浮动状态。熨平板两端设有垂直螺杆结构形式的摊铺厚度调节机构 9。牵引大臂 4 铰接点处设有多组连接孔的牵引板，通过不同的连接位置以调整熨平板的初始工作角。

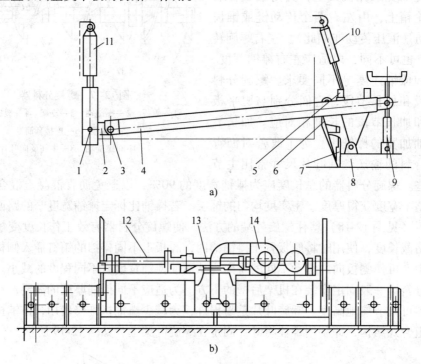

图 12-20　振捣熨平装置
a) 侧视图　b) 后视图

1、3—销子　2—销座　4—牵引大臂　5—固定架　6—挡料板　7—振捣梁　8—熨平板　9—厚度调节机构
10—升降液压缸　11—调平液压缸　12—偏心轴　13—调拱螺栓　14—加热系统

振捣梁 7 为板梁结构，它有结构完全相同的左、右两副。梁用普通碳素钢或合金钢制成，经过热处理加工，以增强其耐磨性。梁的上面为栅板，借此将梁悬挂在偏心轴上，由偏心轴驱动它作上下垂直运动（因梁被夹在熨平板 8 和挡料板 6 之间，被迫只能作上下定向运动）。偏心轴也是左、右两根，它们的内端铰接，从而构成一体，通过轴承安装在振捣熨平装置的牵引架上，通常都由液压马达驱动。左、右两根轴的偏心轮的相位正好相差 180°，从而使振捣梁在工作时，左、右两边一上一下交替地对铺层进行捣实，以免混合料受冲击过大（指左、右两根同上同下运动时），反而影响捣实质量。为提高铺层的密实度，有的摊铺机采用双振捣梁或振捣梁加双脉冲梁方式对铺层进行捣实。

双振捣单振动熨平装置如图 12-21 所示，是在主振捣梁之前加装了一根预振捣梁，在主振捣梁捣实之前，使混合料先被预捣实一次。这两根振捣梁悬挂在同一根偏心轴上，偏心相差 180° 相位。预振捣梁的冲程可在 0~12mm 的范围内调整，主振捣梁的冲程（也称振幅）则在 8~9mm 的范围内调整，两梁冲程能各自独立地调整。因此，再结合两梁不同的振捣速度（两梁装在同一轴上，转速相同但偏心距不同）和振动熨平板的不同振动频率的调整，可适用于不同种类的沥青混凝土混合料、不同铺层厚度和摊铺速度，使之密实到最佳状态，一般能基本达到最终密实度。

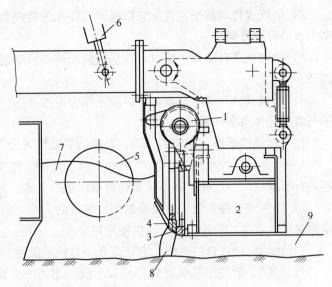

图 12-21　双振捣单振动熨平装置
1—偏心轴　2—振动熨平板　3—主振捣梁　4—预振捣梁
5—螺旋分料器　6—液压缸　7—虚铺料　8—被振捣料　9—成型铺层

振捣熨平装置框架内部设有铺层拱度调整机构，由螺杆、锁定螺母和标尺等组成。旋转螺杆时可以使两熨平板上端分开或合拢，从而使熨平板中部抬起或下降，熨平板底面形成水平、双斜坡、单斜坡三种形式，以满足摊铺三种不同断面的路面需要，如图 12-22 所示。新式摊铺机则是采用液压调整机构。

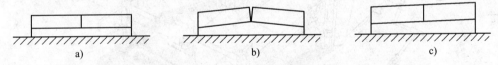

图 12-22　拱度调整及路面断面形状
a）水平横断面　b）双斜坡拱形横断面　c）单斜坡横断面

在摊铺宽路面时，熨平板用加长节段加长。有的摊铺机的加长节段用螺栓拼装，有的摊铺机则采用液压伸缩式的加长节段。液压伸缩式的可在作业中根据需要加长（伸出）或减短（缩进）。液压伸缩式熨平板加长节段的布置形式有两种：一是布置在主熨平板的前面，另一种是布置在主熨平板的后面，这两种加长形式的长度伸缩变化都是无级的。

4. 自动调平装置

自动调平装置（也称找平装置）是为了提高路面的平整度和摊铺精确的横断面形状，在摊铺机上安装一个纵坡调节、一个横坡调节的自动控制系统。借助于自动调平装置，摊铺机的调平能力远远超过原机械本身的调平能力，使路面的施工平整度和横断面尺寸精度大大提高。

按照系统构成，自动调平装置目前有以下四种形式：

1）机电式自动调平装置。它以电子元件作为检测装置（传感器和控制器），以伺服电动机的机械传动作为执行机构。它可以在牵引点和熨平板的厚度调节装置两处进行调节。

2）电液式自动调平装置。它以电子元件作为检测装置，以液压元件作为执行机构，对牵引点进行升降调节。

3）全液压式自动调平装置。它采用液压调平传感器和液压执行机构对牵引点进行升降调节。

4）激光式自动调平装置。它以激光作为参数基准，以光敏元件作为转换器，借助于电子与液压元件来实现调节。

按照自动调平控制原理的不同，自动调平系统可分为三种：

1）开关式自控系统。它以"开关"的方式进行调节，不管检测到的偏差大小，均以恒速进行断续控制。这种控制系统结构简单、价格低廉、使用方便，能满足一般的要求。

2）比例式自控系统。它是根据偏差信号的大小，以相应的快慢速度进行连续调节。其结构精度要求高、造价也高，所以使用较少。

3）比例脉冲式自控系统。它是在开关自控系统的"恒速调节区"与"死区"之间设置一"脉冲区"。脉冲信号根据偏差的大小成正比例的变化。这种系统兼备了前两种的优点，大大缩小了"死区"范围。其精确度高、价格低且耐用，应用较广。

图12-23所示为比例脉冲式自动调平装置组成图。路面的平整度由纵坡调平传感器16和横坡传感器11来检测。纵坡的设计值是预先选定的。纵坡调平传感器的"触头"可以是滑靴放在平整的基准面（如已铺层表面）上，也可以是弓放在基准线或调平梁上，并与基

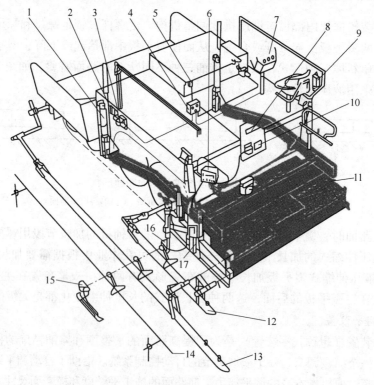

图 12-23　比例脉冲式自动调平装置

1—升降液压缸　2—液压锁　3—电磁阀　4—分配盒　5—保险盒　6—控制系统　7—手动/自动转换开关　8—压力表
9—远程控制器　10—插座　11—横坡传感器　12—短调平梁　13—长调平梁　14—基准线　15—带滑靴的纵坡调平传感器
16—带弓的纵坡调平传感器　17—枢铰臂

准成45°角安装，此角度通过活塞杆和枢铰臂17来调整。横坡的要求值是由远程控制器9来预定的。纵坡、横坡二传感器将所检测出的实际值输送给控制系统6，由控制器运算比较检测到的实际值与预定值之间的偏差，发指令给脉动的电磁阀3，使升降液压缸1一端进油，另一端回油，从而驱使牵引点作相应的升降，对偏差进行修正，以保持熨平板在原有水平位置。这种比例脉冲式调平系统不会超调，因而不会造成搓板状路面。当偏差信号处在死区范围（±0.3mm）时，则不进行调节；当超出死区范围外时，则进入脉冲区，开始以3Hz的频率进行调节。此调节频率随原表面的凹凸起伏程度大小成比例增减。这意味着，凹凸越大，调节越快；凹凸越小，调节越慢。

三、主要技术性能指标与生产率计算

沥青混凝土摊铺机的主要技术性能指标有摊铺宽度、摊铺厚度、摊铺速度、料斗容量、摊铺平整度、摊铺密实度、生产率、整机功率、整机质量等。其中，摊铺宽度反映了沥青混凝土摊铺机的工作能力，故国产沥青混凝土摊铺机型号规格常按摊铺宽度进行分级。

沥青混凝土摊铺机的生产率 Q 以每小时所摊铺混凝土的吨数（t/h）来计算，可由下式求得：

$$Q = 60Bhv_p\rho$$

式中 B——摊铺机最大摊铺宽度，m；

h——摊铺层的厚度，m；

v_p——摊铺作业速度，m/min；

ρ——碾压后混合料的密度，t/m³。

第五节 水泥混凝土摊铺机

一、用途与分类

水泥混凝土摊铺机是修筑水泥混凝土路面的主要施工机械之一，也是铺筑机场跑道、停机坪、水库坝面等工程设施的关键设备。随着公路、市政和航空事业的发展，为了提高水泥混凝土路面的施工速度和施工质量，水泥混凝土摊铺设备不断得到发展和应用。其主要功能是把已经搅拌好的水泥混凝土混合料均匀、平整地摊铺在路基上，再经过振实、抹光和拉毛等工序，使之形成符合标准规范要求的混凝土路面。为此，水泥混凝土摊铺机应满足以下技术要求：

1) 布料必须均匀，不能产生骨料离析现象。

2) 摊铺在路基或其他作业面上的虚方混凝土料，能够留出均等的虚铺厚度，以确保经振实和光整工序后获得符合规定的铺筑厚度。

3) 能对所铺筑的混凝土层进行充分而有效的振实，确保路面或设施的内部成形质量。

4) 所铺筑的路面或设施，应达到表面平整度的设计要求，误差应控制在标准规范之内。

水泥混凝土摊铺机的施工方法一般有固定模板法和滑动模板法两种。前者是最早采用的施工方法，主要特点是靠固定在路基上的边模轨道控制摊铺厚度和平整度，后者是当今世界比较先进的施工方法，其特点是通过随机移动的滑动模板一次成形路面，生产效率非常高。在给定摊铺宽度（或高度）上，能将新拌混凝土混合料进行布料、计量、振动密实和滑动

模制成形并抹光从而形成路面或水平构造物的施工机械统称为滑模式水泥混凝土摊铺机。

水泥混凝土摊铺机按其行走方式的不同，可以分为轨道式摊铺机和履带式摊铺机。轨道式摊铺机采用固定模板铺筑作业，而履带式摊铺机则采用与机器一起运动的滑动模板进行施工，所以又分别称之为轨道式摊铺机和滑模式摊铺机。

按摊铺作业的功能和施工对象，水泥混凝土摊铺机也可以分为路面摊铺机、路缘石摊铺机、沟渠摊铺机等。在结构形式上，有的从属于滑模式，有的从属于轨道式。

按主机架形式的不同，可分为箱型框架伸缩式滑模摊铺机和桁架拼装式滑模摊铺机。

二、主要结构与工作原理

1. 轨道式（固模式）水泥混凝土摊铺机

轨道式水泥混凝土摊铺施工方法是指采用两条固定模板或轨道模板（钢制或混凝土）作为路面侧面支撑和路型定位，模板顶面作为表面基准，在两条固定边模中对混凝土路面进行摊铺、捣实、成形、拉毛及养生的施工技术。

轨道式摊铺机由行走机构、传动系统、机架、操纵控制系统和作业装置构成。作业装置包括布料机构、计量整平、振动捣实和光整做面机构。虽然各类轨道式摊铺机的结构形式各具特点，所采用的作业机构也不尽相同，但每一种摊铺机都是若干上述机构的有机组合。图 12-24 所示为列车型轨道式摊铺机。

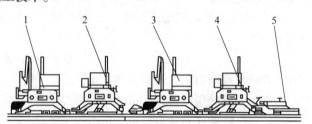

图 12-24 列车型轨道式摊铺机

1—布料机 2—整平振实机 3—布料机
4—整平振实机 5—光整做面机

轨道式摊铺机的优点是结构简单、造价低廉、工作可靠、容易操作、故障少、易维修以及对混凝土要求较低等，因此至今仍然受到许多发展中国家的青睐。其缺点是自动化程度较低，铺筑的路面纵坡、横坡、平直度和转弯半径的精度，在很大程度上取决于钢轨和模板的铺设质量，钢轨和模板需要量大、装卸工作频繁而笨重。轨道式摊铺机，因其作业方式、作业机构和整体功能的差异，又可进一步分为列车型、综合型和桁架型轨道式摊铺机。

2. 滑模式水泥混凝土摊铺机

（1）用途和分类 与轨道式摊铺机相比，滑模式摊铺机在使用性能方面主要有以下优点：

1）整机采用全液压驱动，操纵控制系统采用电液伺服传感器自控技术，只需 1～2 人即可胜任施工作业。

2）摊铺路面时，路拱、纵坡、横坡和弯道均可通过调整成形模板调平基准自动实现。整个路面可以全幅施工，一次成形。

3）生产准备工作简单，无需铺设模板和轨道，只需架设钢丝基准线即可施工。

滑模式摊铺机的结构较为复杂，操纵技术难度较大，对操纵人员的素质要求比较高。同时对所用混凝土的级配和坍落度等技术指标的要求也比较严格。这些也给它的具体工程应用造成一定困难，从而受到很大限制。从经济技术角度来看，滑模式摊铺机适合于大规模的水泥混凝土施工。

按照功能和用途，滑模式摊铺机分为路面滑模式摊铺机（用于市政道路、公路、航空港、码头、车站）、路缘滑模式摊铺机（主要用于路缘石的修筑，还可用于道路中间和公园里的花池围墙的建筑等）、隔离带滑模式摊铺机（可用来修筑公路中间隔离带、低挡土墙、隔音和消音设施等公路附属物）、沟渠滑模式摊铺机（用来修筑公路排水沟、边坡、水渠和排污设施等）。

按照行走方式和行走装置的形式，滑模式摊铺机分为轮式和履带式滑模摊铺机。由于滑模摊铺要求较好的机器地面附着和承载性能，因而，大多数滑模摊铺机采用履带行走机构。四轮式滑模式摊铺机多用于简易式的机场滑模摊铺。按履带数目又可分为二履带、三履带和四履带滑模式摊铺机，分别如图12-25、图12-26和图12-27所示。中小型滑模摊铺机以两履带为主，要求"零隙"和"小隙"施工的路缘、隔离带和沟渠滑模式摊铺机均采用三履带，大型滑模式摊铺机以四履带为主。

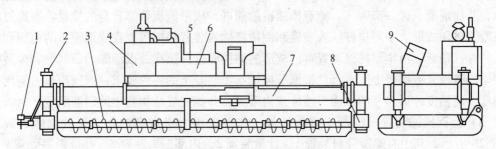

图 12-25 两履带滑模式摊铺机
1—调平和转向自动控制系统 2—立柱浮动支撑系统 3—工作装置 4—动力装置 5—传动装置
6—辅助装置 7—机架 8—行走与转向装置 9—控制与操纵装置

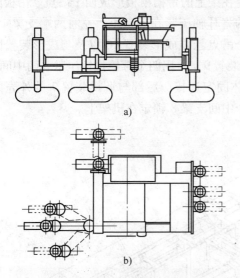

图 12-26 三履带滑模式摊铺机
a）主视图 b）俯视图

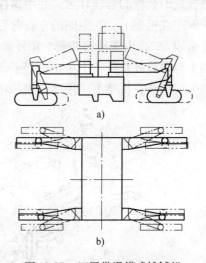

图 12-27 四履带滑模式摊铺机
a）主视图 b）俯视图

按主机架形式不同，滑模式摊铺机分为箱型框架伸缩式、桁架拼装式滑模摊铺机。

另外，滑模式摊铺机的调平系统有电液自动调平、全液压自动调平和激光自动调平等几种形式；其内部振捣器的形式也分为电动振动式和液压振动式两种形式。

（2）主要结构与工作原理 滑模式摊铺机是一种自动化程度高、技术性能先进的施工机械。一般由机架、履带行走机构、操纵控制系统和悬挂在机架下面的一整套作业装置组成，可以完成混凝土路面铺筑的绝大多数工序，如布料、虚方计量、密实、提浆、实方计量、成形、抹光等。它的基本组成部分包括：动力系统、传动系统、行走系统、摊铺工作装置、控制系统、主机架和一些辅助装置等。四履带滑模式摊铺机和两履带滑模式摊铺机的结构分别如图 3-1 和图 12-25 所示。

滑模式摊铺机的工作原理是：工作前，根据需要选择传感器的安装方式，将水平传感器和转向传感器安装在预先架设的基准线上；工作过程中，摊铺路面的高程和方向由传感器根据基准线自动控制。螺旋分料器将其前方的水泥混凝土均匀地分布在滑模式摊铺机的前面，摊铺机以设定的工作速度前进，计量闸门控制进入振动仓的水泥混凝土的数量。液压或电动振捣器（棒）以一定的振捣频率将混凝土振实，外部振捣装置将大骨料压入成形模板以下位置，并使混凝土进一步密实。随着摊铺机的前进，成形模板依靠自身的质量将振捣过的水泥混凝土挤压成形。中间拉杆插入装置和侧拉杆插入装置根据需要在成形模板的前面和侧面打入拉杆；最后，由定型抹光装置对已成形的结构面进行搓揉，以消除表面气泡和少量麻面等缺陷。滑模式摊铺机上所有部件根据所摊铺水泥混凝土的各种要求，摊铺出高密实度、高平整度、高精度外形尺寸的路面、墙体或沟渠等，并能完成结构物中的钢筋配置。

（3）路面摊铺装置　混凝土路面摊铺工作装置由六级成套的作业装置立体组成，如图 12-28 所示，其中有螺旋分料装置 1、计量装置 2、内部振捣装置 5、外部振捣装置 9、成形装置 10 和定形抹光装置 6。两边装有侧模板和修边器 4。图 12-29 所示为这六级作业装置的前后布置。摊铺工作装置与机架的连接是通过左右两端支梁 11 和两根中间支梁 8 来完成的。两根端支梁中间各有两个用螺栓夹紧固定在梁上的带槽吊板形成四个吊点。吊板的槽口用来悬挂成形装置的悬挂耳轴，并用螺栓拉钩将耳轴压紧在槽口里。左右两端支梁 11 的前后端头固定在机架上，它中间的左右前后四个吊点悬挂成形装置 10 以及与成形装置固定连接的计量装置 2、内部振捣装置 5 和外部振捣装置 9，并用四个螺栓拉钩压紧。两中间支梁 8 的前端头与螺旋分料装置 1 中部的链传动壳体固定连接，后部与调拱装置 7 的外壳固定连接，并一起悬挂在机架上，用两个锁扣将两个中间支梁 8 锁定在机架上。

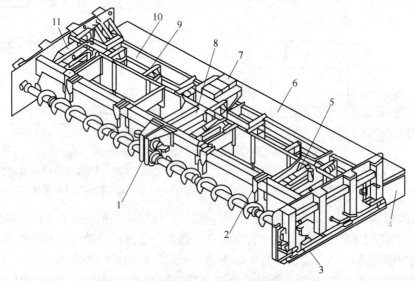

图 12-28　滑模式摊铺机摊铺工作装置的立体构成

1—螺旋分料装置　2—计量装置　3—侧模板　4—修边器　5—内部振捣装置　6—定形抹光装置
7—调拱装置　8—中间支梁　9—外部振捣装置　10—成形装置　11—两端支梁

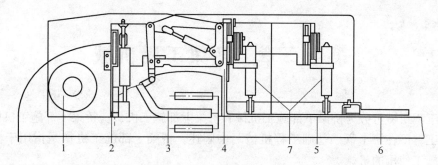

图 12-29　滑模式摊铺机摊铺工作装置的平面布置
1—螺旋分料装置　2—计量装置　3—内部振捣装置　4—外部振捣装置　5—成形装置　6—定形抹光装置　7—调拱装置

　　螺旋分料装置、计量装置、内部振捣装置、外部振捣装置、成形装置和定形抹光装置都是由数量相等的分段所组成，每一种装置除了中间段、左右边端段外，其余若干调节段均能左右互换，拼装及排列的组合位置不受限制，且拼装、拆卸极为方便，可根据摊铺宽度组合出不同的摊铺宽度系列，以满足不同路面宽度要求。为了实现工作装置的调拱，计量装置、内部振捣装置和外部振捣装置都采用了中间铰接的方法。

　　三、滑模式摊铺机的主要技术性能指标

　　滑模式摊铺机的主要技术性能指标有摊铺宽度、摊铺厚度、摊铺速度、行驶速度、摊铺平整度、整机功率、整机质量等。其中，摊铺宽度反映了滑模式摊铺机的工作能力，故其型号规格常按摊铺宽度进行分级。

第十三章 桥梁工程机械

桥梁工程机械可分为桥梁下部施工机械和桥梁上部施工机械。桥梁下部施工机械用于桥梁基础施工，已在第十章"基础工程机械"中阐述。桥梁上部施工机械是指用于桥墩以上的结构物施工使用的机械。

桥梁常用的施工方法主要有预制装配施工法、悬臂浇筑施工法、造桥机现场逐孔施工法和顶推施工法四种。预制装配施工法所用设备主要有门式起重机（或称门式吊机、龙门架）、扒杆、导梁、浮吊、履带式或轮式起重机（或称吊机）、架桥机、运梁车等。悬臂施工法主要有悬臂拼装法及悬臂浇筑法两种。悬臂拼装法利用移动式悬拼吊机将预制梁段起吊至桥位，然后采用环氧树脂胶及钢丝束预施应力连接成整体。悬臂浇筑法采用移动式挂篮作为主要施工设备，以桥墩为中心，对称向两岸利用挂篮逐段浇筑梁段混凝土。造桥机现场逐孔施工法利用造桥机设备进行现场逐孔浇筑施工。顶推施工法常用的顶推施工架桥设备有预制平台、顶推导梁、单点顶推设备、多点顶推设备、滑动装置和导向装置等。

拱桥上部施工机械主要有缆索起重机、拱架、扣索和人字桅杆起重机等。

悬索桥上部施工机械主要有牵引卷扬机、主缆紧缆机、主缆缠丝机、缆索调节装置、移动式吊机、塔旁吊机、塔顶吊机、跨缆起重机等。

斜拉桥上部施工机械主要可分为塔柱施工机械、主梁施工机械、拉索制作与安装机械。塔柱施工机械主要有附着式自升塔吊、提升吊机、爬升式起重机、人货两用电梯等。主梁施工机械主要有长平台牵索式挂篮、短平台复合型牵索式挂篮、三角吊机等。拉索制作与安装机械主要有牵引卷扬机、移动式吊机、千斤顶等。

由此可见，桥梁工程机械种类繁多。本书中，有关桥梁上部施工用的工程起重机械已在第九章"工程起重机械"中阐述，本章仅着重介绍专门用于桥梁上部施工的几种典型的桥梁施工设备，例如运梁车、提梁机、架桥机、造桥机、缆索起重机和跨缆起重机。

第一节 运 梁 车

运梁车用来将预制厂或桥梁施工现场预制的混凝土梁片，由制梁场运往存梁场，或由存梁场运至桥头架梁地点。运梁车还可作为架桥机的配套设备，它不仅能满足为架桥机供梁要求，还能驮运架桥机完成架桥机的桥间转移。

运梁车按行走装置分，主要可分为轨行式和轮胎式两种。无论是轨行式，还是轮胎式，运梁车都要求高度低，以提高整机的横向稳定性。

一、轨行式运梁车

轨行式运梁车实质上是由不同辆数（二、三或四辆等）用拉杆相连的独立的运梁平车组成的。图13-1所示的轨行式运梁车由前平车、后平车、发电车和控制系统等组成。

轨行式运梁车在为架桥机供梁时，其工作过程如下：利用龙门吊或其他起重设备将混凝土预制梁片放入运梁车的支承台座上，通过控制系统起动电动机，使运梁车携梁在运梁车轨道上运行至架桥机，改用架桥机起重小车吊梁，即完成喂梁。而后，运梁车空载原速或高速返回，进行第二次运（喂）梁，以后随架设进度向前铺设运梁车轨道，重复以上动作，直至运（喂）梁结束。

图 13-2 所示为两辆用拉杆相连的运梁平车组成的轨行式运梁车（图中仅画出一辆平车）。每一辆运梁平车由四台简易的八轮转向架通过纵向平衡梁 3、横梁 4 组成一体。在横梁的两端，用液压千斤顶及垫块 5 垫在混凝土箱梁的腹板宽度处，托于距箱梁端小于 4m 的部位。这样的运梁车，无论是架设 20m、24m，还是 32m 的梁，无需作任何结构上的调整。

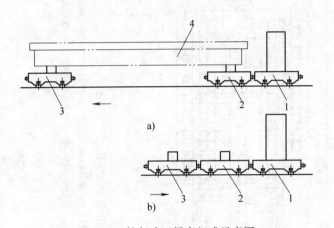

图 13-1　轨行式运梁车组成示意图
a）运梁喂梁方向　b）运梁平车返回方向
1—发电车　2—后运梁平车　3—前运梁平车　4—混凝土梁片

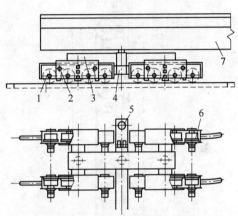

图 13-2　轨行式运梁车总体结构示意图
1—车轮　2—转向架　3—纵向平衡梁　4—横梁
5—液压千斤顶及垫块
6—液压马达、制动器及减速器　7—混凝土梁片

二、轮胎式运梁车

图 13-3 所示为轮胎式运梁车作业图。轮胎式运梁车主要由车架、行走轮组、转向机构、动力箱、液压系统和电气系统等组成。

图 13-4 所示为 DCY450 型 450t 级运梁车。DCY 型号意指大吨位全液压运梁车。DCY450 型运梁车的车架由七个部分拼组而成。车架纵向分隔为五段，中间的三段均为左右横向组合而成。其目的是有利于解体运输。从两端起，横向各布置一车架 1，从而可以利用中梁布置驾驶室。接着各平行布置两节 9.5m 长的车架 2。再居中布置车架 3，长 3m，作为可拆段以缩短全车长度。车架下有 12 个轴位，中间 4 轴位为驱动轴，两端的 8 轴位是从动轴。每轴位上有左右两轴，共 24 轴。每轴两端装双轮胎，共 96 个轮胎。

图 13-3　轮胎式运梁车

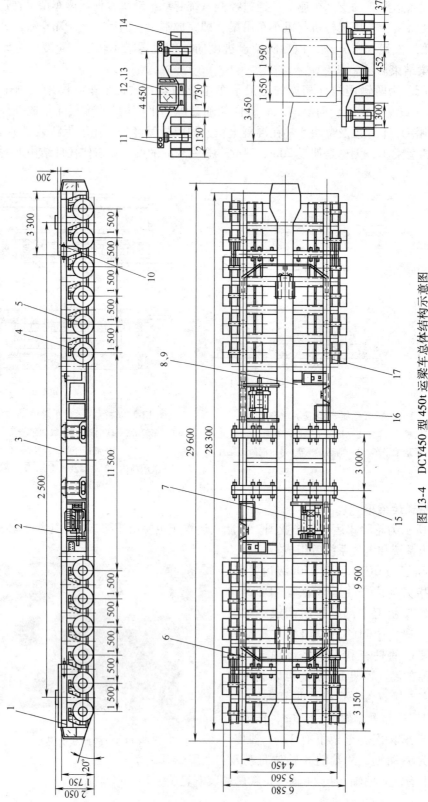

图 13-4 DCY450 型 450t 运梁车总体结构示意图

1—车架 1　2—车架 2　3—车架 3　4—液压悬架　5—驱动轮　6—转向横拉杆　7—柴油机-液压泵组　8—液压系统　9—液压油箱散热器总成　10—液压支座　11—电气系统　12—驾驶室　13—操纵控制系统　14—从动轮　15—螺栓　16—燃油箱　17—空气制动系统

第二节　提　梁　机

　　提梁机可用来完成预制厂或桥梁施工现场预制的混凝土梁的吊装、场内运输（纵向、横向）、存梁，并能在预制场装车区内为运梁车装梁，还可以用于架桥机和运梁车的组装、拆卸等工作。

　　提梁机按行走装置分，主要可分为轨行式和轮胎式两种。

一、轨行式提梁机

　　图 13-5 所示为 500t 级轨行式提梁机作业图。轨行式提梁机主要由门架、吊梁小车、吊具、大车行走机构、驾驶室、防风装置、电缆卷筒、电气系统和梯子平台等组成。

　　（1）门架（见图 13-6）　门架由主梁、刚性支腿、柔性支腿、主梁、上横梁、下横梁等组成。刚性支腿上部通过法兰与主梁底座连接，下部则通过销轴与大车行走机构相连接。柔性支腿顶部采用球铰结构与上横梁连接，实现吊机结构的三点承载，保证同侧大车行走轨道的大车车轮承载均匀，保证大车行走时整机的稳定。

图 13-5　500t 级轨行式提梁机作业图

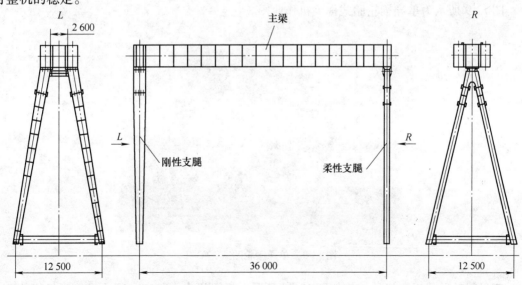

图 13-6　轨行式提梁机门架结构简图

　　（2）吊梁小车（见图 13-7）　吊梁小车由 2 套卷筒组、2 套传动机构、2 套滑轮组、1 套吊具、1 台小车架和小车行走机构等组成。其中，吊梁小车行走机构由 4 台行走台车组成，每台行走台车由电动机、减速器、小车台架和2个行走轮等组成。

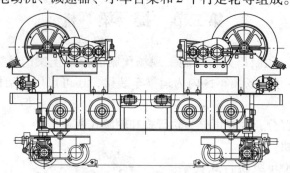

图 13-7　吊梁小车

（3）大车行走机构（见图 13-8）　大车行走机构采用单轨行走方案，由 8 台单轨行走台车组成。2 台单轨行走台车之间由一根平衡梁连接，支承由支腿传下来的载荷，确保大车行走车轮的受力均匀。每台单轨行走台车均由台车架、车轮组、电动机和减速器组成。

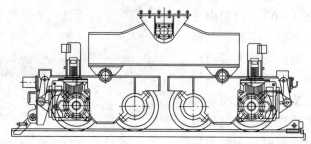

图 13-8　轨行式提梁机大车行走机构

二、轮胎式提梁机

图 13-9 所示为单导梁轮胎式提梁机作业图。

图 13-9　单导梁轮胎式提梁机

双导梁轮胎式提梁机的结构如图 13-10 所示，提梁机由门架、吊梁小车、卷扬机构、大车行走机构、驾驶室、动力机组及辅助支承等组成。为了满足目前存在的两种不同布局形式预制梁场的移梁施工需求，"人"字支腿与端横梁连接处采用正方形法兰连接形式，以便提梁机进行宽式、窄式模式装配。

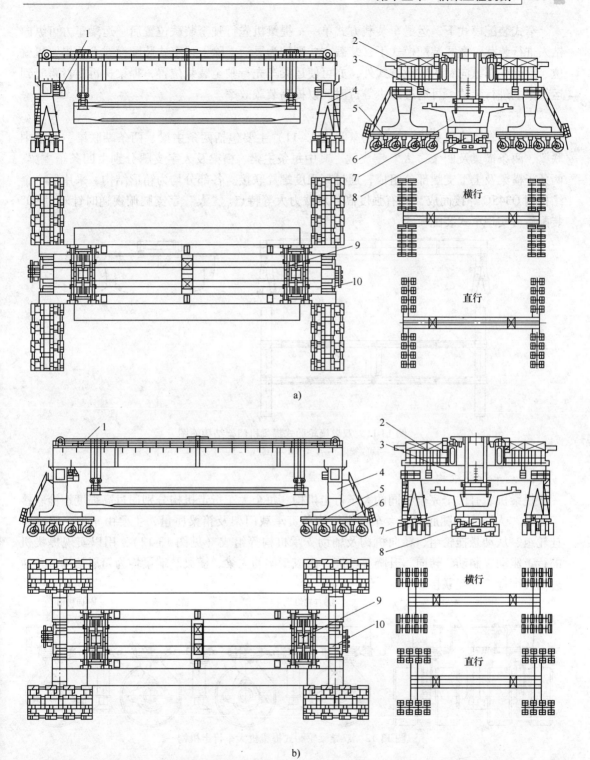

图 13-10　双导梁轮胎式提梁机的结构简图

a）宽式装配模式　b）窄式装配模式

1—驾驶室　2—动力机组　3—门架　4—人字支腿　5—辅助支承　6—大车车架　7—箱梁　8—运梁车

9—吊梁小车　10—卷扬机

　　窄式装配模式下，运梁车装载方式单一，提梁机先行驶至装载位置后，运梁车方可纵向钻入进行装载；宽式装配模式下，装载方式则较为灵活，除上述窄式装配模式下的提梁机就位、后运梁车纵向钻入装载方式外，亦可使运梁车先行驶至装载位置，提梁机再横行跨骑到运梁车上进行装载，可通过减少等待时间以提高装载效率。

1. 门架

　　双导梁轮胎式提梁机门架结构（见图13-11）主要包括两条主梁、两条端联梁、两条中联梁、两条横梁及四条"人"字支腿。其中每条主梁、横梁及人字支腿分别由四条子主梁、两条子横梁及上下支腿部分组成，通过高强度螺栓联接。各部分均为箱形结构，采用低合金结构钢 Q345C 焊接而成，具有强度高，承载力大等特点。"人"字支腿俯视逆时针转过90°装配后可实现窄式装配模式。

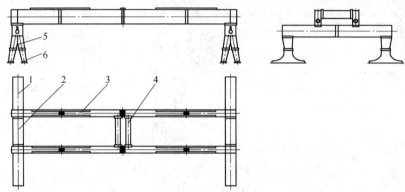

图 13-11　双导梁轮胎式提梁机门架结构简图

1—端横梁　2—端联梁　3—主梁　4—中联梁　5—上支腿　6—下支腿

2. 大车行走机构

　　提梁机装有四个完全相同的大车行走机构。每个大车行走机构分别通过高强度螺栓联接于门架"人"字支腿底部。大车行走机构负责承载门架及箱梁质量，主要由车架、驱动悬挂轮组、从动悬挂轮组、转向机构及辅助支承机构等组成（见图13-12），用以实现提梁机的行走驱动、制动、转向、升降等功能。组成车架的主梁、横梁及端梁均为箱形结构，并通过高强度螺栓相互联接。

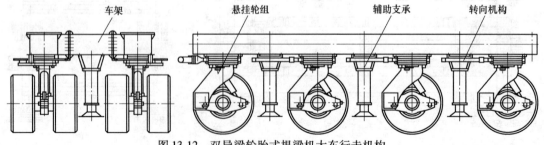

图 13-12　双导梁轮胎式提梁机大车行走机构

第三节　架　桥　机

　　架桥机作为架梁施工的大型专用机械设备，已被广泛应用在各种地形、气候条件下的城市高架、轨道交通以及桥梁工程中。

架桥机按其作业特点可分为悬臂式和简支式两大类。

一、悬臂式架桥机

悬臂式架桥机结构简单，容易制造，操作简便，使用时故障少，工作比较可靠。同时，悬臂式架桥机适用范围广，可以双向架梁，也可以架设超长、超宽的桥梁。尽管其构造比较原始，但其工作效率并不低。由于这种架桥机在架梁过程中，需铺设岔线喂梁和吊梁行走轨道，加之轴重较大，要求桥头线路标准很高，增加了临时工程工作量。另外，这种架桥机重心较高，稳定性较差，作业安全性也较差。所以，已逐步被其他形式的架桥机所代替。

悬臂式架桥机的结构形式如图 13-13 所示，其吊臂 1 和机身 2 都是受拉受压的普通钢结构；行走台车 3 采用一般车辆使用的两轴或三轴转向架，工作时依靠机车顶推行走；起重装置 5 主要是手动卷扬机、滑轮组和铁扁担等。

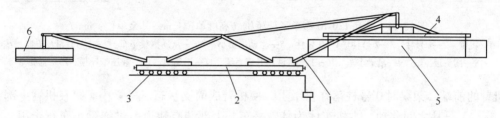

图 13-13　悬臂式架桥机结构示意图
1—吊臂　2—机身　3—行走台车　4—平衡重　5—起重装置　6—混凝土梁

悬臂式架桥机架梁一般包括以下工作过程：组装架桥机→编组架梁列车→送架桥机、运梁车等到架梁工地→选挂平衡重→喂梁、捆梁、吊梁→吊梁运行到桥头对位→落梁就位或移梁就位、安装支座→（重复架第二片梁）→铺桥面、电焊联接板→（重复架其余各孔梁）→架梁收尾作业。

二、简支式架桥机

简支式架桥机将机臂前端用支腿支承在前方桥墩或桥台上，改善了整机特别是机臂的受力状况。简支式架桥机有单梁式和双梁式两种。

1. 简支式单梁架桥机

简支式单梁架桥机轴重轻，对桥头线路无特殊要求，架梁时稳定性好；能依靠自身装置装梁、自行运梁，直接喂梁，机械化程度较高；机臂能升降、摆头、前后收缩，可以在曲线上或隧道口架梁；同时，简支式单梁架桥机可以将架梁和铺轨工作一次完成，简化了架梁工艺，工作效率较高。

图 13-14 所示为胜利 130-70 型单梁架桥机的外形图。该架桥机可用于 32m 及以下跨度成品梁的架设，能适应各种作业条件，在隧道口及曲线半径为 450m 的弯道上也能架梁，且架梁时无需铺设桥头岔线。该机采用两台带动力的机动平车，能自行运行；机臂的升降、摆头等由液压系统操纵；吊梁及梁的行走由卷扬机带动；另在机臂上设有一对铺轨小车，机臂缩回 13m 时，能铺设 25m 钢筋混凝土轨排。该架桥机主要由主机、机动平车、换装龙门吊三大部分组成。

（1）主机　主机是架桥机的主体。在其前端装有 1 号柱，由此向后 7m 处装有 2 号柱。机臂架在 1 号柱和 2 号柱上，机臂的伸缩是在 1 号柱、2 号柱的均衡轮上滑行。0 号柱安装

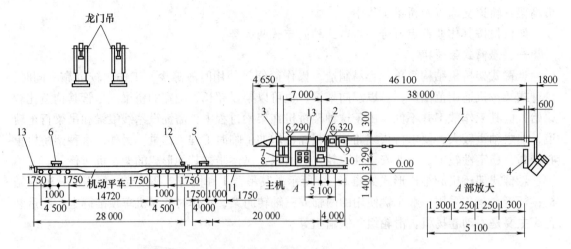

图 13-14　胜利 130-70 型单梁架桥机（高度单位：m，其余单位：mm）

1—机臂　2—1 号柱　3—2 号柱　4—0 号柱　5—主动拖梁小车　6—从动拖梁小车　7—2 号柱液压升降系统

8—摆头液压缸　9—吊梁小车　10—1 号柱液压升降系统　11—平衡重　12—液压千斤顶　13—驾驶室

在机臂的前端，架梁时 0 号柱落在桥墩上，使机臂成简支状态。吊梁小车跨在机臂上部，在 0 号柱与 1 号柱之间移动。主机车体为特殊平车，上部装有轨道，供拖梁小车行走用。车体底部装有柴油发电机组、牵引行走、空气制动系统等。车辆转向架采用前五轴后四轴的混合型转向架。五轴转向架上装有两台直流牵引电动机，四轴转向架上装有一台直流牵引电动机，可以调速行走。

主机机臂为箱形焊接结构。机臂能前后伸缩、上下点头、左右摆头以及垂直升降。

0 号柱是架梁时机臂的前支承点，与机臂铰接。0 号柱共有五节。在架设 32m 梁片时，由五节组成。架设 24m 梁片时，去掉 0.4m 长的活动节。架设 16m 梁片时，去掉 1m 长的活动节。架桥机行走时，0 号柱的活动节可用专用卷扬机提起挂在机臂前端。

1 号柱为门架结构形式。柱身插入 4 个柱根内，柱身上端为柱顶盖，用法兰盘与柱身连接。机臂穿过 1 号柱，由安装在 1 号柱上的平衡轮支承。用油泵将液压油通入柱塞液压缸，可将 1 号柱从柱根筒中顶出来。1 号柱顶部设有中心盘，机臂左右摆动时，以此作为摆动中心。

2 号柱顶盖由框架和曲梁装配而成，框架下面四角连有四根柱身，柱身插在四个柱根筒内。在 2 号柱两侧共设置了四个机臂升降液压缸和两个机臂摆头液压缸。两侧中间的摆头液压缸，分别用钢丝绳通过滑轮与能够左右移动的曲梁相连。

吊梁小车跨在机臂上耳梁轨道上，前后共两台，后面一台不能自行。每台吊梁小车装有两台电动机，经蜗杆减速器带动行星减速卷筒，再经滑轮组起吊成品梁。吊梁小车行走及机臂伸缩机构安装在机臂的尾部，由电动机、行星减速卷筒、摩擦卷筒、链传动、导向滑轮、钢丝绳等组成。因为机臂的伸长在吊梁之前，机臂的缩回在吊梁之后，这样就可利用吊梁小车的行走牵引动力实现机臂的伸缩动作。

铺轨小车悬挂在机臂下耳梁轨道上，前后共有两台，后面一台不能自行。每台铺轨小车由一台电动机带动，行星减速卷筒绕出一对钢丝绳后，经滑轮组吊起轨排。主动铺轨小车的行走是通过一台电动机驱动绞车来实现的。铺轨小车可通过 1 号柱和 2 号柱，并可运行至机臂尾部。

拖梁小车是将机动平车上的混凝土梁片送到主机吊梁小车下方的主要运送工具。拖梁小车由两部小车组成，架设 32m 梁片时，两部小车合在一起使用。架设 24m 及以下跨度梁片时，两部小车分开使用。拖梁小车框架上面设有转向心盘，以便在曲线上拖拉梁片。在车体内装有拖梁小车牵引机构，由电动机、行星减速卷筒、链传动、摩擦卷筒、导向滑轮、钢丝绳等组成，通过钢丝绳牵引拖梁小车行走。

（2）机动平车　机动平车是运送成品梁片和轨道的车辆。车内装有柴油发电机组、牵引行走机构及电气、液压系统。牵引行走机构由四台直流电动机通过减速箱驱动四根驱动轴转动，可自行行走。机动平车的前后转向架均为四轴转向架。在车端的两侧各设有一个驾驶室，本车的操纵手柄、开关、仪表均集中设置于其内。在车辆另一端两侧底部处，各设一个液压千斤顶，当本车与主机联挂后，千斤顶顶起梁片前端，主机拖梁小车运行至其下端，再将千斤顶下落，使梁片前端置于主机拖梁小车上，此时梁片前后端分别支承在主机和机动平车两拖梁小车上，即可将梁片拖拉到主机上。

（3）换装龙门吊　换装龙门吊的任务是将装载在运梁车上的梁片换装到机动平车上。换装龙门吊属机械式，由两台组成。龙门吊顶部设有起升卷扬机，下部设有支腿折送机构。在安装架及升降液压缸的辅助下，解体组装时可不借助外界起重设备而完成作业。

（4）牵引行走机构　牵引行走机构由直流电动机、减速箱、电动机吊杆及减速箱吊杆、万向联轴器等组成。直流电动机通过吊杆和吊座固定在转向架构架上，并设有安全环，以避免电动机脱落造成事故。减速箱大齿轮过盈配合压装在车轴上，减速箱壳体与车轴间采用滚动轴承支承。减速箱另一端用吊杆固定在转向架构架上。另外，减速箱设有离合器，长途运输时离合器脱开，正常工作时离合器接合。

简支式单梁架桥机主要架梁过程如下：组装架桥机和换装龙门吊→编组架梁列车→一号车（主机）运行至桥头对位→运梁车运行至龙门吊换装桥梁→二号车（机动平车）送梁并与一号车联挂→喂梁、捆梁、吊梁→对位、落梁→移梁就位、安装支座→（重复架第二片梁）→铺桥面、电焊联接板（重复架其余各孔梁）→架梁收尾作业。

2. 简支式双梁架桥机

简支式双梁架桥机除有单梁架桥机的优点外，还具有以下特点：梁片可以直接从运梁车上起吊，不需要换装；可以一次将梁片架设就位，不需要在墩顶再进行横移；可以在前后方向双向架梁，反方向架梁时，架桥机不需要转向，简化了架梁作业过程，保证了作业安全，减轻了工人的劳动强度，提高了工作效率。简支式双梁架桥机可分为窄式和宽式两种。两者结构基本相同，只是宽式双梁架桥机增设了水平活动铰与主梁横向调节装置。

第四节　造 桥 机

造桥机是一种自带模板，利用两组钢箱梁支承模板，对混凝土梁进行逐跨现场浇筑的施工机械。下面以 ZQM1100 型造桥机为例，介绍造桥机的构造和工作原理。ZQM1100为下承式移动模架造桥机，适用于建造 40m 双线简支（或连续）箱梁，其构造如图 13-15所示。

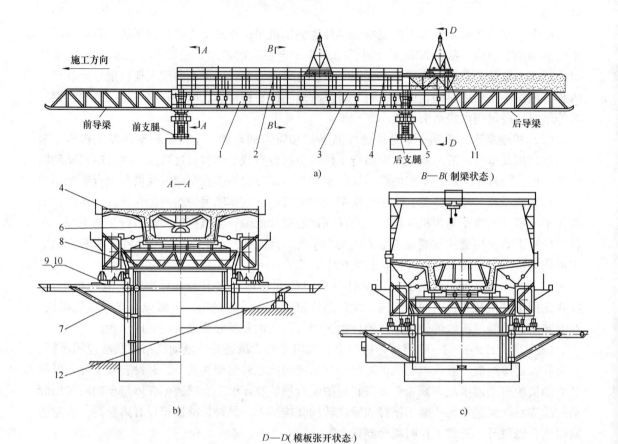

图 13-15 ZQM1100 型移动模架造桥机

a) 造桥机构造图 b) A—A 剖视图 c) B—B 剖视图 d) D—D 剖视图

1—主梁 2—梯子平台 3—配重及其平台 4—侧模及其支承 5—支承台车 6—内模系统 7—墩旁托架
8—底模及其桁架 9—液压系统 10—电气系统 11—10t 龙门吊机 12—墩旁托架支承

移动模架造桥机是一种自带模板可在桥跨间自行移位，逐跨完成混凝土箱梁施工的大型制梁设备，广泛应用于水利电力、城市轨道交通、铁路客运专线、供水输水等大型工程中桥梁、渡槽等的施工作业。

采用移动模架造桥机进行原位制梁具有以下特点：

1）原位制梁集制梁、架梁为一体，不需要占用大量场地预制箱梁和存梁，节省了建梁场费用。

2）不需要大型的提梁、运梁和架梁设备，设备投资费用少。

3）与支架法原位制梁相比，不需要进行地基处理，机械化程度高，作业效率高，劳动力投入少。

4）不影响桥面上净空高度和作业面，方便布设钢筋和施工作业。

5）模架在高处向前移位方便迅速，不妨碍桥下交通。

6）适用范围广泛，可制造简支梁或连续梁；尤其适用于特殊地理环境，如高墩、软土地基、深山峡谷、江河或湖泊滩地、跨越已有线路等。

造桥机工作时，整个模架在靠墩旁托架支承的支承台车作用下，可以实现纵移、横移和竖移。底模在横移液压缸作用下，实现开合并可通过底模螺杆调整高度。内模在内模小车的作用下实现行走、开、合等动作。而模板成形面则靠螺杆来支承并调节，支承螺杆将力传给主梁。

墩旁托架和支承台车靠其他设备向前方桥墩移位，模架纵移时用液压缸顶推移位。内模系统由内模小车作为工具逐段将全跨长内模板背负行走并开、合。浇筑混凝土时内模板靠螺杆支承。所有模板系统均有微调机构，以保证梁形正确。

浇筑混凝土连续梁时，一般混凝土的分段位于反弯点处。此时造桥机前支点用墩旁托架及台车支承，后支点挂于已浇好的混凝土梁段上，以保证新老混凝土的精确结合。

ZQM1100 型造桥机自下而上可分为墩旁托架、支承台车、主梁、底模及桁架、侧模及其支承、梯子平台、内模系统、安全设施、液压系统及电气系统等，如图 13-15 所示。

一、墩旁托架

墩旁托架起着将整机载荷和施工作业载荷传到桥墩支承台的作用。墩旁托架采用三角形结构，通过墩身支承台支承，共两对，每对之间采用高强精轧螺纹钢筋对拉固定在桥墩两侧。托架上平面设有导向滑轨，便于模架的横向移动。托架的下部通过立柱支承在墩身支承台上，在墩旁托架上还设有梯子及活动平台。

二、支承台车

支承台车包括车轮组、台车架、模架纵移机构、模架横移机构及顶升机构等。

车轮组分内侧车轮和外侧车轮。内侧车轮采用平衡梁安装，便于各车轮的受力均衡；外侧车轮的外侧墙板上设有反钩，可钩住主梁外侧，对模架侧向稳定起保护作用。

台车架为箱形框架结构，其下部设置滑板，支承在墩旁托架的滑轨上，通过横移液压缸，使支承台车可在墩旁托架上沿桥横向滑动，实现横向移位。

模架可在纵向、横向、竖向以及小角度水平转动等四个方向运动，均可依靠几种不同的液压缸来实现。

模架前移液压缸安装在台车架上，活塞杆与顶推滑板相连，顶推滑板可在主梁底部的纵移孔板上滑动，安装销轴，即可利用液压缸来完成模架的纵向移动。模架横移液压缸同样安装在台车架上，活塞杆与活动安装座相连，活动安装座可在墩旁托架上滑动，安装销轴，即可利用液压缸来完成支承台车在墩旁托架上的移动，并由内侧车轮的轮缘推动主梁底部的轨道，这样就可以实现模架在桥横向的运动。

模架顶升液压缸安装在墩旁托架上，制梁时，顶升液压缸将整个模架顶起，使车轮离开支承台车的滑轨面。移动时，顶升液压缸缩回、脱模，使主梁坐落在车轮上，以便完成模架的横向、纵向移动。顶升液压缸设置有液压锁和机械锁，以确保浇筑混凝土时的安全。

三、主梁

主梁由中部承重钢箱梁及两端钢桁导梁组成，可保证一端在最大悬臂时整机能够稳定。承重钢箱梁抗扭能力强，分节段制造，节段之间采用螺栓联接。

钢箱梁上部焊有耳板，用于连接外侧模支承螺杆。内侧焊有与两片主梁连成整体的底模桁架连接法兰，底模通过螺旋千斤顶支承在底模桁架上。

导梁采用桁架形式，主梁前后各一段。它与箱梁之间采用铰接，带调整螺杆。可适应建造不同曲率半径和不同纵向坡度的桥梁。

在模架纵移时，当前方桥面较高或导梁挠度过大时，可调节导梁上的竖向螺杆以使导梁上翘。

四、底模及桁架

底模承受绝大部分混凝土梁的自重，通过底模螺旋千斤顶将载荷传递给桁架，然后再传递到主梁上。

螺旋千斤顶安装在底模与桁架之间，既可以将底模所承受的载荷传递到桁架上，又可以用来调节底模的高度。螺旋千斤顶的调节范围为 0 ~ 120mm。

五、侧模及其支承

侧模设有标准模板和异形模板。标准模板可互换，用来浇筑梁中间的标准段。依靠异形模板能浇筑异形外形。在锚柱位置，设计有小块活动模板，当需要浇筑锚柱位置时，卸出活动模板即可。另外，在这个活动模板的端侧位置，还设计有补偿因张拉而引起混凝土压缩的弹性垫板。在混凝土梁体张拉受压时，可确保锚柱加厚处混凝土不因张拉而影响质量。各模板之间互相连接，亦与底模相连。

六、梯子平台

为方便施工作业，特设有供人操作的梯子平台。从地面到墩旁托架，从墩旁托架到主梁上平面，从主梁上平面到外侧模板顶面均设有梯子。

墩旁托架、底模桁架横向及纵向、主梁上平面、侧模顶面均设有平台。在现浇混凝土梁前端，还专门设有供张拉等作业的工作台。各梯子、平台必须与主体结构有效连接。

七、内模系统

内模系统由内模标准段、内模非标准段、内模小车、轨道、模板密封条、螺旋撑杆及垫块等组成。

内模板在横截面上对称分成五块：一块顶模、两块上侧模、两块下侧模。顶模与上侧模间的接缝采用斜面吻合，以便对位及脱模；上侧模与下侧模间采用铰销联接，横向接缝则用密封条加以密封。

内模小车由车架、撑杆、车轮、液压站、液压缸、行走液压马达、电缆卷筒等组成。操纵液压站的手动换向阀，可使内模小车沿轨道前后行走，还可以依靠液压缸及撑杆伸缩，带动五块内模板按上侧模、下侧模、顶模的动作顺序依次到达工作位置，或按其逆顺序依次缩回到运送状态，以便于通过混凝土梁的端隔墙。

内模小车的轨道采用 P24 钢轨，依靠垫块支承在底模上。因混凝土箱梁两端有变坡段，为了保持轨道平直，需将轨道垫高，使轨道底部高过变坡段斜面。轨道铺设好后需用短钢筋将轨道垫块钢筋与钢筋笼焊成一体，以保证轨道能处于正确的位置。顶模的竖撑杆下端支承在轨道上，以保证箱梁面板混凝土的质量能通过轨道、垫块传到底模上。

在下侧模下部同样有合适高度的垫块，以承受模板及部分顶部混凝土的质量。在浇筑混凝土时，内模系统采用斜撑杆、竖撑杆、平撑杆三种撑杆以保证内模板的形状、位置正确，并能承受混凝土的压力。

八、安全设施

除梯子平台等人防设施外，对造桥机作业、行走等状态均设有安全措施。如设有大风报警仪，以保证模架位移作业安全；在台车外侧设有反钩，可钩住钢箱梁下翼缘，以防侧翻；四个主支承液压缸设有液压锁和机械锁；各极限位置加行程开关等。

第五节　缆索起重机

缆索起重机用于跨距大，或跨越山谷、河流等障碍物的情况下吊运重物。缆索起重机由两个塔架和塔架之间的钢索组成，起重小车在承载钢索上移运，进行重物的水平和垂直运送。由于缆索起重机的工作范围很大，吊运工作受地形影响很小，故在山区和峡谷等处应用较广。因此，缆索起重机广泛应用于桥梁建设。

缆索起重机的主要特点是：① 工作范围大，水平运距长，兼有起重和水平运输双重功能；② 支承钢缆高悬于空中，不受地形限制，也不影响作业范围内的其他工作和交通运输，对水利和桥梁建筑更为有利；③ 生产率高，其起重小车的运行速度、吊钩的起升速度、塔架的移动速度均比其他起重机的高。

缆索起重机可分为固定式和移动式两种。移动式根据移动形式的不同，又可分为平移式和辐射式两种，如图 13-16 所示。

固定式缆索起重机如图 13-16a所示，它具有两个固定的塔架，塔架顶端有承载钢索，起重小车支承在承载钢索上，由牵引索牵引移动。其作业范围是一条狭窄的带，常用于吊运量不大的场合或辅助吊运。

平移式缆索起重机如图 13-16b所示，它的两个塔架可在两条平

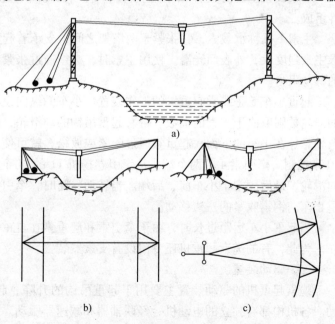

图 13-16　缆索起重机的类型

a) 固定式　b) 平移式　c) 辐射式

行轨道上同步移动。其作业范围是起重机平移范围内的矩形空间。由于作业范围大，在建筑施工和水利等工程中用得较多。

辐射式缆索起重机如图 13-16c 所示，它的一个塔架固定，另一个塔架可绕着固定塔架作圆弧形轨迹的移动。其作业范围是一个扇形空间，适用于材料场中由一点集中送料到多处，或由多处运料到一点的场合。

缆索起重机主要由塔架、承载装置、驱动装置、电气控制系统和安全保护装置等组成，如图 13-17 所示。

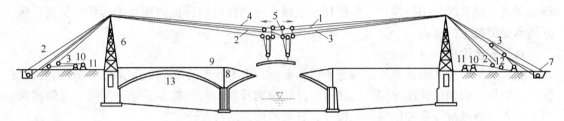

图 13-17　缆索起重机总体布置示意图

1—主索　2—左起重索　3—右起重索　4—牵引索　5—起重小车　6—塔架　7—地垄　8—扣索架　9—扣索
10—起重卷扬机　11—牵引卷扬机　12—张紧装置　13—预制梁段

一、塔架

塔架 6 是缆索起重机的支承受力件。固定式缆索起重机的塔架有桅杆式、门式和三角形三点支承式等形式；移动式缆索起重机的塔架多为三点或四点支承。塔架一般是焊接桁架结构或箱形结构。塔架一般分段制造，便于装运和拼装。

二、承载装置

承载装置主要由主索 1、起重索 2 和 3、牵引索 4、起重小车 5、钢索的固定与调节装置等组成。

主索 1 又称承载索，它张紧于两塔架之间，支承着起重运输工作的全部质量，因此，要求主索强度大，外表面光滑。使用主索时，必须通过张紧装置把主索拉紧，以减少起重小车的移动阻力。

起重小车 5 是缆索起重机的工作装置。小车的纵向设有多个滑轮嵌在主索 1 上，而横向的滑轮数则取决于主索的根数。带有起重吊钩的动滑轮，通过起重索 2 和 3 及小车上的导向滑轮悬挂在小车的下面。起重索通过收紧或放松，就可使重物提升或下降，它由起重卷扬机 10 来控制。牵引索 4 的两个端头从牵引卷扬机 11 的卷筒上引出后，分别绕过两塔架上的导向滑轮，最后固定于小车前、后端。当转动卷筒时，牵引索的一端收紧，另一端放松，使起重小车向钢索收紧的一边移动。

当起重小车运距过长时，由于牵引索和起重索在自重作用下将产生过大的挠度而影响工作。为此，有的缆索起重机还专门设有支索器装置。

三、驱动装置

缆索起重机的驱动装置主要用于起重吊钩的升降、起重小车的行走和塔架的移动等驱动。各机构都有独立的电动机，经联轴器和减速器驱动。

四、电气控制系统

缆索起重机采用多个独立直流电动机驱动。外电源是 3000 ~ 6000V 的交流电，经过晶闸管整流或直流发电机以后，以直流电通入各个直流电动机带动各机构工作。电气系统的控制多集中在操纵室内。

五、安全保护装置

缆索起重机上一般装有吊重超载限制器、吊钩升高限位开关、小车行程限位开关、塔架行走终点开关和限位器等。大、中型缆索起重机还设有大风报警信号和声响装置。

第六节 跨缆起重机

跨缆起重机又称缆载起重机，是现代大跨度悬索桥施工的大型专用起重设备，用于悬索桥主梁（钢箱梁或加劲梁）的架设。跨缆起重机安装在悬索桥的两根主缆上，两根主缆的间距为跨缆起重机的跨距。主缆作为行走轨道和承载体，跨缆起重机在索上靠牵引行走。跨缆起重机不仅在主缆最大倾斜角的状态下能正常起重，在跨中高度有限的情况下也能准确安装梁段，而且其行走机构在主缆上空载行走时，能跨越已安装在主缆上的索夹，在非工作状态下还能抗御强风的袭击。跨缆起重机一般采用由钢丝绳、滑轮组和卷扬机组成卷扬系统的起升机构。

常用的跨缆起重机有两种类型：一种为卷扬机提升跨缆起重机，另一种为液压提升跨缆起重机。

一、卷扬机提升跨缆起重机

卷扬机提升跨缆起重机（见图13-18）采用单主梁两吊点结构，可单独作业。单独布置在两猫道内侧。该机由主梁、端梁和起升机构组成。主梁上设有行走牵引系统、定滑轮组和导向轮。端梁上设有夹紧机构、行走机构和泵站。起升机构由 4×4 动、定滑车组和特制双摩擦滚筒卷扬机组成。卷扬机布置在塔底地面或支承台上。

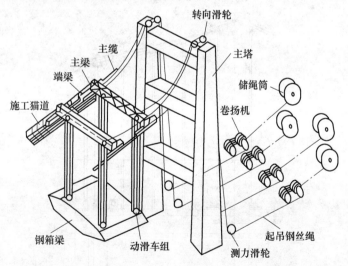

图 13-18 卷扬机提升跨缆起重机总体布置示意图

二、液压提升跨缆起重机

如图13-19所示，液压提升跨缆起重机在单条横向通道梁两端各拴连一上扁担构成主梁，主梁采用铰接悬挂于端梁。上扁担两端对称于主缆，各布置一台液压连续提升千斤顶。

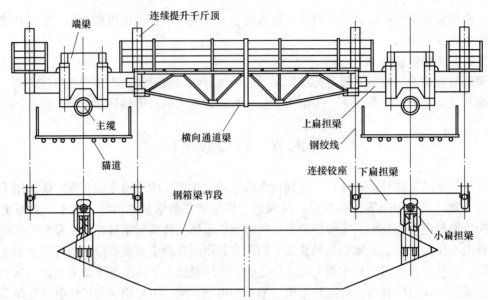

图 13-19 液压提升跨缆起重机总体布置示意图

箱梁提升采用上、下扁担铰接为工具，通过下扁担下方的小扁担将梁段上的 4 个吊点转换为 2 个吊点，保持梁段的水平、静定、平移提升。行走机构采用伸缩液压缸提升和下降行走轮，吊装作业时行走轮提起，夹紧机构抱紧主缆。

液压提升跨缆起重机主要由液压起吊提升机构、缆上支承及行走机构、主梁、端梁、扁担梁、动力系统、控制室、辅助系统以及安全防护系统等组成。

下面以 180t 跨缆起重机为例，介绍跨缆起重机的构造及工作原理。图 13-20 所示为该跨缆起重机的总体布置示意图。图 13-21 所示为该跨缆起重机本体及承载防滑装置示意图。

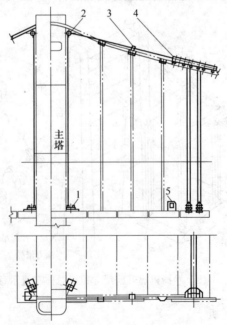

图 13-20 180t 跨缆起重机总体布置示意图

1—JMS 型卷扬机 2—转向滑轮 3—导向轮 4—跨缆起重机本体 5—操纵室

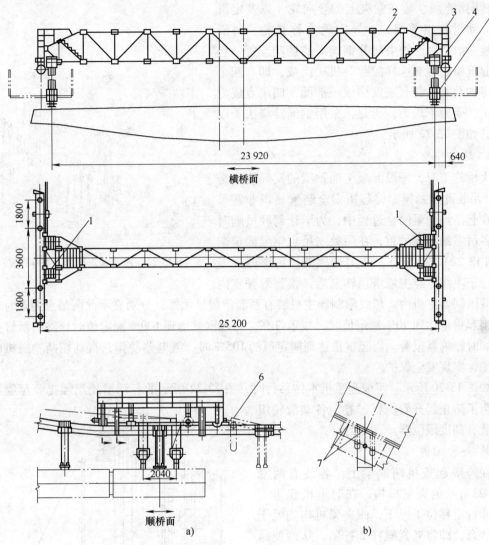

图 13-21　180t 跨缆起重机本体及承载防滑装置示意图

a）跨缆起重机本体示意图　b）跨缆起重机承载防滑装置示意图

1—定滑轮组　2—主梁　3—扶梯　4—端梁　5—动滑轮组　6—牵引机构　7—承载防滑装置

1. 总体结构

如图 13-20 和图 13-21 所示，此 180t 跨缆起重机由 M 箱形端梁、一桁架主梁构成 H 形结构。其上设有起升机构、行走机构等，以悬索桥两根装好索夹的主缆作为运行轨道，并以主缆索夹作为承载防滑的支持部位。端梁用箱形断面是为了方便行走机构装于其上，而主梁采用桁架式是因其受力不大。制成桁架式结构可以既减轻质量又可减小风阻。

施工时，可同时设置 4 台 180t 跨缆起重机于主缆上，以两主塔为起点，在二主塔左右对称、同步地架设混凝土加劲箱梁。

2. 起升机构

如图 13-20 所示，每台跨缆起重机的起升机构，由两台 JMS 型卷扬机、钢丝绳、装在塔顶的转向滑轮 2、装在索夹上的导向轮 3 以及定滑轮组、动滑轮组等组成。导向轮亦称托轮，每隔 18m 装一组，用于约束起升钢丝绳的摆动。每一台跨缆起重机由四套这样的起升机构组成，即有四个吊点将加劲梁吊起。三点构成一平面，四吊点成为超静定，受力不均匀。为此，采用钢绳穿绕法予以解决，如图 13-22 所示。

3. 起重安全装置

大桥施工时，每根混凝土加劲梁的实际质量是 172t。吊装此加劲梁时，起重安全装置显得非常重要。在起吊加劲梁的全过程中，为了让驾驶员随时了解各吊点的实际吊重，在两独立吊点钢绳固定端（见图 13-22），各装有一测力传感器。传感器反馈

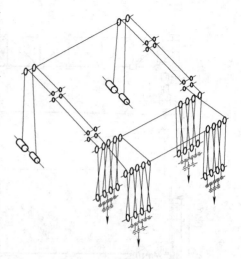

图 13-22　跨缆起重机起升绳穿绕图

线平行于主缆，经主塔塔顶转向后，接到驾驶室内的超载限制器主机内。超载限制器主机装有两套质量显示器，分别显示此两吊点的瞬时起重量。当起重量达到 90% 额定值时，指示灯亮。当起重量达到 100% 额定值时，除指示灯亮以外，同时蜂鸣器报警。当起重量达到额定值的 105% 时，继电器动作，自动切断卷扬机电动机电源，实现安全保护。

如图 13-20 所示，跨缆起重机本体移行时，图 13-22 所示的各动滑轮组须提升至猫道以上，为了防止起升卷扬机过卷，各动滑轮组上均装有高度限位器。

4. 夹紧机构

在跨缆起重机两端梁上，各装有两套图 13-23 所示的夹紧机构，在起重机起重工况或非行走移位工况下，四夹紧机构均处于夹紧状态，即将夹紧螺杆 2 拧紧，从而使跨缆起重机本体固定在主缆上，以防止大风时在主缆上摇晃。移行时，则要拧松夹紧螺杆 2，并拆开可拆横拉杆 3。

5. 行走机构

跨缆起重机移行时，除需将全部滑轮组提升至猫道以上外，还须将夹紧机构、抗滑装置的螺杆拧松，使行走轮伸出。再由装在跨缆起重机本体两端梁上的两台手拉葫芦松放，使之向下滑行。跨缆起重机在主缆坡度段移行时，手拉葫芦装在上坡侧。当跨缆起重机移行至接近水平段时，不能自行，应将手拉葫芦移至前方，即下坡侧。无论手拉葫芦置于移行方向之前或之后，其着力点均在

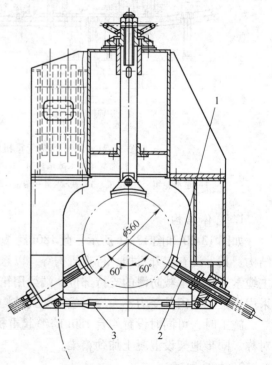

图 13-23　跨缆起重机本体夹紧机构示意图
1—夹紧头　2—夹紧螺杆　3—可拆横拉杆

索夹上。

　　左右端梁上各装一组（4 个）由特种尼龙制成的行走轮，如图 13-24 所示。跨缆起重机行走移位时，要跨越索夹，为此，行走轮应能分别垂直升降，其升降液压缸由电液自动控制系统实现。图 13-25 所示为其液压系统简图。

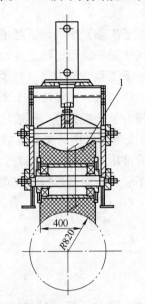

图 13-24　跨缆起重机行走轮（单位：mm）
1—尼龙行走轮

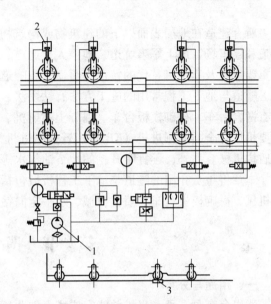

图 13-25　行走轮液压控制系统
1—液压控制泵　2—液压缸　3—索夹

　　当行走轮接近索夹或离开索夹时，自动升降，一个个交替跨越索夹，而这时跨缆起重机重量由另三个行走轮传到主缆上。因此，可称这一动作为踏步式行走。

　　6. 承压抗滑装置

　　如图 13-20、图 13-25 所示，当跨缆起重机处于起重工况或非行走移位工况时，行走轮液压缸下腔供油而将行走轮升起，使跨缆起重机本体落向主缆，两端梁中部直接承压在索夹上，起重重力和下滑力均由两端梁的承压块和抗滑块直接传递给索夹。这时的各行走轮虽不承重，但起稳定作用。

第十四章　隧道与地下工程机械

所有建造在地层表面以下的建筑物或构筑物统称为地下工程，例如地下隧道和隧洞、地下道和停车场、地下军事坑道、地下人行通道、地下油气管道等。由于隧道在地下工程中具有重要地位及其不可替代的特征，习惯上将隧道和其他地下工程合称为隧道与地下工程。

隧道与地下工程常用的施工方法有钻爆法、掘进法、盾构法。钻爆法施工采用的主要机械有凿岩台车、衬砌模板台车、混凝土喷射机、注浆机械、装渣机械等。掘进法施工采用的主要机械有全断面掘进机（TBM）、臂式掘进机等。盾构法施工采用的主要机械为各种类型的盾构机械。另外，不宜明开挖的地下油气水等管道铺设常用水平定向钻施工。

本章将重点介绍的隧道与地下工程机械包括凿岩台车、全断面掘进机、臂式掘进机、盾构机械、衬砌模板台车、喷锚机械、水平定向钻机。

第一节　凿 岩 台 车

一、用途与分类

凿岩台车是支承凿岩机并能完成凿岩作业所需的推进、移位等运动的移动式凿岩机械。为了提高隧道开挖效率，将数台凿岩机用支架安装在同一台车上，可同时进行多个钻眼工序。

凿岩台车一般用于地质条件较好，基本不要临时支护的大断面（开挖面积 $17m^2$ 以上）隧道施工，也可作为其他工序的工作台，如凿顶、支承、装药和设备材料的临时存放等。

凿岩台车的开挖施工工序为：台车就位、多台凿岩机同时钻眼、利用台车架进行装药、台车退出掌子面、爆破、排烟凿顶、支护（视地质情况而定）、装渣机就位、装渣运输，同时也可进行上部钻眼。

凿岩台车可安装中型和重型大功率的凿岩机，并能提高凿岩机的冲击频率和增加凿岩机的推进力。因此，采用凿岩台车的凿岩效率高，钻进速度快，能适应各类岩层，在同等开挖断面下，可减少凿岩机台数。一般来讲，采用凿岩台车掘进隧道日进尺可达 10m 左右，月进尺可达 300m。

按所能开挖隧道断面的不同，凿岩台车可分为全断面台车、半断面台车及导坑台车；按车架形式可分为门架式和框架式；按行走装置可分为轨行式、轮胎式及履带式；按钻臂形式可分为液压钻臂式和梯架式。

二、构造与工作原理

凿岩台车由钻臂、推进机构、底盘、台车架、稳车机构、气压系统、水系统、液压系统、操纵系统等部分组成，如图 14-1 所示。

工作时，台车驶入掘进工作面，由稳车机构使台车定位，操纵钻臂和推进机构，使推进机构的顶尖按要求的孔位顶紧工作面，开动凿岩机钻孔。钻完全部炮孔后，台车退出工作面。

钻臂是凿岩台车的核心部件。它支承着凿岩机按规定的炮孔位置钻孔，并对凿岩机施加

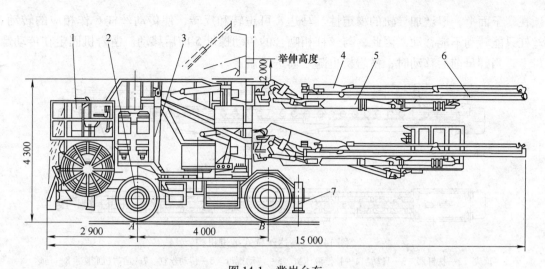

图 14-1　凿岩台车

1—动力系统　2—底盘　3—台车架　4—凿岩机　5—钻臂　6—推进机构　7—稳车机构

一定推进力，还可以用来提举重物，如组装拱形支架、装药等。因此，钻臂也可以称之为凿岩台车的机械手。

钻臂是独立的可装拆部件，可用钻臂的系列组件装配成各种钻孔台车，如将同一种标准钻臂安装在不同的行走底盘上；或在不同的底盘上，装上不同数量的同一种标准钻臂，都可以构成不同形式的钻孔台车。

为了获得良好的爆破效果，要求工作面炮孔有较好的平行精度，因此，钻臂设有平动机构，钻臂移位时推进器保持平行移动。平动机构的形式有机械自动平行式、电液自动平行式和液压自动平行式。

钻臂可分为直角坐标钻臂、极坐标钻臂和液压钻臂三种。图 14-2 所示为直角坐标钻臂。直角坐标钻臂由仰角液压缸驱动支臂垂直摆动，摆角液压缸驱动支臂作水平摆动，从而使安装在支臂上的推进器按直角坐标方式移位。操纵仰角液压缸，使支臂除了能钻出平行炮孔外，还能根据工艺要求钻出与工作面中轴线有一定倾角的炮孔。翻转液压缸可使推进器绕自身轴线回转180°，以适应钻出工作面底部炮孔的需要。有的支臂为了便于控制周边孔的角度，设有外摆角机构。在钻进周边炮孔时，外摆角机构可使推进器产生所要求的偏角。钻完周边孔后，推进器能准确地恢复原位。

推进机构给凿岩机提供轴向推力和支承力，并完成凿岩机推进和退离岩壁的动作。推进机构的形式有马达丝杠式、液缸钢丝绳式、液缸链条式。驱动的动力有风动和液压两种。

图 14-3 所示为马达丝杠式推进机构，它由马达、导轨、丝杠等组成，作业时紧

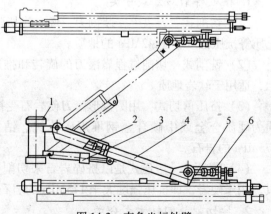

图 14-2　直角坐标钻臂

1—转柱　2—支臂液压缸　3—仰角液压缸
4—支臂架　5—翻转液压缸　6—摆角液压缸

顶在掌子面上，以增加导轨的稳定性。马达 8 可正转和反转，使传动丝杠 6 作相应的转动。丝杠只能转动不能移动，因此，与丝杠相啮合的传动螺母 5 前后移动。凿岩机固定在传动螺母上，当螺母前后移动时，凿岩机也随之前进或后退。

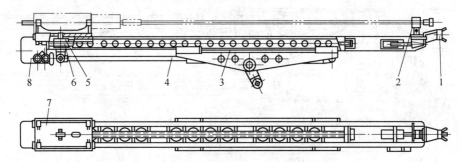

图 14-3　马达丝杠式推进机构
1—顶尖　2—扶钎器　3—导轨　4—补偿液压缸　5—传动螺母　6—传动丝杠　7—凿岩机底座　8—马达

三、主要技术性能指标

凿岩台车的主要技术性能指标有装机总功率、适用隧道宽度和高度、凿岩旋转扭矩和机器质量等。

第二节　全断面隧道掘进机

全断面隧道掘进机（TBM，Tunnel Boring Machine）是一种在岩层中挖掘隧道的机械。其特点是用机械法破碎切削岩石（刀头直径与开挖隧道的直径大小一致，故称全断面开挖），挖掘与出渣同时进行。掘进机的直径一般为 2～11m，最大可达 15m。可挖掘的岩石硬度为岩石单轴抗压强度 20～200MPa，最大接近 300MPa。

全断面隧道掘进机适用于公路工程、铁路工程、水电工程、排污工程、军事工程及其他地下工程中开挖岩石隧道。

一、分类、特点及适用范围

1. 按破碎岩石方式分类

（1）切削式　刀盘上安装割刀，像金属切削刀具一样将工作物切割下来，适用于软岩、土质等抗压强度小于 42MPa 的地质。

（2）铣削式　切削过程靠滚刀的旋转和推进及铣刀的自转完成，与铣削金属的铣床类似，适用于软岩地质。

（3）挤压剪切式　用圆盘形滚刀使岩石受挤压和剪切而破碎（以剪切为主）。刀具有材质为硬质合金或中碳合金钢堆焊碳化钨、钴等，适用于中硬岩石，如抗压强度为 42～175MPa 的岩石。

（4）滚压式　滚压式是以挤碎岩石来切削，刀具为圆盘式、牙轮式和锥形带小球状刀具。用于硬岩，即抗压强度大于 175MPa 的岩石。

2. 按切削头回转方式分类

（1）单轴回转式　切削头的回转轴只有一根。由于在大直径的切削头上，不同半径的刀具线速度不同，实际上不是真正的同轴回转，因此，它只用于小直径的掘进机。

（2）多轴回转式　切削盘上有几个小切削轮，小切削轮各自有其回转轴，可独自旋转。

3. 按掘进方式分类

按掘进方式的不同，可分为推进式和牵引式两种。推进式又分为抓爪式和支承反力式。

4. 按排渣方式分类

按排渣方式的不同，可分为铲斗式、旋转刮板式和泥浆输送式等。常用的是前两种排渣方式。

5. 按外形特征分类

（1）敞开式掘进机　结构简单，靠承踏装置支持机身，适用于岩层比较稳定的隧道。

（2）护盾式掘进机　有单护盾和双护盾之分。单护盾掘进机前部用护盾掩护，双护盾掘进机机体被前后两节护盾掩护着，适用于易破碎的硬岩或软岩及地质条件较复杂的岩层。

二、主要结构及工作原理

全断面隧道掘进机一般由切削头工作机构、切削头驱动机构、推进及支承装置、排渣装置、液压系统、除尘装置以及电气和操纵装置等组成。

图 14-4 所示为开挖直径为 3m 的 LJ-30 型掘进机的结构图。切削头工作机构 1 的上下导框套在机架大梁 8 上，靠四个推进液压缸可以移动 750mm。切削头前端有刀盘，靠两个 85kW 的电动机经减速箱和驱动小齿轮带动齿圈旋转，齿圈和刀盘刚性连接。切削下来的岩

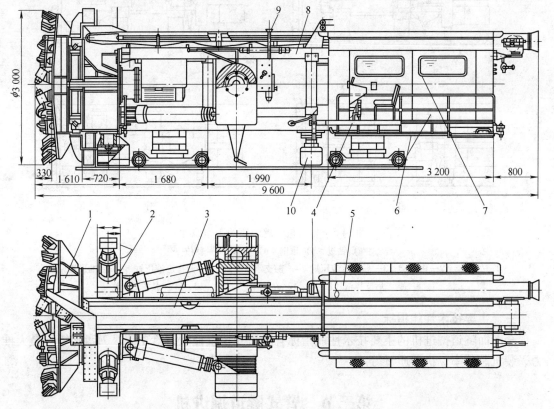

图 14-4　LJ-30 型岩石掘进机

1—切削头工作机构　2—前支承靴　3—排渣输送机　4—液压泵　5—吸尘风管　6—驾驶室
7—配电室　8—机架大梁　9—电钻　10—后支承座

渣经刀盘上均布的三个铲斗收集并提升到排渣输送机3上，向后排出。切削头还有四个前支承靴2，在换位时支承靴的液压缸外伸，使靴板紧顶洞壁，以便推进液压缸回缩将后部前移。

在机架大梁8上装有左右水平方向的水平支承靴，在切削推进时，支承靴由液压缸紧顶洞壁。大梁最后连接着驾驶室6，驾驶室内设有操纵台、配电盘、液压泵4等装置。大梁上面有吸尘风管5，可将切削时的岩粉吸出，保证掌子面空气清洁。

为防止隧洞顶部塌方，多采用锚杆临时支护，因此在大梁中部两侧安装有打眼的电钻9。大梁后下方有后支承座10。

掘进机开挖隧道的工作原理如图14-5所示。将水平支承靴10、11顶紧洞壁，前后支承靴9、12缩回，开动切削头旋转，后推进液压缸6收缩，前推进液压缸5伸出，开动排渣用的输送机，如图14-5a所示。当切削头掘进一定深度时（一般为推进液压缸的一个行程），将前后支承靴9、12顶紧洞壁，如图14-5b所示。水平支承靴缩回，后推进液压缸伸出，前推进液压缸缩回，如图14-5c所示。这样，掘进机外机架前移一段距离后就位，如图14-5d所示。按上述程序机器不断旋转掘进，不断换位前移，直至完成隧道开挖工作。

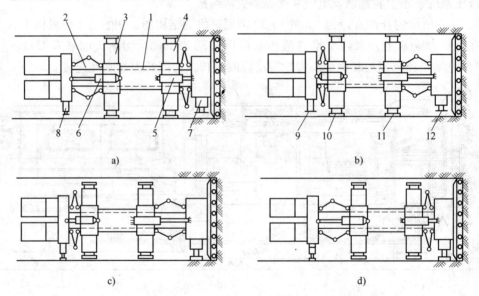

图 14-5　掘进机开挖隧道的工作原理

a）钻进　b）顶壁　c）前移　d）就位

1—外机架　2—内机架　3—后支承液压缸　4—前支承液压缸　5—前推进液压缸　6—后推进液压缸
7、8—前、后支撑液压缸　9、12—后、前支承靴　10、11—水平支承靴

三、主要技术性能指标

全断面隧道掘进机的主要技术性能指标有隧道开挖直径、刀盘功率、刀盘转矩、最大推力、装机总功率、机器质量等。

第三节　臂式隧道掘进机

一、用途及分类

臂式隧道掘进机也可称为悬臂掘进机，是一种有效的开挖机械。它集开挖、装卸功能于一体，广泛应用于采矿、公路隧道、铁路隧道、矿用巷道、水利涵洞及其他地下工程的开挖。

使用经验表明，这种掘进机对开挖泥质岩、凝灰岩、砂岩等岩层有极好的性能。与钻爆法相比，机械开挖的最大优势是：不扰动围岩，隧道的掌子面非常平坦，几乎没有钻爆法产生的凹凸不平和龟裂，容易达到新奥法（NATM）的要求；断面超挖量少，经济性好；另一特点是施工时减少了噪声和振动，符合环境保护的要求。与全断面开挖的隧道掘进机相比，臂式掘进机体积小、质量轻、易于搬运。

按工作装置的不同，臂式隧道掘进机可分为滚筒式、圆盘式、星形轮式、圆锥式等；按装载装置的不同，可分为铲斗式、螺旋式、圆盘式等；按行走装置可分为履带式和迈步式；按输料装置可分为带式和刮板式。

二、构造和工作原理

臂式掘进机通常由切割装置、装载装置、输送机构、行走机构、液压系统和电气系统等几部分组成，如图14-6所示。

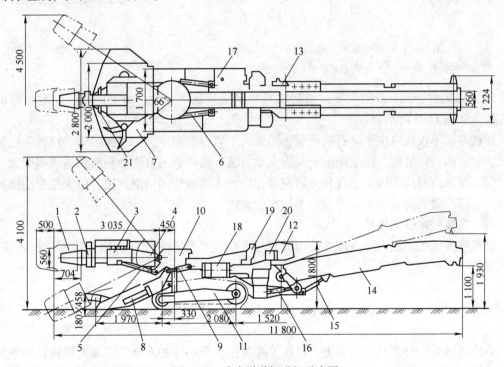

图14-6 臂式隧道掘进机示意图

1—切割头 2—伸缩臂 3—切割减速器 4—切割马达 5—切割装置升降液压缸 6—切割装置摆动液压缸 7—装载铲
8—集料减速器 9—装载装置升降液压缸 10—主车体 11—行走装置 12—一级输送机 13—一级输送机减速器
14—二级输送机 15—二级输送机升降液压缸 16—二级输送机回转液压缸 17—液压油箱 18—液压泵
19—控制开关柜 20—驾驶座位 21—水喷头

臂式隧道掘进机的作业工序是：机械驶入工位，切割头切入作业面，再按作业程序向两边及由下而上进行切割。切割臂有伸缩、左右摆动和升降功能，因而机体小，质量轻，无需占领整个掌子面，其余空间可供其他装备使用，有利于提高作业效率。

切割头切割岩石的顺序分以下两种情况：

（1）切割中硬岩及硬岩　在岩石较硬的情况下，考虑到机器的稳定性，切割通常从整体切割断面的最下部（底板处）开始。同时，为使机器的振动最小，切割头应从中心点切入，再向两边摆动，反复交错进行（每次切入约100mm），如图14-7所示。待充分切入后，切割头即可从一边到另一边，由下向上切割，这时的切割顺序和切割软岩时的顺序相同，如图14-8所示。

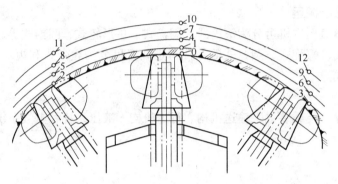
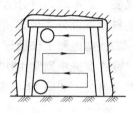

图 14-7　切割中硬岩及硬岩时的切割顺序　　　　图 14-8　切割软岩的方法

切割顺序：0→1；1→2→3→1；1→4；4→5→6→4；4→7…

（2）切割软岩　一般情况下，切割软岩时采用从底部开始，由下向上、左右顺序的切割方法，如图14-8所示。

切割方法不仅仅取决于岩石的硬度，还取决于岩石的强度、劈理和层结、顶板和底板的状况、巷道的横向坡度、除尘用水、顶板支承方法、装载铲的石渣堆积面积等诸多因素。因此在施工前，应对这些因素进行充分的调查，以便选择最佳的切割方法。但无论采用哪种切割方法，都应遵循充分切入底部后朝上切割的原则。

三、主要技术性能指标

臂式隧道掘进机的主要技术性能指标有最大切削高度和宽度、切割头功率、行走速度、装机总功率、机器质量等。

第四节　盾构机械

盾构机械是一种集开挖、支护、衬砌等多种作业于一体的大型隧道施工机械，一般用钢板做成圆筒形的结构物，在开挖隧道时，作为临时支护，并在筒形结构内安装开挖、运渣、拼装隧道衬砌的机械手及动力站等装置，以便安全地作业。它主要用于软弱、复杂等地层的铁路隧道、公路隧道、城市地下铁道、上下水道等隧道的施工。

采用盾构机械进行隧道施工的方法称为盾构施工法。其施工程序是：在盾构前部盾壳下挖土（机械挖土或人工挖土），一面挖土，一面用千斤顶向前顶进盾体，顶至一定长度后（一般为一片衬砌圈宽度），再在盾尾拼装预制好的衬砌块，并以此作为下次顶进的基础，继续挖土顶进。在挖土的同时，将土屑运出盾构。如此不断循环直至修完隧道为止。

盾构施工法的采用，要根据地质条件、覆盖土层深度、断面大小、电源问题、离主要建筑物的距离、水源、施工段长度等多种因素加以综合考虑。

一、盾构分类及施工方法

1. 分类

盾构的形式很多，可按盾构的断面形状、构造及开挖方式进行分类。按盾构断面形状的不同，可将盾构分为圆形、拱形、矩形和马蹄形四种；按开挖方式的不同，可分为手工挖掘式、半机械化挖掘式、机械化挖掘式三种；按盾构前部构造的不同，可分为全部开口形、部分开口形、密封形三种。从断面形式来看，应用最广泛的是圆形盾构。因此，本节将以机械挖掘的圆形盾构为主，介绍其结构原理。

2. 圆形盾构施工方法

圆形盾构机械施工方法有切削轮式、气压式、泥水加压式、土压平衡式等盾构施工法。在此仅介绍常用的切削轮式和土压平衡式盾构施工方法。

（1）切削轮式盾构　切削轮式开挖的盾构是用主轴旋转驱动切削轮挖土，随切削轮旋转的周边铲斗将挖下的土屑倾落于输送机上，由输送机运到盾构后部的运土斗车里，再用牵引车（电瓶机车或小内燃机车）运往洞外。与此同时，推进千斤顶不断推进。当推进一个衬砌管片宽度时，立即逐片地由拼装器拼装管片（一般一圈分为六片、八片，视断面大小而定）。逐片拼装时只回收拼装片范围内的几个千斤顶。整圈衬砌拼装完后，再开始一面顶进一面挖土，如此循环前进。切削轮式盾构施工如图 14-9 所示。

用切削轮式施工的地质条件要求是：掌子面土壁能直立，土层颗粒均匀，如黏土类。易于坍塌的砂砾土层、敏感性高的黏土，非常软且接近液化的黏土都不宜使用此类机械开挖。

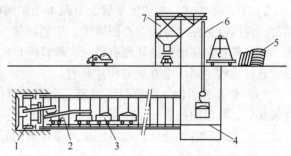

图 14-9　切削轮式盾构施工

1—盾构　2—管片台车　3—运土斗车　4—轨道
5—材料场　6—起重机　7—弃土仓

（2）土压平衡式盾构　土压平衡式盾构是在气压式、水压式和泥水式盾构的基础上发展起来的。气压式要求土壤的渗透系数适当；水压和泥水式在透水性高的砂质土、砂砾土或者地下水位过高的地层下施工困难。而土压平衡式所适应的地质范围比较广，因为无需考虑更多的土壤物理性能。

土压平衡型土压式盾构（见图 14-10）是在螺旋输送机和切削轮机架内充满着土砂，利用螺旋的回转力压缩土壤，形成具有一定压力的连续防水壁，以抵抗地下水的压力，阻止流水和塌方。但是它也只适用于亚黏土和黏性土地层。对砂土、砂砾土地层等渗水性大的土层，在螺旋输送机内仍不大可能形成有效的防水壁。这种情况下，可在螺旋输送机卸料口处加装一个具有分离砾石的卸土调整槽，并向槽内注入压力水以平衡地层水压，这就形成了土压平衡型加水式盾构，进一步扩大了对地层的适应范围。同时，两种方

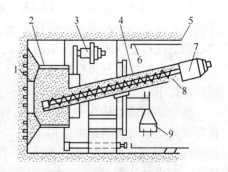

图 14-10　土压平衡式盾构施工

1—切削轮　2—切削轮机架　3—驱动马达
4—螺旋输送机　5—盾尾密封　6—衬砌管片
7—输送机马达　8—土屑出口　9—拼装器

法可根据地质情况交替使用。因此土压平衡式盾构的适用范围较广。

二、机械化盾构的主要结构及工作原理

1. 机械化盾构简介

机械化盾构有多种形式，按切削机构可分为切削轮式、挖掘式、铣削臂式；按切削方式可分为旋转切削式和网格切割式等。

（1）刀盘式盾构 这是一种圆形机械化盾构，使用比较普遍。其特点是切削轮上装有割刀，旋转方向与盾构轴线垂直。附加上气压、水压、泥水加压、土压等平衡掌子面土压和地下水压后，形成各种各样的盾构。旋转动力有液压马达驱动和电动机驱动两种。由于旋转力矩大，为便于布置，都采用多马达同步驱动。为了防止盾构由于切削反作用力而发生转动，现代多采用可双向旋转的切削轮。因此，切削轮的刀臂布置成两个反向的刀齿，或者切削轮布置成内外圈，相对旋转以平衡反作用转矩。这种盾构适用于除岩石以外的各种土层施工。

（2）行星轮式盾构

1）固定中心式。其形式就是在刀盘的刀臂上再装上几个小型刀盘，由于切削轨迹形成摆线型，分散了刀齿上所受的阻力，同时也能抵消回转力矩，防止盾构转动，以适应硬土层的切削。

2）移动中心式。在切削横臂上有两个小切削轮，可径向移动。横臂安装在伸缩液压缸端部，液压缸装在主臂的空心圆筒里。切削横臂一面旋转，两切削轮一面相背地向外切削。当小切削轮径向移动到最外侧直径时，横臂停止旋转，小切削轮向内移动，这样完成一个循环。这种盾构主要用于凝灰岩和片麻岩。

（3）铲斗式盾构 在盾壳里安装一个能在盾构断面范围内任意位置挖掘的铲斗，当铲斗装满后，可以缩回盾壳里，用斗底开门方式将土屑卸入排料装置。适用于软弱地质条件下开挖上下水道和各种导坑，也可用于地下铁道的开挖工程。其主要特点是能适用于任意断面的隧道开挖。

（4）钳爪式盾构 在盾壳前端装有两个半圆形钳爪，后者由铸钢或50mm厚的钢板焊成。每侧钳爪由液压缸推动，两个钳爪可同时相对运动，也可单独动作。挖掘液压缸支点在盾壳上，钳爪枢轴分上下铰接在盾壳里的承载环上。

（5）铣削臂式盾构 图14-11所示为铣削臂式盾构，适用于砂土、软岩、中硬岩的隧道开挖，尤其适用于断层地质条件。土、岩的抗压强度在 10～50MPa 以内均可开挖。铣削臂式盾构的圆形切削臂端部有切削头1，可逆时针旋转（从前面看）的切削臂铰接在盾壳里的支架4上。切削臂可以自由地切削任意部位。切削头外径为900mm，旋转速度为43r/min，装有四把中心刀头和40把周圈刀头。刀头为组合式，容易更换。

整个切削臂组装在一个滑台上，由两个液压缸操纵滑台前后移动。在螺旋收集器3下方有带式输送机将土屑运出盾构。

（6）网格切割式盾构 如图14-12所示，这种盾构适用于特别软弱的地层，一般都配备气压、泥水加压等措施，以稳定掌子面、平衡土压和地下水压。网格本身也起到挡土的作用。

依靠推进千斤顶使盾构插入地层，掌子面上土壤从网格中空被挤出。如遇到流动性大的土质或流沙等，可在网格中装上挡土板。采用局部安装还是全部安装挡土板，视地质情况而

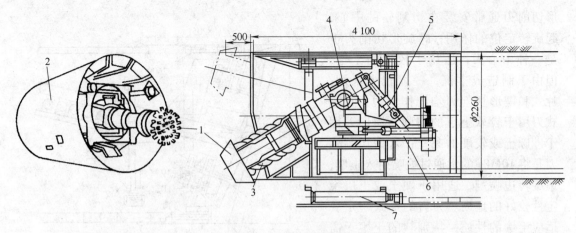

图 14-11　铣削臂式盾构

1—切削头　2—盾壳　3—螺旋收集器　4—支架　5—上下摆动液压缸　6—左右摆动液压缸　7—前后滑动液压缸

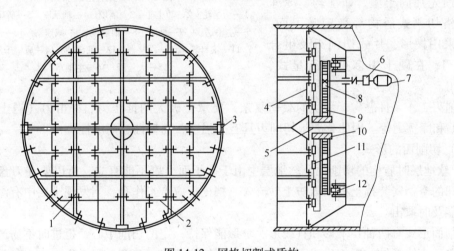

图 14-12　网格切割式盾构

1—主网格梁　2—次网格梁　3—拼装焊接面　4—挡土板　5—中心轴　6—针轮减速器　7—电动机
8—摆线齿轮　9—针柱圈　10—轮鼓　11—刀架　12—支承滚轮

异。全部装上挡土板即为密闭式盾构，采取闭胸挺进。

图 14-12 所示为网格配以泥水加压式盾构。网格后的泥水腔内设有刀盘，是为了将挤进来的土块切碎，便于搅拌器搅碎成泥浆，依靠吸泥泵将泥浆抽出到地面处理。

这种盾构适用于除岩石以外的一切土壤的开挖，无论有无地下水均能使用，但多适用于特别不稳定的软弱地层或地下水位高、带水砂层及黏土层和流动性大的土质，尤以冲积层和洪积层使用网格泥水加压式固定掌子面效果最好。

2. 机械化盾构的总体结构

上述几种机械化盾构，尽管其作用原理有所不同，但都由下列几个主要部分组成，即切削机构、盾壳、动力装置、拼装机构、推进装置、出料装置和控制设备等。图 14-13 所示为切削轮式机械化盾构的结构简图。

3. 切削装置

（1）切削刀　切削刀有三角形、螺旋形、片式、楔形、水力切割式等几种形式。三角形切削刃通常安装在切割轮的中心，起旋转定位的作用；螺旋形切削刃也是一种中心刀，适用于较硬的土壤，但由于制造成本高，一般较少采用；片式和楔形切削刃均用作周边刀，片式刀用于较软土壤的切削，楔形刀用于砂砾土或较硬的黏土；水力切割式刀是将 10MPa 的水通过喷嘴射入土壤，边旋转边喷割，适用于硬土或土层稳定性较好的地质。刀齿的形式一定要适应土壤的性质，特别软的土壤无需用机械化盾构施工，若用机械化盾构，就必须预先加固土壤，如注药、冷冻或用网格切割式盾构等稳定掌子面；中硬土采用楔形、片式切削刃及组合式切削刃；在硬土中多采用行星式、錾式刀齿。

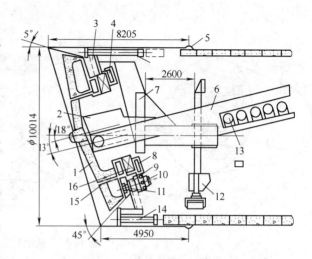

图 14-13　切削轮式盾构

1—切削轮　2—卸土斗　3—隔墙　4—轴承座　5—盾尾密封
6—主输送机　7—油箱　8—轴承座　9—减速器　10—油马达
11—滚针轮　12—拼装器　13—油泵站　14—盾构千斤顶
15—大齿圈　16—主轴承

切削刃工作条件恶劣，承受的载荷复杂，要承受极大的推压力、冲击力（遇土层中的石料时）和摩擦力等。因此，要求切削刃具有高强度、高韧性、耐磨性。

（2）切削面的形式

1）软地层时盾构的切削面。软地层中由于掌子面土壤不能直立，所以要在刀盘面各切削刃之间的空档安装挡土板，以防土砂流入。挡土板应有工作孔，当发现土层中有漂石、木桩时，能及时取出。

切削面形式有两种：伞形和直线形。伞形能保持一定的切削中心，挺进时不易产生方向上的偏差。直线形结构则相反，而且切削阻力能增加 10% ～20% 。

2）硬地层时盾构的切削面。在硬地层开挖的盾构，一般前面无需挡板，只用带刀臂的切削轮。为使盾构适应地层变化，通常盾构的切削面做成挡板可拆卸式。遇软地层时，装上挡板；遇硬地层时，卸下挡板，便于观察掌子面。

3）切削面倾斜。随着盾壳前端形式的不同，切削面也随之变化。如图 14-13 所示，切削轮轴线与盾构轴线下倾，刀盘也向下倾，这是由于后壳的切口环上部向外伸出，可使掌子面稳定，减少坍塌。

（3）切削轮支承机构　切削轮的支承机构支承切削轮的旋转和承受切削反作用力。此外，为了提高作业效率，在拼装衬砌时，切削轮可继续切削，这样在切削轮的支承机构上有单独的顶进机构，因此，支承机构还要承受顶进时的反力。这三种载荷都使支承机构承受一定的轴向和径向力。

常用的切削轮支承方式有以下三种，如图 14-14 所示。

1）中心支承方式。切削轮中心轴是芯轴又是传动轴。在轴上有径向轴承 1，轴端有轴向推力轴承 2。这种支承方式的特点是支承和驱动方式简单，但是占据了盾构中心部分，导致作业空间减小，安装排渣装置困难。中心支承式以泥水加压式盾构为宜，适用于中小直径的盾构。

2）圆周分散支承方式。切削轮不是用主轴驱动的，其内侧与圆筒连接，在圆筒周围和后端面装有径向轴承 1 和推力轴承 2。在轴承处设有密封装置，防止土砂流入。这种支承方式的径向、轴向载荷分散，盾构中心部分空间大，可保持一定的作业空间。但由于支承部分与盾壳靠近，对轴承的保养、维修困难。

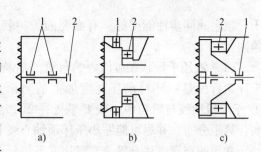

图 14-14　切削轮的支承方式
a）中心支承式　b）圆周分散支承式
c）混合支承式
1—径向轴承　2—推力轴承

3）混合支承方式。它是中心支承和圆周分散支承二者兼用的形式，因此兼有二者的优点。这种方式，径向载荷由中心轴承支承，轴向载荷则由圆周滚子轴承支承。为防止泥沙侵入轴承，都需要采用密封装置。

（4）切削轮顶进机构　切削轮一面切削，一面需要顶进。顶进方式有两种，一种是随盾构的推进而前进，另一种具有独立的顶进机构，也就是盾构的推进与切削轮的顶进分开。

1）随盾构的推进而顶进。这种方式是机械化盾构上最普遍的一种形式。随着盾构推进千斤顶的推进，旋转轮进行旋转切削，因此，当在拼装衬砌管片时，停止推进，从而切削轮也就停止了顶进。由于切削轮的顶进阻力仅为盾构推进阻力的 1/10 ~ 1/20，所以，这种方式无需另外占用功率，也无需单独设计切削轮的顶进机构。

2）独立的切削轮顶进机构。由于安装了独立的顶进机构，在安装衬砌管片、盾构停止推进时，可由独立顶进机构顶进，使切削轮仍可连续作业，从而提高了掘进工效。采用这种方式时，切削轮的顶进行程为一环衬砌管片的 1/2 宽度，也就是拼装一次衬砌管片，切削轮需顶进两次。独立的顶进装置，是在中心轴后端设置顶进千斤顶，或者在切削轮后圆筒上设置顶进千斤顶。这样的机构既要在切削轮后圆筒上安装支承和推力轴承，又要配置顶进千斤顶，使结构复杂化。

4. 盾壳

盾壳的作用主要是承受地层压力，起临时支护作用，保护设备及操作人员的安全；承受千斤顶水平推力，使盾构在土层中顶进；同时，它也是盾构机各机构的骨架和基础。盾壳由切口环、支承环及钢板束通过铆接与螺栓联接而成，其结构如图 14-15 所示。

5. 推进装置及调向原理

盾构在土层中掘进时，是靠安装在盾壳支承环内的液压千斤顶（衬砌环为支承座）推动盾体向前顶进的。由于盾构内部空间狭窄、安装条件差以及盾构的工作情况与其他机械不同，所以对于液压千斤顶有独特的要求，即结构简单、体积小、质量轻、便于安装和布置；各

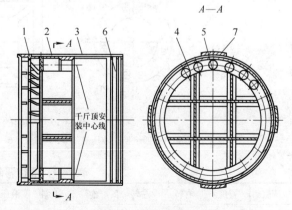

图 14-15　盾壳结构简图
1—切口环　2—支承环　3—钢板束　4—立柱
5—横梁　6—盾尾密封　7—盖板

千斤顶之间同步性能要好；有必要的防护装置，避免灰尘、泥水、砂浆混入液压油或千斤顶内。

（1）液压千斤顶在盾构内的布置　盾构液压千斤顶的布置一定要使圆周上受力均匀。千斤顶行程是一环衬砌环宽度加上适当余量。千斤顶在盾构内的布置需满足以下几点：① 千斤顶轴线与盾构中心线要平行；② 布置在靠近盾壳的内圆周圈上，尽量少占盾构空间，等距分布，并尽可能缩小千斤顶轴心线与砌块中心的偏心距；③ 安装台数一般是双数。

常用的布置方法有等分布置法、不等分布置法和斜面布置法等，如图 14-16 所示。

1）不等分布置法。此布置法是常用的方法。按盾构横断面垂直轴左右对称布置。千斤顶台数按顶力大小布置，如水平轴线下部顶力小，布置的千斤顶台数就少。

2）斜面布置法。为了提高盾构掘进速度，一定要提高衬砌环的安装效率。采用斜面布置法可在两处同时安装衬砌环，一部分千斤顶安装中心线以下一半，另一部分千斤顶则在已安装好的下环上安装上半部衬砌块，于是实现了两组同时作业，提高了安装效率。但缺点是使盾构长度增加，不太经济。

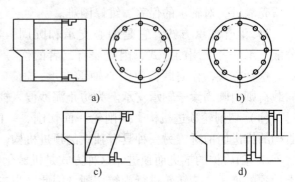

图 14-16　千斤顶在盾构内的布置方法
a）不等分布置　b）等分布置
c）斜面布置　d）上下不对称布置

3）上下不对称布置法。以盾构横断面水平轴线为界，下半部正常布置千斤顶，上半部滞后一衬砌环宽度布置千斤顶，可分别安装衬砌块，上下互不干扰。因此，可提高安装效率，加快盾构掘进速度，但这种方法实际中应用较少。

（2）盾构调向原理　如图 14-17 所示，在盾壳支承环内装有四组八个推进液压缸。如果四个缸组同时动作，即获得盾构的直线前进，如按表 14-1 分别动作，则获得盾构的调向运动。

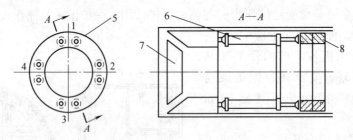

图 14-17　盾构的推进装置
1、2、3、4—四组推进液压缸组　5—盾壳　6—推进液压缸　7—切削轮　8—衬砌环

表 14-1　盾构调向作业表

液压缸组	直线	右转	左转	上倾	下斜	液压缸组	直线	右转	左转	上倾	下斜
1	工作	工作	工作	—	工作	3	工作	工作	工作	工作	—
2	工作	—	工作	工作	工作	4	工作	工作	—	工作	工作

6. 拼装机构

（1）拼装机构的作用　随着盾构的向前推进，隧道的永久支护需要同时进行拼装。用盾构施工法时，隧道的永久支护通常是将预制好的钢筋混凝土管片，运输到盾构尾部，然后用盾构拼装机构（即机械手）逐片进行拼装。

隧道的永久支护多为圆环形（简称为管片），由若干个弧形拱片组成，如图14-18所示。为此，拼装机构需具备以下三个动作，即提升管片、沿盾构轴向平行移动和绕盾构轴线回转。相应的拼装机构有起升装置、平移装置和回转装置。

拼装机构按支承方式的不同，有两种形式：一种是圆周支承，这种形式适用于较小直径的盾构，可充分利用盾构中心空间；另一种是中心筒式支承，它又分为单臂式和双臂门架式两种，主要用于较大直径的盾构，利用中心筒安装刮板（或传动带）输送机或管道设备。

（2）中心筒式双臂拼装机　图14-19所示为中心筒式双臂拼装机，用于直径为10m的盾构，由三个部分完成起升、平移和回转三个动作。其结构特点是三个主要运动部件（即起升机构、平移机构和回转机构）都采用液压马达驱动。为满足安装管片时被吊装管片的微动要求，在举重钳架上有纵向摆动、轴向摆动及环向摆动机构。这三个动作均以手动蜗杆操纵。

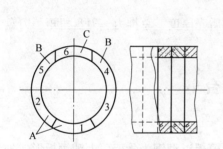

图14-18　拱片拼装图

1、2、3、4、5、6—拼装顺序

A—标准块　B—邻接块　C—封顶块

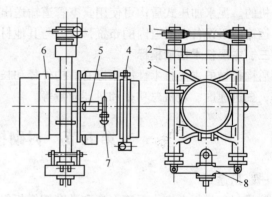

图14-19　中心筒式双臂拼装机

1—起升驱动和减速装置　2—平衡箱　3—起升柱　4—平移机构
5—回转机构　6—移动管柱　7—回转液压马达　8—举重钳

拼装机安装在盾构支承环后侧的中心支承架上，用螺栓联接。出渣的输送装置装在中心筒中。

1）起升机构。起升机构由液压马达驱动，经蜗轮蜗杆减速后，驱动螺杆转动。和起升臂连接在一起的螺母套在螺杆上，因此，当螺杆旋转（不能轴向移动）时，螺母与起升臂就作轴向升降。采用同步连接轴与四个齿数相同的齿轮来保证使左右起升同步。

2）平移机构。平移机构如图14-20所示，液压马达1驱动蜗杆蜗轮，在蜗轮轴上的小齿轮4驱动大齿圈5，大齿圈圆周均布有三个小齿轮6，后者的

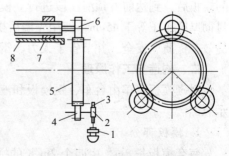

图14-20　平移机构传动图

1—液压马达　2—蜗轮　3—蜗杆
4—驱动小齿轮　5—齿圈　6—平移小齿轮
7—螺母　8—移动管柱

轮轴带有螺纹，螺母 7 与移动管柱 8（见图 14-19 的件 6）刚性连接。因此，当小齿轮 6 旋转时，螺杆也旋转，螺母 7 带动整个拼装机作轴向移动。

3）回转机构。移动管柱上安装有大齿圈，其周围均布三套液压马达、减速装置和驱动小齿轮。回转液压马达经谐波减速器驱动小齿轮，从而带动大齿圈旋转。

7. 盾构施工的导向装置

盾构施工的导向装置的作用是随时指出盾构的顶进方向，使驾驶员能控制机器按预定的设计线路顶进。由于盾构在掘进中，由于地层阻力、刀盘切削反作用力及推进千斤顶作用力等的不均匀，易使盾构偏离既定的中心，这在施工中是不允许的。因此，导向装置是一个重要的部分。随着科学技术的发展，激光导向技术已开始用于隧道掘进工程中。其原理就是利用有良好直线性光束的激光，投射到盾构里，使操纵者及时地了解盾构的偏离、偏转情况，并随时纠正顶进方向，保证施工质量，提高施工速度。

8. 出渣装置

盾构掘进的同时需将挖掘下来的土及时地输送出盾构及盾构作业区。无论是哪一种形式的盾构，都必须设置出渣装置。

出渣装置的形式取决于所用盾构的施工方法。一般较多使用带式输送机，也有使用刮板输送机的。泥水加压式盾构可使用真空管道输送出渣，也可使用水力管道运输的方法。水力管道运输便于设备在隧道内的布置，且可与其他材料的运输互不干扰。

三、主要技术性能指标

盾构机械的主要技术性能指标有盾构外径和长度、盾壳厚度、总推力、刀盘扭矩、刀盘功率、掘进速度、装机总功率和机器质量等。

第五节　衬砌模板台车

一、用途

隧道衬砌模板台车由一部台车和数套钢模板组成。模板以型钢为骨架，上铺钢板形成外壳，并设有收拢机构，通过安装在台车上的电动液压装置，进行立模与拆模作业。模板与台车各自为独立系统，每段衬砌灌注混凝土完毕后，台车可与模板脱离，衬砌混凝土由模板结构支承。台车将后面另一段已灌混凝土可以拆模的模板收拢后，由电瓶车牵引，穿过安装好的模板后，到达前方预灌注段进行立模作业。衬砌模板台车适用于曲线半径大于等于 400m，衬彻厚度小于等于 45cm，使用先墙后拱法进行衬砌施工的单线隧道。该台车衬砌作业快速、高效、优质、安全，并节省了人力、钢材、木料，减轻了劳动强度。

二、构造与工作原理

衬砌模板台车由台车、钢模板和液压系统三大部分组成。图 14-21 所示为衬砌模板台车示意图。

1. 模板部分

每套模板长 8m，由四个 2m 长的拼接段组成，其中分基脚模板、折叠模板、边墙模板、拱脚模板、拱腰模板和加宽板等 11 块，以及基脚千斤顶、基脚斜撑、堵头挡块、收拢铰、连接铰等配件。各模板块间均用螺栓对接。钢拱架用 18 号工字钢和槽钢弯制而成，表面铺焊 6mm 厚钢板。每套模板设有作业窗 40 个，以便灌注和捣实混凝土。在每套模板前端有堵

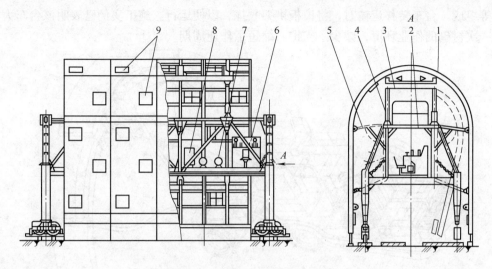

图 14-21　衬砌模板台车示意图

1—模板　2—台车　3—托架　4—垂直液压缸　5—侧向液压缸　6—液压操纵台　7—电动机　8—油箱　9—作业窗

头挡板，作灌注时分节使用。

曲线加宽块模板最大的加宽值为 80cm。使用时根据隧道曲线设计的加宽断面要求，只需换装相应加宽值的加宽块即可。但在曲线外侧，每 8m 长的衬砌灌注段由于内外弧长之差，在相邻灌注段的模板接头处，须增加楔形辅助弯头模块。

2. 台车部分

台车体为桁架结构，立柱和横梁采用箱形截面结构，其他部件为型钢组合构造。台车分为上、下两层平台，平台两侧均设有可翻转的脚手平台，便于衬砌施工作业。

台车行走装置为轮轨式，设有顶机装置，可用电瓶车或机车顶推牵引；还设有制动器和卡轨器，使台车停止和固定时能稳固安全。轨道应专门铺设。

3. 液压系统

液压系统由液压泵、液压缸及操纵系统等组成。上部垂直液压缸控制拱顶模板，侧向液压缸控制侧模板。液压泵由电动机驱动，一般设置两套供油系统，以保证作业的绝对可靠性。

衬砌模板台车的作业程序如图 14-22 所示。

全液压衬砌模板台车如图 14-23 所示。该车由基础车、臂架、拱架、模板、控制系统、混凝土浇注

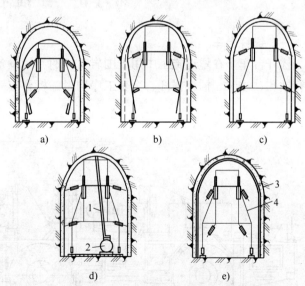

图 14-22　衬砌模板台车作业程序图

a) 模板收拢，移动穿行　b) 垂直液压缸顶升，拱模就位
c) 侧向液压缸撑开，边模就位　d) 浇灌混凝土　e) 台车脱离模板

1—混凝土导管　2—混凝土搅拌输送机　3—钢模　4—台车

系统等组成。台车转移运输时，将模板拱架收拢，以便运行。施工实例已表明该台车大大改善了一次衬砌的作业环境，减少了支护，缩短了作业周期。

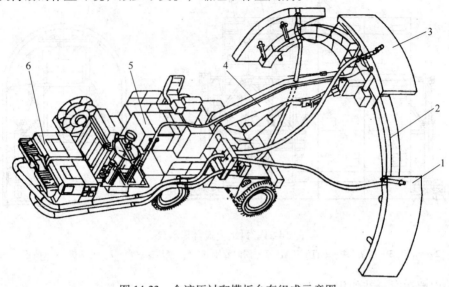

图 14-23　全液压衬砌模板台车组成示意图

1—侧模板　2—拱架　3—顶模板　4—臂架　5—基础车　6—混凝土泵

三、主要技术性能指标

衬砌模板台车的主要技术性能指标有衬砌外径、臂架升降速度、行走速度、装机总功率、机器质量等。

第六节　喷锚机械

一、锚杆台车

锚杆台车是在隧道施工中用于围岩支护的专用设备。在需要锚杆支护的地方用锚杆台车进行钻孔、注浆、插入锚杆，全套工序均由锚杆台车完成。图 14-24 所示为锚杆台车的示意

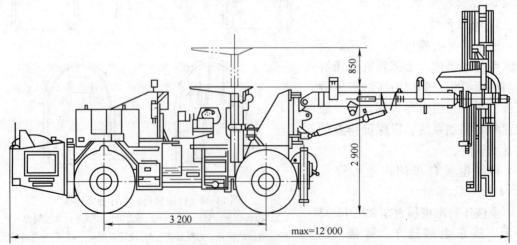

图 14-24　锚杆台车示意图

图，它由台车底盘、大臂、锚杆机头等组成。

图 14-25 所示为锚杆机头的结构图。锚杆机头由凿岩机及其推进器、锚杆推进器、注浆或喷射导架、转动定位器、三状态定位液压缸、锚杆夹持器等部件组成，可完成从钻孔、注浆到锚杆安装全过程的工作。更换少数部件即可安装涨壳式锚杆。

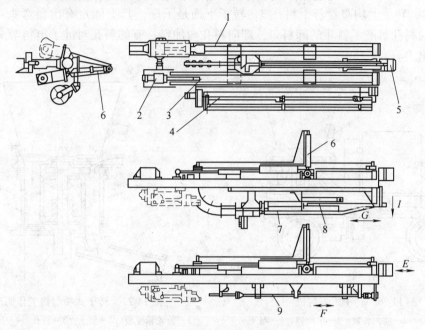

图 14-25　锚杆机头的结构图

1—凿岩机及推进器　2—马达　3—锚杆推进器　4—夹持器　5—转动定位器　6—三状态定位液压缸
7—注浆导架　8—抓杆器　9—喷射导架

导架 7、9 可上下升降和左右摆动，有利于找位，锚杆机头上的抓杆器，向右摆动抓住锚杆，然后夹紧，随着锚杆机头的转动，自动地将锚杆从夹持器上抓出。

锚杆推进器配有旋转马达。打注浆锚杆时锚杆无需旋转，马达不工作；打树脂卷锚杆时，旋转马达使锚杆边旋转边推进，到顶后等待片刻，旋转马达反向旋转给锚杆施加预应力。其推进器与凿岩机推进器相似，只是无自动停止功能。

使用圆盘式锚杆夹持器，每次可夹持 8 根锚杆，由液压马达驱动，可自动定位。

转动定位器由一个带蓄能器的液压缸及橡胶头组成。安装锚杆时，锚杆机头围绕定位器转动，其顶紧力保持恒定。定位器与蓄能器在工作时处于闭锁状态，以确保定位稳定。

三状态定位液压缸由一个缸体两个活塞杆组成。活塞杆全部回收时，锚杆机头处于打锚杆孔位置；一端活塞杆伸出时，锚杆机头处于注浆或喷树脂卷位置；活塞杆全部伸出时，锚杆机头处于放置锚杆位置。

二、混凝土喷射机

喷射混凝土有干喷和湿喷两种方式。干喷是先用搅拌机将骨料和水泥干拌均匀，投入喷射机料斗，同时加入速凝剂，用压缩空气将混合料输送到喷头，在喷头处加水喷向岩面。湿喷是水加在搅拌机里，投入喷射机的是已拌好的成品混凝土，速凝剂在喷头处加入。喷射机是喷混凝土的关键设备。

干式喷射机主要有转子式、螺旋式、鼓轮式等。湿式喷射机主要有双罐式、螺旋式、挤压软管泵式、活塞泵式、离心式湿喷机等。

图 14-26 所示为转子式喷射机，由动力传动系统、气路系统、给输料机构、电气系统、底盘等组成。它集干喷、湿喷为一体。图 14-27 所示为其工作原理图。其上部是料斗 7，下面是转子 2，转子上均布着若干料孔 3，转子下面是下座，其上固定有出料弯头 4。转子转动时，有的料孔对准了料斗的卸料口，即向料孔内加料；有的料孔对准了出料弯头，则把拌和料压送出去。

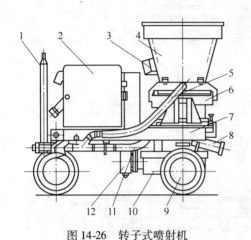 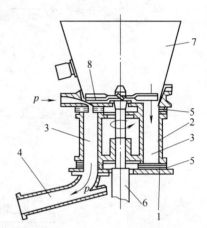

图 14-26　转子式喷射机

1—牵引杆　2—动力装置　3—振动器　4—料斗
5、11—风管　6—给输料机构　7—车架　8—出料弯头
9—轮胎　10—减速器　12—带传动

图 14-27　转子式喷射机工作原理

1—齿轮箱盖板　2—转子　3—料孔　4—出料弯头
5—橡胶密封板　6—驱动轴　7—料斗　8—搅拌叶

第七节　水平定向钻机

一、用途和分类

水平定向钻机（简称水平定向钻）是在不开挖地表面的条件下，铺设多种地下公用管道、电缆等管线设施的一种施工机械，它广泛应用于供水、电力、电信、天然气、煤气、石油等管线铺设施工中。它适用于砂土、黏土、卵石等多种地况，可铺设管径为 300 ~ 1200mm 的钢管、PE 管，最大铺管长度可达 1500m。

按照水平定向钻机所提供的转矩和推拉力的大小，可将定向钻机分为大、中、小型三大类。各类水平定向钻机的主要性能参数和应用范围见表 14-2。

表 14-2　水平定向钻机的主要性能参数和应用范围

类　型	铺管直径/mm	铺管长度/m	铺管深度/m	转矩/kN·m	推/拉力/kN	应 用 范 围
小型	50 ~ 350	<300	<6	<3	<100	通信管线、电缆等铺设
中型	350 ~ 600	350 ~ 600	6 ~ 15	3 ~ 30	100 ~ 450	河流、道路地下管线铺设
大型	600 ~ 1200	>600	>15	>30	>450	河流、高速公路地下管线铺设

二、主要结构及工作原理

水平定向钻机导向钻进施工需要多种设备相互配合共同完成。各种规格的水平定向钻机都是由主机、导向系统、泥浆系统、钻具及辅助机具、智能辅助系统等组成，如图 14-28 所示。

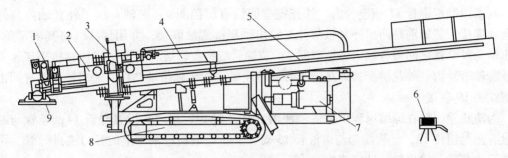

图 14-28 水平定向钻机的结构示意图

1—钻杆夹持拧卸器 2—推拉装置 3—动力头 4—钻杆吊装机构 5—钻架
6—导向系统 7—泥浆系统 8—行走装置 9—锚固装置

1. 主要结构

（1）主机 主机用以完成钻进作业和回拖作业，由动力装置、行走装置、动力头、进给机构、钻杆吊装机构、钻杆夹持拧卸器、锚固装置和钻架等组成。主机的动力装置一般为柴油发动机、驱动液压泵组和发电机机组。液压泵组为主机动力头和行走装置提供液压源，发电机机组则为配套的电气设备及施工现场照明提供电源。钻杆的旋转由动力头驱动，其钻进和回拖则是由液压马达通过推拉装置（通常为链传动机构）带动动力头在钻架导轨上运动来实现。钻架与地面的角度通过摇臂机构的液压缸进行调节。钻杆夹持拧卸器可整体移动，并用其虎钳完成钻杆的拧紧或拆卸。锚固装置可将整机进行锚定不动。

动力头是水平定向钻机的关键部件，其结构如图 14-29 所示。动力头上前后对称设置的液压马达 7，通过主动齿轮 8 和从动齿轮 9，带动外套轴 18 转动，为输出轴 1 提供钻进动力。

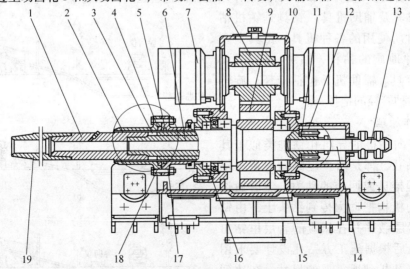

图 14-29 水平定向钻机动力头结构示意图

1—输出轴 2—外花键套 3—轴向伸缩空间 4—前挡圈 5—内花键套 6—芯轴 7—液压马达 8—主动齿轮
9—从动齿轮 10—齿轮箱 11—后挡圈 12—密封组件 13—进液管 14—导管 15—后轴承 16—前轴承
17—联接螺栓 18—外套轴 19—圆锥螺纹头

输出轴装置由输出轴 1、芯轴 6、外套轴 18、内花键套 5、外花键套 2 和后挡圈 11 组成，输出轴、芯轴、外套轴均为空心轴，内、外花键套分别设置在外套轴轴端和输出轴的轴尾，两者由联接螺栓 17 相连。内、外花键套间设有前挡圈 4。芯轴 6 位于外套轴内与外套轴滑动连接，芯轴前端凸出外套轴部分与输出轴尾部螺纹联接，并用焊接缝将其固定防松，输出轴与外套轴之间留有轴向伸缩空间 3，芯轴后端螺纹联接后挡圈 11。回转扭矩传递关系为外套轴带动内、外花键套；外花键套带动输出轴；输出轴带动钻杆，输出轴与钻杆间由圆锥螺纹头 19 联接。

为防止输出轴在伸缩过程中钻进液泄漏，在芯轴 6 后端内孔设置导管 14，导管与芯轴间设有密封组件 12，导管端部与进液管 13 对接。钻进液经进液管上的开口流进导管，再经过导管、芯轴、输出轴、钻杆流出。

输出轴回拖时，回拖力作用于齿轮箱 10，通过前轴承 16 传递给外套轴 18，外套轴尾部的端平面推动后挡圈 11，后挡圈通过螺纹与芯轴 6 相联，将力传给芯轴，芯轴通过螺纹与输出轴 1 相连，通过螺纹传递回拖力。推进过程通过后轴承 15 将力传递给外套轴 18，再通过外套轴前部端面直接推动输出轴 1。上述结构使得在装卸钻杆上卸螺扣时无需整个动力头移动，只是输出轴在轴向伸缩空间 3 内伸缩即可，达到减少对钻杆螺扣的冲击力的目的。

（2）导向系统　导向系统分无线和有线导向系统。无线导向系统由手持式地表探测器和装在钻头里的探头组成。探测器通过接收探头发射的电磁波信号判断钻头的坐标位置、楔面倾角等参数，并实时将参数发送到钻机操作台的显示屏上，以及时调整钻进参数，通过控制机构使钻头按预设曲线钻进。

（3）泥浆系统　泥浆系统由泥浆混合搅拌罐和泥浆泵及泥浆管路组成。膨润土、水以及添加剂等在泥浆罐里充分搅拌混合形成泥浆，通过泥浆泵加压，经过钻杆从钻具喷嘴喷出，冲刷土层并把钻屑带走，起到辅助钻进的作用。钻进泥浆还可冷却孔底钻具，避免钻具过热而产生磨损。钻进泥浆的另一重要作用是在回拖管道时降低管壁与孔壁之间的摩擦力。

（4）钻具及辅助机具　钻具是钻机钻孔和扩孔时所使用的各种机具。钻具主要有适合各种地质的钻杆、钻头、扩孔器、切割刀等机具。辅助机具包括卡环、旋转活接头和各种管径的拖拉头。

2. 工作原理

水平定向钻机的导向孔钻进类似于其他类型的钻孔，都是由一定的动力系统提供钻孔过程推进或回拖的动力，然后通过相应的传动机构把动力传到钻头上，由钻头将不同岩层破碎并在相应的岩层里钻出导向孔，最后根据施工方钻孔设计要求用扩孔钻头将孔扩到所需要的尺寸。在达到设计尺寸后进行管线回拖，将所需要铺设的管线拖进孔中，完成管道铺设，作业过程如图 14-30 所示。

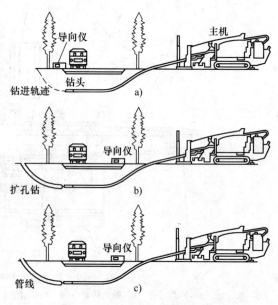

图 14-30　钻孔作业示意图

a）钻导向孔　b）扩孔　c）回拖管线

第十五章 铁路线路工程机械

铁路路基、轨道及桥隧统称为铁路线路。轨道是行车的基础，它是由钢轨、轨枕、连接零件、道床、防爬设备和道岔等部件组成的一个整体。用于铁路线路的工程机械有十三大类之多，如路基机械、道床机械、整道机械、铺轨机械、焊轨设备、铁路接触网架设设备、线路检测设备等，其中典型的线路工程机械有铺轨机、捣固车、道碴清筛机、钢轨打磨焊接设备、动力稳定车、接触网架线车等。本章仅介绍轨道铺设、道碴捣固、道床清筛三类作业的铁路线路机械。

第一节 铺 轨 机

我国铁路的标准轨距为 1435mm，线路上使用的钢轨主要有 75、60、50、43（kg/m）等几种，钢轨出厂的标准长度有 12.5m 和 25m 两种。无缝线路地段铺设的钢轨焊接成不短于 200m 的长轨条。铺轨机是用于铁路新线施工和旧线改造工程中铺设轨道的专用设备。铺轨机铺设轨道的方法有轨排铺设法和散枕铺设法两种。轨排铺设法是先将轨枕和钢轨组装成轨排，再运到现场，将轨排铺设到道碴上。一次铺设长度一般为 25m，最长可达 200m。散枕铺设法是先将钢轨预置在道碴两侧，铺轨机一边在道碴上布放轨枕，一边将预置在道碴两侧的钢轨收拢就位。

一、轨排铺设设备

轨排铺设设备按构造特点可分为龙门架铺轨机、低臂铺轨机和高臂铺轨机三大类。

1. 龙门架铺轨机

龙门架铺轨机是机身不在所铺设的轨道上行走，而是在预先铺设的线路以外的轨道上行走的一种铺轨机械。

龙门架铺轨机一般由 2~4 个带有行走轮的框式龙门架组成，每个龙门架的起重量有 4t 和 10t 两种，其中有带运行机构和不带运行机构两种形式，相互间用连接杆连接运行。龙门架的起重机构和运行机构依靠自带的发电机供电，发电机和拖行用的卷扬机一起放在一辆普通平板车上。平板车挂在铺轨列车的后端。

龙门架铺轨机的铺轨龙门架主要由上龙门架、主动支腿、从动支腿、托架、电缆卷筒、吊架、起升机构、运行机构、液压系统、电气系统等组成，如图 15-1 所示。

上龙门架 5 是铺轨龙门架的主要承载结构件，要求具有足够的刚度。其结构形式为框形门架，顶部安装有一套起升机构 7，四条框柱内安装有主动液压伸缩支腿，用以调整铺轨龙门架的高度。

托架 8 是上龙门架的纵向连接梁，其上安装有电气操作箱。运输时托架安放在托架车的门架托座上，可以插上保险销轴以固定龙门架。

吊架 2 由吊梁、动滑轮组、电磁铁、连接杆、夹轨钳、夹持块等组成。铺轨龙门架起升机构钢丝绳连接动滑轮组，使吊架沿垂直方向上下动作起吊轨排，如图 15-2 所示。龙门架

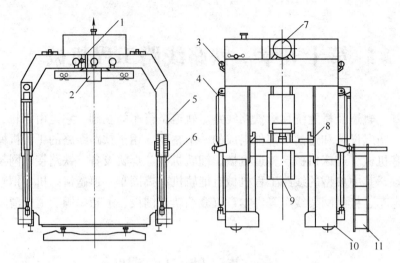

图 15-1　铺轨龙门架示意图

1—电缆卷筒　2—吊架　3—照明灯　4—支腿伸缩液压缸　5—上龙门架　6—主动支腿　7—起升机构　8—托架
9—操作台　10—从动支腿　11—爬梯

铺轨机可采用电磁铁抓轨器。驾驶员按动操作箱上的按钮控制电磁铁，通过连接杆和联动杆，带动夹持块沿导槽上下移动。当夹持块在导槽的最高位置时，夹轨钳处于开启位置，当夹持块在导槽的最低位置时（图 15-2 所示位置），夹轨钳处于紧闭状态。

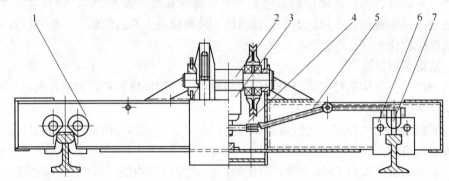

图 15-2　吊架结构示意图

1—吊梁　2—动滑轮组　3—电磁铁　4—连接杆　5—联动杆　6—夹轨钳　7—夹持块

龙门架铺轨机的起升机构由电动葫芦、定滑轮组、钢丝绳等组成。运行机构由液压马达、开式减速齿轮和走行轮等组成。液压系统液压油驱动液压马达，经过一级齿轮减速驱动走行轮，带动铺轨龙门架在走行轨道上运行。

龙门架铺轨机的铺轨工序为：铺设龙门架行走轨道→龙门架下道→喂送轨排→起吊轨排→运送轨排→下落轨排→铺设轨排。

2. 低臂和高臂铺轨机

低臂铺轨机是主梁前端支承在路基上，主梁后端安装在车辆底架端部，龙门小车在主梁上运行并起吊轨排，能在自己所铺的轨道上进行作业的铺轨机械。

高臂铺轨机则是主梁用立柱或桁架安装在整机的高处，依靠悬挂在主梁上的吊轨小车运行并起吊轨排，能在自己所铺的轨道上进行作业的铺轨机械。

低、高臂铺轨机总体结构类似，下面以 PGX-30 型高臂铺轨机为例进行简要介绍。该机由主机、机动平车和倒装龙门架等组成。主机如图 15-3 所示，由吊轨扁担 1、吊轨小车 2、摆头滚轮 3、摆头机构 4、横梁 6、动大臂 7、定大臂 10、前车 14、后车 13、拖拉机构 8、滚轮 11 和卷扬机台 12 等组成。前后摆头机构可使机臂沿横梁摆头以完成曲线作业，或沿横梁横移实现一次落轨排到位。

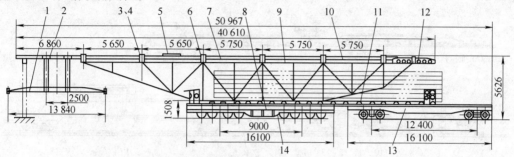

图 15-3　PGX-30 型铺轨机主机

1—吊轨扁担　2—吊轨小车　3—摆头滚轮　4—摆头机构　5—顶部连接　6—横梁　7—动大臂　8—拖拉机构
9—主输架　10—定大臂　11—滚轮　12—卷扬机台　13—后车　14—前车

机动平车由转向架、空气制动系统、底架、直流牵引走行机构、柴油发电机组、滚轮、轨排回拖机构和司机室等组成，其外形如图 15-4 所示。

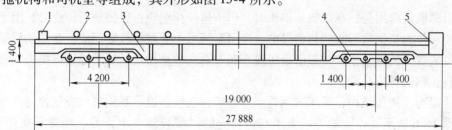

图 15-4　铺轨机机动平车外形图

1—缓冲器　2—滚轮　3—底架　4—转向架　5—司机室

倒装龙门架是铺轨机的辅助设备，其任务是将装在普通平车上的轨排组倒装在机动平车上。由底架、导向柱、侧架总成、上拱梁总成、起重滑动吊架总成和起重梁总成等部分组成。铺轨机作业过程如图 15-5 所示。

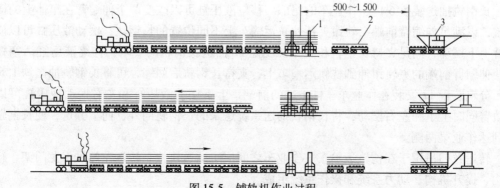

图 15-5　铺轨机作业过程

1—倒装龙门架　2—机动平车　3—铺轨机

二、散枕铺轨设备

散枕铺轨设备是一种无缝线路铺轨机，采用单枕铺设作业法，一次铺设长度可达 250 ~ 300m。其铺设精度可以达到枕间距误差小于 20mm，铺设轨道中心线与线路设计中心线的偏差不大于 30mm，可以满足高速铁路铺设初始平顺性的要求。

图 15-6 所示的为 PC-NTC 型铺轨机组的总体结构。它由牵引车辆、作业梁、作业车、转运龙门吊、枕轨运输列车和专用运输平车等组成。

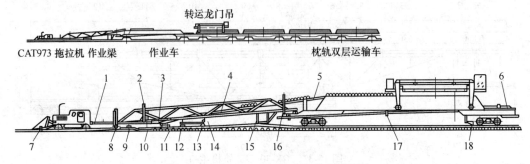

图 15-6 PC-NTC 型铺轨机组的总体结构

1—牵引杆 2—前液压支腿 3—橡胶垫板安装处 4—2 号轨枕输送带 5—1 号轨枕输送带 6—长钢轨抽送装置
7—1 号钢轨导向架 8—前轴 9—可转向履带装置 10—轨枕布设机构 11—枕间距定位机构 12—2 号钢轨导向架
13—3 号钢轨导向架 14—钢轨引入检测处 15—4 号钢轨导向架 16—后液压支腿 17—分轨装置 18—计程轮

牵引车辆的作用是：在摆放长钢轨时，用于拖拉长钢轨；在铺轨机作业时，用于牵引铺轨机行驶和作为长钢轨回收的初始导向。牵引车辆可由装载机改装而成，在车辆后端安装长钢轨拖拉装置。长钢轨拖拉装置由液压绞车和左右两端悬吊夹轨钳的箱形横担构成。装载斗两侧安装长钢轨导向装置。

作业梁为一桁架结构，采用方钢管组焊而成，轨枕布设、长钢轨收拢就位均由作业梁完成。如图 15-6 所示，作业梁一端支承在可转向的履带装置 9 上，另一端支承在作业车上。作业梁上装有轨枕输送带 4 和 5、轨枕布设机构 10、枕间距定位机构 11、将长钢轨导入轨枕承轨槽的收放轨装置、短途运输的轨行式前支承、上下运输平车的前后液压支腿 2 和 16。

作业车的前端是作业梁的支承点，后端与枕轨运输车联挂。作业车上安装有轨枕传送系统、长钢轨抽送装置 6、分轨装置 17 及动力系统和计程轮 18。作业车车体两侧设有转运龙门吊行走轨道。

长钢轨抽送装置 6 位于作业车的尾部。移位液压缸可以改变两个伸缩臂在车体上的横向位置，以满足伸缩臂前端夹轨钳夹持枕轨运输车上不同位置的长钢轨；摆动液压缸可以使伸缩臂上下摆动，满足夹持长钢轨和向分轨装置 17 抽送长钢轨的要求；伸缩液压缸活塞杆伸出使伸缩臂前端的夹轨钳伸到枕轨运输车上，夹持长钢轨后回缩，可将长钢轨抽出约 1.5m。

分轨装置 17 安装在作业车车体下部的前端，上下摆动液压缸和左右摆动液压缸可以使分轨臂同时上下和左右摆动，将长钢轨抽送系统送来的长钢轨向外、向下分送，使长钢轨顺利到达作业梁两侧。

转运龙门吊用于在枕轨运输车与作业车之间成组运送轨枕。转运龙门吊由龙门架、行走机构、提升机构、动力系统和操作系统组成。

枕轨运输列车用来分层运输长钢轨和轨枕，由 18 辆枕轨运输车组成。编组顺序为 8 辆

Ⅰ型枕轨运输车 +1 辆Ⅱ型枕轨运输车 +9 辆Ⅰ型枕轨运输车。下层可装运 12 根 250m 长的钢轨,上层可装运 2520 根轨枕。Ⅱ型枕轨运输车设有长钢轨锁定装置。枕轨运输车由下层的长钢轨运输支架、龙门吊行走轨道支架、上层的轨枕运输支架、车体两侧的转运龙门吊行走轨道和长钢轨锁定装置组成。

第二节　捣　固　车

铁路有碴道床常用的填筑材料是粒径为 20 ~ 70mm 的石碴,道床断面呈梯形,正常厚度为 30 ~ 50cm。道碴捣固是向指定方向迁移道碴和增加道碴密实度的过程。机械化捣固时,采用成对高频振动的捣镐在轨枕两侧同时插入道碴,在规定深度位置作相对夹持动作将道碴捣密,并使道碴产生流动、聚集并重组,起到稳定起拨道后轨道的位置、提高道床缓冲能力、消除某些线路病害(如空吊板等)等作用。道碴捣实的效果与捣固机构的构成、捣固频率及振幅有关。但捣固作业会造成道碴细碎化,捣固次数过多是道床板结的原因之一。

捣固车按同时捣固轨枕数分为单枕、双枕和四枕捣固车;按作业对象分为线路和道岔捣固车;按作业行走方式分为步进式和连续式行走捣固车;按作业功能分为多功能捣固车和单功能捣固车;另外还有防尘、防噪声等具有特殊功能的捣固车。

图 15-7 所示为在世界多国铁路广泛应用的 08-32 型捣固车,它集机、电、液、气为一体,有 32 个捣固镐头,步进式作业走行。一个步进作业循环可以同时捣固两根轨枕下的道碴。捣固车主机包含两轴转向架、专用车体和前后驾驶室、捣固装置、夯实装置、起拨道装置、检测装置、液压系统、电气系统、气动系统、动力及传动系统、制动系统、操纵装置等。附属设备有材料车、激光矫直设备、线路测量设备等。传动系统采用液力机械传动。工作装置和作业走行机构采用液压传动。

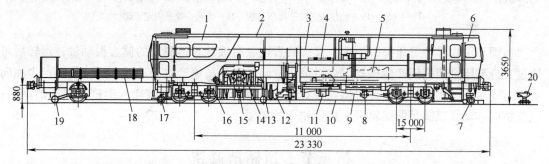

图 15-7　08-32 型捣固车

1—后驾驶室　2—中间车顶　3—高低检测弦线　4—油箱　5—柴油机　6—前驾驶室　7—D 点检测轮　8—分动箱
9—传动轴　10—方向检测弦线　11—液力机械变速箱　12—起拨道装置　13—C 点检测轮　14—夯实器　15—捣固装置
16—转向架　17—B 点检测轮　18—材料车　19—A 点检测轮　20—激光发射器

精确进行线路及水平检测是捣固车进行起、拨道作业的前提条件。08-32 型捣固车装有线路方向偏差检测装置、纵向高低检测装置、横向水平检测装置、激光矫直装置及检查记录装置。

捣固车装有微机控制系统,其主要功能是根据预先输入的轨道理论几何数据,包括公里标、曲线半径、超高、基本起道量、坡度等数据,自动计算出捣固车起道、拨道和抄平时所要参与控制的 5 种给定值，从而替代了繁琐的人工给定，实现了半自动化作业，提高了作业效率。

　　捣固车的工作装置包括捣固装置、起拨道装置及夯实装置。它们可以组合工作，对线路进行起拨道、捣固、夯实综合作业，也可单独操作。捣固车有两套捣固装置，左右对称安装。每套捣固装置装有 16 把捣镐，如图 15-8 所示。

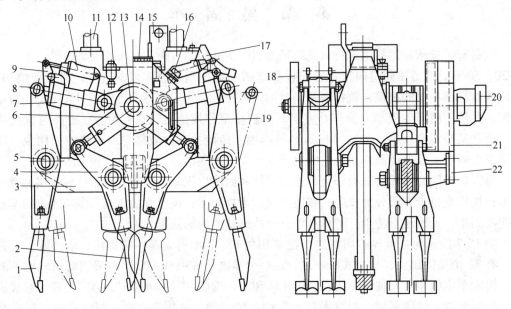

图 15-8　捣固装置

1—外镐　2—内镐　3—箱体　4—内捣固臂　5、8—销轴　6—内侧夹持液压缸　7—外侧夹持液压缸　9—加宽块
10—气缸　11—导向柱　12—油杯　13—偏心轴　14—注油嘴　15—悬挂吊板　16—加油口盖　17—油管接头集成块
18—飞轮　19—油位表　20—液压马达　21—油箱　22—固定支架

　　捣固车采用异步等压捣固原理。捣固装置内装有液压马达驱动的偏心振动轴，运转后可通过夹持液压缸使捣镐产生振动。夹持液压缸除了起使捣镐产生振动外，还使捣镐产生相向夹持运动。为了实现捣固作业，捣固装置可以垂直升降以实现捣镐插入道碴及提起的运动；也能横向移动，以满足曲线轨道上捣固作业的需要。

第三节　道碴清筛机

　　道碴清筛是将枕底至 30~40cm 深范围内的脏污道碴挖出并进行筛分，筛分后的合格道碴回填到线路上，并补入部分新碴构成洁净道床。清筛是恢复道床性能的重要手段，尤其是在翻浆冒泥和运输煤、矿石等货物列车长期通行地段，必须定期进行清筛。

　　图 15-9 所示为 SRM80 型全断面道碴清筛机。它是由动力装置、车体、转向架、工作装置和操纵控制系统等组成的大型机械。

　　动力装置为两台柴油机，分别安装在车体的前部和后部。前发动机驱动前转向架，还驱动所有输送带、液压系统；后发动机驱动后转向架，还驱动挖掘链、振动筛等机构。

　　传动装置为全液压动力传动系统。前发动机分动箱驱动 9 台液压泵，后发动机分动箱驱

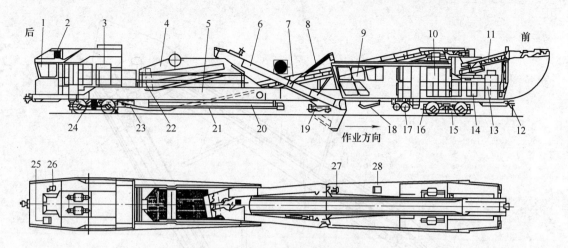

图 15-9　SRM80 型全断面道碴清筛机

1—后驾驶室　2—空调装置　3—后机房　4—筛分装置　5—车架　6—挖掘装置　7—主污土输送带　8—液压系统
9—前驾驶室　10—前机房　11—回转污土输送带　12—车钩　13—油箱　14—工具箱　15—转向架　16—车轴齿轮箱
17—气动元件　18—举升器　19—前起拨道装置　20—道碴回填输送带　21—后拨道装置　22—道碴回填分配装置
23—道碴清扫装置　24—制动装置　25—后驾驶员座位　26—后双声报警喇叭　27—前双声报警喇叭　28—前司机座位

动 8 台液压泵，为全车提供动力。液压马达驱动前、后双轴动力转向架，实现机器作业或区间走行。清筛机的所有工作装置都为液压驱动。

本机采用前方弃土总体布置方案，双转向架，前、后驾驶室。车架中部设有道床挖掘装置 6、道碴筛分装置 4、道碴回填分配装置 22 及污土输送装置 7 和 11；车架下侧装有举升器 18、前起拨道装置 19、左右道碴回填输送带 20、后拨道装置 21 和道碴清扫装置 23 等。

枕下脏污道碴由挖掘装置 6 挖出，并提升和输送到筛分装置 4 的振动筛上。挖掘装置如图 15-10 所示，挖掘装置中的环形挖掘链每一链节就是一块装有扒齿的扒板。挖掘链由液压马达驱动，进行挖掘时挖掘链以一定速度在导槽内运行，同时，清筛机缓速前进，即可将枕下污碴不断挖出。挖掘链导槽分为水平导槽、提升导槽和下降导槽。清筛机进入工作位置时，先用人工在枕下道床挖出适当宽度的通道（基坑），并在挖掘装置的两侧弯角导槽连接处将水平导槽及挖掘链断开，把水平导槽平行放入挖好的基坑中，将水平导槽与两弯角导槽固接，再连接挖掘链并调整链条松紧，即可进行挖掘作业。

脏污道碴被扒出后，在循环挖掘链的驱动下，沿提升导槽上行至道碴导流总成。该处的导流闸板根据道碴的脏污程度，可设置不同的位置，以使脏污道碴被抛出线路外或进入振动筛。清筛机采用双轴直线振动筛（见图 3-12），对从道床上挖掘出来的脏污道碴进行筛分。筛分后，筛上符合粒度标准的道碴，经道碴回填分配装置回填在道床上；筛下的碎石及污土由污土输送装置装入污土车运走或被抛弃到线路限界以外。

筛分装置由振动筛及支承、导向、调整装置等组成。振动筛筛箱有三层筛网，可筛分 20~70mm 的道碴，其总面积约为 $25m^2$。振动筛由液压马达驱动，振动频率可调。在曲线地段，振动筛的可调支承装置应保持筛面横向水平，以保证清筛效果。

筛分过的清洁道碴落下后经过回填分配装置重新填回道床。回填分配装置可保证道碴均匀地撒布到两根钢轨两侧的道床上。

SRM80 型清筛机上装有前起拨道装置 19 和后拨道装置 21。前起拨道装置的功用是减少

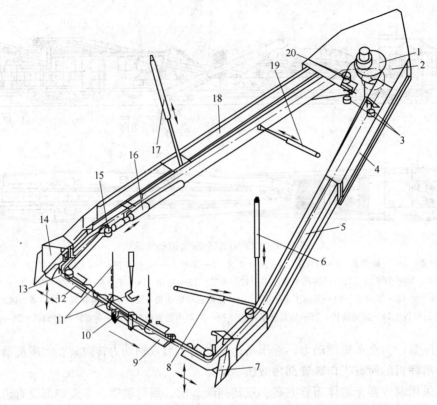

图 15-10　SRM80 型清筛机挖掘装置

1—驱动装置　2—护罩　3—导槽支枢　4—道碴导流总成　5—提升导槽　6—提升导槽垂直液压缸　7—拢碴板
8—提升导槽水平液压缸　9—水平导槽　10—挖掘链　11—起重装置　12—弯角导槽　13—下角滚轮　14—防护板
15—中间角滚轮　16—张紧液压缸　17—下降导槽垂直液压缸　18—下降导槽
19—下降导槽水平液压缸　20—上角滚板

挖掘阻力和避开线路永久障碍物；后拨道装置是将已拨过的线路拨回原位或拨到指定位置。

为了将筛分后的污土卸到污土输送车或直接抛弃到限界外，SRM80 型清筛机装有污土传送装置，该装置包括回转污土输送带、输送装置支架等。

第十六章　市政工程与环卫机械

第一节　市政工程机械

市政工程是指城市道路、桥梁、排水、污水处理、城市防洪、园林、道路绿化、路灯、环境卫生等城市公用事业工程。市政工程包括：道路、立交、广场、铁路及地铁等道路交通工程；河道、湖泊、水渠、排灌等河湖水系工程；供水、排水、供电、供气、供热、通信等地下管线工程；不同电压等级的供电杆线、通信杆线、无轨杆线及架空管线等架空杆线工程；行道树、灌木、草坪等街道绿化工程。

从以上各项市政工程的性质和范围看，市政工程机械既涉及用于土石方、混凝土、运输、起重、基础、压实等作业的通用工程机械，又涉及路、桥、隧、线、水利等工程的专用工程机械和园林绿化机械。因此，专用于市政工程的机械种类并不多，其中一种是下水道作业机械，包括清淤设备、下水道综合养护车、下水道联合疏通车等。

下水道联合疏通车具有两种或两种以上的下水道疏通功能，是下水道疏通较理想的机械。由于吸污功能是下水道疏通中最常用的功能，所以所有的下水道联合疏通车都具有吸污功能，并以吸污功能为主，兼有冲洗功能或具有吸污、冲洗和绞拉三种下水道疏通功能。吸污功能采用真空泵或鼓风机作为吸污系统真空源，进行下水道吸污作业。冲洗功能是用水泵排出的压力水经水管通过冲洗头喷出，喷出的压力水冲刷下水道，使下水道中的污物与水一道在下水道中流动。绞拉功能是用由钢丝绳卷筒、绞拉板、滑轮等组成的绞拉装置，对下水道中的污物驱赶至沉井中。

由于下水道联合疏通车具有多种功能，从而导致其具有多种多样的结构形式。下水道联合疏通车的结构形式主要有以下几种：

(1) 功能各自独立的下水道联合疏通车　这种疏通车是将几种下水道疏通机械简单地组合在一台汽车底盘上，以增加其利用率。由于其功能各自独立，导致结构复杂。但是，它各自独立的功能允许同时进行吸污和冲洗等多种功能的作业，这对提高工作效率非常有利。

(2) 抽气真空装置与冲洗共用一水泵的下水道联合疏通车　这种疏通车采用射流真空抽气装置，利用水泵的压力水射流来进行抽气，从而达到抽气真空装置和冲洗共用一水泵的目的，其传动和水、气流动方框图如图16-1所示。发动机驱动水泵和液压油泵，水泵用来

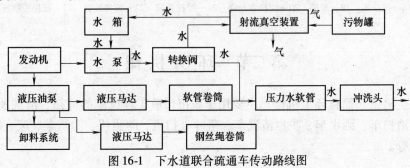

图 16-1　下水道联合疏通车传动路线图

给射流真空装置和冲洗作业提供压力水。冲洗中控制软管行进速度的软管卷筒液压马达、绞拉作业的钢丝绳卷筒液压马达和卸料系统由液压泵输出的液压油驱动。水泵出口的压力水通过转换阀接通射流真空装置或冲洗作业管路，即吸污作业和冲洗作业不能同时进行。吸污作业时通过射流真空装置的水流回水箱，即水箱、水泵和射流真空装置组成了一循环回路。这种下水道联合疏通车一般为吸污罐倾斜卸料。

（3）吸污罐与水箱共用一罐体的下水道联合疏通车　这种疏通车只有一个罐体，罐体内有一隔板将罐体分为两腔，隔板可沿导轨在罐体内前后移动。冲洗工作前，隔板移至罐体的后端，整个罐体都装满水，供冲洗时使用。在冲洗工作进行时，隔板随着罐体中水量的减少而缓慢向罐体前端移动，当罐体内的水用完后，隔板已移至罐体前端，整个罐体成为吸污罐。这种结构的下水道联合疏通车一般采用压力排料。

下水道联合疏通车的典型结构如图 16-2 所示。它由汽车底盘、多级离心水泵、射流真空装置、绞拉装置、冲穿装置、储水箱、储污罐等组成。离心水泵安装在汽车变速箱上面的取力口（或称动力输出装置），高压水通过控制阀通向射流真空装置和喷射装置进行吸污、高压冲洗及喷淋作业。液压泵安装在汽车变速箱侧面的取力口，液压油通过多联控制阀组成多条油路，分别驱动和控制绞拉装置和冲穿装置的卷筒及储污罐的升翻启闭。其传动路线如图 16-1 所示。

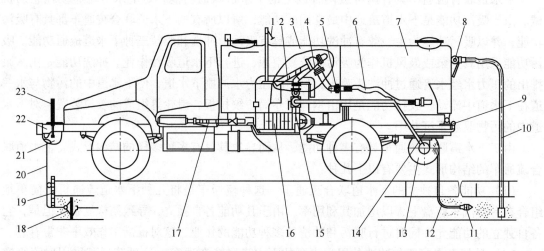

图 16-2　下水道联合疏通车的典型结构示意图

1—喷枪　2—射嘴　3—储水箱　4—射流真空装置　5—真空口　6—真空管　7—储污罐　8—吸污球阀　9—喷淋头　10—吸污管　11—冲洗头　12—软管　13—软管卷筒　14—冲穿装置　15—控制阀　16—多级离心水泵　17—传动轴　18—绞拉板　19—滑梯　20—绞拉钢丝绳　21—绞拉卷筒　22—绞拉装置　23—绞拉控制杆

第二节　环卫机械

环境卫生机械（简称环卫机械）主要用于城市市政工程设施的清扫、清洗及保洁作业，包括常见的清扫车、洒水车、护栏清洗车、落叶吸扫机、除雪机、除雪车、废弃物转运车辆和压缩设备等。

清扫车是最常见的一种环卫机械，用于清扫城市道路、街道、广场等。

清扫车按其工作原理可分为吸扫式和纯扫式，吸扫式又分为开放吸扫式和循环吸扫式。按其行走系统的动力来源可分为自行式和牵引拖挂式。绝大多数清扫车是自行式循环吸扫式。

自行式循环吸扫式清扫车通常具有汽车底盘和可伸到基础车体以外的盘刷或柱刷以及吸口。盘刷用于将路缘、边角、护栏下的垃圾输送、集中到吸口前方，利用空气动力通过吸口将垃圾捡拾和输送到垃圾箱中。空气进入垃圾箱经过除尘后重新送回吸口再一次作为载体参与作业。

循环吸扫式清扫车结构外形如图 16-3 所示。循环吸扫式清扫车的正下方是一个与底盘宽度尺寸基本相当的宽吸口，宽吸口中不仅有向上吸取垃圾尘粒的吸管，还有向下吹气的吹管。空气由吸管吸入，经过除尘分离后重新送回吹管吹出，形成空气的循环流动，空气作为载体将路面上的垃圾尘粒送进垃圾箱，再回到下边继续工作，如图 16-4 所示。

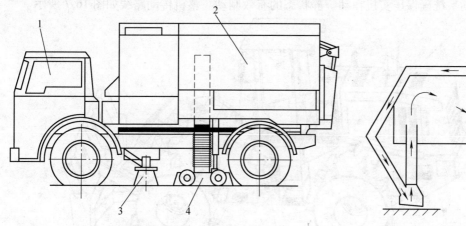

图 16-3 循环吸扫式清扫车结构外形示意图
1—自行式底盘 2—垃圾箱 3—侧盘刷 4—宽吸口

图 16-4 循环吸扫清扫车的气流路线

图 16-5 所示为循环吸扫式清扫车空气循环示意图。鼓风机产生的压力空气通过压力空气管吸入吸盘，在吸盘中通过压力缝，产生涡流，将路面上的杂物通过吸口吸入垃圾箱，在垃圾箱中将杂物过滤，鼓风机又将空气吸走再利用，如此循环不断。

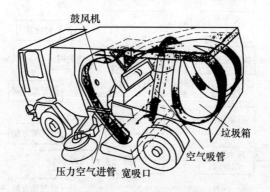

鼓风机

垃圾箱

空气吸管

压力空气进管 宽吸口

图 16-5 循环吸扫式清扫车空气循环示意图

第三节　垃圾处理机械

垃圾处理机械主要用于垃圾场上生活垃圾和建筑垃圾的分拣、推铲、压实、破碎及回收等作业,包括常用的垃圾压实机、建筑垃圾再生机、固体废弃物焚烧或生化处理设备等。

一、垃圾压实机

垃圾压实机应用于垃圾填埋场中的垃圾推铲和压实,如图 16-6 所示。机器前端安装有推铲,由升降控制装置操纵铲刀液压缸实现铲刀升降。前后四个压实滚轮上焊有多边棱角凸块,利于压实各类垃圾。前后滚轮分别由前后两个驱动桥驱动,驱动桥装有限滑差速锁以保证整机牵引性能。压实机采用中央铰接式转向机构,使压实滚轮对垃圾始终保持均匀压力而不会使机架产生附加应力,并且在填埋场地较差的情况下能确保四个轮子和地面接触,有利于机器的稳定性及通过性能。行车制动为气推油钳盘式制动器,停车制动为鼓式制动器,两套独立的制动系统确保压实机在动、静状态的有效制动。整机传动路线如图 16-7 所示。

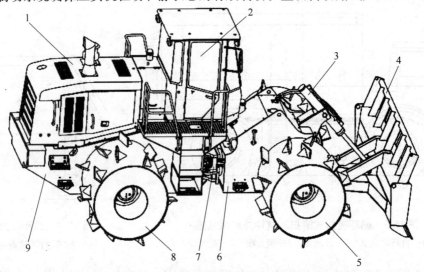

图 16-6　垃圾压实机外形结构示意图

1—发动机室　2—驾驶室　3—铲刀液压缸　4—铲刀　5—压实前轮　6—前车架　7—铰接支座　8—压实后轮　9—后车架

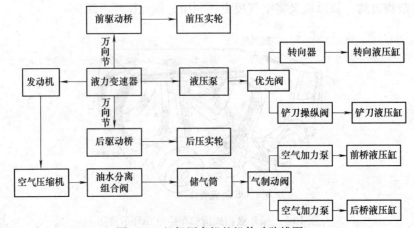

图 16-7　垃圾压实机整机传动路线图

　　垃圾场空气环境恶劣，作业介质对机器污染严重。因此，垃圾压实机驾驶室内大多配有冷暖空调系统、空气净化装置、CD 音响及监视器，为驾驶员提供清新、舒适、全视野的操作环境。为防止火灾、污物侵入机身和保持机器的整洁，对机身实行全封闭。

二、建筑垃圾再生设备

　　建筑垃圾是建筑物在拆建过程中所产生的废弃物，主要类型是混凝土废块、钢筋混凝土废块、废弃砖瓦石块等。

　　建筑垃圾再生设备主要用于建筑垃圾的破碎、再生料筛分、金属分拣等。建筑垃圾再生机可将建筑垃圾中的许多废弃物经分拣、剔除或粉碎后，作为再生资源重新利用。如废钢筋、废钢丝、废电线和各种废钢配件等金属，经分拣、集中、重新回炉后，可以再加工制造成各种规格的钢材；废竹木材则可以用于制造人造木材；砖、石、混凝土等废料经破碎后，可以代替天然砂石料，用于砌筑砂浆、抹灰砂浆、打混凝土垫层等，还可以用于制作砌块、铺道砖、花格砖等建材制品。

　　建筑垃圾再生设备有固定式和移动式两种，移动式建筑垃圾再生设备又可分为轮式和履带式。

　　履带式建筑垃圾再生设备基本上是在履带式破碎机主机改型的基础上，增加钢筋磁选装置、粉料及砂料筛分装置而成。主机典型总体结构如图 16-8 所示，由动力装置 7、行走装置 9、破碎装置 3、给料装置 5、卸料输送带装置 1、磁选装置 2 等组成。整机采用全液压传动，动力装置 7 采用柴油机驱动两台液压变量泵，两泵输出的液压油经控制阀分别驱动破碎装置 3 的液压马达（V 带传动给破碎装置的主轴）、履带行走装置 9 的液压马达、振动给料装置 5 的液压马达、卸料输送带装置 1 的液压马达、磁选装置 2 的液压马达。机器采用数字控制，配有先进传感器及检测监控系统。采用全液压行走履带装置，可使设备在施工现场的场内灵活移动，并可采用无线远程控制其设备作业位置。另外，再生设备配有噪声控制系统和有效的除尘系统，环保效果明显。

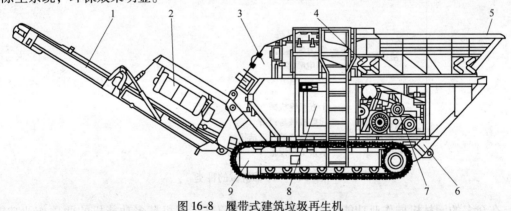

图 16-8　履带式建筑垃圾再生机
1—卸料输送带装置　2—磁选装置　3—破碎装置　4—隔振装置　5—振动给料装置
6—机架　7—动力装置　8—控制装置　9—履带行走装置

第四节　园林机械

　　城市绿化工程包括种苗培育、植物栽植、造景、养护、管理等，涉及生物、农业、林业、土木建筑、水利、化工、艺术等众多领域，而其作业内容差别更大。由于作业的不同需求，园林绿化的全套机械设备品种多样。其中就包括适合于园林绿化作业条件的农业机械、林业机械及其他通用机械等，如土壤耕作加工机械、木材锯切和削片机械、种苗培育和病虫害防治机械、一般喷灌设备以及动力机械、运输机械、起重装卸机械、水利机械和通用工程机械等。

按照作业对象和主要功能，园林机械的种类如图 16-9 所示。

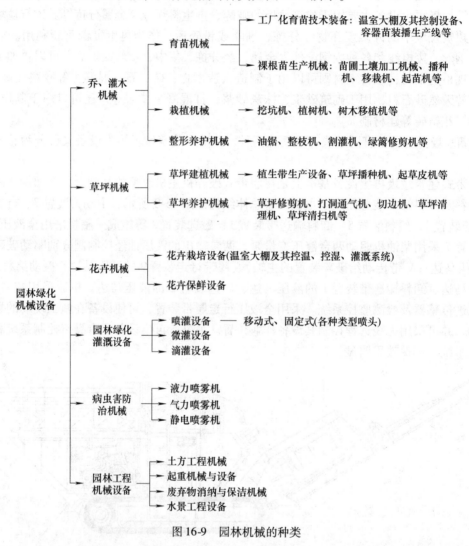

图 16-9　园林机械的种类

在众多的园林机械作业功能中，挖坑和绿篱修剪是工程机械多功能机的两项作业功能。在此对挖坑机和绿篱修剪机作一简单介绍。

一、挖坑机

挖坑机分便携式和自行式两种，便携式有手提式和背负-手提式。自行式有拖拉机牵引式、拖拉机悬挂式和车载式，车载式应用于空心钻筒机。

空心钻筒机是用中空筒式钻头作为工作部件的大型挖坑机。空心钻筒两端无盖也无底，下端部镶有硬质合金切削齿，能在十分坚硬的地面条件下进行钻削挖坑作业，适用于在市政工程中道路改线、居民区和建筑群四周的建筑渣土中，以及条件恶劣的特殊土壤中钻挖大坑，用来移植园林绿化大径级树木。图16-10所示为车载式全液压空心钻筒挖坑机。

该机在汽车底盘的基础上由分动箱、回转机构、支腿机构、支塔机构、工作装置等组成。分动箱也是取力箱，它将汽车发动机的动力接出，驱动两个柱塞泵和一个齿轮泵，为挖坑机提供动力。回转机构由液压马达驱动，转盘可作280°范围内的回转，能使挖坑机的钻头在汽车的后方和左右两方的旋转弧线上的任一点位置进行挖坑作业。支腿机构由四只支腿组成，在工作时支承于地面，以增加作业时整机的稳定性，支腿的放下、支承和收起均由各自的液压缸完成。支塔机构用于支承钻塔，运输时通过支塔液压缸将工作装置倾倒置于车厢前部的支架上，工作时

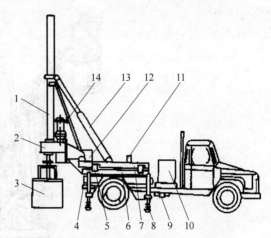

图16-10　车载式全液压空心钻筒挖坑机
1—加压和提升装置　2—减速箱　3—筒形钻头
4—汽车大梁　5—夹紧液压缸　6—下支承盘
7—上盘　8—支腿　9—分动箱　10—液压油箱
11—回转液压马达　12—操纵台　13—支塔液压缸
14—主液压马达

将工作装置支承于直立位置。工作装置由筒形钻头、减速器、主液压马达加压装置和钻塔等组成。加压装置在钻塔内，其加压液压缸的活塞杆与钻杆用特殊的接头连接，可以在钻杆旋转时保证传递向下的进给力，活塞杆向上时，可将钻头从土壤中提升出来。钻杆与钻头连接，钻杆上部为方轴，与减速箱从动齿轮的方孔配合，可在方孔中上下移动而不影响转矩的传递。液压马达通过减速器驱动钻头，带合金钢切削齿的空心钻筒可以破碎坚硬的地表层，如水泥、沥青路面等。该机配备的空心钻筒有1000mm、800mm、600mm、400mm等多种直径，最大钻坑深度达800mm，也可在钻杆上安装普通螺旋钻头，进行普通土壤的挖坑作业。

二、绿篱修剪机

绿篱修剪机是用于修剪绿篱、灌木丛和绿墙的机械。通过修剪来控制灌木的高度和藤本植物的厚度，并进行造型，使绿篱、灌木丛和绿墙成为理想的景观。

绿篱修剪机按照切割装置结构和工作原理的不同，可分为刀齿往复式和刀齿旋转式两种；根据驱动方式可分为电动、汽油机驱动和液压驱动；根据整机结构形式可分为便携式和悬挂式两大类。

图16-11所示为臂架悬挂式绿篱修剪机外形图。切割装置安装在液压起重臂的管架末端，作业时具有更大的灵活性。切割装置由液压马达驱动，除了刀齿往复运动的切割装置外，还可配置滚刀式和连枷式转子型切割装置。液压起重臂的运动由主臂液压缸和副臂液压缸控制。臂架与工作装置相对于绿篱或堤岸的位置和角度全部通过液压缸进行调整和变化。液压起重臂采用二节臂架时，其最大伸距可达5m，采用三节臂架时，最大伸距可达7m。因此该类绿篱修剪机可以修剪高大绿篱的顶面和侧面，可以修剪各种绿墙，还可修剪道路、河流等堤岸两侧的杂草和灌木丛，对于城市公共绿地和公园中高大灌木丛的造型修剪也能胜任。

在切割工作装置的框架里装有回弹安全机构，当工作装置碰到障碍时，工作装置和臂架

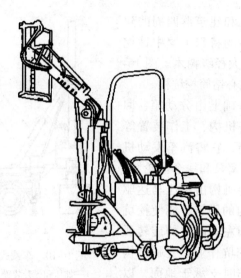

图 16-11　臂架悬挂式绿篱修剪机

就会向后摆，避免工作装置受到损害。有些绿篱修剪机有向前和向后两个控制方向的回弹安全机构。由于液压起重臂承受的载荷不大，驱动工作装置所需的动力也不大，因此臂架悬挂式绿篱修剪机一般悬挂在小型拖拉机上，可利用拖拉机的液压系统，也可用单独的液压系统对臂架和工作装置进行控制。

第十七章 养护工程机械

养护工程是指对工程设施所进行的保养维护施工或作业。养护工程机械就是用于养护工程的机具与设备的总称。

按照工程类型，养护工程机械可分为公路养护机械、铁路线路养护机械、机场道面养护机械、市政工程养护机械、桥梁养护机械、隧道养护机械、建筑养护机械、水利工程养护机械等。其中，有些养护工程机械可用于多种养护工程，有些养护工程机械仅用于某一工程类型。例如，表面抛丸处理设备可用于路面、桥面、场面、隧道的养护工程，而动力稳定车、钢轨打磨车、吹碴车等只用于铁路线路养护工程。

按照养护工程的种类，大体上可归纳为日常养护机械、大中修机械和再生机械。

由于养护工程中包含有工程改造项目，所以除一些专用机械和设备外，大部分养护机械与工程施工机械是通用的，只是在规格大小、作业时配备的数量和机械化程度上有所区别。

在养护工程机械中，公路养护机械最为繁多，其中一些公路养护机械也用于机场道面、桥面、隧道、市政等养护工程。公路日常养护机械主要有路况巡视检测设备、路面清扫机械、洒水车、路面划线机、除冰雪机械、路面除线机、剪枝机、剪草机等。公路路面养护修补的机械有路面铣刨机、路面综合养护车、路面加热机械、小型压实机械等。公路大中修工程所用机械设备既包括相应的施工机械，如挖掘机、推土机、平地机、搅拌设备、摊铺机械、沥青洒布机、石屑撒布机、压实机械等，也包括一些专用养护机械，如路面加热机、路面铣刨机、路面整平机、稀浆封层机等。由于环境保护和资源节约的迫切需要，各种路面再生机械得到了迅速发展。

一般来说，路面再生有两种方法：一种是厂拌再生法，即将旧沥青路面材料回收到沥青混凝土拌和厂进行再生处理，再运到施工现场铺筑成路面，所用机械主要有沥青路面铣刨机、运料车、再生沥青混凝土搅拌设备、摊铺机、压路机等；另一种是就地再生法，即将旧沥青路面加热（或不加热），就地翻松破碎，加入新料就地（拌和）摊铺、压实而成新的路面。所用机械主要有沥青路面加热机、沥青路面铣刨机、粉料撒布机、复拌机、再生拌和摊铺机、压路机等。

本章将以典型公路养护机械为主要内容，讲述养护工程机械的用途、分类及结构特点。

第一节 沥青路面养护车

沥青路面养护车是一种对沥青路面进行综合性维修和保养的养护机械。它可完成路面破碎挖掘、路面碾压、搅拌沥青混合料、旧油层再生利用、加热沥青、现场材料转运、为其他养护机具提供电源、公路检查巡视等多项作业和工序。

一、分类及特点

1）按照载重量，可将沥青路面养护车分为大、中、小三种类型。载重大于5t为大型，3~5t为中型，小于3t为小型。

2）按照行驶方式，沥青路面养护车分为自行式和拖式两种。自行式养护车是将各种设备和装置装在汽车底盘上或专用自行底盘上，从底盘主机取出动力或从自备发动机取出动力驱动各种工作装置和机具。目前，国内生产的沥青路面养护车大多是自行式的。

3）按照传动方式，沥青路面养护车分为机械传动式、液压传动式、气压传动式、电传动式和综合传动式五种。

自行式养护车机动灵活，操作方便。拖式沥青修补车结构简单，无需专用牵引力，但机动灵活性较差。机械传动式沥青养护车结构复杂，体积较大，已逐渐被淘汰；气压传动式沥青养护车传动效率低，不易控制和操作；液压和电传动式沥青养护车结构简单，容易控制和操纵。其中，由发动机驱动发电机，通过电能驱动各种工作装置和机具的传动方式，因结构简单、容易布局、使用方便而被广泛采用。

二、沥青路面养护车的结构性能及其工作原理

图 17-1 所示为 XTG5071TLY 型沥青路面综合养护车，它为自行式多功能沥青路面综合养护机械。车上设有小型柴油发电机组、各种工作装置和机具及传动与操纵机构。该综合养护车具有开挖和破碎沥青路面、沥青混合料保温运输、沥青混合料填补、液态沥青保温运输、沥青喷洒、路面压实等多种功能。养护车备有发电机组，其工作装置全部采用电力和液压传动。发电机组还可在夜间为施工提供照明，或为其他小功率电动设备提供动力。该综合养护车采用双排座汽车通用底盘，并可兼作中、短途路面巡查车。

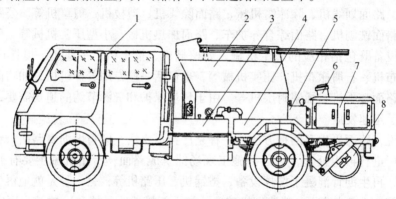

图 17-1　XTG5071TLY 型沥青路面养护车

1—驾驶室　2—沥青混合料保温箱　3—沥青保温箱　4—清洗油箱　5—螺旋输送器
6—电动碾压滚提升液压缸　7—液压控制柜　8—电动碾压滚

该车是利用 NJ1061DAS 型双排座二类汽车底盘作基础车，基础车用来提供 6 人乘坐、行驶运行和装载各种工作装置、材料和机具。该车后部备有发电机组、电器控制柜、沥青保温箱、沥青混合料保温箱、电动镐、电动快速冲击夯、电动碾压滚、碾压滚提升液压缸、液压控制柜等工作装置及控制设备，如图 17-2 所示。

直流发电机由柴油机驱动，直流发电机输出的电功率通过电器控制柜可分别控制和驱动电动镐、沥青混合料螺旋输送器电动机、液态沥青泵电动机、电动快速冲击夯、电动碾压滚及其提升液压缸的液压泵电动机等电动工作装置。电控柜还可控制沥青混合料保温箱及其电热板，分别对沥青混合料和液态沥青保温和加热。

沥青路面养护按一定工序进行，首先对应维修的路面确定范围凿边、破碎旧路面、开挖

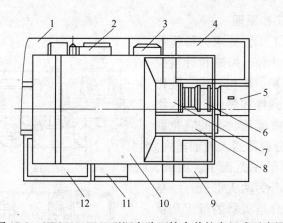

图 17-2 XTG5071TLY 型沥青路面综合养护车组成示意图

1—基础车 2—柴油机 3—发电机 4—电器控制柜 5—电动机 6—减速器 7—螺旋输送器 8—电动镐
9—碾压滚 10—沥青混合料保温箱 11—清洗油箱 12—沥青喷洒系统

"天窗"，然后清除废、旧沥青和骨料碎石，并用快速冲击夯将底层夯实整平，然后喷洒一层沥青油，将保温沥青混合料卸入"天窗"内，铺平后用碾压滚反复压实。

第二节 稀浆封层机

乳化沥青稀浆封层是用适当级配的骨料、填料、沥青乳液和水等四种材料，按一定比例掺配、拌和，制成均匀的稀浆混合料，并按要求厚度摊铺在路面上，形成密实坚固耐磨的表面处治薄层。乳化沥青稀浆封层机是完成稀浆封层施工的专用设备。

稀浆封层机的特点是在常温下在路面现场拌和并摊铺，适用于公路和城市道路部门对路面磨耗层进行周期性预防养护，以保持路面的技术性能和延长使用寿命。还可对路面早期病害进行修复，以提高路面的防水能力、平整度及抗滑性能。

一、分类

稀浆封层机可以根据其机动性、作业方式、主要结构及拌和方式等进行分类。

1）按照机动性，稀浆封层机可以分为拖式稀浆封层机、半挂式稀浆封层机和自行式稀浆封层机三种。

2）按照作业方式，稀浆封层机可分为有接料斗和无接料斗两种类型。无接料斗式稀浆封层机是当今国外使用较多的一种机型，该机在施工前，需将各种材料装进车上的集料仓、水箱、乳液箱等容器内，一车料摊铺完需到料场再次添加各种原材料。有接料斗式稀浆封层机的前部为接料斗，由封层机接料斗前面的滚子顶着自卸车的后轮胎一起行驶，同时接料斗接受自卸车卸下的骨料，由封层机前部的刮板提升机将集料送到车上的料仓内。各种液体原料可从运料罐车上将液体抽进车上的各种罐体中。该车在装料时不中断摊铺作业，特别适用于高等级公路和大型稀浆封层工程。

3）按照拌和方式，稀浆封层机可以分为单轴螺旋式搅拌器和双轴桨叶式搅拌器。单轴螺旋式搅拌器主要用于拌制普通型稀浆混合料，适用集料粒径在 3 ~ 10mm 以内，以保证物料在大流量短行程的条件下搅拌均匀。双轴桨叶式搅拌器主要用于拌制聚合物改性稀浆混合料，适用于高等级公路上的精细表面处治和填补车辙。

二、主要结构及工作原理

根据稀浆封层施工工艺要求,稀浆封层机必须具有给料、拌和、摊铺和计量控制等功能,它能将骨料、矿粉、水、乳化沥青按一定比例输送到拌和筒内,加入添加剂,经快速搅拌形成流动状态的乳化沥青稀浆混合料,通过分料器送入摊铺槽内,然后,均匀平整地摊铺在路面上。因此,稀浆封层机的结构可分为两大部分:一是行驶底盘部分,这部分是机器的行走和承重部件,其功能是使机器能够按预定速度行驶,完成运输和作业的行驶任务,并在其上布置全套的作业装置;二是作业部分,这部分的功能是完成机器作业过程中的各种物料的存储、输送、搅拌、摊铺、控制、操作等。这部分主要由给料系统、拌和系统、摊铺系统、动力传动系统和计量控制系统组成,如图 17-3 所示。

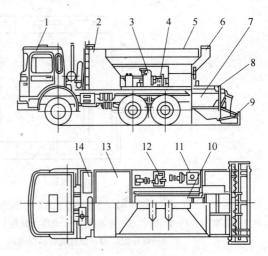

图 17-3　稀浆封层机结构示意图
1—行驶系统　2—水箱　3—作业柴油机
4—机械传动装置　5—集料仓　6—填料箱　7—搅拌器
8—操作台　9—摊铺器　10—带式运输机　11—添加剂箱
12—控制系统　13—乳液箱　14—柴油清洗装置

1. 给料系统

给料系统是稀浆封层机最重要的部分,也是以上几种材料能否按配比要求制取稀浆混合料的关键所在。给料系统由五部分组成:集料给料装置、乳液供给装置、供水装置、填料供给装置、添加剂供给装置。

(1) 集料给料装置　集料给料装置由料斗、料门、集料输送机及驱动装置等组成。它主要具有以下功能:存储骨料,为搅拌器输送骨料,并调节集料的输送量。

(2) 乳液供给装置　乳液供给装置主要由乳液箱、乳液泵、三通阀、运转循环阀及一整套连接管路等组成。其主要功能是:存储乳液,向搅拌器输送乳液,实现乳液循环,对乳液箱进行装料。乳液泵应具有变量泵的功能,应能根据油石比要求,调整泵的排量。乳液泵要具有夹套预热能力,可利用汽车的热水对其加热,软化泵内可能破乳的沥青。

(3) 供水装置主要　供水装置主要由水箱、三通阀、水泵、主水管、主喷管、水阀等组成。水泵一般采用离心泵,一为搅拌器供水,二是为主喷管供水,主水管中间应设置供水量调节阀。主喷管主要用于湿润封层前的路面,主喷管在封层机底部布置多排喷头。另外还应带有手持式单头喷水枪,用来补洒未被主喷管洒到的地方和冲刷摊铺槽等装置的表面污物。

(4) 填料装置　填料装置主要由填料箱、螺旋送料器、填料疏松器及传动链轮等组成。填料箱用来存储填料。螺旋送料器布置在填料箱底部,其作用是向搅拌器输送填料。填料疏松器则布置在箱中部,用来疏松填料箱内的填料。传动链轮一般布置在填料箱的右侧,用来驱动螺旋送料器和疏松器。

(5) 添加剂装置　添加剂装置主要由各添加剂箱、添加剂泵、转子流量计、阀门及管路组成。添加剂箱和添加剂泵都需要采用耐腐蚀材料制成,转子流量计的作用是检测并显示添加剂泵的流量，以便对添加剂的流量进行精细的监控。添加剂通过管路直接排入搅拌器中。

2. 拌和系统

拌和系统必须具有在短时间里将集料、填料、添加剂、水及乳液彻底均匀地搅拌成理想的稀浆混合料的功能。单轴螺旋式搅拌器由搅拌筒、出料门、底部闸门、分配器等组成。搅拌筒由筒壁、搅拌螺旋、搅拌筒盖等组成，主要用来将筒内各种物料混合均匀。双轴桨叶式搅拌器由搅拌筒、出料槽和支承装置等组成。搅拌筒由筒壁、搅拌轴及桨叶、联动齿轮、搅拌筒盖等组成。出料槽形式各异，橡胶槽型较多，用液压缸控制橡胶槽泄料的方向。

3. 摊铺系统

摊铺系统是一个独立的作业系统，它的作用是将稀浆混合料均匀地摊铺到路面上并按要求控制稀浆混合料摊铺的宽度和厚度。它由摊铺箱、螺旋摊铺器、液压马达、稀浆刮板、刮平胶板以及滑轨调节器等组成。

摊铺箱由左右主框架组成并通过销轴联接，以便随路拱自行调拱。横向可以伸缩的摊铺箱能适应不同宽度的路面施工需要，摊铺宽度的调整范围一般在 2.5～4.5m 之间。

螺旋摊铺器起到再次拌和并将稀浆混合料摊向两侧的作用，它由液压马达驱动，其旋转方向和转速分别可调。用于普遍稀浆混合料封层的摊铺器一般布置单排螺旋摊铺器（二轴），用于聚合物改性稀浆封层的摊铺器则需要二排以上的螺旋摊铺器（四轴），以增强搅拌强度和效果。

第三节　沥青碎石同步封层车

沥青碎石同步封层车能够同时进行沥青喷洒和碎石撒布作业，相比单独使用沥青洒布机和石屑撒布机进行碎石封层的路面表面处治施工工艺，具有污染小、能耗少、成本低、进度快、质量好等优点。其施工工艺是用沥青碎石同步封层车在路面上依次喷洒一层沥青材料（热沥青、稀释沥青、乳化沥青等）和撒布砂、单粒径或适当级配的集料，并紧跟着用压路机进行碾压。沥青碎石同步封层车用于各种公路的预防性养护罩面层、新建低等级公路及农村公路的面层、桥面及河边公路防水面层、新建沥青路面的下封层、新建水泥路面下的应力吸收缓冲层、旧水泥路面改造为沥青面层的防水面层、多层摊铺不同粒径治理10～20mm 以下车辙及沉陷等病害的同步碎石封层。

沥青碎石同步封层车的结构如图 17-4 所示。封层车由底盘、作业装置、动力与传动装置和控制操纵装置等组成。底盘支承所有作业装置，并要求其工作的行驶速度能够精确控制并达到恒速。作业装置用来完成各种物料的存储、输送、加热、搅拌、喷洒和撒布等任务，分别由给料系统、拌和系统、沥青喷洒系统、石料撒布系统、纤维撒布系统等组成。动力与传动装置用来完成各作业装置的动力传输，包括辅助发动机、液压系统、气压系统等。操纵控制部分包括车速测速雷达、检测传感器、控制器、显示器、执行机构等，用来完成对车辆速度、给料速度、各种物料的计量、黏结剂的保温、拌和时间等作业参数的控制及操作、限位控制及报警显示，以保证对沥青温度的精确控制、沥青喷洒量及其均匀性的精确调节与控制、碎石撒布量及其均匀性的精确调节和控制、沥青喷洒量与碎石撒布量的精确同步。

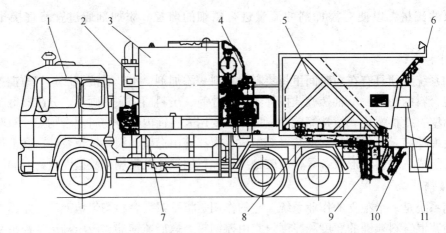

图 17-4   沥青碎石同步封层车的结构示意图

1—汽车底盘 2—液压系统 3—沥青罐 4—沥青及导热油循环系统 5—石料仓 6—电气系统 7—专制车架
8—液压缸总成 9—沥青洒布臂 10—碎石撒布系统 11—气压及燃烧系统

第四节   路面铣刨机

一、用途和分类

路面铣刨机是沥青路面养护施工机械的主要机种之一，主要用于公路、城市道路、机场、货场、停车场等沥青混凝土面层的开挖翻修，可以高效地清除路面拥包、油浪、网纹、车辙等，亦可开挖路面坑槽及沟槽，还可用于水泥路面的拉毛及面层错台的铣平。由于该种设备工作效率高，施工工艺简单，铣刨深度易于控制，操作方便灵活，机动性能好，铣刨的旧料能直接回收利用，因而被广泛地应用于沥青路面的维修翻新养护施工。

铣刨机可根据铣刨形式、结构特点、转子宽度进行分类。根据铣刨形式可分为冷铣式和热铣式两种。冷铣式使用较为普遍，热铣式由于加装了加热装置而使结构较为复杂，一般用于路面再生作业。另外，按铣刨转子的旋向可分为顺铣式和逆铣式两种，转子的旋向与行走轮旋转方向相同时为顺铣式，反之则为逆铣式。

根据结构特点可分为轮式和履带式两种。轮式机动性好，用于铣削宽度 1.3m 及以下的中小型路面铣刨机；履带式大多用于铣削宽度在 1.3m 以上的中大型机，适用于大面积养护工程等。按铣刨转子的位置可分为后悬式、中悬式和后桥同轴式。后悬式即铣刨转子悬挂于后桥的尾部，中悬式即铣刨转子在前后桥之间，后桥同轴式即铣刨转子与后桥同轴布置。

根据转子的宽度可分为小型、中型和大型三种。小型机铣刨宽度在 300 ~ 800mm，整机功率为 25 ~ 70kW；中型机铣刨宽度在 1000 ~ 2000mm，整机功率为 80 ~ 300kW；大型机铣刨宽度在 2000mm 以上，整机功率在 300kW 以上。转子的传动方式有机械式、液压式和液压机械式。

二、总体结构

沥青路面铣刨机主要由发动机、机架、行走装置及其驱动系统、铣刨转子及其驱动系统、转子喷洒水系统和集料输料装置、铣刨深度控制装置、液压系统、操纵控制装置等组成，图 17-5 和图 17-6 所示分别为中小型轮式铣刨机和大型履带式铣刨机的外形图。铣刨机虽然规格型号不同，结构布置也略有区别，但主要工作原理基本相同。除此之外，为提高铣刨机的工作效率、铣刨精度和自动化程度，现代大中型铣刨机还配置了功率自适应控制、铣刨深度自动控制、铣刨自动调平控制、计算机自动控制和故障诊断、作业实时监控等系统。

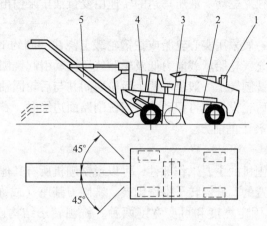

图 17-5　中小型轮式铣刨机外形图
1—发动机　2—机架及底盘　3—铣刨转子　4—水箱及洒水装置　5—输料装置

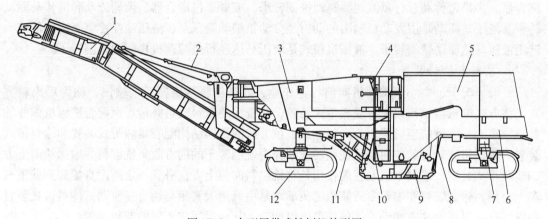

图 17-6　大型履带式铣刨机外形图
1—输料带装置　2—输料带升降液压缸　3—水箱　4—操纵控制台　5—发动机室　6—机架　7—升降支柱
8—侧挡料板升降液压缸　9—铣刨室　10—登机梯　11—集料带装置　12—履带行走装置

三、主要装置

1. 机架

机架是路面铣刨机整机的承重构件，同时为了铣刨机有足够的重量以减少铣刨时整机的振动，铣刨机机架一般用厚钢板切割成形并焊接制造成整体式结构。机架上直接焊接有发动机、水箱、驾驶台、液压支柱等各总成及各构件的固定安装支座。

一般情况下，铣刨转子的支承装置与机架固定连接，履带行走装置（或轮式行走装置）与机架之间采用液压缸支承的升降支柱相连。每个支柱的高度都可根据铣刨深度和调平要求进行独立调节。铣刨转子中悬式的大型铣刨机的支柱数量与履带装置数量一致，一般为四个，国外一些铣刨机有的也采用三个。铣刨转子后悬式和后桥同轴式的中小型铣刨机的支柱数量一般为两个。

2. 行走装置

路面铣刨机的行走装置分为轮式或履带式，由液压马达通过变速箱和驱动桥驱动或由液压马达通过轮边减速器独立驱动。液压马达的转速由变量液压泵输出的流量控制，使行驶和作业速度均为无级变速。

轮式铣刨机的车轮一般采用实心轮胎或在钢轮毂上浇注一圈约10cm厚的耐磨橡胶构成胎面，目的是避免空心充气轮胎承载能力低及轮胎气压波动引起铣刨深度误差。

由于小型铣刨机的铣刨转子一般位于两个后轮之间并与后轮同轴，为了能够铣刨路面边缘，大多数机型均将右后轮设计成可摆动式。当铣削路面边缘时，右后轮绕垂直销轴向前旋转180°，使之位于铣刨转子的前方。

3. 铣刨转子

铣刨转子是路面铣刨机的主要工作部件，可以说铣刨机所有其他装置都是围绕铣刨转子高效精确铣刨路面而设置的。铣刨转子由铣刨鼓、铣刨刀基座（或称刀库）、铣刨刀具等组成，铣刨转子又可分为固定宽度和可变宽度两种。铣刨转子结构已在第三章作业装置中讲述。

铣刨转子驱动分机械式、液压式和液压机械式。机械式驱动是由发动机输出的动力通过离合器、多楔带传动、行星减速器驱动铣刨转子，或者通过离合器、齿轮传动和链传动驱动转子。液压式驱动是由发动机输出的动力经分动箱带动液压泵，液压油经控制阀流向低速大转矩液压马达驱动铣刨转子。液压机械式是液压马达经行星减速机再驱动铣刨转子。

4. 集料和输料装置

一般情况下，中小型铣刨机向前行走作业，而铣刨料从机器后端输出，称为后出料方式。该方式的机器结构只配有输料带式装置，将铣削的散料收集并传送至配合铣刨机作业的载重汽车上。大型铣刨机采用前出料方式，该方式的机器结构配有集料带式装置和输料带式装置。集料带式装置的作用是从铣刨转子罩壳内铣刨转子的前方收集铣刨料并输送给前上方的输料带式装置。输料带式装置的作用是将铣刨料向前上方提升到一定高度直接卸到载重汽车上。集料带式装置和输料带式装置的驱动均是由低速大转矩马达直接驱动。输料带式装置由液压缸操纵可以左右摆动，卸料高度可以调节，从而可适应不同的卸料位置。

5. 铣刨深度控制及自动调平控制装置

铣刨机能够通过铣刨转子铣削路面，铣刨深度控制机理是通过调节机架与履带行走装置（或车轮）之间支柱液压缸的伸缩量而改变铣刨转子相对于路面的垂直距离，在铣刨机自重的作用下铣刨转子上的铣刨刀头压入路面并旋转铣刨路面。

铣刨机的铣刨深度控制是指铣刨机根据路面基准点设定铣刨机的铣刨深度，即以机架与行走装置之间支柱液压缸的伸缩量为设定值。当路面发生变化时，铣刨机控制系统自动调节支柱液压缸的伸缩量从而使铣刨深度改变，使铣刨深度恒定。

自动调平控制是指以一段预定纵坡、横坡标高的基准线为基准，通过预先调节支柱液压缸的伸缩量而设定铣刨深度。当路面与纵坡、横坡基准之间的垂直距离发生变化时，铣刨机可自动调节每个支柱液压缸的伸缩量，从而使铣刨后的路面达到与基准线一致的纵横坡要求或使铣刨后的铣刨槽底面高程稳定在设定值上。

由上可见，铣刨深度控制和自动调平控制都是通过支柱液压缸的升降来完成的。而液压缸的升降则是由深度传感器或调平传感器控制液压缸的换向阀来实现的。传感器形式多样，有机电式的、超声波式的还有激光式的等。传感器采用的基准形式也各有不同，有侧挡料板、路面、基准线绳、基准滑靴或固定基准光点等。

第五节　沥青路面就地再生机械

一、沥青路面就地热再生机械

沥青路面就地热再生工艺（以下简称就地再生）是采用就地加热、翻松、拌和、摊铺、压实等连续作业，一次成形新路面的施工方法。一般是在路面的损坏程度还没有波及基层时采用这种再生方法。

就地再生的施工方式主要有复拌再生法和重铺再生法两种。复拌再生法主要用在需要改善旧混合料质量的路段上，包括加热、翻松、新旧混合料拌和、摊铺、碾压等工序。重铺再生法主要用在不要求改善旧混合料质量的维修路段，包括加热、翻松、摊铺并在其铺层上重新铺上新沥青混合料，而后碾压成形等工序。两种方法的作业流程如图 17-7 所示。

复拌再生法可以改善骨料级配、沥青含量及旧沥青针入度，达到改善路面结构综合性能指标的目的，并能够成形全断面均匀的再生面层。重铺再生法由于最上层使用的是新沥青混合料，即使局部路段的旧混合料发生变化，也能确保面层均一的外观质量。

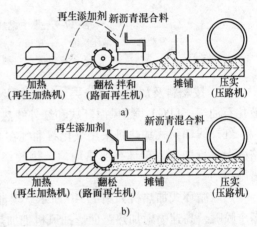

图 17-7　两种施工方法的作业流程图
a）复拌再生法　b）重铺再生法

就地再生的施工机械设备有再生加热机、路面再生机、压路机等。路面就地再生机组如图 17-8 所示。

图 17-8　路面就地再生机组

1. 路面再生加热机

路面再生加热机主要由燃烧系统、加热装置、燃料罐、液压系统、动力及传动系统、基础车等组成。它必须具有热效率高、加热温度可调节和足够的加热能力。路面的加热温度能满足施工要求，尽量不使沥青变质，具有较高的经济性和完善的安全保护系统等功能。路面再生加热机的分类如下：

（1）按结构分类　按结构不同可分为集中燃烧式和分散燃烧式，下文主要介绍集中燃烧式。热风循环式是典型的集中燃烧式加热机（见图 17-9），它采用一个大容量的燃烧器并与加热装置分开，设有通风管道和箱罩。燃烧器燃烧产生的热量从通风管送到加热箱罩内均匀地加热路面。集中燃烧式加热温度控制方便，加热宽度通过液压伸缩装置控制加热箱罩的不同位置来调节。

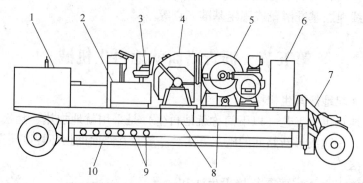

图 17-9 集中燃烧式加热机结构示意图
1—发动机 2—液压系统 3—座椅 4—风机 5—燃烧器 6—燃料箱 7—升降装置
8—风道 9—热风喷嘴 10—加热箱

（2）按燃料及加热方式分类 按燃料及加热方式的不同可分为红外线辐射式（燃料为液化石油气，LPG）、热风循环式和红外线热风并用式（燃料为煤油）。

红外线辐射式加热机采用液化石油气在金属网附近燃烧，加热金属，产生红外线辐射到路面上进行加热。它具有加热均匀、热效率高等优点，但要求有较完善的安全防火、防爆措施。

热风循环式加热机如图 17-10 所示。煤油燃烧器 4 燃烧产生的热风通过加热装置板上的多个喷嘴，高速喷射加热路面。抽风机把加热后的余气送回燃烧室再次加热，循环使用。由于热风循环使用，热效率高，节省燃料，还可以通过温度传感器 1，在热风发生装置 3 的出口处检测热风的温度，实现微机自动控制燃烧量。因而便于根据路面加热温度的要求，设定燃烧量。

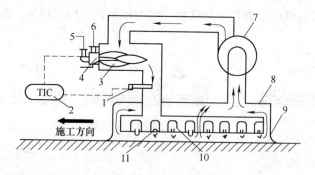

图 17-10 热风循环式加热机
1—温度传感器 2—温度控制装置 3—热风发生装置 4—燃烧器 5—燃料 6—空气 7—循环风机
8—罩壳 9—裙部 10—风道 11—喷嘴

2. 路面再生机

路面再生机按施工工艺的不同可分为复拌机和重铺机。复拌机的结构原理如图 17-11 所示，主要由新混合料供给装置、翻松装置、新旧混合料搅拌装置、再生混合料摊铺装置、行走装置、动力及传动装置等组成，部分复拌机还有再生添加剂供给装置。作业时，复拌机与加热机保持一定的距离并紧跟其后，运料货车把新混合料卸在接料斗中，复拌机在行进过程中一边把混合料收集到中央，随后进入搅拌器与新混合料拌和成再生混合料，经熨平、压实后，成形路面面层。

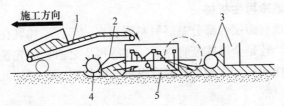

图 17-11 复拌机的结构原理图

1—新料供给装置 2—集料装置 3—再生混合料摊铺 4—翻松装置 5—搅拌装置

重铺机的结构原理如图 17-12 所示，主要由新混合料供给装置、翻松装置、再生料摊铺装置、新混合料摊铺装置、行走装置、动力及传动装置等组成。

复拌机与重铺机在整体结构及施工工艺上差别不大，只是复拌机设置了搅拌装置，而重铺机设置了两组熨平装置。目前一般复拌机都具有复拌、重铺两种

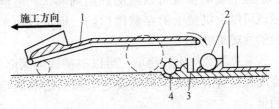

图 17-12 重铺机的结构原理图

1—新料供给 2—新料摊铺 3—再生料摊铺 4—翻松搅拌

功能。在进行重铺作业时，将复拌机的刮板给料器底板的专用出料口关闭，新沥青混合料不进入搅拌器，而直接输送到第二组熨平装置面前，摊铺出新的沥青混凝土面层。

3. 复拌机主要装置的结构特点

（1）新混合料供给装置 该装置主要包括接料斗和刮板给料器，具体结构与常规的沥青摊铺机的给料装置相同。

（2）翻松装置 翻松装置的结构必须具有良好的性能，确保足够的翻松深度，翻松宽度可无级调整，保证翻松后路面平整度等要求。翻松装置大致可分为齿耙式和旋转滚筒式两种。

（3）新旧混合料搅拌装置 新旧混合料搅拌装置的主要功能是把翻松后的材料与新沥青混合料或再生添加剂进行拌和。按搅拌方式的不同可分为连续搅拌和间歇搅拌两种。连续搅拌装置又可分为纵卧轴强制式和横置双卧轴强制式两种；间歇搅拌装置一般为纵置双卧轴强制式。为防止混合料温度降低，有时采用带保温层的搅拌装置。

（4）再生混合料摊铺装置 这里主要介绍重铺再生法的摊铺装置，它设有翻松材料摊铺装置（亦称第一组熨平装置）和新沥青混合料摊铺装置（亦称第二组熨平装置）。

翻松材料摊铺装置在翻松装置后面，主要用来把翻松的材料摊铺整平。它有刮板式和螺旋式两种，结构上又可分为二节式和三节式，采用液压伸缩装置无级调整施工宽度，通过调节刮板或螺旋的高低位置来控制摊铺厚度。该装置只用于重铺再生法，复拌再生法不设该装置。

新沥青混合料摊铺装置是最终的摊铺装置，重铺再生法、复拌再生法均设有此装置，其

结构形式和沥青摊铺机完全相同。

（5）再生添加剂供给装置　根据旧路面性质的不同，有的可通过添加添加剂将已老化的翻松材料恢复成接近新沥青混合料性质的再生混合料。再生添加剂供给装置的结构，主要由添加剂罐、泵、管路、加热和控制系统等组成。控制系统主要用来控制添加剂洒布量。

二、沥青路面就地冷再生机械

就地冷再生是将现有面层和部分基层材料混合在一起，添加乳化沥青或水泥和水，然后铺筑成均匀的路面层。若是全厚式沥青路面，在冷再生之前，应先铣刨顶上的一层。这层铣刨下来的材料应送到拌和厂，作为生产沥青混凝土的材料。

1. 黏结剂喷洒系统

黏结剂喷洒系统用于自动控制水和乳化沥青的喷洒量，以满足预定的要求，如图17-13所示。这个喷洒系统可以喷洒黏结剂和水。喷洒液既可以由机械上的存储罐供给，也可以由单独的油罐车供给。

系统的操作比较简单，可以根据铣刨深度、宽度和材料的密度，预先设定水和黏结剂的喷洒量。

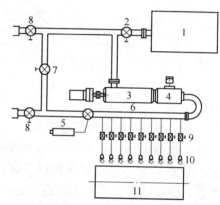

图17-13　冷再生机械黏结剂喷洒和计量系统图
1—储水箱　2、7、8—截止阀　3—计量泵
4—电子流量计　5—主滑阀　6—喷杆
9—调整作业幅度截止阀　10—喷嘴　11—铣刨转子

2. 黏结剂的种类

为了满足各类工程的需要，冷再生机械可以使用各种黏结剂。根据需要，可以选用水泥、乳化沥青或二者的混合以及泡沫沥青等。具体采用哪一种黏结剂，要根据旧路面材料及新基层的技术要求而定。

3. 采用水泥进行就地冷再生

冷再生机械能破碎沥青面层和基层，并同时将它们混合在一起（加入黏结剂）。破碎后的沥青层材料可以作为再生混合料的骨料，也可以回收在一起送入拌和厂进行再生。如果现有路面中缺少细集料，在再生之前，先将细集料与水泥一起撒在旧路表面。水的喷洒量由自动控制器控制，它会根据前进速度、铣刨深度和宽度、材料的密度，自动调节供水量。

4. 使用乳化沥青的就地冷再生机械

使用乳化沥青进行就地冷再生时，用乳化沥青再生的道路需要加铺一层沥青磨耗层或封层。在缺少沥青拌和厂或离拌和厂过远的地区，采用乳化沥青再生路面的施工方法有较大优势。

5. 使用水泥和乳化沥青进行就地冷再生

就地冷再生的第三种方法是使用水泥加上乳化沥青。这种方法可以减少乳化沥青的用量，在当前乳化沥青价格高于水泥的时候，可以节省工程投资。另一方面，乳化沥青的加入可以降低水泥稳定层的刚性，因而减少反射裂缝。其工作原理如图17-14所示。

6. 利用泡沫沥青进行就地冷再生

利用泡沫沥青对现有道路进行冷再生的特点是：仅使用一种黏结料而获得高质量的基

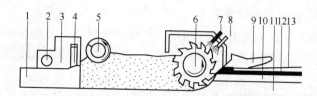

图 17-14 使用水泥和乳化沥青进行道路再生的原理

1—稳定并预压实后的基层 2—振捣装置 3—变频振捣整平板 4—振捣器 5—分料螺旋 6—铣刨和拌和转子
7—乳化液喷嘴 8—水喷嘴 9—破碎器 10—带黏结料路面 11—不带黏结料路面
12—预先撒上的集料 13—预先撒上的水泥

层。与其他冷再生方法相比，该种工艺的经济性主要表现在其黏结料的成本较低。为了保证沥青材料能够均匀地分布于被再生材料上，先使沥青在再生机的沥青发泡系统内发泡，然后利用带喷嘴的喷洒杆将其喷洒在拌和空间内的整个作业宽度上。

冷再生是一种道路养护补强的方法，它充分地利用了现有路面结构中的材料。基层和面层的材料被重新破碎，并加入稳定剂，因而，材料的承载能力将会提高。冷再生方法能在使用较少资金和新材料的情况下，较好地完成养护工程。

第六节　水泥路面维修机械

水泥路面的维修方法是根据破损的实际情况确定的。维修工艺有：扩缝、清缝、灌缝、凿孔、切缝、罩面、凿毛、搅拌、振捣、摊铺、钻孔、顶升、破碎、翻修等。

破损形式和维修工艺的多样化，导致维修机具的多样化。维修水泥路面常用的机械有：破碎机、凿岩机、空气压缩机、高压水清洗机、切缝机、封层机、搅拌机、振捣器、挖掘机、装载机等。

对于大面积的翻修，要用专门设备（例如多锤头路面破碎机）将旧路面拆除，然后用施工机械重新修筑。对于小面积的维修，也可以将需要维修的路段经过处理后，利用现有的小型机具进行施工。

一、落锤式水泥混凝土路面破碎机

落锤式水泥混凝土路面破碎机，目前应用广泛。中小型落锤式破碎机除了可以破坏混凝土路面外，还可以用来在混凝土上开沟、剥离表层，也能用于打桩、拔桩、夯实路基等作业。

图 17-15 所示为落锤式水泥路面破碎机简图。液压油进入提升液压缸 4 的下腔后，活塞杆向外伸出，推动动滑轮组 5 向上移动。相应的定滑轮组 10 装在液压缸 4 的底座下面。这样，液压缸的推力通过滑轮组转变为钢丝绳 8 的拉力，当此拉力将重锤 11 提升到一定的高度时，让液压缸下腔的油迅速流回油箱，重锤 11 便以接近自由落体的速度落下，装

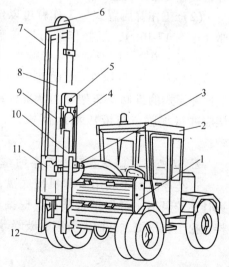

图 17-15 落锤式水泥路面破碎机

1—平移导轨 2—驾驶室 3—摆动液压缸
4—提升液压缸 5—动滑轮组 6—提升滑轮
7—提升架 8—钢丝绳 9—液压缸导向机构
10—定滑轮组 11—重锤 12—底盘

在锤头上的刀具冲击地面、击碎混凝土。

提升架7、提升液压缸4及重锤11可以一起在平移导轨1上左右移动，以便使机械有一个比较宽的作业幅度。运输状态下，水平导轨连同提升架7等可以放倒，以降低高度，提高稳定性。

摆动液压缸3可以使提升架7及其上面的机构相对于平移导轨1摆动，摆动幅角一般为±9°。由于摆动液压缸的作用，机械可以在不平整的地面上保持提升的垂直状态，也便于打桩时定向，开沟时清角。

二、多功能水泥路面维修车

多功能水泥路面维修车的底盘可利用汽车底盘改装或直接采用工程机械底盘。无论哪一种形式，都有以下共同特点：为轮式底盘，机动灵活；有一个多用途的工作臂，可以进行破碎、凿毛、夯实、挖坑、抓料、钻孔等工作；可以输出动力，用来驱动其他维修机具。

1. 以汽车底盘为基础的多功能水泥路面维修车

以汽车底盘为基础的多功能水泥路面维修车具有速度快、可乘坐施工人员、能载运维修机具及材料等优点。但汽车是高速行驶车辆，弹性悬挂，作业时必须放下支腿保持底盘平衡才能作业。利用汽车底盘的多功能水泥路面维修车，作业装置可前置，也可后置。

（1）工作臂前置式　工作臂前置式水泥路面维修车的结构如图17-16a所示，工作臂3位于驾驶室与车箱之间，其负载由前后两个车桥共同承担，车架受力好。由于这个位置离变速箱的取力口近，液压管道短，所以传动效率高。但这种形式只能在车辆的左右两侧进行维修作业，占用车道宽，对交通影响较大。

（2）工作臂后置式　工作臂可以位于车箱后部（见图17-16b），维修作业可以在车的后面进行，占用车道窄，因而对交通影响小，比较安全，利用工作臂3还可以在后面的挂车上装卸货物。但这种形式的维修车车架受力状况偏载，一般车架应进行加强，与液压源距离较远，液压管路较长。

2. 以工程机械底盘为基础车的维修机械

这类产品由于利用工程机械底盘，工作装置设计比较灵活，可以用来装载、挖掘、推土、搅拌、松土、挖坑、开沟、铣刨、破碎等工作。

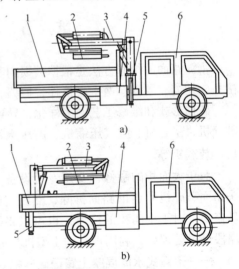

图17-16　以汽车底盘为基础
车的水泥路面维修车
a）工作臂前置式　b）工作臂后置式
1—车箱　2—工作头　3—工作臂
4—液压油箱　5—支腿　6—基础车

第七节　桥梁检测车

各种桥梁的可靠性和安全性不仅关系到车辆、行人安全，还关系到道路的通畅。为了确保桥梁能安全可靠地长期使用，对其进行定期检测、维护和损坏时快速修复是非常重要的。另外，许多桥梁底部都铺设有电力、通信线缆及各种气液输送管道，这些设施也需予以维护及检修。桥梁检测车就是一种移动方便、展开迅速、使用灵活、可将人员及必要的工具和仪器输送至桥梁底面进行检查、修理作业的工程设备。

桥梁检测车由发动机、底盘与桥梁检测空中作业平台组合而成，如图 17-17 所示。

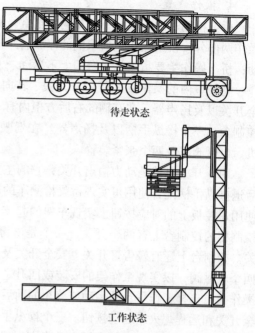

待走状态

工作状态

图 17-17　桥梁检测车结构示意图

1. 底盘部分

桥梁检测车的车架采用先进的悬挂系统，共有三对气囊，采用气囊减振安全可靠。有两对支重轮与车架相连接，在正常行驶状态下，两对支重轮悬空，只有进行桥梁检测时，通过车架起落操作，可将支重轮落地，从而使整车的质量平均分配到每个轮子上，降低车轮对桥面的压力。

在桥梁检测作业时，操作人员通过液压马达来驱动这两对驱动滚轮，从而推动主车行驶轮胎转动，实现全车前、后移动；在工作平台移动到合适位置后，这两对驱动滚轮可实现停车制动。

2. 工作装置部分

桥梁检测车的主体工作装置由底座、四边形连接举升机构、升降塔和作业平台组成。

底座是由一对大小齿轮组成的。通过小齿轮的转动和大小齿轮的啮合传动使工作装置整体旋转，从而使工作装置从桥梁的两侧均可下桥。

四边形连接举升机构是由垂直框架、水平连接臂、导向轨道支架构成的平行四边形机构。

通过水平连接臂液压缸举升工作装置，通过垂直框架液压缸使工作装置侧转下桥。这种机构可使水平连接臂在上、下 30°范围内倾斜，以适应不同高度的桥梁护栏。

升降塔为桁架结构，由上、下两部分组成。升降塔下部的工作平台相对于上部可在 0 ~ 180°范围内转动。升降塔的升降是通过提升液压缸顺着导向轨道上、下移动的。

作业平台为两节伸缩式桁架结构，平台上设有脚手架，以便操作人员靠近难以接近的地方。

3. 液压系统

液压系统可分为三部分：安装操作系统、车辆驱动系统和作业平台操作系统。安装操作是指将作业平台送至桥下的一系列动作。它的操作手柄都集中在车后的控制柜内，其基本回路有：作业平台折叠、底盘旋转、垂直框架升降、四边形连接举升机构升降、工作装置行走时支承等回路。作业时车辆驱动是由架驶室内控制的，它只有一个基本回路，即作业时的主车往复行走回路；作业平台的操作移动则布置在工作平台上，由操作手随时控制，其基本回路有：作业平台平面旋转、升降塔上、下提升和伸缩平台伸缩等回路。

4. 操作装置

桥梁检测车的行驶与一般车辆的正常行驶相同。其工作装置的操作分为桥上操作和桥下操作两部分。桥上操作包括车辆的停放、车架的下降、整体工作架的安装以及整车的前后移动；桥下操作主要指工作平台的上下运动、左右转动以及平台长度的变动。

驾驶室内的操作装置有 PTO 开关、转向盘、前进/后退操纵手柄、车架升降遥控板、安全开关以及扬声器。在车辆的右后方柜内有一个控制台和四个操纵手柄。升降塔底部有一个控制台、三个操纵手柄以及扬声器。在驾驶台左后方柜内有应急操作使用的发电机、电动机、电磁阀以及两个张紧装置。

PTO 开关也就是动力输出开关，它的主要功用是为工作装置提供动力。转向盘与前进/后退操纵手柄配合使用可实现桥梁检测车的前后移动。车架升降遥控板的功用在于可以通过使用遥控板上的对应按钮来实现车架的起落，以适应正常行驶或进行桥梁检测的需要。后方控制柜的控制台上有两个开关，一个是电源开关，另一个则是桥上操作与桥下操作选择开关。控制台上还有警告灯开关、安全开关及远程熄火或起动按钮。四个手柄分别操作相应的四个电磁阀，以实现工作架的安装或回升。升降塔底部的控制台上有一个开关，目的在于使操作人员选择工作平台的运动或整车的前后移动，两者不能同时进行。另外控制台上也有安全开关和远程熄火或起动按钮。三个操纵手柄分别操作三个相应的电磁阀以实现工作平台的各种运动。驾驶室内的扬声器和升降塔底部的扬声器为桥上操作人员及时联系提供了方便。发电机和电动机以及两个张紧装置仅供主工作系统出现故障或升降塔底部过载保护装置起动后，对工作平台进行回收时使用。

第八节 划线机械

一、用途与分类

划线机械是用来在公路、城市道路等路面上划出各种交通标线的机械，还可以在厂矿道路、机场、公园、广场、体育场等划停车线、分区线等其他标志线。

目前，道路标线涂料大致可分为：常温溶剂型油漆（液态）、加热溶剂型（液态）和热熔型涂料三类。其中，常温溶剂型油漆又可分为酯胶型、环氧型、丙烯酸型和氯化橡胶型四种，热熔型涂料又可分为刮板用型和喷涂用型两种。道路标线涂料不同，在施工时所使用的划线机械也不相同。针对三种不同的涂料，划线机械大致分为三种类型：常温漆划线机、加热溶剂型和热熔型涂料施工机械。

常温漆划线机按作业方式可分为手推式划线机、车载式和自行式划线机。手推式划线机主要用于人行横道线、停车方位线、停止线等小规模作业。车载式划线机的施工速度快，可进行大规模划线施工，机动灵活。常温漆划线机还可以按喷涂方法不同分为低压空气划线机和高压无气喷涂划线机。高压无气喷涂划线机又可分为隔膜泵式和柱塞泵式两种。这两种高压无气喷涂划线机的喷涂效果好，划出的标线整齐饱满，而且喷涂有力，附着性好，能喷涂高黏度的涂料，标线涂层的寿命明显较高。

加热溶剂型和热熔型涂料施工机械总体上可分为涂料预热釜、手动涂敷机、大型机动涂敷机、配套施工机械四类。涂料预热釜的功能是将粉块状涂料熔化为一定温度的液体，然后流入涂敷机中进行施工。按搅拌的动力源可分为机械传动和液压传动；按温控方式可分为自动调温和手动调温；按加热方式可分为直接加热和导热油加热等。手动涂敷机用来涂划分道线、斑马线、中心线等实线和间断线。斑马线施工时，由于所涂的标线太宽，向前推进施工困难，宜采用手拉方式施工。手动涂敷机都采用刮涂方式施工。

大型机动涂敷机是将涂料预热釜和喷涂设备连成一体的热熔型涂料施工机械。大型机动涂敷机一般采用喷涂方式进行施工。喷涂方式分为四种形式，即压力喷涂式、螺旋喷涂式、双齿轮离心式和单齿轮离心式。其中最常用的是压力喷涂式和双齿轮离心式。配套施工机械是除涂料预热釜、涂敷机之外的机械，常用的有下涂剂（路面和涂料之间的黏结剂）喷涂机和旧线清除设备两种。下涂剂喷涂机大多采用喷涂方式施工，涂层比较均匀，能保证涂膜的质量，同时又可避免采用刷涂和辊涂时将灰尘、杂物返带到下涂剂中。旧线清除设备一般有加热除旧线设备和机械磨削除旧线设备两类。

二、典型结构

1. 手推式热熔涂料涂敷机

图 17-18 所示为手推式涂敷机结构图。熔料釜 11 采用耐热不锈钢制造，机上备有温度监控装置。尾部采用可定位形式，既可划直线，也可划圆弧线。涂料斗 14 则通过调整杠杆的高度来实现无级调节涂膜厚度。涂料斗 14 与地接触的落地刀是由耐磨硬质合金制造，具有很好的耐磨性。玻璃珠撒布装置 2 的撒布辊周向均匀铣有一定宽度和深度的轴向长槽（形似花键槽），撒布辊的转动由行走轮通过传动装置（如链传动或齿轮传动装置）来带动，并使撒布辊与行走轮两者的转速成固定比例。当划线机行走划线时，撒布辊沿涂层宽度均匀撒下与涂层面积和涂料用量适当比例的玻璃珠用量。玻璃珠撒布装置中安装有离合器，用来控制玻璃珠撒布的开始与停止。

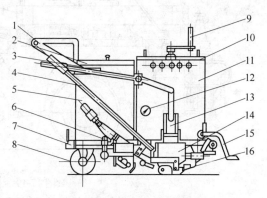

图 17-18　手推式涂敷机结构图
1—推车手柄　2—玻璃珠撒布装置　3—出料门手压杆
4—料斗动作手柄杆　5—后备箱　6—散珠箱
7—后轮定向器　8—后轮　9—搅拌手柄
10—釜盖　11—熔料釜　12—温度表　13—出料门
14—涂料斗　15—标尺　16—前轮

手推式涂敷机的工作原理为：熔料釜 11 用来盛装熔化的涂料，并具有加热和保温功能；推动涂敷机工作时，打开熔料釜 11 旁的出料门，涂料缓缓流入涂料斗中，并涂敷在路面上，同时打开后部的玻璃珠撒布装置开关，玻璃珠通过散珠箱 6 均匀落在涂料表层并嵌入适当深度，形成反光型热熔涂料标线。

2. 自行式常温漆划线机

自行式常温漆划线机一般自带行走底盘，喷涂设备自成系统、自配动力、自动跟踪、自动定向。行走与喷涂互不相干，且具有多种功能，可划常温漆、加热溶剂型涂料、热熔型涂料，能撒布玻璃珠，可划单线、双线、间断线等，并由数字控制器控制。

如图 17-19 所示，自行式划线机由行走底盘 1、导向装置、喷涂系统、控制系统、玻璃珠撒布装置等组成。行走底盘 1 上安装有动力与传动装置。导向装置中装有在工作过程中标定划线机方向的瞄准器 6。喷涂系统是由增压柱塞泵、带阀箱的分配室、带安全阀的储容罐、精滤器、接收过滤泵、涂料箱 5 和高压喷枪组成。工作时，增压柱塞泵的柱塞向上运动，柱塞泵和分配室之间含有液体（一般是硫酸镉的水溶液），通过这些液体作用到涂料上，借助于阀箱的反向阀压入储容器。当泵的柱塞反向行程时，涂料由涂料箱 5 出来经过过滤器和阀箱的反向阀进入分配室。在安全阀调定压力作用下，涂料通过精滤器由储容器进入高压喷枪。喷枪采用电磁阀控制，电磁阀的启闭是根据划实线或虚线长短的需要由控制电路或控制器控制。

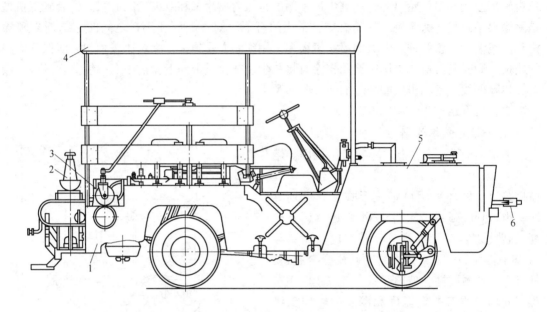

图 17-19 自行式划线机
1—行走底盘 2—护板 3—高压喷枪 4—遮阳篷 5—涂料箱 6—瞄准器

第九节 除 雪 机 械

清除道路上的积雪和冰，以保障车辆、飞机和行人安全、正常地运行与行走，是公路、城市道路和机场冬季养护的一项重要作业。除雪机械便是完成这项养护作业的专用设备。

一、分类及用途

除雪机械有以下几种分类方法：

1）按照工作原理及形式不同，除雪机械可分为推移式、螺旋转子式（抛投式）、滚压式、铲剁式、锤击式五种。其中，推移式又可分为铲刀（刮刀）式、前置侧铲式、V 形除雪犁、除雪车等；螺旋转子式又可分为铣刀转子式和叶轮转子式两种。

2）按照用途不同，除雪机械可分为通用除雪机、人行道除雪机、铁道除雪机和高速公路除雪机等。

3）按照行走装置的不同，除雪机械可分为轮胎式除雪机和履带式除雪机。

4）按照底盘的不同，除雪机械可分为通用底盘和专用底盘两种。

除雪机械的综合分类、特点及适用范围见表 17-1。

表 17-1 除雪机械的分类、特点及适用范围

按工作装置形式分类		
名 称	特 点	适 用 范 围
犁板式除雪机	以雪犁或刀板为主要除雪方式，可推雪、刮雪	可装在货车、推土机、平地机、拖拉机、装载机等底盘上，能适应各种条件下的除雪
螺旋式除雪机	由螺旋和刮刀为主要除雪方式，侧向推移雪或冰碴	清除新雪、冻结雪、冰辙
转子式除雪机	以高速风扇转子的抛雪为主要除雪方式，抛雪或装车	清除新雪或同犁板式除雪机配合作业
组合式除雪机	多种除雪方式的组合	清除新雪、压实雪
清扫式除雪机	以旋转扫路刷为主要除雪方式	在高速路、机场进行无残雪式除雪、薄雪
吹风式除雪机	用鼓风机或汽轮机产生的高速气流将雪吹出路面	清除公路新降雪
化学消融剂式撒布机	以化学溶剂消雪、防结冰为主要方式	降雪前撒于路面，降雪后还可以撒灰渣
加热式融雪机	把雪收集起来，加热融化成水	特殊场合
按主机类型分类		
旋转除雪机	工作装置由集雪螺旋和风扇转子等转动件组成，一般为装载机底盘	清除厚雪，或同犁板式除雪机配合作业
除雪货车	在货车底盘上安装各种除雪犁板和作业装置	在公路、广场、街道清除新雪、压实雪
除雪平地机	刮雪刀片在平地机机体中部	主要清除压实雪
除雪推土机	在推土机前安装各种除雪犁板，有履带式和轮胎式	清除较厚雪
扫雪机	工作装置为扫刷或扫刷加吹气	车高速路、机场清除新雪、薄雪
路面除冰机	工作装置有螺旋刃切削式和转子冲击式，底盘一般用装载机	清除压实雪、冻结雪、冰辙
手扶式除雪机	无驾驶室	在人行道及狭小地方除雪
融雪车	在货车上装有螺旋集雪装置、燃烧加热装置、融雪槽等	在街道除雪
消融剂撒布车	在货车底盘上装有料仓、输送器、撒布圆盘等装置	撒布防止结冰的药剂或防滑作用的砂子
装雪机	有斗式装雪机、带式装雪机、螺旋式装雪机	必须把雪运走的地区
固定式除雪装置	在特殊地段安装的永久性除雪装置	特殊地段

二、典型结构

1. 犁式除雪机

犁式除雪机是把除雪犁安装在拖拉机、货车、装载机、推土机、平地机或专用底盘上的除雪机的总称。除雪犁一般安装在车辆前部、中部或侧面，靠主机带动，在行进中实现对积雪的铲除。除雪犁有单向犁、V 形犁、变向犁、刮雪刀及复合犁等形式，通过液压控制系统实现犁刀的提升和降落。这种除雪机结构简单、换装容易、机械灵活，适宜于清除新雪。

采用货车底盘的除雪机一般称为除雪车，犁式除雪车外形如图 17-20 所示。

犁式除雪车的基本工作装置为除雪犁，除雪犁主要由犁刃与导板两部分组成。具有一定切削角的犁刃切削路面积雪，使积雪沿导板的特殊曲面向上方运动，最后以一定速度排出后端部。单向型犁刃的结构形式较多，犁刃安装

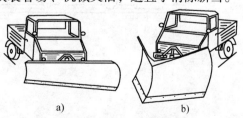

图 17-20 犁式除雪车外形

a) 单向犁除雪车 b) V 形犁除雪车

于导板底部并可更换，导板的形状一般为复合曲面。Ｖ形犁的主要结构及工作原理与单向犁基本相同，它的结构成Ｖ形左、右对称，工作时向两边排雪。复合犁采用两翼中折式结构，可自由改变其形状，形成单向犁、Ｖ形犁或反Ｖ形犁等。为防止路面障碍物损坏犁刃，并使除雪犁能适应路面的不平变化，除雪犁在切雪过程中遇到路面障碍物时，避障调节装置能使犁刃越过障碍物后恢复正常工作。

2. 旋转式除雪机

旋转式除雪机是把各种旋转除雪装置安装在汽车、拖拉机、装载机等工程车辆或专用底盘上的除雪机总称。其典型结构如图 17-21 所示。这种除雪机对积雪具有切削、集中、推移和抛投等功能，对雪质适应性强，可将积雪抛出几十米以外，适用于清除较厚的积雪或将犁式除雪车推出的雪抛出路外，以及清除雪阻的作业场合。

旋转式除雪机主要由工作装置及底盘车组成。工作装置由集雪螺旋、抛雪风扇、抛雪导管以及连接装置组成。集雪螺旋主要完成积雪的切削、输送，其叶片一般布置为左右旋向，便于雪从两边向中间运动至抛雪风扇处。抛雪风扇叶片为辐射状，进入风扇的雪在高速旋转叶片离心力的作用下，沿着叶片表面运动至风扇壳体顶部开口处抛出，由抛雪导管导向合适区域。

图 17-21 旋转式除雪机外形图
1—行走底盘 2—旋转除雪装置

旋转除雪装置的形式有单螺旋转子式、双螺旋转子式、立轴单螺旋转子式等。双螺旋转子式的结构如图 17-22 所示，工作装置的两根螺旋上下平行布置于转子前面，将雪从两边集中到中间转子，再由转子将雪以一定的旋转速度从抛雪导管抛出。这种螺旋叶片空间尺寸较大，但切削能力不强，对转子的供雪在相当大的程度上取决于机器的前进运动，主要以新雪为作业对象。

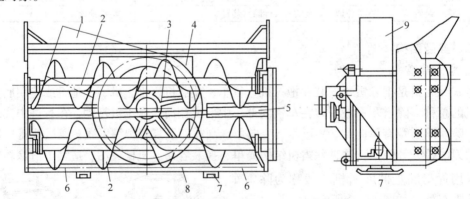

图 17-22 双螺旋转子式工作装置
1、9—抛雪导管 2—螺旋 3—转子 4—上连接板 5—劈开器 6、8—刀片 7—雪撬

第十八章　其他工程机械

第一节　装修工程机械

装修工程机械是指建筑物主体结构完成以后，对建筑物内外表面进行修饰和加工处理的机械。它主要用于房屋内外墙面和屋顶的装饰；地面、屋面的铺设和修整；水、电、暖气和卫生设施的安装等。

装修工程的特点是工种技术复杂，劳动强度大，大型机械使用不便，传统上多靠手工操作。因此，发展小型的、手持式的轻便装修机械，是实现装修工程机械化的有效途径。机器人化也是装修工程机械的发展趋势，目前已有喷浆机器人、面壁清洗机器人等应用于装修工程。

装修工程的内容繁多，所以装修工程机械的种类也很多，在装修工程机械产品型谱中共有9大类、60多种机种。装修工程机械中常用的有灰浆制备及喷涂机械、涂料喷刷机械、油漆制备及喷涂机械、地面修整机械、屋面装修机械、高空作业吊篮、擦窗机、建筑装修机具及其他装修机具。

一、灰浆制备及喷涂机械

灰浆制备及喷涂机械用于灰浆材料加工、灰浆搅拌、灰浆输送、墙体抹灰等工作，主要包括灰浆搅拌机、灰浆泵、灰浆喷枪等。

灰浆搅拌机是将砂、水、胶合材料（如水泥、石膏、石灰等）均匀搅拌成灰浆混合料的机械。其工作原理与强制式混凝土搅拌机相同。灰浆搅拌机按其生产过程可分为周期作业式和连续作业式；按搅拌轴布置方式可分为卧轴式和立轴式；按出料方式可分为倾翻卸料式和底门卸料式。目前，建筑工地上使用最多的是周期作业的卧轴式灰浆搅拌机，其外形结构如图18-1所示。电动机1由传动带传动，再经蜗杆减速器2和滑块联轴器3，驱动主轴6带动叶片在搅拌筒7中回转搅拌灰浆。卸料时，转动手柄8，通过小齿轮带动与筒体固定的扇形齿圈，使搅拌筒以主轴为中心进行倾翻，此时叶片仍继续转动，协助将灰浆卸出。

灰浆喷涂机械是用于输送、喷涂和灌注水泥灰浆的设备。按结构形式可分为柱塞式、隔膜式、挤压式、气动式和螺杆式，目前最常用的是柱塞式灰浆泵和挤压式灰浆泵。

柱塞式灰浆泵利用柱塞在密闭缸体里的往复运动，将进入柱塞缸中的灰浆直接压入输浆管，再送到使用地点。它有单柱塞式和双柱塞式两种。单柱塞式灰浆泵的结构如图18-2所示，电动机3通过V带传动和减速

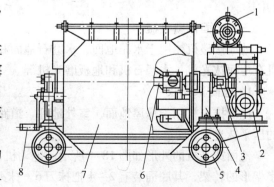

图 18-1　灰浆搅拌机的外形图

1—电动机　2—蜗轮蜗杆减速器　3—滑块联轴器

4—支座　5—行走轮　6—主轴　7—搅拌筒　8—手柄

器 4 使曲轴旋转，再通过曲柄连杆机构使柱塞作往复运动。柱塞回程时吸浆，伸出时压浆。吸入阀 7 和压出阀随着柱塞的往复运动而轮番起闭，从而吸入和压出灰浆。

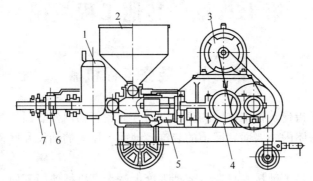

图 18-2　单柱塞式灰浆泵

1—气罐　2—料斗　3—电动机　4—减速器　5—曲柄连杆机构　6—柱塞缸　7—吸入阀

二、涂料喷刷机械

涂料喷刷机械用来对建筑物内外表面喷刷石灰浆、油漆、涂料等饰面材料。按所喷刷的饰面材料的不同分为有气喷涂机、无气喷涂机、喷浆泵等。

有气喷涂机是利用压缩空气，通过喷枪将色浆或油漆吹散成极小的颗粒，并喷涂到装饰表面的机械。图 18-3 所示为有气喷涂机的布置图。空气压缩机 1 产生的压缩空气经油水分离器 2 进入喷枪 6，油漆或色浆从储料器 3 沿输浆管 7 也进入喷枪 6 前端，压缩空气从喷枪口喷出时，周围空气流动速度大、压力低，色浆或油漆从喷枪口呈雾状喷出。如果喷涂量不大，可以不用储料器 3，而是将油漆或色浆直接装入喷枪上的色浆瓶 8 中。

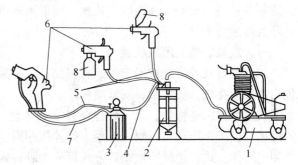

图 18-3　有气喷涂机布置图

1—空气压缩机　2—油水分离器　3—储料器
4、5—输气软管　6—喷枪　7—输浆管　8—色浆瓶

三、地面修整机械

地面修整机械用于水泥地面、水磨石地面和木地板表面的加工和修整。常用的地面修整机有地面抹光机、水磨石机和地板磨光机等。

1. 地面抹光机

地面抹光机用于房屋地面、室外地坪、道路、混凝土构件的水泥灰浆或细石混凝土表面的压平抹光工作。

地面抹光机的外形如图 18-4 所示。电动机 3 通过 V 带 10 驱动转子 7，转子 7 是一个十字架形的转架，其底面装有 2~4 把抹刀 6，抹刀 6 的倾斜方向与转子 7 的旋转方向一致，并能紧贴在所修整的地面上。抹刀 6 随着转子 7 旋转，对地面进行抹光处理。抹光机由操纵手柄 1 操纵行进方向，由电气开关 2 控制电动机 3 的开停。

2. 水磨石机

水磨石是由灰、白、红、绿等石子做集料与水泥混合制成砂浆，铺抹在地面、楼梯等处后，待其凝固并具有一定强度后，使用水磨石机将地面抹光而成。水磨石机分为单盘式、双盘式、侧式、立式和手提式五种。单盘式、双盘式水磨石机主要用于水磨较大面积的地坪；侧式水磨石机专用于水磨墙围、踢脚；立式水磨石机主要用于磨光卫生间高墙围的水磨石墙体；而手提式水磨石机主要适用于窗台、楼梯、墙角等狭窄处。

图 18-5 所示为单盘式水磨石机。在转盘底部装有三个磨石夹具 4，每个夹具都能夹住一块三角形的金刚石磨石 5，通过减速器中的一对大、小齿轮进行传动。冷却水从管接头通入，以减小金刚石磨石 5 磨损和防止灰尘飞扬。水量的大小由阀门调节。

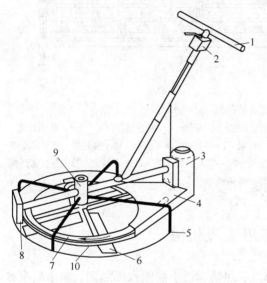

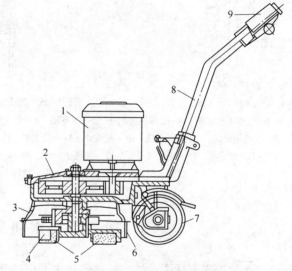

图 18-4　地面抹光机
1—操纵手柄　2—电气开关　3—电动机
4—传动带罩壳　5—保护罩　6—抹刀
7—转子　8—配重　9—轴承架　10—V 带

图 18-5　单盘式水磨石机
1—电动机　2—变速器　3—磨盘外罩
4—磨石夹具　5—金刚石磨石　6—护圈
7—移动滚轮　8—操纵杆　9—电气开关

四、高空作业吊篮

高空作业吊篮主要用于高层及多层建筑物的外墙施工及装饰和装修工程。例如：抹灰浆、贴面、安装幕墙、粉刷涂料和油漆以及清洗、维修等，也可用于大型罐体、桥梁和大坝等工程的作业。使用高空作业吊篮作业，可免搭脚手架，从而节约大量钢材和人工，使施工成本大大降低，并具有操作简单灵活、移位容易、方便实用、技术经济效益好等优点。

高空作业吊篮按驱动方式可分为手动式和电动式两种。按起升机构不同有爬升式和卷扬式两种。目前国内外大多采用爬升式电动吊篮，如图 18-6 所示。

爬升式电动吊篮主要由屋面悬挂机构、悬吊平台、电气控制系统及工作钢丝绳 7 和安全钢丝绳 8 等组成。悬吊平台主要由提升机 3、安全锁 5、电气控制箱 4 和工作平台底架 1、工作平台栏杆 2 等组成，其中平台篮体为组合结构（可由一到三节不同长度的篮体对接而成），而提升机 3 和安全锁 5 是吊篮的关键部件。屋面悬挂机构主要由前支架 16、后支架 11、前梁 14、中梁 13、后梁 12、加强钢丝绳 19 以及配重块 10 等组成。

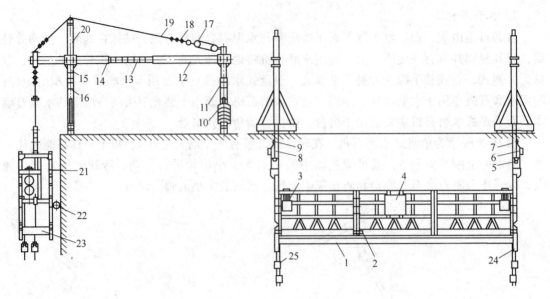

图 18-6　爬升式电动吊篮

1—工作平台底架　2—工作平台栏杆　3—提升机　4—电气控制箱　5—安全锁　6—撞顶限位开关　7—工作钢丝绳
8—安全钢丝绳　9—撞顶止挡　10—配重块　11—后支架　12—后梁　13—中梁　14—前梁　15—伸缩架　16—前支架
17—开式螺旋扣　18—钢丝绳绳夹　19—加强钢丝绳　20—上支架　21—提升机安装架　22—靠墙轮　23—平台底挡板
24—平台底脚　25—绳坠铁

第二节　水利专用工程机械

水利工程包括两大类：一是包括水利枢纽建设、堤防建设、病险水库加固、城市防洪和蓄滞洪区的防洪工程建设；二是包括调、蓄、引、提水在内的水资源利用工程建设。用于水利工程建设的工程机械有通用的土石方工程机械、混凝土工程机械、工程运输车辆、基础工程机械等，如推土机、挖掘机、装载机、铲运机、混凝土搅拌站、碾压混凝土机械等工程机械，也有水利建设专用机械，如深水型清淤机、预冷混凝土搅拌楼、塔带机、斜坡压实机、挖泥船等。大多数水利专用工程机械可用于水电站工程的施工。

一、分类与用途

按照水利工程类型，水利专用工程机械共分以下五大类。

1. 防汛抢险施工机械

用于汛期紧急抢险要求的施工机械有超长伸缩臂式挖掘机、轻型快速打桩机、编笼及抛笼机、多功能抢险船、抗洪抢险指挥车（船）、移动式泥土装袋机和快速堵口设备等。

2. 堤坝加固处理机械

堤坝加固处理和病险水库改造需要专用的施工机械，特别是成墙深度大于30m或成墙厚度较薄（小于300mm）、工程造价较低的高效率、超薄型防渗墙施工机械。

3. 河道疏浚机械

专用于河道疏浚的机械有深水型清淤机、环保型清淤设备和水面漂浮物清除设备，以及高效率而且能够远距离输送、自动监测并显示挖掘性能的大型挖泥船。

4. 以节水灌溉为主的农田水利施工机械

各类节水灌溉设备用于发展优质、高产、高效和节水农业，如渠道开沟和修坡以及连续衬砌机械、沼泽地治理施工机械、卷盘式喷灌机、小型隧道凿岩机等沟渠施工机械。

5. 大型水利施工机械

专用于大型水利工程的机械有穿越大江大河隧洞工程的盾构机械及其配套设备、大断面渠道衬砌机械、斗轮式挖掘机（用于渠道开挖）、全断面隧道掘进机（TBM）、人工制砂设备、成品砂石脱水干燥设备、特大型预冷混凝土搅拌楼、混凝土快速布料塔带机和胎带机、大骨料混凝土输送泵、混凝土侧卸车、碾压混凝土筑坝成套设备和高架门座起重机等。

二、典型水利工程机械

1. 大型预冷混凝土搅拌楼

水利水电工程大多采取常年连续高强度浇筑混凝土的施工方案，高温季节浇筑大体积混凝土是工程施工中的一项系统性技术难题。工程设计上往往要求限制搅拌楼出料口混凝土的温度，这对搅拌楼的使用提出了更高的要求。一般来讲，承担水利水电主体工程混凝土生产的大型搅拌楼生产能力应在 200m³/h 以上并且配有骨料预冷装置，能适应生产 7 ~ 14℃ 低温混凝土，以满足夏季和高强度连续施工的需要。

预冷混凝土搅拌楼的总体结构与普通搅拌楼基本相同，区别是预冷混凝土搅拌楼增加了骨料冷却系统。生产 7℃ 的低温混凝土时，上楼骨料温度要控制在 8 ~ 12℃，需在楼内料仓里继续进行二次风冷至 −1 ~ 2℃。因此，预冷混凝土搅拌楼采取如下结构：采用多锥式大容量骨料仓，使骨料在预冷区驻留相当长时间充分冷却，并避免欠冷或超冷；采用双管百叶窗内嵌式进风道，使仓内气流组织分配均匀，利用料层厚度构成锁气层，防止冷风漏出和热风吸入；料仓保温结构能够密气和防潮；配置片冰储库及其配料称量系统等。

2. 塔带机

塔带机应用于大型水电工程建设，可实现半径为 100m 以上范围的混凝土布料浇筑，最大浇筑能力可达 500m³/h。

塔带机有两种运行模式：起重机模式（起重工况）和输送模式（浇筑工况）。两种模式可通过控制台上的转换开关进行切换。

塔带机的总体结构如图 18-7 所示，包括上部的起重部分和下部的混凝土输送部分。上部与塔式起重机相似，包括起重臂、塔身、平衡臂 4 起升机构、回转机构、变幅机构和自升机构等。下部输送系统主要包括布置在转料平台上的给料输送机 15、转料输送机 14 和铰接式内外输送机。物料输送线路为给料输送机 15→转料输送机 14→内输送机 12→外输送机 11，最后物料从外输送机出料端的锥形管和象鼻管下卸至浇筑点。内外输送机均为带式输送机，各由一台电动机驱动。内输送机两端与外输送机及转料平台 13 间均采用铰接方式，分别称为外铰接机构和内铰接机构。

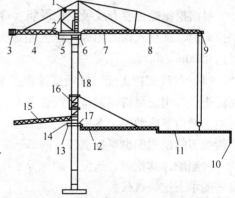

图 18-7 塔带机的总体结构示意图

1—辅助小车　2—A 形架　3—配重　4—平衡臂
5—动力房　6—驾驶室　7—起重臂内段
8—起重臂外段　9—主小车　10—象鼻管
11—外输送机　12—内输送机　13—转料平台
14—转料输送机　15—给料输送机　16—爬升套架
17—绞车　18—塔筒

输送机的回转通过起重臂和吊钩带动。内输送机的俯仰通过安装在检修平台的绞车来实现；外输送机的俯仰通过主吊钩的升降来实现，最大俯仰角为±30°。

3. 斜坡压实设备

水池、蓄水池大坝斜坡的压实施工通常采用在履带式工程机械（如履带式推土机、挖掘机等）上安装卷扬装置、电动绞盘或液压绞盘等牵引设备来牵引一台拖式振动压路机或一台自行式振动压路机来实现，如图18-8a、b所示。因此，斜坡压实设备通常是履带式机械、压路机与牵引设备的组合。自行式专用斜坡压实机通常能在30°或以上大角度大坝坡面上进行压实作业，其整机结构与普通自行式压路机基本相同，但其动力装置的安装结构、行走装置、振动机构、转向机构、整机重心平衡、防倾翻装置等组成部件的结构应需满足大角度坡面上的行驶及作业要求。目前，自行式专用斜坡压实机实际使用并不多见，图18-8c所示为履带行走装置驱动的单钢轮压实机。

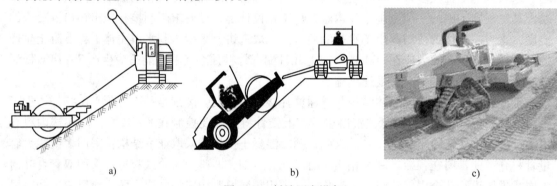

a)　　　　　　　　　　b)　　　　　　　　　　c)

图18-8　斜坡压实设备

a）拖式振动压路机斜坡压实　b）自行式振动压路机斜坡压实　c）专用斜坡压实机

4. 挖泥船

挖泥船用于水利、河湖航道及海域的清淤疏浚工程。

目前挖泥船主要有绞吸式挖泥船（斗轮挖泥船）、耙吸式挖泥船、链斗式挖泥船、抓斗式挖泥船、铲扬式挖泥船等。挖泥船最大舱容已达33000m³，挖掘深度可达130m，生产率可达4500m³/h。

（1）绞吸式挖泥船　绞吸式挖泥船装有泥泵和吸泥装置。挖泥时用绞刀或斗轮绞松河底泥土，再用泥泵将泥浆从吸泥管吸入，经过排泥管送到岸上或排入泥驳船运走。绞吸式挖泥船一般为非机动的，多用于吹填工程，适宜于开挖沙质土、淤泥等土质较松的河底。采用有齿绞刀的挖泥船也可挖掘较硬的砾石黏土。绞吸式挖泥船是目前在疏浚工程中运用较广泛的一种船舶，其挖泥、运泥、卸泥等工作过程一次连续完成，是一种效率高、成本低、性能良好的水下挖掘机械。

（2）耙吸式挖泥船　耙吸式挖泥船的主要设备有泥耙、泥泵、闸阀、管道系统和泥舱等。泥耙主要由耙头及吸泥管组成，就其安装的位置不同可分为尾耙、中耙、边耙和混合耙等四种。耙头是直接挖土的设备，由挖泥船上的起落吊架和泥耙起落机操纵。泥泵是一种低水压大流量的离心泵，一般每一个泥耙只设一台泥泵，双边耙挖泥船设两台泥泵，泥泵之间必要时可以串联。泥舱设在挖泥船的中前部，通过溢流门控制流口的高度来调节泥舱容积。低浓度的泥浆通过溢流门溢出，以增加泥舱内的装载量。现代的耙吸式挖泥船普遍配备

DGPS 高精度定位系统、吃水装载仪、耙臂位置指示仪、挖泥断面显示仪、浓度计、流量计和产量仪等疏浚仪器，有的还配有自动定深挖泥、自动化动态跟踪仪器。此外挖泥船采用了复合驱动方式，有效地保证了施工进度，装机功率得到了充分利用。耙吸式挖泥船是吸扬式中的一种，它通过置于船体两舷或尾部的耙头吸入泥浆，以边吸泥、边航行的方式工作。耙吸式挖泥船机动灵活、效率高、抗风浪能力强，适宜在沿海港口、宽阔的江面和湖面作业。

（3）链斗式挖泥船　链斗式挖泥船是利用一连串带有挖斗的斗链，借上导轮的带动，在斗桥上连续转动，使泥斗在水下挖泥并提升至水面以上，同时收放前、后、左、右所抛的锚缆，使船体前移或左右摆动来进行挖泥工作。挖取的泥土提升至斗塔顶部，倒入泥阱，经溜泥槽卸入停靠在挖泥船旁的泥驳船，然后用拖轮将泥驳船拖至卸泥地区卸掉。链斗式挖泥船对土质的适应能力较强，可挖除岩石以外的各种泥土，且挖掘能力强，挖槽截面规则，误差小，最适于港口码头泊位。

（4）抓斗式挖泥船　抓斗式挖泥船是利用旋转式挖泥机的吊杆及钢索来悬挂抓斗，在抓斗本身质量的作用下放入水底抓取泥土。然后开动斗索绞车，吊斗索即通过吊杆顶端的滑轮，使抓斗关闭和升起，再转动挖泥机到预定点（如泥驳船）将泥卸掉。挖泥机又转回挖掘地点进行挖泥，如此循环作业。抓斗式挖泥船主要用于挖取粘土、淤泥、卵石、细砂、粉砂等。

（5）铲扬式挖泥船　铲扬式挖泥船是一种单斗式挖泥船，它可以将大部分功率集中在一个铲斗上进行切削挖掘。它利用吊杆及斗柄将铲斗伸入水中，推压斗柄，拉紧钢缆，使铲斗切入水底进行挖掘，然后由绞车牵引钢缆将铲斗吊离水面至适当高度，由回转装置转至卸泥处或泥驳船上，拉开斗底门卸泥，如此循环作业。通常备有轻重不同类型的铲斗，以挖掘不同性质的土壤或石质。硬土、石质一般采用重型斗，软土采用轻型斗。

第三节　军用工程机械

军用工程机械是工程兵完成工程保障任务的主要技术装备，同时也是工程机械行业的一大类别，涉及面广，种类多，既包括军队专用的野战工程机械，也包括军选民品的建筑工程机械。现在军用工程机械已有近十个类别，几十个品种，机械门类齐全，涉及战斗工程保障各个领域，并形成系列，对实施工程保障发挥了重要作用。

军用工程机械主要有工程侦察机械、道路机械、阵地机械、架桥机械、布雷机械、扫雷机械、给水机械等。

一、工程侦察机械

工程侦察机械主要包括江河侦察、雷场侦察、水源侦查以及地形侦查等多种工程侦查车辆，可在各种地形、区域、气候条件下执行工程侦察任务。它是军用工程机械实施工程保障任务中不可缺少的组成部分，是军用工程机械乃至工程装备器材中的"侦察兵""先遣部队"。

1. 工程侦察车

工程侦察车是一种多用途的水陆工程侦察机械，主要用于对江河、渡场、道路、地形进行快速侦察，使后续部队尽快地通过障碍。

工程侦察车是一种独特的多功能轮式越野车辆，陆上最高速度可达 80km/h，水上最大航速可达 11.5km/h。工程侦察车具有装甲防护、烟幕设施和武器杀伤保护系统，另外还有灭火设备、抽水设备和通信工具等。车上用于工程侦察的设备有潜望镜、夜间驾驶仪、地平仪、导航仪等观测定位设备，还有外伸式探雷器、土壤贯入计、回声探测仪、光学测距仪、冰钻以及架桥侦察用具等。随车的工兵侦察员还可离开车辆，用便携式仪器进行地形侦察。该车除装备工兵外，也装备海军陆战队。

2. 探雷车

探雷车是一种车载式雷场侦察机械，它将采用电子技术的探雷装置挂装在轻型越野车或装甲车前部，主要用于探测道路、机场以及平坦地面上的各种地雷。车前装有一个由两个接地橡胶轮支撑的框架，框架上带有探雷装置的感应探头或微波传感器。当探头或传感器探测到地雷时，车即自动停下。感应探头的原理是振荡线圈发出感应信号，遇到金属地雷时感应线圈即失去平衡状态，电路指示器测出信号；微波传感器的原理是搜索天线辐射微波能量进入地面，当遇到地雷时产生反射信号，并经过放大和处理，显示在监视屏上。探雷深度可达 0.4m，宽度可达 2.2m，最高探雷速度可达 10km/h。行军时，车前的探雷框架可向上翻转180°，支在驾驶室顶上。

二、道路机械

道路机械是军用工程机械的一大类别，品种最多，在军队装备量也很大，主要以战斗工程车、开路机、推土机和一些专用机械为代表，用于在战场上急造军路、填平弹坑和壕沟，构筑和维修军用道路等，以保障作战部队快速实施战术、战役行动。在这类机械中，像装载机、铲运机、平地机、压路机等施工机械，只有少数是按军队要求设计的，大多数则仍选用优良的民用机械。

战斗工程车可伴随作战部队行动，实施应急工程保障任务。工程车是具有推、挖、铲、装、吊、夹、锯、牵引等功能的轮式或履带式工程装甲车，应用于破坏防御工事、填平弹坑和壕沟、构筑反装甲障碍、挖掘隐蔽工事等工程。有的工程车前增加车辙扫雷犁，行驶状态时升举在车前上方，除能排除非爆炸性障碍之外，也可在雷场中开辟通路。有的工程车上装有回转伸缩臂，伸缩臂上装有抓钳，车上还带有可换的挖斗装置。有的工程车设置一个伸缩式挖掘臂，臂端带反铲挖斗，可实施挖掘、装卸和提升作业；有的工程车前推土铲刀装有松土齿和可卸加宽刀，可推铲硬土和防止泥土和碎片进入履带链轨轨面。

三、阵地机械

阵地机械也是军用工程机械的一大类别，它的发展不仅关系到阵地工程作业的实施效果，而且还关系到作战部队的生存能力。

1. 挖壕机

挖壕机主要用来快速挖掘堑壕、交通壕等，以适应前沿阵地的防御需要。高机动性挖壕机机前装有回填推土铲刀，后部装有链式挖壕装置，机上还装有土钻和排水泵。作业时先用挖壕装置挖出壕沟，然后设置管道，用泵送装置将包装好的爆炸剂注入管内，引爆后即能形成防坦克壕，也可完成其他爆破挖壕任务，实现了机械-爆破一体化。

2. 挖坑机

挖坑机是一种用于挖掘工事平底坑的专用阵地机械。挖坑装置为铣切刀盘或挖掘链，挖深可达 3.5m，挖宽可达 3.7m，作业量高达 1140m³/h；辅助推土铲刀可大角度倾斜 0°～20°，在车尾部增加了松土器，可疏松 0.30m 深的冻土。

3. 挖掘机

挖掘机在军事工程作业中有着广泛的用途，是阵地作业机械中装备数量比较多的一种机械，相当部分直接选自民用机械或稍加改装来装备部队，另一部分则是根据各国各自的战略指导思想和阵地作业要求而专门发展的，尤其是一些小型阵地挖掘机，多数采用越野车底盘。随车工具有土钻、液压锤、链锯、扫雪装置等 10 多种设备；驾驶室是全钢整体防滚翻结构，能向前倾斜 60°；机器人式小型挖掘机可通过光缆遥控操纵反铲挖斗，以代替人在危险环境下作业。

四、架桥机械

架桥机械包括装甲架桥车（冲击桥）、机械化桥车、自行门舟桥等，主要用于在河流、沟渠上快速架设多种不同长度的桥梁，以保障作战部队及机动车辆的行军路线畅通无阻。

1. 装甲架桥车

装甲架桥车也称冲击桥，是一种伴随和保障坦克机械化部队跨越 20m 左右沟川障碍的机动架桥机械。其特点是快速、机动、防护能力强，架桥时间短，操作方便，多数采用主战坦克作底盘，携带桥梁部件，乘员不出车即可在几分钟内完成架设或撤收桥梁的作业。装甲架桥车的承载能力可达 70 军用吨级，桥跨度可达 30m，架设和撤收桥梁可分别在 5min 和 15min 内完成。

2. 机械化桥车

机械化桥车一般采用轮式或履带式底盘车，但多数采用汽车底盘。虽然其防护性能、架桥速度不及装甲架桥车，但车上的机械装置可架设或撤收成套连跨桥，架设长度大，可接替装甲架桥车，保障后续部队的车辆前进。另外，用汽车作基础车造价低，因而这类架桥车在外国军队发展的装备上都有一定影响。机械化桥车的承载能力可达 70 军用吨级，桥跨度可达 56m，架设时间可在 20min 内完成。

3. 自行门舟桥

自行门舟桥是将车、舟、板和桁结合而成的"四位一体"自行渡河机械，可水陆自行，能以最快速度从行进状态转入架设门桥或舟桥状态，它具有机动性好、机械化程度高、架设和撤收时间短、所需兵力少、单车架设距离长、渡河转换方便等许多优点，是桥、车综合发展技术的典型代表。架桥车主要由底盘车及主浮体、侧浮体、跳板和辅助装置等组成。自行门舟桥的承载能力可达 90 军用吨级，适应流速通常为 2.5～3.5m/s。

五、布雷机械

布雷机械包括拖式布雷车、自行式布雷车和抛撒布雷车。主要利用装甲输送车或轮式牵引车作为底盘，改装后即成为布设地雷场的专业工程车辆。它既可用于在战斗过程中快速机动地布设雷场，也可用于预设地雷场，以限制或阻止敌方车辆的前进。

1. 拖式布雷车

拖式布雷车的布雷机构装在一单轴拖车上。牵引车上带有地雷装卸板、SEM-25S 天线电台、微光夜视镜、一套伪装网以及一些作业必需品。拖车由布雷槽、输出机构、犁刀、覆土装置等部分组成，所需牵引力小，可用货车或履带式车辆牵引，布雷深度达到 150～200mm，最大布雷速度每小时可达 1800 枚地雷，布雷作业速度为 4.5～10km/h。

2. 自行式布雷车

自行式布雷车是以货车作为基础车，车上配置储雷箱、布雷槽、输出机构、犁刀、覆土机构等工作装置。

3. 抛撒布雷车

抛撒布雷车主要靠机械动力或火药推力抛撒地雷,用于在战斗行进中快速机动地布设临时雷场,将地雷无规则地快速撒布在地面上,以阻止集群坦克的攻击。布雷系统由发射架或发射舱、雷筒、操纵装置等组成。操纵装置包括地雷撒布开关、应急电源断开器、布雷速度调节开关。整个操纵装置都设在驾驶室内,可将发射参数事先编入控制系统,由微机处理控制发射,并借助推力装置将地雷抛射出去。抛射距离约50m,布设的雷带宽度约100m。

六、扫雷机械

扫雷机械主要有机械扫雷车、机械-爆破联合扫雷车、爆破扫雷车、雷场通路标示系统等。

1. 机械扫雷车

机械扫雷车就是用坦克推送安装在车体前面的扫雷滚、扫雷犁或链锤等扫雷器材,在雷场中进行扫雷作业。这类机械按开辟通路宽窄分为车辙式和全宽式;按工作原理又可分为液压式、犁刀式、锤击式和混合式四种。扫雷作业速度可达15km/h。

2. 机械-爆破联合扫雷车

在扫雷车后部两侧装有两列火箭发射的扫雷直列装药,构成一种机械-爆破联合扫雷车。车上装有爆破扫雷装置,车前装有各类扫雷装置(扫雷滚、犁或锤等),车尾配备通路标示系统以及遥控操纵装置。

3. 爆破扫雷车

爆破扫雷车通常使用一辆坦克或装甲车辆为基础车,其上装配有发射装置和扫雷装药。一般扫雷车不直接进入雷场,而是在雷场外一定距离发射扫雷装药,达到在雷场开辟通路的目的。

4. 雷场通路标示系统

雷场通路标示系统是一种用于标示雷场通路的装置,以便于后续部队及车辆通过,多与扫雷车配套使用。主要由装在坦克尾部的撒布器和装在撒布器中的标示器组成,可按不同间距自动控制布设(也可人工布设)标示器,被投下的标示器可自动发光约12h。

七、给水机械

给水机械是在野战条件下保障军队给水的重要装备。给水机械包括水源侦察、汲水、净水、贮水和运水等机械和器材。

1. 钻井机

钻井机一般是以轮式车辆为基础,配装钻井设备及其工具,以实施钻井作业,开发地下水源。钻机每小时可钻8~20m,最大钻井深度可达450m。

2. 净水车

净水车是用来将被污染的淡水、海水或咸水通过过滤、消毒、净化而成为可饮用的水。其水处理设备一般装在汽车或拖车上,由净水装置、给水泵、贮水罐、发电机、暖风机及运载车辆等组成。车上装有反渗透净水设备,可将被污染的淡水、海水和微咸水制成饮用水,并能除去水中的化学和放射污染物,在氯和活性炭的作用下除掉某些细菌和病毒。出水量可达2270L/h,每天可为2000人供应足够的饮用水。

参考文献

[1] 王丽莉. 机械工程概论 [M]. 2版. 北京：机械工业出版社，2011.

[2] 刘永贤，蔡光起. 机械工程概论 [M]. 北京：机械工业出版社，2011.

[3] 寇长青. 工程机械基础 [M]. 成都：西南交通大学出版社，2001.

[4] 杜海若. 工程机械概论 [M]. 成都：西南交通大学出版社，2009.

[5] 张洪，贾志绚. 工程机械概论 [M]. 北京：冶金工业出版社，2006.

[6] 许光君. 工程机械概论 [M]. 成都：西南交通大学出版社，2006.

[7] 王进. 施工机械概论 [M]. 北京：人民交通出版社，2002.

[8] 陈强业. 工程机械 [M]. 北京：机械工业出版社，1993.

[9] 刘树山. 工程机械 [M]. 哈尔滨：哈尔滨工程大学出版社，1995.

[10] 余恒睦. 工程机械 [M]. 北京：中国水利电力出版社，1980.

[11] 唐经世，高国安. 工程机械 [M]. 北京：中国铁道出版社，1998.

[12] 周萼秋. 现代工程机械 [M]. 北京：人民交通出版社，1998.

[13] 王定祥. 工程机械与施工用电 [M]. 北京：人民交通出版社，2001.

[14] 吴永平，姚怀新. 工程机械设计 [M]. 北京：人民交通出版社，2005.

[15] 吴庆鸣. 工程机械设计 [M]. 武汉：武汉大学出版社，2006.

[16] 郁录平. 工程机械底盘设计 [M]. 北京：人民交通出版社，2004.

[17] 刘希平. 工程机械构造图册 [M]. 北京：机械工业出版社，1990.

[18] 高振峰. 土木工程施工机械实用手册 [M]. 济南：山东科学技术出版社，2005.

[19] 李世华. 现代施工机械实用手册 [M]. 广州：华南理工大学出版社，1999.

[20] 何挺继. 筑路机械手册 [M]. 北京：人民交通出版社，1998.

[21] 韩志强，谢永平，张萌. 公路工程机械设备手册 [M]. 北京：人民交通出版社，1992.

[22] 王章豹. 中国机械科技发展百年回眸 [J]. 中国机械工程，2000，11 (11)：1313-1317.

[23] 俞琚. 世界工程机械行业发展形势 [J]. 工程机械与维修，2008 (1)：73-77.

[24] 潘洪章. 我国工程机械的发展趋势 [J]. 甘肃科技，2004，20 (11)：19-20.

[25] 杨红旗. 工程机械行业的回顾与展望 [J]. 中国机电工业，2002 (6)：27-29.

[26] Richard Campbell. The history of the compactor [J]. Contractor，2008，32 (10).

[27] 孙祖望. 中国路面机械发展30年 [J]. 建筑机械，2009 (9)：10-19.

[28] 胡永彪. 我国筑路机械的现状与未来 [J]. 筑路机械与施工机械化，1998，15 (6)：22-24.

[29] 杨士敏，张铁. 工程机械地面力学与行驶理论 [M]. 西安：陕西科学技术出版社，2000.

[30] 杨士敏，傅香如. 工程机械地面力学与作业理论 [M]. 北京：人民交通出版社，2010.

[31] 胡永彪. 水泥混凝土路面滑模铺筑原理 [M]. 西安：陕西科学技术出版社，2000.

[32] 胡永彪. 四履带驱动车辆附着牵引性能分析 [J]. 西安公路交通大学学报，1999，19 (3)：97-100.

[33] 姚怀新，陈波. 工程机械底盘理论 [M]. 北京：人民交通出版社，2002.

[34] 孙逢春，张承宁. 装甲车辆混合动力电传动技术 [M]. 北京：国防工业出版社，2008.

[35] 陈新轩，展朝勇，郑忠敏. 现代工程机械发动机与底盘构造 [M]. 北京：人民交通出版社，2002.

[36] 焦生杰. 工程机械机电液一体化 [M]. 北京：人民交通出版社，2000.

[37] 张俊，王孝. 柴油机高压共轨系统ECU的设计 [J]. 仪器仪表用户，2010，17 (5)：30-31.

[38] 韩军，孙家根，杨小强，等. 基于CAN总线的工程机械自动控制系统设计 [J]. 机电产品开发与创新，2011，24 (1)：155-157.

［39］王献岭，严骏，蔡立良，等．基于 CAN 总线的工程机械车载智能终端设计［J］．建筑机械，2009，19（4）：87-90.

［40］徐格宁．机械装备金属结构设计［M］.2 版．北京：机械工业出版社，2009.

［41］张学军．钢筋机械及预应力机械使用手册［M］.北京：中国建筑工业出版社，1997.

［42］陈宜通．混凝土机械［M］.北京：中国建材工业出版社，2002.

［43］周伟兴．装卸搬运车辆［M］.北京：人民交通出版社，2001.

［44］陈道南．起重运输机械［M］.北京：机械工业出版社，1982.

［45］顾迪民．工程起重机［M］.北京：中国建筑工业出版社，1988.

［46］严大考．起重机械［M］.郑州：郑州大学出版社，2003.

［47］蔡福海，高德顺，王欣．全地面起重机发展状况及其关键技术探讨［J］.工程机械与维修，2006，16（9）：66-70.

［48］张华，李守林．国内外高空作业机械的现状及发展趋势（上）［J］.建筑机械化，2011，19（3）：19-24.

［49］何挺继，展朝勇．现代公路施工机械［M］.北京：人民交通出版社，1999.

［50］何挺继，胡永彪．水泥混凝土路面施工与施工机械［M］.北京：人民交通出版社，2000.

［51］唐经世．桥隧线工程机械［M］.北京：中国铁道出版社，2003.

［52］王修正．架桥与水上施工机械，工程机械施工手册第四分册［M］.北京：中国铁道出版社，1987.

［53］Masaho Yamaguchi. Mobile Crusher：US，8118，246 B2［P］.2012-02-21.

［54］淮安苏通市政机械有限公司．下水道联合疏通车：中国，CN2569928Y［P］.2003-09-03.

［55］顾正平．园林绿化机械与设备［M］.北京：机械工业出版社，2002.

［56］杨士敏，吴国进，张铁，等．高等级公路养护机械［M］.北京：机械工业出版社，2003.

［57］张铁．高速公路养护机械［M］.东营：中国石油大学出版社，2003.

［58］张新荣，焦生杰．同步碎石封层技术及设备［J］.筑路机械与施工机械化，2004，21（11）：1-4.

［59］河南省高远公路养护设备有限公司．同步碎石封层机：中国，200520078495.6［P］.2006-04-12.

［60］毛建平．水利水电工程施工［M］.郑州：黄河水利出版社，2004.

［61］汪良强，乔世珊．大型预冷混凝土搅拌楼在水利工程中的应用［J］.建筑机械，2000（10）：26-26.

［62］袁昕，胡修池，张志林．水利工程施工机械的发展方向［J］.黄河水利职业技术学院学报，2005，17（2）：23-24.

［63］吴正佳，李光，姜明杰．TC2400 型塔带机［J］.工程机械，2001（1）：11-12.

［64］钱卫星．挖泥船的分类及其发展趋势［J］.江苏船舶，2008，25（6）：7-9.